——獻給我心愛的玲玲——

仰望星空，你將不再迷茫，因為神秘星空已在你手中攤開……
眾神的星空
THE GODS IN THE STARS
作者
稻草人語
生動有趣，
帶我們深入天文與星座的世界！
「命運好好玩」首席占星塔羅專家
許睿光

/序言/

沒多久前參加了一個兩天一夜的培訓，這是在中國屬於比較高水準和專業的課程，側重商業模式策劃、績效考核、人員管理、企業機制的完善等。培訓師在 20 歲就開始創業，至今有多年的商戰經驗。自始至終，培訓師沒有看過一次教材，沒有講過一條枯燥的理論知識，僅憑著生動的案例和旁徵博引，遊刃有餘地調控課堂的秩序和進度。培訓結束，感覺學到了很多，有馬上貼近現實生活和耳目一新的感覺。

但我相信，看完本書後絕難以上述言語來表達自己的莫大收穫。因為，這本書將天文、文化、星期的概念、希臘羅馬神話和古典油畫作品這些元素以英語詞彙的詞源為主線串連起來，在目前算是絕無僅有的，而讀者現在真真實實看到了，更可以為這份幸運感到雀躍！

讚美之詞不適合多說，但今天不得不說。這本書的作者極為深厚的全方位知識、娓娓道來的語言扎實功力和令人不得不佩服的對英語詞源的精闢理解，已經不是文字所能讚歎的了。更重要和令人驚訝的是，本書作者只有 20 多歲！

有人說 2013 年開始了，70 後和 80 後要開始滾蛋了，因為 90 後一代最大的 23 歲了，已經大學畢業開始工作了。好，即使是 90 年的孩子讓他提前出生 5 年，現在 28 歲，按照現在中國年輕人的現狀，那也是剛好的適婚年齡，應該正在為婚房和小家庭而忙碌，而這本書的作者，卻已經寫出了這本應該讓很多以專業和資深自居的學者汗顏的書！

10 幾年前，自己還是個拿著全波段收音機聽 BBC 廣播、讀讀英文的《21 世紀報》、看看劉毅的《英文字根字典》的懵懂無知的傢伙。說好聽點，英語中大二學生 sophomore（字面意思是一半聰明一半傻子，詞根 soph- 的意思是聰明智慧，詞根 mor- 的意思是愚鈍蠢笨）的狀態就是那時候的自己。可是差不多的年齡，這本書的作者的字裡行間卻已經有了很多顯得陌生、高傲、神祕和有趣的字眼。

寫這個序時，作者 QQ 的簽名是：買了很多好書，都看不過來了。我們捫心自問，有多久沒有靜靜地看過一本好書了？

這個世界和社會是如此的浮躁，每個人看起來都很忙碌，但又顯得很恐慌。唯有知識，唯有沉醉於大美的知識中才能忘記凡身吧！我想。

我所在的城市空氣污染很嚴重，記憶中還是小時候看到過銀河和滿天的星星，後來偶然在美國內華達州荒漠中的州際公路旁停車休息時被美國夜空中的繁星所震撼，於是很俗套地感慨了一番環境呀污染呀這些話題。但現在，如果你在夜間抬起頭來，先暫時忘掉車子、票子、房子、兒子這些世俗的東西，看看天空，想想宇宙，觀觀星象，問問自己：為什麼金星也叫長庚和啟明星？水星在哪裡？英語單字字 Monday 中的 -day 是白天那 Mon- 是什麼呢？歐洲人為什麼把銀河叫做 Milky Way 呢？希臘神話中那麼多神真的住在宇宙深處嗎？西方人的 12 個星座怎麼得來的，為什麼不是 11 個或 13 個？......

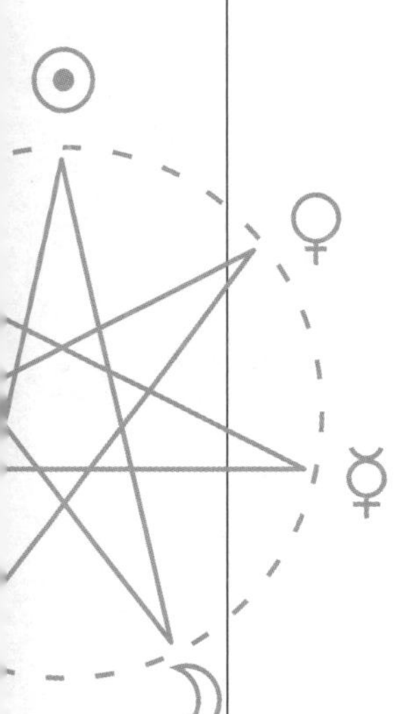

不知道答案，沒關係，想不出結果，沒關係，懶得想，沒關係。因為你眼前的這本書已經告訴了你很多很多，more than you expected！請允許我這麼說！但我說的已經夠了，剩下的時間交給你，請你自己開始閱讀這本書吧！

摩西，英語詞源愛好者

摩西英語網站（www.mosesenglish.com）站長

2013/5/27

／說明／

一、書中神話人物均從希臘語、拉丁語原名，大部分按照羅念生先生《羅氏希臘拉丁文譯音表》（1957）譯出，個別神話人物名採用意譯，或使用通用譯名；古代地名翻譯也同按此標準。書中現代人名和地名均按照中國地名委員會、新華通訊社譯名室相關標準翻譯。（編按：部分譯名斟酌情況改為台灣熟悉用法）

二、書中神話人物名稱英文部分，如非特殊強調，皆使用英文轉寫的希臘語、拉丁語神名。例如神使墨丘利在拉丁語中作 Mercurius，本書中皆使用其英文轉寫的 Mercury。

三、書中天文類名稱術語均使用中國天文學會天文學名詞審定委員會標準翻譯校對。例如 Aquarius 譯為「寶瓶座」，而不譯為「水瓶座」。（編按：也參照台灣國立編譯館編訂的《天文學名詞》一書）

四、書中出現的「詞幹」概念皆對應古希臘語和拉丁語語法中的詞幹。為了方便講解詞彙構成，引入「詞基」的概念，後者指去掉詞幹末尾母音後的剩餘部分。詞幹和詞基非完整的單字，故表示為諸如 graph-‘寫’。

五、為了區分書中的英語詞彙和非英語詞彙，凡是以單引號注解的詞彙皆非現代英語單字，而以雙引號注解的詞彙為現代英語單字，例如：希臘語的 mater‘母親’，英語中的 mother“母親”；前綴、後綴、詞幹、詞基等非完整單字也使用單引號，例如：luc-‘光’。在其他情況下，雙引號常規使用。

六、【 】號在全書中僅僅用來對詞彙進行詞源解釋，以區別於詞彙的一般含義解釋。例如：所謂的“憂鬱的、傷感的”dismal 則源於拉丁語的 dies malus，意思是【今天很不爽】。

七、英文中的連字符遵從詞源和詞構中的使用標準，一般表示非完整單字的概念，以與完整的單字相區別。前綴和詞彙的前半部分表示為諸如 con-‘with’；後綴和詞彙的後半部分表示為諸如 -ory‘...... 之地’；詞彙的中

間部分表示為諸如 -mat-。

八、* 號表示該詞彙未見於書面記載，是詞源學中擬構的詞彙，例如：共同日耳曼語中的 *dagaz‘天’。

九、書中「衍生」一詞表示後詞由前詞與其他詞彙（或前綴、後綴）結合而來，或經過語法變化生成而來，例如：希臘語的 mater‘母親’衍生出了英語中的“大都市”metropolis【母親城】；「演變」一詞表示後詞由前詞本身（未與任何詞彙或前後綴合成）變化而來，例如：拉丁語的 porta‘門’演變為了西班牙語的puerta‘門’；「同源」表示幾個詞彙有著共同的詞源（一般並非互相演變而來），例如：希臘語的aster‘星星’、拉丁語的stella‘星星’和英語中的 star“星星”同源。

／目 錄／

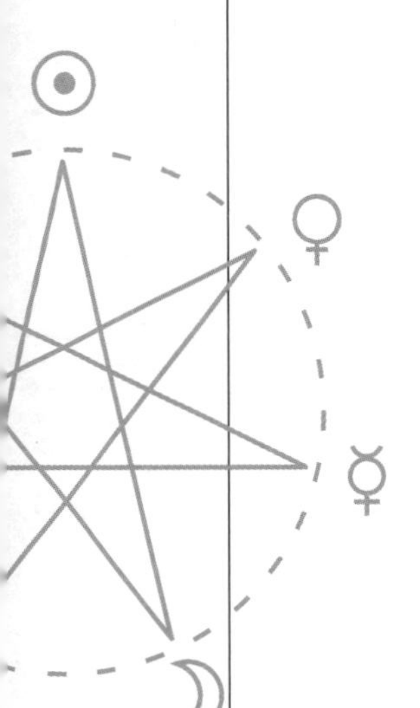

引子 1

人類對宇宙之好奇和探索的歷史可以追溯到很遠很遠。不難想像，即使在遙遠的蠻荒時代，當人類仰望頭頂的蒼穹時，心中肯定會升起一種無比的敬畏：太陽升起，給予世界以溫暖光明；月亮則在夜間接替太陽，守望著寧靜或者不安的大地；眾星東升西落，永恆而週期地懸墜於高高的蒼穹。這種敬畏使得人們自然而然地認為，天上寓居著主宰一切的神靈，他們為生命帶來溫暖光明，為乾渴帶來雨雪滋潤，他們用雷電狂風來威懾大地上的所有生命，並主宰萬物生死枯榮和季節變遷。既然天上寓居著神明，那麼神的旨意或這世間萬物榮枯變遷的法則自然也應該在天穹中尋求。這種尋求產生了一個偉大結果——天文學的誕生。

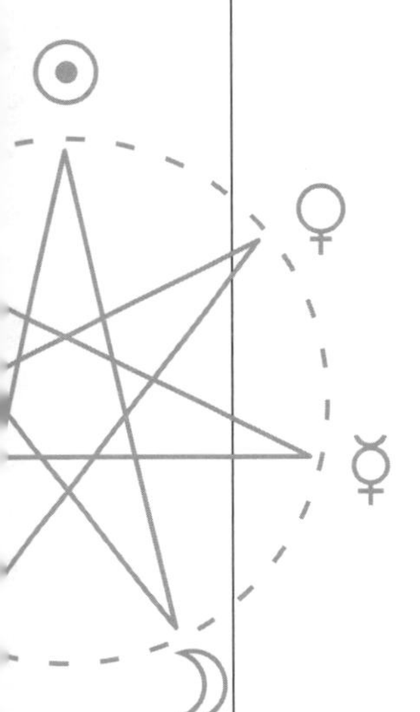

兩河流域的古代文明最早產生較系統的天文學知識。從後來出土的泥板文書中，我們能對其天文建樹一窺端倪。古代兩河流域的天文學家們長期觀察後，發現太陽在天空中位置變動的週期固定，一個太陽回歸年週期約為 12 ～ 13 個朔望月週期（一個朔望月約為 29.5 個晝夜），約為 365 個晝夜。由此產生了古巴比倫的曆法，該曆法規定一年有 12 個月，由 30 天的大月和 29 天的小月交替組成。如此一來，12 個月涵蓋了太陽週期中的 354 天，為了平衡太陽週期和月亮週期之間的不對等，在 19 年裡設置 7 個閏月。這部曆法成為了人類有史以來最早的曆法，也是最早的陰陽曆。為了方便記錄太陽所在的位置，巴比倫天文學家從春分點開始，將太陽運行路線的黃道等分為 12 部分，因此就有了黃道 12 宮。太陽經過春分點時晝夜等長，巴比倫曆法中也將這一天定為新年的起點。另外，巴比倫人還將一個朔望月週期分為 4 部分，分別為新月到上弦月、從上弦月到滿月、從滿月到下弦月、從下弦月到新月，每一部分週期為 7 天（最後一個週期為 8 或 9 天），並將每個週期的第 7 天作為獻給特殊神靈的日子，這一點無疑是今天我們將一週分為 7 天的源由。他們還識別了日月和金木水火土五星，並用巴比倫神話中的重要神明來命名了這 7 顆重要的天體。

古埃及人在天文方面也有不少建樹，至今猶存的金字塔的構造和位置就與夜空中的星座有著精準而密切的關聯。埃及人還發現，尼羅河在每年天狼星偕日升起的日子裡週期性氾濫，並透過觀測天狼星得到較精確的一年的週期長度，規定一年為 365 天。一年分為 12 個月，每月都為 30 天，餘下的 5 天另作為節日使用。由此，埃及人發明了最早的太陽曆。他們不但將一年等分為 12 個月，還將白天和黑夜各等分為 12 小時，並在夜裡透過不同的星座位置來判斷時間。

古希臘人繼承借鑑了兩河流域和埃及的天文學知識，並發展提出自己獨特且系統的宇宙模型。他們認為：大地是圓球形的，居於宇宙最中央；圍繞著地球運轉的，有 7 顆遊走不定的行星即月亮、水星、金星、太陽、火星、木星、土星，它們各占據一個行星天層；在這 7 個行星天層之外，是被稱為恆星天的天球層，所有的星星都恆定地鑲嵌在這個恆星天層中，與整個恆星天一起繞著地球勻速運轉。之所以稱其為恆星，因為其在夜空背景下相對位置保持恆定不變。於是人們把一片天區的恆星組合想像成為具體的事物或人物，便有了星座；人們將其與神話傳說中的英雄故事等聯繫起來，便有了關於星座的眾多神話故事。

西元 2 世紀初，托勒密繼承了早期天文學家的研究成果，將當時能夠觀測到的恆星劃分為 48 個星座。其中，太陽運行的黃道帶一共有 12 個星座，從春分點開始依次為：白羊座、金牛座、雙子座、巨蟹座、獅子座、室女座、天秤座、天蠍座、人馬座、魔羯座、寶瓶座、雙魚座。這些星座對應的星空位置被稱為黃道十二宮(1)。黃道星座形象多以動物為主，因此黃道十二宮也被稱為 zodiac【動物圈】。在黃道的北面，有 21 個星座，分別為：大熊座、小熊座、御夫座、蛇夫座、北冕座、牧夫座、武仙座、天琴座、

(1) 黃道十二宮是一種理想劃分，其將太陽運行的黃道圈等分為 12 段，但實際黃道十二星座所占星域大小有別，因此星座與對應的星宮並不完全吻合。

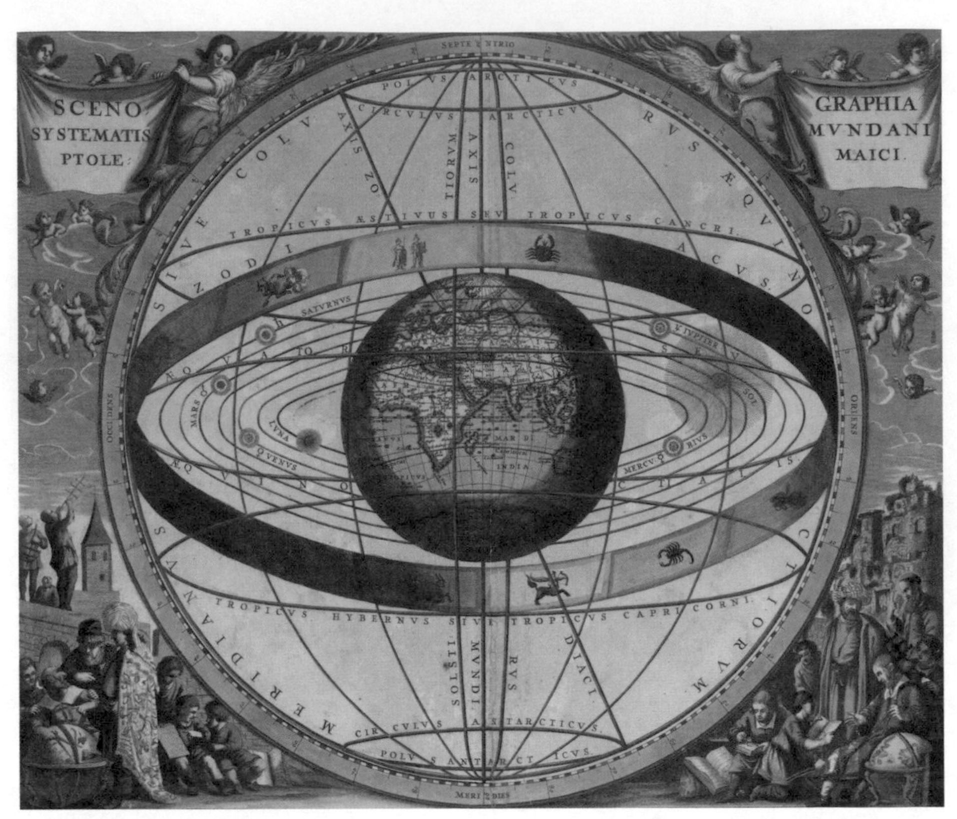

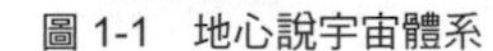
圖 1-1　地心說宇宙體系

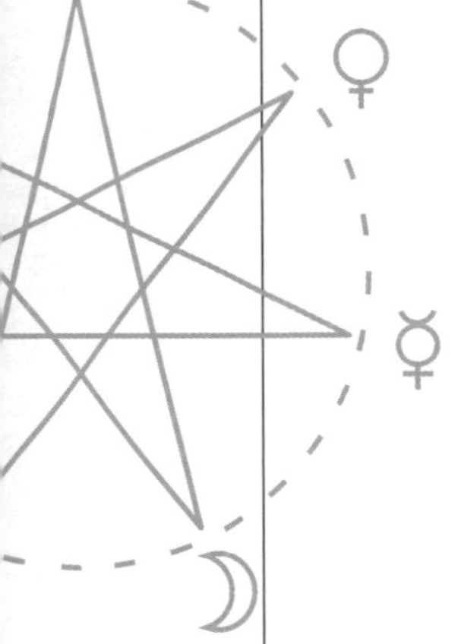

天鷹座、飛馬座、三角座、英仙座、仙女座、仙后座、仙王座、天鵝座、天龍座、海豚座、小馬座、長蛇座、天箭座。在黃道的南面，則有 15 個星座，分別為：大犬座、小犬座、獵戶座、水蛇座、天兔座、巨爵座、烏鴉座、半人馬座、天狼座、南魚座、巨鯨座、波江座、南船座、南冕座、天壇座。這 48 個星座基本覆蓋了當時已知的所有恆星。

希臘人沿用巴比倫的星象傳統，將七大行星與神話中的七位重要神明相對應，其對應分別為：太陽以太陽神赫利奧斯命名，月亮以月亮女神塞勒涅命名，金星對應愛與美之女神阿芙蘿黛蒂，木星對應雷神宙斯，水星對應信使之神荷米斯，火星對應戰神阿瑞斯，土星對應農神克洛諾斯。後來因為受到希伯來文化的影響，希臘人也採用了一週七天的說法，並創造性地將七大行星與一週七天對應，於是星期天被稱為太陽之日，星期一被稱為月亮之日，星期二被稱為戰神之日，星期三被稱為神使之日，星期四被稱為雷神之日，星期五被稱為愛神之日，星期六被稱為農神之日。現代英語、法語、義大利語、德語、西班牙語、印地語、日語等語言中星期的名稱皆源於此。

地心說的宇宙體系因其系統的理論和完美的體系而盛行了一千多年，直到 16 世紀上葉波蘭天文學家哥白尼質疑並指出其疏誤之處。後來，義大利天文學家伽利略用自製的望遠鏡觀測夜空，並證實了哥白尼的觀點。從此也拉開了近代天文學的帷幕。

現代天文學告訴我們：我們所生活的地球其實只是太陽系中的一顆行星，月亮是圍繞著地球運轉的衛星；太陽系共有八大行星，從內到外分別為水星、金星、地球、火星、木星、土星、天王星、海王星。這些行星的命名都來自希臘神話中對應的神靈，水星以信使之神荷米斯之名命名，金星以愛與美之女神阿芙蘿黛蒂之名命名，火星以戰神阿瑞斯之名命名，木星以雷神宙斯之名命名，土星以農神克洛諾斯之名命名，天王星以天神烏拉諾斯之名命名，海王星以海神波塞頓之名命名，同時行星的名稱國際上一般使用其相應的拉丁語名。而衛星的命名則使用行星對應神祇的家屬和僕從。於是火星的衛星就是戰神的兩個兒子，木星的衛星多為宙斯的妻妾女兒，土星的衛星為克洛諾斯手下的各種巨神族神靈，海王星的衛星為海神波塞頓的妻妾家眷等。這樣看來，太陽系實在是一個諸神寓居的地方啊！

如果說以行星為首的太陽系乃是諸神寓居的地方，那麼，夜空中各種恆星所組成的星座則滿滿刻寫著英雄們的史詩。每個星座都有一個生動的傳說故事，而且這些形象並不孤零零懸於夜空之中。在古希臘人眼中，夜空這些形象相互交織，深邃而幽暗的星空中似乎一直在上演著傳說中那些激動人心的神話故事和英雄傳說：

將要被巨鯨怪 Cetus（鯨魚座）吃掉的少女 Andromeda（仙女座）、前來相救並與 Cetus 戰鬥著的英雄 Perseus（英仙座）、坐在王座上對女兒憂心忡忡的王后 Cassiopeia（仙后座）、不知所措的國王 Cepheus（仙王座）；

遭 Perseus 砍下的女妖美杜莎的頭顱 Algol（大陵五）、從女妖斷頸中一躍而出的飛馬 Pegasus（飛馬座）；

啄食盜火者普羅米修斯肝臟的巨鷹 Aquila（天鷹座）、前來解救他的大英雄 Hercules（武仙座）、英雄射向鷹鷲的箭矢 Sagitta（天箭座）、願意獻出自己不死之身以替普羅米修斯承擔苦難的半人半馬 Centaur（半人馬座）智者凱隆；

大英雄 Hercules 嬰兒時代因吃奶而形成的銀河 Milky Way（銀河）、英雄所除滅的奈邁阿食人獅 Leo（獅子座）、勒納沼澤裡的水怪 Hydra（水蛇座）、在背後想偷襲大英雄的螃蟹 Cancer（巨蟹座）、守衛著極西園金蘋果的巨龍 Draco（天龍座）；

載著孩子逃離刑場的金毛牡羊 Aries（白羊座）、載著尋找金羊毛的英雄們的阿爾戈號船 Argo Navis（南船座）、船員奧菲斯為抵制海妖誘惑而彈奏的七弦琴 Lyra（天琴座）、手足情深的雙胞胎 Gemini（雙子座）英雄、英雄們的人馬族導師凱隆射箭形象 Sagittarius（人馬座）；

仙子卡利斯托被變成母熊 Ursa Major（大熊座）、她的兒子在險些誤殺自己母親的瞬間變成的那隻小熊 Ursa Minor（小熊座）、追趕著兩隻熊的牧夫 Bootes（牧夫座）或看熊人 Arcturus（大角星）、牧夫身邊的獵犬 Canes Venatici（獵犬座）；

在夜空中遠遠躲避著毒蠍 Scorpius（天蠍座）的獵人 Orion（獵戶座）、逃離著獵人追求的七仙女 Pleiades（昴星團）......

希臘文化和羅馬文化是歐洲文明的起源，至今整個歐洲仍無不浸淫在其文化的薰陶和影響之下。這種影響表現在諸多方面，無論從科學、藝術、美術、文學、語言或者從社會形態、思想意識等眾多方面，歐洲文明的各個領域幾乎無不汲取著希臘羅馬文明的乳汁。這也導致歐洲諸語言詞彙的希臘羅馬化。就英語來說，據統計英語中常用的 10,000 詞彙中，源自拉丁語（羅馬文明的載體語言）和古，希臘語（希臘文明的載體語言）的詞彙共占 56%。這個比率將隨著統計詞彙量的擴大而增大，在常用的 80,000 詞彙中該比例則上升至 64%[2]。因此，對古希臘語概念和拉丁語基礎概念的解析，總能涉及眾多的英語詞源知識，而這些知識無疑會給英語單字的學習帶來極大的便利。

（2） 10,000 詞彙中的拉丁語古希臘語詞源統計來自威廉斯（Joseph M. Williams）《在英語的起源》（Origins of the English Language）中的統計報告；80,000 詞彙中的拉丁語古希臘語詞源統計來自芬肯斯塔特（Thomas Finkenstaedt）和沃爾夫（Dieter Wolff）在《簡明牛津字典》（Shorter Oxford Dictionary）第三版中的統計報告。

更值得一提的是，古希臘語、拉丁語和英語之間還有一層更加親密的關係：這些語言都源自一個共同的古老祖先。因此它們在基本詞彙和語法上有著眾多的、有對應規律的相似性。對比古希臘語、拉丁語、英語裡的部分基礎詞彙：

表 1-1　古希臘語、拉丁語和英語中的同源詞對比

	古希臘語	拉丁語	英語
父親	pater	pater	father
母親	mater	mater	mother
兄弟	phrater	frater	brother
星星	aster	stella	star
夜晚	nyx	nox	night
田地	agros	ager	acre
腳	pous	pes	foot
角	ceras	cornu	horn
名字	onoma	nomen	name
我	ego	ego	i
新的	neos	novus	new
攜帶	phero	fero	bear
上方	hyper	super	over
一	oinos	unus	one
二	duo	duo	two
六	hex	sex	six
七	hepta	septem	seven

表中任意拿出一個希臘語或者拉丁語詞彙，都能找到眾多的英語衍生詞。古希臘單字 pous ‘腳’ 衍生出了英語中：章魚 octopus【八隻腳】、水螅 polypus【多隻腳】、鴨嘴獸 platypus【扁足動物】、三腳架 tripod【三隻腳】、六足昆蟲 hexapod【六隻腳】等；而拉丁語的 pes ‘腳’ 則衍生出了英語中：蜈蚣 centipede【百足】、柱腳或底座 pedestal【立足之處】、妨礙 impede【束縛住腳】、腳踏板 pedal【腳的】、花梗 pedicle【小足】、修腳 pedicure【足部護理】、計步器 pedometer【足表】等。

從希臘語、拉丁語基礎詞彙到英語詞源，這樣的例子比比皆是。當我們回到希臘神話或羅馬神話中（羅馬神話在很大程度上繼承了希臘神話的內容，因此兩者有很多一致的故事情節，不過是神祇的名字變成了拉丁語名而已），我們不難發現，希臘神話和羅馬神話對英語文化、藝術、語言等有著深遠的影響，

圖 1-2　古代星圖

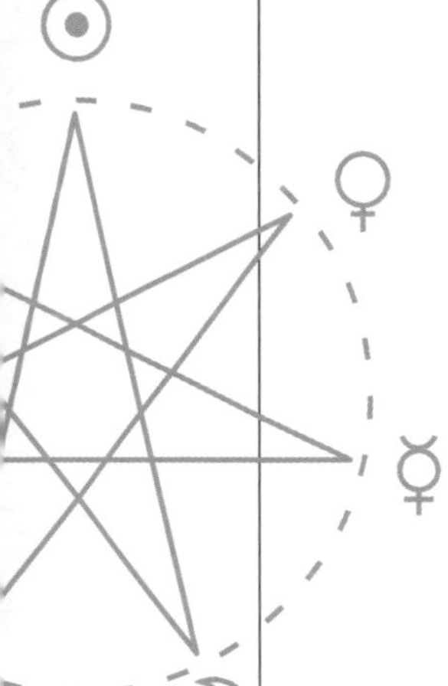

至今英語中仍有大量來自神話內容的俗語或詞彙。另一方面，神話人名的解析所涉及的希臘、拉丁語基礎詞彙更是普及英語詞源的絕好資料。

這也正是本書知識體系構架的來源：透過對西方古代天文宇宙的描繪和解析，較全面解析希臘神話中的眾神故事和英雄傳說，並透過星空這一媒介分析相關的西方歷史文化，透過古希臘語和拉丁語為讀者展現有趣的英語詞源。因為書籍篇幅的原因，關於古代宇宙體系下的行星體系和其相關的希臘眾神的故事部分彙集為本書《眾神的星空》，而關於托勒密 48 個古典星座與其相關的希臘神話中的英雄故事則集成另一本《星座神話》出版發行。

七大行星與星期的起源 2

2.1 星期的起源

我們都知道，一個星期有 7 天，中文按數字分別稱做星期一、星期二、星期三、星期四、星期五、星期六、星期日。除了星期日以外其他的都很好理解，按照順序從一數到六就是。然而在其他語言中似乎都非常複雜。在英語中，一週 7 天分別稱為 Monday、Tuesday、Wednesday、Thursday、Friday、Saturday、Sunday，除去後綴 -day 以外我們似乎只能看出來 Sunday 中的 sun 部分，即太陽，這也為我們透露了一個有趣的訊息，正好在中文裡這一天也被稱為星期「日」。這實在是非常有趣，可是其他 6 個星期名稱該怎麼解釋呢？

中文的「星期日」和英語的 Sunday 不禁讓人想到日語中對這一天的稱呼：日曜日，這又是一個多麼美麗的巧合啊！或者說這其中一定有著一致的規律吧！學過日語的朋友都知道，日語中從週一到週日分別稱為：月曜日、火曜日、水曜日、木曜日、金曜日、土曜日、日曜日。Monday 在日語中稱為月曜日，這似乎在暗示我們 Monday 中的 mon- 和英語中表示「月亮」的 moon 有關係！我們還能夠看到，日語對星期的稱呼中正好包含了「七曜」[1] 的概念。然而這些星期的概念到底和七曜有著什麼樣的關係，各種語言中的星期名稱又是怎麼樣來的呢？

(1) 七曜，即中國古代對日、月和水、木、金、火、土五行的一種總稱，最早可追溯到春秋戰國時期的記載。

第一個問題：為什麼一週有七天？

起初，神創造天地。

地是空虛混沌，淵面黑暗；神的靈運行在水面上。神說：「要有光」，就有了光。神看光是好的，就把光暗分開了。神稱光為晝，稱暗為夜。有晚上，有早晨，這是頭一日。

神說：「諸水之間要有空氣，將水分為上下。」神就造出空氣，將空氣以下的水、空氣以上的水分開了。事就這樣成了。神稱空氣為天。有晚上，有早晨，是第二日。

神說：「天下的水要聚在一處，使旱地露出來。」事就這樣成了。神稱旱地為地，稱水的聚處為海。神看著是好的。神說：「地要發生青草和結種子的菜蔬，並結果子的樹木，各從其類，果子都包著核。」事就這樣成了。於是地發生了青草和結種子的菜蔬，各從其類；並結果子的樹木，各從其類，果子都包著核。神看著是好的。有晚上，有早晨，是第三日。

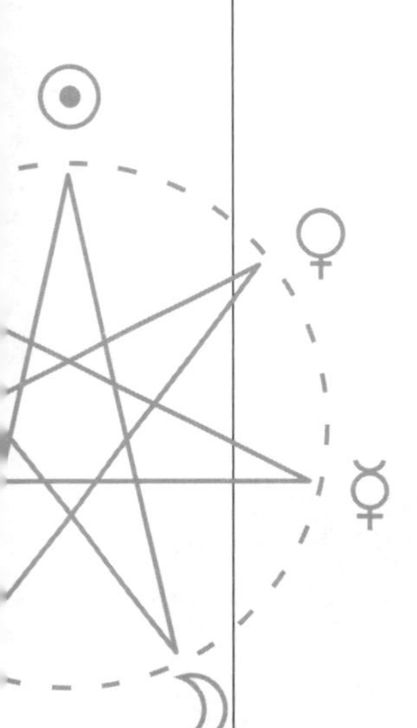

神說：「天上要有光體，可以分晝夜，作記號，定節令、日子、年歲，並要發光在天空，普照在地上。」事就這樣成了。於是神造了兩個大光，大的管晝，小的管夜，又造眾星，就把這些光擺列在天空，普照在地上，管理晝夜，分別明暗。神看著是好的。有晚上，有早晨，是第四日。

神說：「水要多多滋生有生命的物，要有雀鳥飛在地面以上，天空之中。」神就造出大魚和水中所滋生各樣有生命的動物，各從其類；又造出各樣飛鳥，各從其類。神看著是好的。神就賜福給這一切，說：「滋生繁多，充滿海中的水。雀鳥也要多生在地上。」有晚上，有早晨，是第五日。

神說：「地要生出活物來，各從其類；牲畜、昆蟲、野獸，各從其類。」事就這樣成了。於是神造出野獸，各從其類；牲畜，各從其類；地上一切昆蟲，各從其類。神看著是好的。神說：「我們要照著我們的形像，按著我們的樣式造人，使他們管理海裡的魚、空中的鳥、地上的牲畜和全地，並地上所爬的一切昆蟲。」神就照著自己的形像造人，乃是照著他的形像造男造女。神就賜福給他們，又對他們說：「要生養眾多，遍滿地面，治理這地；也要管理海裡的魚、空中的鳥，和地上各樣行動的活物。」神說：「看哪，我將遍地上一切結種子的菜蔬，和一切樹上所結有核的果子，全賜給你們作食物。至於地上的走獸和空中的飛鳥，並各樣爬在地上有生命的物，我將青草賜給它們作食物。」事就這樣成了。神看著一切所造的都甚好。有晚上，有早晨，是第六日。

天地萬物都造齊了。

圖 2-1　創世

到第七日，神造物的工已經完畢，就在第七日歇了他一切的工，安息了。神賜福給第七日，定為聖日，因為在這日神歇了他一切創造的工，就安息了。

——《聖經 · 創世記》1~2 章

《聖經》開篇即講到，上帝用 6 天來創造世界，第七天休息。因此這整個創世週期共有 7 天。虔誠的希伯來人(2)與後來的基督教徒謹遵上帝的教誨，6 天勞作，1 天禮拜，以感謝聖主的創生之恩。於是「勞作－休息」的週期便在基督教世界固定並傳承下來，這一個週期即 7 天，紀念上帝創世的全過程。基督教認為，人之所以要勞作是因為受到神的懲罰，而敬神則遠比勞作重要，因為就《聖經》所述，亞當夏娃違背神意偷食禁果而使全人類犯下原罪，虔誠敬神便成為贖罪的一個重要方式。於是人們將星期日作為一週的第一天，而我們中文的「星期六」則變成一週的第七天。關於這一問題我們將在後文講解。

(2) 希伯來人為猶太人的先祖，猶太教即為希伯來人的宗教，而且《舊約》最早就是用希伯來語寫成。基督教脫胎自猶太教，並將源自猶太教的經文編纂為《舊約》，將記述耶穌言行及之後的的經文編纂成《新約》。

第二個問題：星期和七曜之間的關係

中文的「星期」無疑暴露了此概念的一個重要內涵，即【星之週期】，這一點和古代的天文學說融合了起來。因為很早之前，歐洲人一直認為地球是宇宙的中心，宇宙中繞著地球運動的行星共有 7 個，分別是：月亮、水星、金星、太陽、火星、木星、土星，即在古代廣泛流行的「七大行星」的宇宙觀。我們看到，從托勒密的古典天文巨著《天文學大成》到文藝復興時但丁的《神曲》諸古代作品中，無不描述著這樣的宇宙觀。七大行星的地心說宇宙觀在天文學中至少

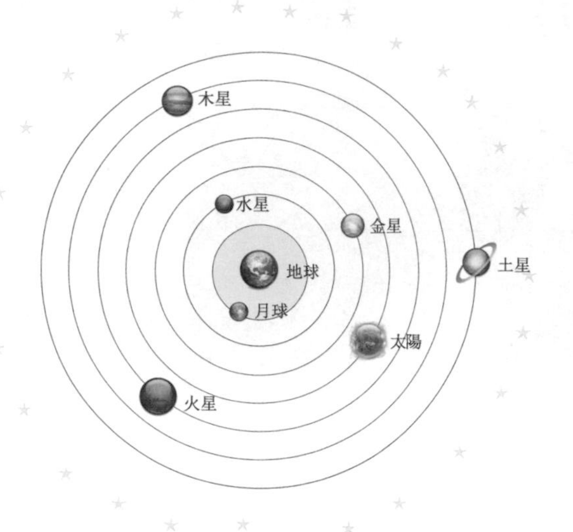

圖 2-2　托勒密的地心說模型

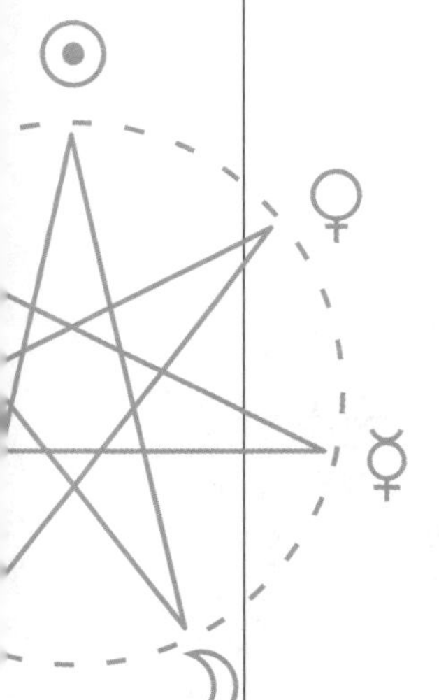

盛行了一千年，或許實際要遠遠高於這個數字。上帝創世用了 7 天，圍繞著地球轉動的有 7 顆行星，這兩者之間的融合使得每一天被對應上了一顆行星，從日語中顯然能看到這對應的形式：星期天稱為日曜日，對應太陽；星期一稱為月曜日，對應月亮；星期二稱為火曜日，對應火星；星期三稱為水曜日，對應水星；星期四稱為木曜日，對應木星；星期五稱為金曜日，對應金星；星期六稱為土曜日，對應土星。土星對應星期六，英語中土星稱為 Saturn，而星期六稱為 Saturday，我們沿著 Sunday 即 sun-day【太陽日】、Monday 即 moon-day 【月亮日】的邏輯，會發現 Saturday 其實正是 saturn-day【土星日】之意。

可是我們能否照此思路分析下去，來解決所有的問題呢？

要解決這個問題，我們似乎要先弄清楚這些語言中行星名稱的來歷。

早在兩河流域的古巴比倫文明時，人們就將行星視為神靈一一崇拜，並為每顆行星都命名以一個具體的神名，這個對應表現為：

太陽對應太陽之神 Shamash
月亮對應月亮女神 Sin
火星對應戰神 Nergal
水星對應智慧之神 Nabu
木星對應雷神 Marduk
金星對應愛神 Ishtar
土星對應農神 Ninurta

後來，這種拜星文化傳到了古希臘，希臘人也仿效巴比倫人，用對應的神祇來命名這些行星。古巴比倫的占星學家還發現，一個月大概有28天，這28天根據月相可以分為4個部分，分別是新月到上弦月、上弦月到滿月、滿月到下弦月、下弦月到新月，每個部分正好是7天時間。於是他們將這7天與日月五行相結合，用「七大行星」的名字命名了這7天。希臘人借鑑了古巴比倫人的發明創造，於是就有了古希臘語中的星期：

(3) 英國的主體民族來自日耳曼人的後裔，古英語屬於日耳曼語中的一支。

(4) 注意到希臘神話中的Cronos、羅馬神話中的Saturn這樣的神職，似乎在日耳曼神話中找不到對應的神靈，因此表格中留下了空缺。或許也正是由於此空缺，古英語中關於星期六採用了羅馬神話的Saturn（Sæternesdæg　即【Saturn's day】），而不是來自本民族語言和神話的內容。

表 2-1　巴比倫、希臘諸神與星期對應

行星	神職	巴比倫神話	希臘神話	希臘語的星期	釋義	釋義2
太陽	太陽之神	Shamash	Helios	hemera Heliou	day of Helios	太陽日
月亮	月亮女神	Sin	Selene	hemera Selenes	day of Selene	月亮日
火星	戰神	Nergal	Ares	hemera Areos	day of Ares	火星日
水星	智慧之神	Nabu	Hermes	hemera Hermou	day of Hermes	水星日
木星	雷神	Marduk	Zeus	hemera Dios	day of Zeus	木星日
金星	愛神	Ishtar	Aphrodite	hemera Aphrodites	day of Aphrodite	金星日
土星	農神	Ninurta	Cronos	hemera Cronou	day of Cronos	土星日

我們看到，希臘人仿效了古巴比倫人，而羅馬人則仿效了希臘人，日耳曼人又仿效了羅馬人。我們不妨對比一下希臘神話、羅馬神話和日耳曼神話(3)中對應的神靈名稱以及這些語言中對應的星期名稱(4)：

表 2-2　羅馬、日耳曼諸神與星期對應

行星	神職	羅馬神話	拉丁語中的星期	日耳曼神話	古英語中的星期	現代英語中的星期
太陽	太陽之神	Sol	dies Solis	Sunna	Sunnandæg	Sunday
月亮	月亮女神	Luna	dies Lunae	Mani	Monandæg	Monday
火星	戰神	Mars	dies Martis	Tyr	Tiwesdæg	Tuesday
水星	智慧之神	Mercury	dies Mercurii	Odin	Wodnesdæg	Wednesday
木星	雷神	Jupiter	dies Jovis	Thor	Þunresdæg	Thursday
金星	愛神	Venus	dies Veneris	Frigg/Freya	Frigedæg	Friday
土星	農神	Saturn	dies Saturni		Sæternesdæg	Saturday

而現代英語中關於星期的名稱都來自於古英語，於是 Sunnandæg【Sunna's day】變成 Sunday、Monandæg【Mani's day】變成 Monday、Tiwesdæg【Tyr's day】變成 Tuesday、Wodnesdæg【Odin's day】變成 Wednesday、Þunresdæg【Thor's day】變成 Thursday、Frigedæg【Frigg's day】變成 Friday、Sæternesdæg【Saturn's day】變成 Saturday。

至此，英語中從星期一到星期日的名稱來歷都已明瞭。這些名稱都是由古巴比倫的拜星文化所衍生，每一天對應著一顆行星，或者說對應這顆行星相關的神祇。雖然我們繞了一個彎子，途中提及希臘神話、羅馬神話、日耳曼神話，但應該說，引入這些概念還是非常有意義的。且比較一下這些語言中關於星期的詞彙。

日耳曼語族各語言中的星期對比：

表 2-3　日耳曼語族各語言中的星期

星期	日耳曼神祇	英語	德語	瑞典語	挪威語	荷蘭語
星期日	Sunna	Sunday	Sonntag	söndag	søndag	zondag
星期一	Mani	Monday	Montag	måndag	mandag	maandag
星期二	Tyr	Tuesday	Dienstag	tisdag	tirsdag	dinsdag
星期三	Odin	Wednesday	Mittwoch	onsdag	onsdag	woensdag
星期四	Thor	Thursday	Donnerstag	torsdag	torsdag	donderdag
星期五	Frigg / Freya	Friday	Freitag	fredag	fredag	vrijdag
星期六		Saturday	Samstag	lördag	lørdag	zaterdag

羅曼語族各語言中的星期對比：

表 2-4　拉丁語和羅曼語族各語言中的星期

星期	羅馬神祇	拉丁語名稱	法語	義大利語	西班牙語	羅馬尼亞語
星期日	Sol	dies Solis	dimanche	domenica	domingo	duminică
星期一	Luna	dies Lunae	lundi	lunedì	lunes	luni
星期二	Mars	dies Martis	mardi	martedì	martes	marţi
星期三	Mercury	dies Mercurii	mercredi	mercoledì	miércoles	miercuri
星期四	Jupiter	dies Jovis	jeudi	giovedì	jueves	joi
星期五	Venus	dies Veneris	vendredi	venerdì	viernes	vineri
星期六	Saturn	dies Saturni	samedi	sabato	sábado	sâmbătă

後文中將對這些語言中星期名稱的構成，逐一進行詳細的分析。

2.2　日耳曼諸語中的星期

我們已經知道，日耳曼語族部分子語中的星期表達方式，如下表所述：

表 2-5　日耳曼語言中的星期

星期	古英語	英語	德語	瑞典語	挪威語	荷蘭語
星期日	Sunnandæg	Sunday	Sonntag	söndag	søndag	zondag
星期一	Monandæg	Monday	Montag	måndag	mandag	maandag
星期二	Tiwesdæg	Tuesday	Dienstag	tisdag	tirsdag	dinsdag
星期三	Wodnesdæg	Wednesday	Mittwoch	onsdag	onsdag	woensdag
星期四	Thurresdæg	Thursday	Donnerstag	torsdag	torsdag	donderdag
星期五	Frigedæg	Friday	Freitag	fredag	fredag	vrijdag
星期六	Sæternesdæg	Saturday	Samstag	lördag	lørdag	zaterdag

注意到古英語中表示星期概念的詞彙都有一個共同的後綴 -dæg，這個詞演變為現代英語中的 day。對比古英語的 dæg、瑞典語中的 dag、挪威語中的 dag、荷蘭語中的 dag、德語的 Tag(5)，會發現這些詞彙驚人地相似。很明顯，這些語言源自一個共同的祖先，這個共同的祖先被稱為原始日耳曼語，根據各同源子語形態的分析對比，學者們擬構出該詞在原始日耳曼語中的古老形式 *dagaz。

4 世紀末，西羅馬帝國衰微，居住在帝國的北部防線外（即萊茵河東北、多瑙河以北地區）的蠻族部落開始蠢蠢欲動。凱撒大帝曾將這些蠻族人稱為日耳曼人 Germani，因為他們在打仗時發出【振聾發聵的吼聲】。雖然這些人自稱為條頓人 Teutonicus【多民族共同體】，至今我們依然使用日耳曼人 Germanic Peoples 來指稱這些民族。375 年，當匈人越過頓河並打敗日耳曼民族中的一支——東哥德人時，整個帝國邊境上的日耳曼民族開始了大逃亡，他們衝破了帝國業已脆弱不堪的防線，並最終導致了西羅馬帝國的陷落（西羅馬帝國於 476 年滅亡）。帝國的廣大領土遭日耳曼各個部落相繼攻陷占領。從此，野蠻人建立的支離破碎的王國取代了文明一統的羅馬帝國，日耳曼各部族的語言和羅馬帝國的方言取代了通用的拉丁

（5）德語中名詞首字母大寫。

圖 2-3 歐洲各主要日耳曼語的分布

語，並最終發展演變為如今歐洲的各種語言。這些新生語言主要分為兩支：由共同日耳曼語發展而來的各子語言構成日耳曼語族，包括現在的英語、德語、荷蘭語、丹麥語、瑞典語、挪威語、冰島語等；由拉丁語發展而來的各子語言構成羅曼語族，包括現在的法語、西班牙語、義大利語、葡萄牙語、羅馬尼亞語等。這也是為什麼這些日耳曼子語中基本詞彙如此相像的原因，因為它們有著一個共同的起源。

約在 3 ～ 4 世紀期間，日耳曼人仿效羅馬人的星期體系，將星期名中的羅馬神名改為對應的日耳曼神名。他們把星期日中的太陽之神索爾 Sol 改為日耳曼神話中的太陽神蘇娜 Sunna，將星期一中的月神路娜 Luna 改為日耳曼神話中的月神曼尼 Mani，將星期二中的戰神馬爾斯 Mars 改為日耳曼神話中的戰神提爾 Tyr，將星期三中的亡靈引導之神墨丘利 Mercury 改為日耳曼神話中的亡靈引導之神奧丁 Odin，將星期四中的雷神朱庇特 Jupiter 改為日耳曼神話中的雷神索爾 Thor，將星期五中的愛神維納斯 Venus 改為日耳曼神話中的愛神芙蕾雅 Freya 或女神弗麗嘉 Frigg(6)。因為星期六中的農神薩圖爾努斯 Saturn 沒有對應的日耳曼神祇，於是人們乾脆借用這個羅馬神名表示星期六的概念，例如古英語中的 Sæternes dæg【薩圖爾努斯之日】；或以日耳曼民族重要的節慶風俗命名，例如瑞典語中的 lördag 和挪威語的 lørdag，即【洗澡日】。

舉英語為例來分析這些星期名稱，星期的名稱一般由「所有格神名」加上表示「日」的對應詞彙構成，字面意思都是【**

(6) 由於共同日耳曼語沒有書面文獻留下來，我們對於日耳曼神話和日耳曼語的瞭解來自於各個子語。在各子語言中，諸神靈的名字稍有不同，沒有一個統一的書寫。此處的日耳曼神話人物名，採用日耳曼神話中流傳最廣的北歐神話人名。其他日耳曼子語中，這些人物的名稱稍有不同，例如戰神 Tyr 在古英語中稱為 Tiw、雷神 Thor 在古英語中稱 Þunor、主神奧丁 Odin 在古英語中稱為 Woden、女神 Frigg 在古英語中稱為 Frig。後文如未特殊提及，凡日耳曼神話神名皆使用北歐神話中的神名版本。

之日】。古英語中的‘太陽’sunne 之所有格為 sunnan，而 sunnan dæg 即【太陽之日】，於是就有了古英語中的星期日 Sunnandæg 和現代英語的 Sunday；‘月亮’mona 所有格為 monan，而 monan dæg 即【月亮之日】，於是就有了古英語中的星期一 Monandæg 和現代英語的 Monday；戰神 Tiw 的所有格為 Tiwes，而 Tiwes dæg 即【戰神之日】，於是就有了古英語中的星期二 Tiwesdæg 和現代英語的 Tuesday；亡靈引導之神 Woden 所有格為 Wodnes，而 Wodnes dæg 即【亡靈引導神之日】，於是就有了古英語中的星期三 Wodnesdæg 和現代英語的 Wednesday；雷神 Þunor 所有格為 Þunres，而 Þunres dæg 即【雷神之日】，於是就有了古英語中的星期四 Þunresdæg 和現代英語的 Thursday；女神 Frig 的所有格為 Frige，而 Frige dæg 即【女神弗麗嘉之日】，於是就有了古英語中的星期五 Frigedæg 和現代英語的 Friday；農神 Sætern 所有格為 Sæternes，而 Sæternes dæg 即【農神之日】，於是就有了古英語中的星期六 Sæternesdæg 和現代英語的 Saturday(7)。

再看德語。德語中將週日到週六分別稱作 Sonntag、Montag、Dienstag、Mittwoch、Donnerstag、Freitag、Samstag。德語的 -tag 即相當於英語中的 day，相信大家都能輕鬆看出德語的 Montag 跟英語 Monday 如出一轍，德語的 Sonntag 和英語的 Sunday 也非常地相似。英語中說 good day，而德語中則說 Guten Tag，仔細聽你會發現這兩種語言在基本詞彙上是何其地相似。瑞典語、挪威語、荷蘭語亦是如此，既然上文陳述了這些語言中星期的對比，此處不妨簡單對比一下太陽和月亮這兩個基礎概念：

(7) 上述所有格中，出現最頻繁的一種為「詞基 + -es」結構的所有格，現代英語中表示所有格概念的 's 即由其演變而來，對比古英語 freondes 和現代英語的 friend's，兩者都表示「屬於朋友的」。

表 2-6　日耳曼語言中太陽和月亮的概念

詞彙	古英語	德語	瑞典語	挪威語	荷蘭語	現代英語
太陽	sunne	Sonne	sol	sol	zon	sun
月亮	mona	Mond	måne	måne	maan	moon

星期日

羅馬人將這一天稱為 dies Solis【太陽之日】，日耳曼人用自己的語言仿造了類似的詞彙。很明顯，德語的 Sonntag、瑞典語的 söndag、挪威語的 søndag、荷蘭語的 zondag、英語的 Sunday，都與古英語的 Sunnandæg【太陽之日】如出一轍。

對比 sun 的同源詞彙我們可以看到，英語、德語、瑞典語、挪威語中的 s 往往對應荷蘭語中的 z，因此英語中的 Saturday 對應變為了荷蘭語中的 zaterdag。對比下述英語與荷蘭語同源詞彙：

柔軟 soft/zacht，七 seven/zeven，航行 sail/zeil，酸 sour/zuur，
鹽 salt/zout，靈魂 soul/ziel，姐妹 sister/zuster。

類似的，從 day 的同源詞對比上我們發現，英語、瑞典語、挪威語、荷蘭語中的 d 往往對應德語的 t，此處舉英語與德語同源詞為例：

舞蹈 dance/Tanz，死亡 dead/tot，門 door/Tür，鴿子 dove/Taube，
夢 dream/Traum，耳聾 deaf/ taub，中間 middle/mittel，喝 drink /trinken 。

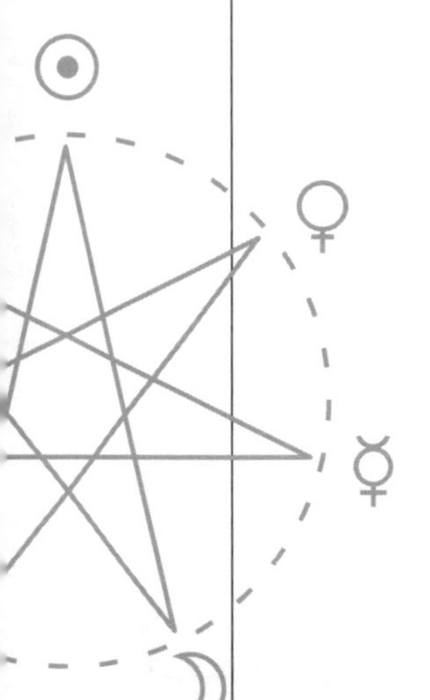

星期一

羅馬人將這一天稱為 dies Lunae【月亮之日】或【月神之日】；相似的，dies Solis 也可以理解為【太陽神之日】。日耳曼人將其改為本民族對應的神靈，即太陽神蘇娜 Sunna 和月神曼尼 Mani[8]。

德語的 Montag 即 Mond-Tag【月亮之日】，同樣英語中的 Monday 即 moon-day，相似的道理，瑞典語的 måndag 可以認為是瑞典語的 måne-dag，挪威語的 måndag 可以認為是挪威語的 måne-dag，荷蘭語的 maandag 可以認為是荷蘭語的 maan-dag。

（8）需要注意的一點是，日耳曼神話中太陽神為女性形象，表示太陽的詞彙亦為陰性，例如德語中的 die Sonne。而月神的形象為男性，並且表示月亮的詞彙為陽性，例如德語中的 der Mond。這一點正好與羅馬神話和拉丁語相反，拉丁語 Sol 為陽性，因此太陽神為男性形象；Luna 為陰性，因此月神為女神。

星期二

羅馬人將這一天稱為 dies Martis【戰神馬爾斯之日】，馬爾斯 Mars 是羅馬神話中的戰神。日耳曼神話中的戰神為提爾 Tyr，於是人們用他的名字來命名了這一天，便有了英語中的 Tuesday、德語中 Dienstag、瑞典語的 tisdag、挪威語的 tirsdag、荷蘭語的 dinsdag，意思都是【Tyr's day】。對比古英語的 Tiwesdæg 就會發現，上述詞彙中間位置的 -s- 都來自所有格標誌，基本上相當於現代英語中的名詞所有格 's。

星期三

羅馬人將週三稱為 dies Mercurii ，即【亡靈引導神墨丘利之日】，墨丘利 Mercury 是羅馬神話中的神使，並負責將亡靈引領至冥界。日耳曼神話中負責引領亡靈的神為主神奧丁 Odin，於是人們用他的名字來命名這一天，即【奧丁之日】。奧丁在英語中稱作 Woden，於是就有了英語中的 Wednesday【Woden's day】。其中 Wednes 即 Woden 的所有格，字面意思為 Woden's，因此我們可以解讀英國的地名 Wednesfield【Woden's field】、Wednesbury【Woden's hill】。對比荷蘭語的 Woensdag，會發現 woden 中的 d 音脫落了，而 Woens- 部分即 Woden's 之意，荷蘭有一個叫 Woensdrecht 的小城，意思顯然是【Woden's strand】。同樣的道理，從神名 Odin 到瑞典語和挪威語 Onsdag，我們看到其中的 Ons- 部分也是 Odin's 之意，北歐有一座山叫做 Onsbjerg，字面意思即【Odin's mountain】。當然，這個對比還告訴我們英語與荷蘭語更相近一些，同樣的，瑞典語和挪威語則更相近一些。

（9）德語的 mitt- 與英語的 mid-‘中間’同源，而 -woch 與英語的 week 同源，對比德語中的 Woche‘星期’。

至於德語中的 Mittwoch ，對比一下這個詞和英語中的 midweek(9)，因此德語的星期三 Mittwoch 本意為【一週的中間】，如果我們按照順序從星期天數到星期六，最中間的一天即星期三，沒錯吧！

星期四

羅馬人稱這一天為 dies Jovis 【雷神朱庇特之日】[10]，朱庇特 Jupiter 是羅馬神話中的天神和雷神，後者對應希臘神話中的宙斯 Zeus。宙斯是雷電之神，他的「必殺技」是釋放閃電雷鳴，希臘神話中被他電死電傷的神祇、怪物和凡人不計其數。在德語中，表示雷的單字為 Donner ，於是便有了德語對星期四的稱呼 Donnerstag 【thunder's day】，荷蘭語中的 donderdag 也是類似的道理。日耳曼神話中的雷神為索爾 Thor，於是便有了英語中的 Thursday、瑞典語中的 torsdag、挪威語中的 torsdag，意思都是【Thor's day】。雷神索爾用來發出雷電的武器為「雷神之鎚」，相信玩《魔獸》、《遺跡保衛戰》（DOTA）等遊戲的朋友對其應該非常熟悉了。

（10）拉丁語中，Jupiter 一詞為不規則變格名詞，其所有格為 Jovis。因此 Jovis 即相當於英語中的 Jupiter's。

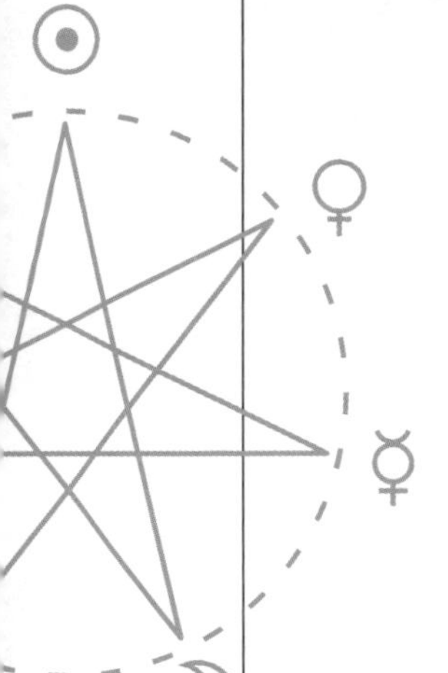

對比英語中的 thunder 和荷蘭語中的 donder，我們發現英語中的 th 經常對應荷蘭語中的 d，對比下述英語與荷蘭語同源詞彙：

拇指 thumb/ duim，嘴巴 mouth/mond，月分 month/maand，
牙齒 tooth/tand，細小 thin/dun，渴 thirst/dorst，地球 Earth/ Aarde

仔細聽德語中表示雷鳴的 Donner、荷蘭語的 donder 和英語的 thunder 讀音，會覺得非常像雷鳴聲「咚——咚」。在原始日耳曼語中，這個詞被稱為 *thunraz，英語中的 thunder、德語的 Donner、荷蘭語的 donder，以及雷神索爾的名字 Thor 皆來自這個詞。

星期五

羅馬人將這一天稱為 dies Veneris，即【愛神維納斯之日】，維納斯 Venus 是羅馬神話中的愛與美之女神。維納斯對應日耳曼神話中的愛神芙蕾雅 Freya，於是便有了瑞典語中的 fredag、挪威語中的 fredag，字面意思都是【Freya's day】；愛神芙蕾雅有時被等同於婚姻女神弗麗嘉 Frigg，因此有了英語中的 Friday、德語中的 Freitag、荷蘭語中的 vrijdag，字面同意思都為

【Frigg's day】。注意到英語中的 Friday 對應荷蘭語中的 vrijdag，我們發現英語中的 f 經常對應荷蘭語中的 v，對比下述英語與荷蘭語中的同源詞彙：

父親 father/vader，火 fire/vuur，狐狸 fox/vos，肉 flesh/vlees，
禽鳥 fowl/vogel，自由 free/vrij

注意到在日耳曼神話中，婚姻女神弗麗嘉 Frigg 有時與愛神芙蕾雅 Freya 等同，或許與 Frigg 一名本身表示‘愛’有關。對比古英語中表示‘愛’的動詞 freogan，-an 是古英語中的動詞不定式標誌。這個詞的現在分詞為 freond，字面意思是【the loving one】，英語中的朋友 friend 即由其演變而來。而相應的惡魔 fiend 則來自古英語的 feond，後者是動詞‘恨’feogan 的現在分詞，字面意為【the hating one】，對比敵人 foe。

星期六

羅馬人稱這一天為 dies Saturni，即【農神薩圖爾努斯之日】，薩圖爾努斯 Saturn 為羅馬神話中的農神。日耳曼神話中沒有和他對應的神祇，因此有的部族直接借用羅馬神來命名這一天。便就有了古英語中的 Sæternesdæg【Sætern's day】，其中 Sætern 即古英語版的 Saturn。現代英語中的 Saturday，荷蘭語的 Zaterdag 亦如此演變而來。

再看德語的 Samstag，其由古高地德語[11]中的 sambaztag 演變而來，後者即相當於英語中的 sabbath day。《聖經 · 出埃及記》中寫到：

（11）古高地德語為西日耳曼語中一支，現代的德國、奧地利、列支敦斯登、瑞士和盧森堡的各種德語方言都由其演變而來。

當紀念安息日，守為聖日。六日要勞碌做你一切的工，但第七日是向耶和華你神當守的安息日。

——《聖經 · 出埃及記》 20：8~10

注意到《聖經》最早用希伯來文書寫的，在希伯來語中‘安息日’叫做 shabbat。或許下文最能解釋這個詞的來歷了：

神賜福給第七日，定為聖日，因為在這日神歇了（shavat）他一切創造的工，就安息了。

——《聖經 · 創世記》2：3

希伯來語原文中使用了 shavat 一詞，意思是‘他歇息’，這正解釋了安息日 shabbat 的來歷。而英語中的 sabbath day、德語的 Samstag 也都是由希伯來語的 shabbat 演變而來。

2.3 羅曼諸語中的星期

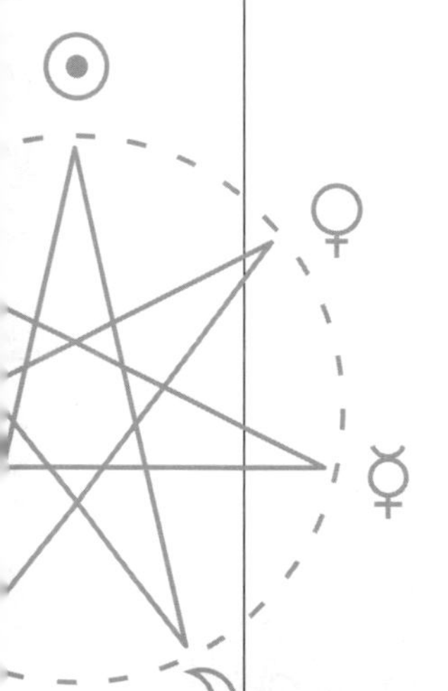

拉丁語在歐洲的勝利進軍無疑是舉世無雙的。這個最初只是義大利台伯河流域拉丁姆[12]平原上所使用的語言，隨著羅馬帝國的興起和強大而遍及帝國的每一個角落。西元前 3 世紀初，羅馬人統一了義大利半島；西元前 3 世紀中葉至前 2 世紀中葉，羅馬人透過布匿戰爭和馬其頓戰爭，征服了迦太基、西班牙、馬其頓和希臘諸地區，控制了地中海；西元前 51 年，羅馬完成對高盧的征服，將其劃入帝國版圖；西元 43 年，羅馬人渡過海峽占領不列顛島。約在西元 117 年，羅馬帝國版圖到達頂峰，西起不列顛，東至黑海，南到北非，北至萊茵、多瑙河的大片土地都在羅馬帝國的統治下。在帝國境內，拉丁語作為帝國的官方語言廣被接受[13]。

西元 395 年狄奧多西大帝[14]臨終前，將帝國分給兩個兒子繼承，從此羅馬帝國一分為二：西羅馬帝國定都羅馬，疆域包括今天的義大利、西班牙、葡萄牙、法國、英國以及部分北非地區；東帝國定都君士坦丁堡 Constantinopolis【君士坦丁大帝之城】，疆域包括現代的希臘、塞普勒斯、埃及、小亞細亞等地中海東部和黑海南部的廣大地區。476 年，西羅馬帝國因為日耳曼人的入侵，最終土崩瓦解。從此西羅馬帝國分成眾多大大小小的王國，歐洲開始進入中世紀的封建割據時代。政治統一的喪失、語言交流的缺少、異族民眾的大量

（12）拉丁姆 Latium 一詞的本意即【平原、寬闊之地】，因為最初在拉丁姆地區使用，所以這個語言也被稱為拉丁語 Latin。

（13）羅馬帝國的西部主要使用拉丁語，而帝國東部除拉丁語外還大量使用希臘語，因為羅馬人宣布希臘語為帝國東部的第二官方語言。

（14）狄奧多西大帝（Theodosius, 347 ～ 395），最後一位治理統一的羅馬帝國的君主。

湧入使得拉丁語在各地區產生不同的變化，同時地域性差異越來越大，最終導致拉丁語的消亡和諸多新語言的生成。於是拉丁語在不同地區演變為不同的語言，成為今天的法語、義大利語、西班牙語、葡萄牙語、羅馬尼亞語、普羅旺斯語等語言。因為這些語言都是從羅馬帝國（Roman Empire）的拉丁語演變而來，人們便將這些語言統稱為羅曼諸語言（Romance languages）。

因此，拉丁語中關於星期的概念也被羅曼諸語言所繼承。

起初，羅馬人從希臘人那裡學來了星期的劃分，並用羅馬神名取代希臘神名稱呼一週裡的每一天。他們將星期日中的太陽之神赫利奧斯 Helios 改為羅馬神話中的太陽神索爾 Sol，將星期一中的月亮女神塞勒涅 Selene 改為羅馬神話中的月亮女神路娜 Luna，將星期二中的戰神阿瑞斯 Ares 改為羅馬神話中的戰神馬爾斯 Mars，將星期三中的亡靈引導神荷米斯 Hermes 改為羅馬神話中的亡靈引導神墨丘利 Mercury，將星期四中的雷神宙斯 Zeus 改為羅馬神話中的雷神朱庇特 Jupiter，將星期五中的愛神阿芙蘿黛蒂 Aphrodite 改為羅馬神話中的愛神維納斯 Venus，將星期六中的農神克洛諾斯 Cronos 改為羅馬神話中的農神薩圖爾努斯 Saturn。事實上，羅馬神話幾乎全盤複製了希臘神話的內容，因而今天當我們談起羅馬神話時，說到的大多內容其實是希臘神話中的故事。

而當我們講起希臘神話在天文、藝術、文學與文化中的表現時，看到的卻是對應的羅馬名字。拉丁語中的星期名稱也由「所有格神名」加上表示「日」的對應詞彙構成，字面意思都是【** 神之日】。拉丁語中的太陽 sol 之所有格為 solis，而 dies Solis 即【太陽之日】，即 the sun's day 或 day of the sun；月亮 luna 所有格為 lunae，而 dies Lunae 即【月亮之日】；戰神 Mars 的所有格為 Martis，而 dies Martis 即【戰神之日】；亡靈引導之神 Mercury 所有格為 Mercurii，而 dies Mercurii 即【亡靈引導神之日】；雷神 Jupiter 所有格為 Jovis，而 dies Jovis 即【雷神之日】；愛與美之女神 Venus 所有格為 Veneris，而 dies Veneris 即【愛神之日】；農神 Saturn 所有格為 Saturni，而 dies Saturni 即【農神之日】(15)。注意到上述所有格中，出現最頻繁的一種為「名詞詞基 + -is」(16) 構成的所有格，這是拉丁語中最常見的所有格變化

（15）英語在轉述羅馬神話時，有時會對部分名稱進行改動，例如拉丁語中的 Mercurius 在英語中轉寫為 Mercury，Saturnus 在英語中轉寫為 Saturn。文中如非特殊提及，皆使用英語轉寫的羅馬神話人名。

（16）詞基，指拉丁語和希臘語中的名詞、形容詞在語法變位中最基礎部分。此處與「詞幹」概念相區別。

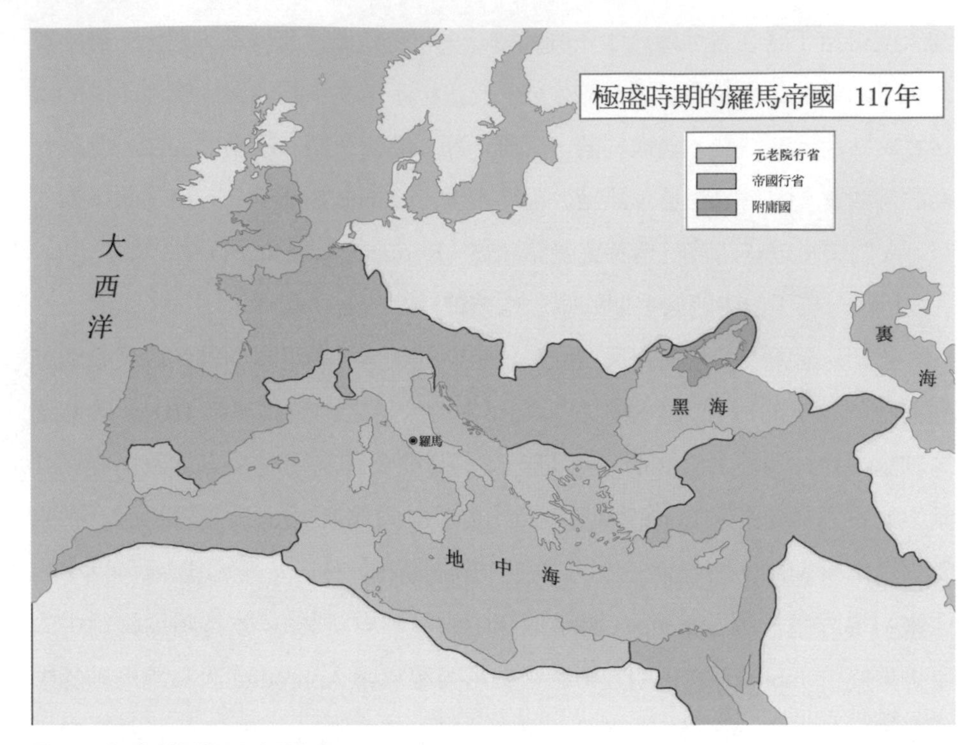

圖 2-4 極盛時期的羅馬帝國版圖

法之一。對比該所有格與前文中講到古英語中「名詞詞基 +-es」的所有格構成，會發現它們是如此的相似。確實，這兩種語法變格也有著共同的起源。所以 Mars 的所有格 Martis 可以直接翻譯為英語的 of Mars，於是 dies Martis 就是【day of Mars】了。

拉丁語中的星期名稱以及羅曼諸語中的星期名稱如下：

表 2-7 希臘語、拉丁語與羅曼諸語中的星期名稱

星期	希臘語	拉丁語	法語	義大利語	西班牙語	羅馬尼亞語
星期日	hemera Heliou	dies Solis	dimanche	domenica	domingo	duminică
星期一	hemera Selenes	dies Lunae	lundi	lunedì	lunes	luni
星期二	hemera Areos	dies Martis	mardi	martedì	martes	marţi
星期三	hemera Hermou	dies Mercurii	mercredi	mercoledì	miércoles	miercuri
星期四	hemera Dios	dies Jovis	jeudi	giovedì	jueves	joi
星期五	hemera Aphrodites	dies Veneris	vendredi	venerdì	viernes	vineri
星期六	hemera Cronou	dies Saturni	samedi	sabato	sábado	sâmbătă

注意到拉丁語星期概念中都有一個 dies，很明顯，這個詞與日耳曼語種的 *dagaz 一樣，都表示‘日、天’的含義，可以翻譯為英語中的 day。拉丁語中的 dies‘天’演變成了西班牙語的 día、葡萄牙語的 dia、羅馬尼亞語的 zi；而 dies 的形容詞 diurnus[17] 則演變出義大利語的 giorno 和法語的 jour。對比一下這些語言中對應 good day 的問候語：

西班牙語： Buenos días.

葡萄牙語： Bom dia.

羅馬尼亞語：Bună ziua.

義大利語： Buon giorno.

法語：Bonjour.

（17）拉丁語的 diurnus 由詞基 di- 加 -urnus 後綴組成，後綴 -urnus 最初用來構成時間概念的形容詞，對比拉丁語中的夜晚 nocturnus，後者源自黑夜 nox（所有格為 noctis，詞基 noct-）。英語中的 diurnal 和 nocturnal 即源自這兩個詞。

（18）賀拉斯（Quintus Horatius Flaccus, 西元前 65 ～前 8 年），古羅馬詩人、批評家。

法語、義大利語的星期中基本上都出現後綴 -di，這些 -di 便源自拉丁語的 dies。dies 的詞基為 di-，其衍生出了英語中：日記 diary 本意為【關於一天之事】；正午是一日正中，因此拉丁語稱為 meridies【一天的中間】，其衍生了英語中的正午 meridian，而我們常說的 a.m 和 p.m，分別為拉丁語 ante meridiem【正午之前】和 post meridiem【正午之後】的縮寫；如果醫生給你開藥，上面寫著 b.i.d 或 t.i.d，那就是告訴你讓你一日兩次（bis in die）或一日三次（ter in die）；所謂的“憂鬱的、傷感的”dismal 則源於拉丁語的 dies malus【今天很不爽】；介紹一句羅馬詩人賀拉斯[18]的名言 Carpe diem ，我們國家一般翻譯為「及時享樂」，我覺得非常的不妥，而且簡直就是用中文的相近意思歪曲作者的本意！這句話說土一點就是【抓住今天】，讓我們懂得珍惜自己的時間，我想賀拉斯肯定很傷心，因為中國學生聽完這句話都娛樂去了。

星期日

希臘人將這一天稱為 hemera Heliou【太陽之日】，羅馬人仿造出了拉丁語的 dies Solis。solis 是 sol‘太陽’的所有格，後者演變為西班牙語的 sol、葡萄牙語的 sol、義大利語的 sole 和羅馬尼亞語的 soare。sol 的小稱詞形式

(19) -culus/-cula/-culum 即拉丁語中的小稱詞後綴，一般構成小事物的概念，例如花 flos 的小稱詞為 flosculus【小花】，後者進入英語中變為 floscule；嘴巴 os 的小稱詞為 osculum【小口】，這個詞也被英語借用，表示「出水孔」等。但很多詞彙在使用中已經丟失了表達小的概念了，例如眼睛 oculus、耳朵 auriculus。

*soliculus(19) 則演變為法語的 soleil 。

基督教徒們稱這一天為 dies Dominica【主之日】，因為第一天上帝開始創世。因為基督教在歐洲的影響，人們越來越傾向於使用 dies Dominica 來表示星期日的概念。法語的 dimanche 即由此演變而來，而其他語言中則乾脆去掉 dies 成分，從而有了義大利語的 domenica、西班牙語 domingo、羅馬尼亞語 duminic 。

注意到西班牙語中的 domingo 源自拉丁語的 domincus，我們發現拉丁語的 c 往往進入西班牙語中對應變為 g。對比一下拉丁語和西班牙語的詞彙：

朋友 amicus/amigo，貓 cattus/gato，螞蟻 formica/hormiga，
第二 secundus/segundo，無花果 ficus/higo，肝 ficatum/hígado。

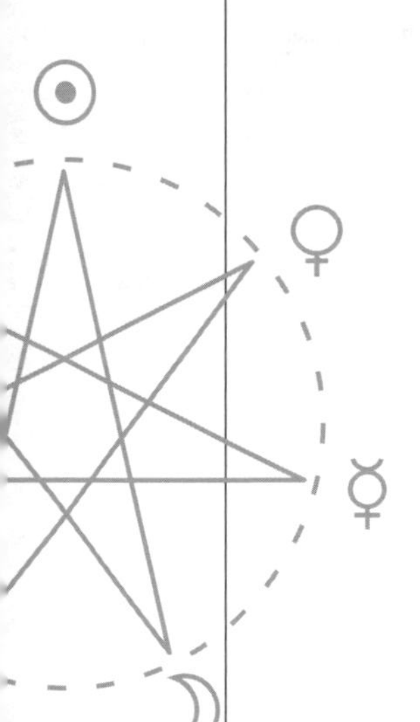

星期一

希臘人將這一天稱為 hemera Selenes【月亮之日】，羅馬人仿造出了拉丁語的 dies Lunae。lunae 是‘月亮’luna 的所有格，後者演變為西班牙語的 luna、葡萄牙語的 lua、義大利語的 luna、法語的 lune，以及羅馬尼亞語的 lună。dies Lunae 演變成法語的 lundi 和義大利語的 lunedì，而西班牙語的 lunes 和羅馬尼亞語的 luni 則直接由 Lunae 演變而來。注意到西班牙語中從週一到週五的詞彙 lunes、martes、miércoles、jueves、viernes 本身就都是複數概念，這或許是受西班牙語常用表達的影響，畢竟西班牙語中表示日常時間的句子經常使用複數形式。對比西班牙語和其他語言對應句子的不同：

表 2-8　西班牙語、法語、義大利語和英語中的日常問候

西班牙語	法語	義大利語	英語
buenos días.	bonjour.	buon giorno.	good day.
buenas tardes.	bon après-midi.	buon pomeriggio.	good afternoon.
buenas noches.	bonsoir.	buona sera.	good evening.
複數	單數	單數	單數

注意到對應的西班牙語皆為複數，而其他幾種語言中則都為單數。這或許與西班牙語中星期詞彙使用複數有著同樣的語言心理。

星期二

希臘人將這一天稱為 hemera Areos【戰神阿瑞斯之日】，阿瑞斯 Ares 是希臘神話中的戰神。羅馬人將這一天改為對應羅馬神靈【馬爾斯之日】，即 dies Martis。

馬爾斯 Mars 是羅馬神話中的戰神，他的名字也被用來命名火星，英語中表示火星的 Mars 就沿用了這個稱呼；相似地，表示火星的法語的 Mars、義大利語的 Marte、西班牙語的 Marte、葡萄牙語的 Marte、羅馬尼亞語的 Marte 都由此而來。而拉丁語中的 dies Martis 演變出了法語的 mardi、義大利語的 martedì，其簡寫 Martis 演變出西班牙語的 martes 和羅馬尼亞語的 marţi，這些詞都可以理解為【戰神之日】或者【火星之日】。

星期三

希臘人將這一天稱為 hemera Hermou【亡靈引導神荷米斯之日】，荷米斯 Hermes 是希臘神話中的信使之神，並且負責將亡靈引領至冥界。羅馬人將這一天改為對應羅馬神靈，即 dies Mercurii【亡靈引導神墨丘利之日】。墨丘利 Mercury 是羅馬神話中的信使之神，他的名字也被用來命名水星，英語中表示水星的 Mercury 就來自於此；相似地，表示水星的法語的 Mercure、義大利語的 Mercurio、西班牙語的 Mercurio、葡萄牙語的 Mercúrio、羅馬尼亞語的 Mercur 都由此而來。而拉丁語中的 dies Mercurii 演變出了法語的 mercredi、義大利語的 mercoledì，其簡寫 Mercurii 則演變出西班牙語的 miércoles 和羅馬尼亞語的 miercuri，這些名稱都可以理解為【神使之日】或者【水星之日】。

星期四

希臘人將這一天稱為 hemera Dios【雷神宙斯之日】，宙斯 Zeus 是希臘神話中的主神，也是掌握閃電雷鳴之神，羅馬人將這一天改命以對應的羅馬神靈【雷神朱庇特之日】，即 dies Jovis。Jovis 是拉丁語中朱庇特 Jupiter 的所有格，朱庇特的名字也被用來命名木星，英語中的木星 Jupiter 就來自於此；相似地，表示木星的法語的 Jupiter、西班牙語的 Júpiter、葡萄牙語的 Júpiter、羅馬尼亞語的 Jupiter 都由此而來；而義大利語中表示木星的 Giove 則來自拉丁語的 Jovis。對比拉丁語的 Jovis 和義大利語的 Giove，會發現拉丁語的 j 進入義大利語往往變為 gi，對比拉丁語和義大利語的對應詞彙：

年輕 juvenis/giovane，五月 majus/maggio，正義 justus/giusto，
玩耍 Jocare/giocare，較大 major/maggior，較小 pejor/peggiore，
已經 jam/già，雅各 Jacobus/Giacobbe，星期四 dies Jovis/giovedì。

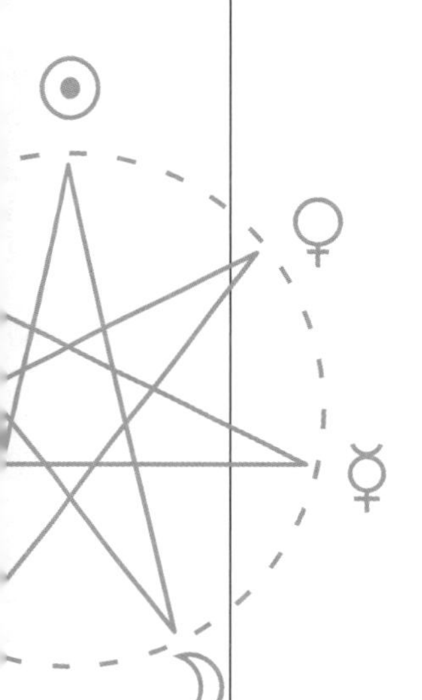

拉丁語中的 dies Jovis 演變出了法語的 jeudi、義大利語的 giovedì，其簡寫 Jovis 則演變出西班牙語的 Jueves 和羅馬尼亞語的 joi，這些詞都可以理解為【雷神之日】或者【木星之日】。對比拉丁語的 Jovis 和西班牙語的 jueves，會發現拉丁語的 o 進入西班牙語往往變為 ue，對比拉丁語和西班牙語的對應詞彙：

門 porta/puerta，角 cornu/cuerno，烏鴉 corvus/cuervo，
韭菜 porrum/puerro，好的 bonus/bueno，位置 positus/puesto

星期五

希臘人將這一天稱為 hemera Aphrodites【愛神阿芙蘿黛蒂之日】，阿芙蘿黛蒂 Aphrodite 是希臘神話中愛與美之女神，羅馬人將這一天改命以對應的羅馬神靈【維納斯之日】，即 dies Veneris。Veneris 是拉丁語中愛與美之女神維納斯 Venus 的所有格。維納斯的名字也被用來命名金星，英語中的金星 Venus 就來自於此；相似地，表示金星的法語的 Vénus、西班牙語的 Venus、葡萄牙語的 Vénus、義大利語的 Venere、羅馬尼亞語的 Venus 都由此而來。

而拉丁語中的 dies Veneris 則演變出了法語的 vendredi、義大利語的 venerdì，其簡寫 Veneris 演變出西班牙語的 viernes 和羅馬尼亞語的 vineri，這些詞彙都可以理解為【愛神之日】或者【金星之日】。

星期六

希臘人將這一天稱為 hemera Cronou【農神克洛諾斯之日】，克洛諾斯 Cronos 是希臘神話的農神。羅馬人將這一天改命以對應的羅馬神靈【農神薩圖爾努斯之日】，即 dies Saturnii。Saturnii 是拉丁語中農神薩圖爾努斯 Saturn 的所有格。薩圖爾努斯的名字也被用來命名土星，英語中的土星 Saturn 就來源於此；相似地，表示土星的法語的 Saturne、西班牙語的 Saturno、葡萄牙語的 Saturno、義大利語的 Saturno、羅馬尼亞語的 Saturn 等詞彙都由此而來。

羅馬帝國境內的基督教徒將這一天稱為 dies Sabbati【休息日】。《聖經》上說，上帝 6 天創世，在這最後一天休息，因此稱為 dies Sabbati，法語的 samedi 即由此演變而來。dies Sabbati 的簡寫 Sabbati 則演變出了義大利語的 sabato、西班牙語的 sábado、羅馬尼亞語的 sâmbătă 等。

至此，羅曼語族幾個代表語言中的星期概念已經分析完畢。因為文中涉及各語言中關於行星的稱呼，此處總結如下：

表 2-9　拉丁語、羅曼諸語與英語中的七大行星名稱

行星	太陽	月亮	火星	水星	木星	金星	土星
拉丁語	Sol	Luna	Mars	Mercurius	Jupiter	Venus	Saturnus
法語	Soleil	Lune	Mars	Mercure	Jupiter	Vénus	Saturne
義大利語	Sole	Luna	Marte	Mercurio	Giove	Venere	Saturno
西班牙語	Sol	Luna	Marte	Mercurio	Júpiter	Venus	Saturno
葡萄牙語	Sol	Lua	Marte	Mercúrio	Júpiter	Vénus	Saturno
羅馬尼亞語	Soare	Luna	Marte	Mercur	Jupiter	Venus	Saturn
英語	Sun	Moon	Mars	Mercury	Jupiter	Venus	Saturn

2.4　星期日 造物主和太陽神

星期日是一週的第一天。希臘人用太陽神來命名這一天，稱其為 hemera Heliou 即【太陽神之日】。hemera 是希臘語[20]中的 day，heliou 是希臘語中 helios 的所有格，因此 hemera Heliou 字面意思即【day of Helios】。赫利奧斯 Helios 是希臘神話中的太陽神，每天負責駕駛太陽車在天空中巡視，給大地帶來光明。在希臘神話中，太陽神赫利奧斯的領地為羅得島[21]，羅得島上曾經矗立著非常壯觀的赫利奧斯巨像，因其巨大宏偉，曾被列入古代世界的七大奇觀之一。

希臘語的 helios 意為‘太陽’，同時也是太陽神的名字。拉丁語的 sol 與此相似，也為表示太陽的基本詞彙，因此就有了英語中：太陽的 solar，例如太陽能 solar energy，對比月亮的 lunar；冬至和夏至之所以稱為 solstice，因為在這一天彷彿【太陽停留】在了南回歸線或北回歸線上，運動變得極為緩慢；陽傘叫做 parasol，因為它能【擋開太陽光】；還有曝曬 insolate【放在日光下】、日光浴室 solarium【日光室】、菊芋 girasol【朝向太陽】等。

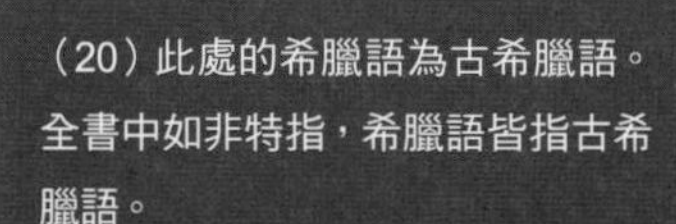

雖然星期天被稱為 dies Solis，但因為在基督教中，星期天是上帝創世的第一天，教徒們將這一天獻給上帝，稱為 dies Dominica【主之日】。dominica 是拉丁語中 dominus‘主人’的形容詞陰性形式，因為其所修飾的 dies 為陰性形式[22]。多米尼克 Dominica 得名於西班牙的探險者哥倫布，哥倫布於 1493 年 11 月 3 日來到此地，當時正逢星期日，水手們便為此地取名為‘星期日’Dominica。dominica 表示‘主的、上帝的’之意，來自拉丁語的 dominus‘主人’。在拉丁語《聖經》中，上帝被稱為 Dominus Deus‘神主’。

Istae generationes caeli et terrae quando creatae sunt in die quo fecit Dominus Deus caelum et terram[23].

——《聖經 · 創世記》2：4

(20) 此處的希臘語為古希臘語。全書中如非特指，希臘語皆指古希臘語。
(21) 羅得島 Rhodes，愛琴海最東部的一個島嶼。
(22) 拉丁語形容詞具有三種形式：陽性、陰性和中性，其對應後綴一般為陽性 -us、陰性 -a、中性 -um，根據一致性原則，形容詞的性屬應與其所修飾的名詞的性屬（陽性、陰性、中性）保持一致。此處所修飾名詞 dies 為陰性，故使用形容詞陰性形式的 dominica。
(23) 這段話的意思為：創造天地的來歷，在神主造天地的日子，乃是這樣。

聖經後文簡稱為 Dominus，人類共同的主人即上帝（The Lord），所以首字母大寫時 Dominus 也用來表示上帝。而我們所說的 A.D 即 Anno Domini【以主（耶穌）紀年】[24]，相應的 B.C 則為 Before Christ【在耶穌之前】。牛津大學校訓是 Dominus illuminatio mea，翻譯成英語就是 The Lord is my light；渥太華大學的校訓則是 Deus Scientiarum Dominus Est，即【God is the Master of Science】。

在拉丁語中，dominus 為陽性名詞，因而表示‘男主人’之意，而對應的陰性形式 domina 用來表示‘女主人’。拉丁語的子語言西班牙語中，dominus 被簡化為 don，女主人 domina 被簡化為 doña，這些詞彙在早期被用來表示有身分的男性和女性，一般譯為「先生」和「女士」。dominus 在拉丁語中常常用來稱呼貴族人物（對比中文的「老爺」），因此其衍生詞彙 Don 作為西班牙的貴族姓氏流傳了下來，例如我們所熟悉的 *Don Quixote*《唐吉訶德》和 *Don Juan*《唐璜》。

（24）拉丁語中，annus domini 意為【year of the Lord】，而 anno domini 則為其奪格形式，字面意思是【by the year of the Lord】即【以主耶穌紀年】。

dominus 在義大利語中變為 donno，並演變為現代義大利語的 don，而 domina 則演變為了義大利語的 donna。義大利歌劇中最早出場的女性被稱為 prima donna【first lady】，英語中也借用了這個詞，一般用來指女主角或者首席女歌手；義大利人尊稱聖母瑪利亞為 ma donna【my lady】，這個尊稱後來演變出了人名 Madonna，即我們熟知的瑪丹娜；中世紀時，義大利貴婦們為了使眼睛更有神采，用一種可以放大瞳孔的植物製劑滴入眼睛，讓眼睛看起來更加深邃動人，人們將這種植物稱為 bella donna【beautiful lady】，後者進入英語中變為 belladonna，這種植物在華人地區被稱為顛茄。

Domina 在法語中變為 dame，其小稱詞為 demoiselle，這些法語詞彙也進入英語中，於是便有了：女士 dame【lady】、少女 damsel【young lady】、少女 demoiselle【young lady】、小姐 mademoiselle【my young lady】等詞彙。

拉丁語名詞 dominus 又衍生出了動詞不定式 dominari‘成為主人’，引申為‘統治、駕馭’之意。因此有了英語中：統治 dominate【駕馭】、主

圖 2-5　羅得島的赫利奧斯巨像

宰 predominate【君臨】、控制 domination【駕馭】；統治者 dominator【駕馭者】、女性施虐狂 dominatrix【女駕馭者】、專橫跋扈 domineer【統治、淩駕】、領土 domain【統治區域】。

拉丁語的 dominus ‘主人’ 源自 domus ‘房子’ 一詞，因此 dominus 的字面意思為【房子的（主人）】。domus 進入英語中變為 dome，注意到拉丁語的 -us 進入英語中經常變為 -e，對比拉丁語詞彙和對應的英語單字：

俘虜 captivus/captive，奔跑 cursus/course，煙 fumus/fume，出身 genus/gene，情況 casus/case，方式 modus/mode，赤裸的 nudus/nude，首要的 primus/prime，健康的 sanus/sane，元老院 senatus/senate，感覺 sensus/sense，單獨的 solus/sole，詩句 versus/verse。

domus 一詞還衍生出了一大批英語單字：家庭的 domestic【房屋裡的】，對比鄉間的 agrestic【田地裡的】；由 domestic 又衍生出動詞 domesticate，字面意思是【使變成家養】，即「馴化」動物(25)；還有住所 domicile【住的屋子】、蟲菌穴 domatium【居住之地】等。

圖 2-6　唐吉訶德

（25）有意思的是，表示馴服的 tame 也是 domus 的同源詞。

2.5 星期一 月亮女神

星期一是一週的第二天。希臘人用月亮女神來命名這一天，稱之為 hemera Selenes 即【月亮女神之日】。Selenes 是希臘語 Selene 的所有格，塞勒涅 Selene 是希臘神話中的月亮女神，該詞的詞基為 selen-，加 -es 變為對應的所有格，注意到星期五中 Aphrodite 的所有格也是在詞基上加 -es 構成 Aphrodites。希臘語中的這個所有格後綴 -es 與拉丁語的所有格 -is、古英語中的 -es、現代英語中的 's 同源，因此 hemera Selenes 字面意思即【Selene's day】。塞勒涅是希臘神話中的月亮女神，她是太陽神赫利奧斯的妹妹。根據希臘神話，月亮女神是一位美麗的女性，她生有雙翼，衣裳熠熠生輝；她每夜都在大海中沐浴，再從大海中升起，將清涼而朦朧的月光灑向滿是灌木和狗的大地。

希臘語的 selene 意為‘月亮’，同時也是月亮女神的名字。拉丁語的 luna‘月亮’與之相似，該詞同時也是月亮女神的名字。因此羅馬人稱星期一為 dies Lunae【月亮女神之日】。拉丁語的 luna‘月亮’一詞衍生出了英語中：月亮的 lunar，陰曆 lunar calendar 字面意思就是【月亮曆】，對比陽曆 solar

圖 2-7 塞勒涅和恩底彌翁

（26）luna 一詞進入英語中變為 lune，但詞義上稍微有些小變動，拉丁語的 luna 表示基本的‘月亮’之意，而英語中的 lune 多用來表示「月牙形」的意思。

calendar【太陽曆】；登月太空人被稱為 lunarnaut【登月船船員】，對比太空人 astronaut【星際船船員】、宇航員 cosmonaut【太空船船員】、太空人 taikonaut【太空船員】、海底觀察員 aquanaut【水中船員】；在繞月航行中，近月點為 perilune【月之周圍】，遠月點為 apolune【遠離月亮】，對比近地點 perigee、遠地點 apogee、近日點 perihelion、遠日點 aphelion；歐洲人認為月亮的盈虧會影響到人的心智，滿月出現時甚至可能引人發狂，傳說狼人在圓月之夜變成狼更是說明了這一點，英語中的 lunatic 即來源於這個傳說，該詞可以解釋為 moonstruck，一般用來表示「精神錯亂、發狂」之意。

拉丁語中的 luna 進入英語中，變成 lune[26]，其小稱詞為 lunette【小月亮】。對比拉丁語的 luna 和其演變為的英語詞彙 lune，會發現拉丁語中以 -a 結尾的名詞往往進入英語中變為 -e，對比拉丁語和對應的英語詞彙：

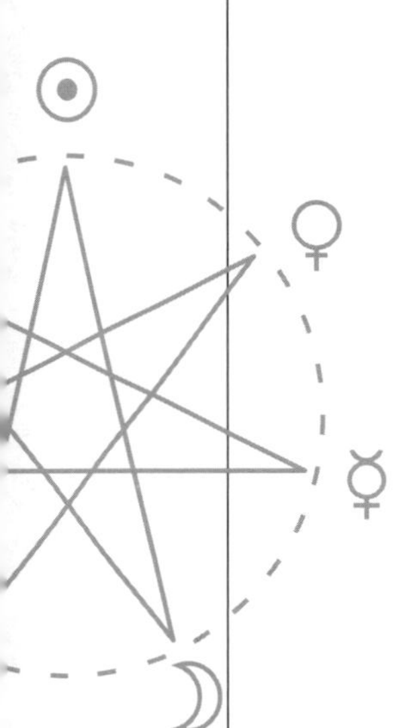

自然 natura/nature，名聲 fama/fame，玫瑰 rosa/rose，
海盜 pirata/pirate，運氣 fortuna/fortune，演講 lectura/lecture，
造物 creatura/creature，醫藥 medicina/medicine。

月亮 luna 一詞與拉丁語中 lux‘光’同源，後者的詞基為 luc-，luna 一詞可以認為是由 luc-na→luna 構成，因此 luna 一詞的字面意思可以理解為【陰性的發光體】。月亮發光，並且在羅馬神話中為女神，正符合這一詞源。這不禁讓人想到《聖經 · 創世記》中的內容：

於是神造了兩大光，大的管晝，小的管夜。

——《聖經 · 創世記》1：16

如果我們把其中的大小對應理解為陽性和陰性，那麼月亮就是「陰性的光」了，這和 luna 一詞的概念又是何其相像呢！

luna 和拉丁語中的 lux‘光’同源，洗護髮品牌麗仕 Lux 便來自該詞，這個品牌名稱暗示著【閃亮動人】之意。lux 的所有格為 lucis，詞基為 luc-，於是就有了英語中：

lucifer 字面意思是‘帶來光’，這個詞最初也被用來指啟明星，因為 Lucifer 為【帶來黎明】，Lucifer 作為名字專指基督教裡的一位六翼天使，他因背叛上帝而成為惡魔的象徵，中文一般翻譯為路西法。發光的 luciferous 即【帶來光的】，例如螢火蟲，於是螢火蟲身上提取的一種酶被稱為螢光素酶 luciferase【螢火蟲之酶】，而螢火蟲體內提取出的一種生物素則稱為螢光素 luciferin【螢光蟲素】；清澈的 lucid【光亮的】，對比生動的 vivid【充滿生命的】、潮濕的 humid【泥土般濕潤的】、清澈的 limpid【水一般清澈的】[27]， lucid 衍生出透明的 pellucid【完全透光的】；強光油燈 lucigen 字面意思為【產生光】，對比光源 photogen【產生光】、生源體 biogen【產生生命】、氫氣 hydrogen【生成水】、氧氣 oxygen【生成酸】、氮氣 nitrogen【來自硝石】；該詞還衍生出了人名盧修斯 Lucius 和露西亞 Lucia，Lucius 為陽性，故為男性名字，陰性的 Lucia 則為女孩名字，女名露西 Lucy 便源於 Lucia，後者可以理解為【陽光少女】；男性人名還有盧卡斯 Lucas、 盧西恩 Lucien，這些名字可以理解為【陽光男孩】。

詞基 luc-‘光’還衍生出了拉丁語動詞 lucere‘to shine’。其現在分詞為 lucens（所有格為 lucentis，詞基為 lucent-），意思為【shining】，英語中的 lucent 即來自於此[28]，於是也有了英語中的夜間發光的 noctilucent【shining in the night】、半透明的 translucent【shining through】。動詞 lucere 則衍生出了名詞 lumen‘光亮’（所有格為 luminis，詞基為 lumin-）[29]，這個詞衍生出了英語中：流明 lumen【光】、發光體 luminary【發光之物】、發光的 luminous【亮的】、亮度 luminance【光度】、發光的 luminiferous【帶來光的】、透照 transilluminate【光照通透】；照射 illuminate 字面意思是【用光照亮】，於是就有了發光體 illuminant 【施照體】、啟發 illumine【使見到光】；發光的名詞概念為 luminescence【發光】，於是有了自發光 autoluminescence【自身發光】、

（27）-id 類形容詞來自拉丁語的後綴 -idus，後者一般綴於名詞與動詞詞基後構成表達‘事物所具有的狀態、性質’的形容詞。

（28）英語中 -ent 後綴的詞彙基本都源自拉丁語的動詞現在分詞，對應為英語動詞進行時 V-ing，這種現在分詞一般作為名詞使用，對應為 the V-ing one。例如 student【the studying one】、agent【the acting one】、patient【the suffering one】、president【the presiding one】。

（29）在拉丁語中，動詞詞基後加 -men 後綴構成動作對象動作本身所對應的名詞，動詞 lucere 詞基為 luc，加 -men 衍生出 luc-men → lumen。

生物螢光 bioluminescence【生物發光】、電致發光 electroluminescence【電發光】、電流發光 galvanoluminescence【電流發光】等。

2.6 星期二 戰爭之神

星期二是一週的第三天。希臘人用戰爭之神來命名這一天，稱其為 hemera Areos 即【戰神之日】。Areos 是希臘語 Ares 的所有格，阿瑞斯 Ares 即希臘神話中的戰爭之神。因此 hemera Areos 字面意思即【Ares' day】。阿瑞斯是戰爭之神，對應羅馬神話中的戰神馬爾斯 Mars。因此星期二在拉丁語中被轉寫為 dies Martis 【戰神馬爾斯之日】。戰神性情殘暴、酷愛血腥，於是人們用戰神的名字 Mars 來稱呼火星，因為火星呈腥紅色。而中文之所以稱之為「火星」，也正是因為這顆星呈紅色。中國古代將這顆星稱為熒惑，因其呈紅色，熒熒像火，亮度常有變化，故名惑(30)。

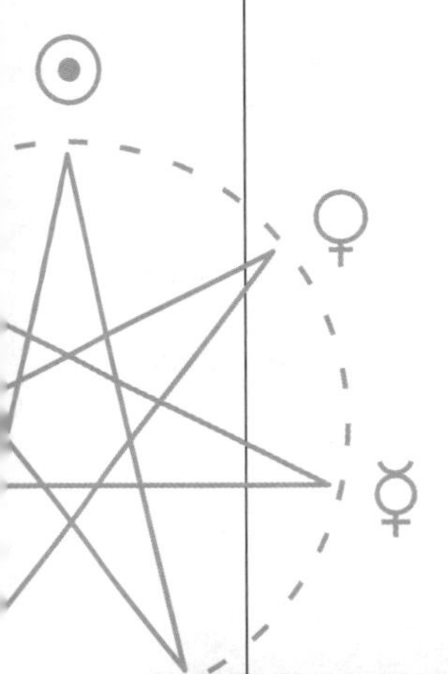

羅馬人尚武（說白了就是好戰，要不哪來羅馬帝國那麼大的地盤呢），因此對戰神馬爾斯供奉有加。他們一般選擇冬去春來的日子開始出征，出征前祭祀主戰之神 Mars，以祈求軍隊戰鬥勝利，這時恰好適值西曆三月（從我們現在的曆法來看是三月，但羅馬人最初可不這樣想）。羅馬人將此月定為一年的第一個月分，稱為 Martius。羅馬新年也從這月一日開始，新當選的執政官在這一天上任，國家慶祝等大事也多放在這個月舉行。奇怪的是，起初羅馬人只命名了 10 個月，包括一年中的 304 天，餘下冬季裡的 60 餘日沒有命名，這 10 個月分別稱為：

一月 Martius：即戰神之月，這一月軍隊出征，故以戰神來命名。

二月 Aprilis：此時大地回春、陽光明媚，故名 Aprilis‘陽光充足的’，可以對比一下非洲 Africa，Africa 可能與 Aprilis 同源，字面意思是【陽光灼熱的】(31)。

（30）《廣雅 · 釋天》有言：熒惑謂之罰星，或謂之執法。在古人看來，這顆星實屬威嚴，它運行時碰到了哪顆星，這顆星對應的人物就有凶兆。例如心宿二代表皇帝。在政治比較黑暗的年代，遇到熒惑沖犯心宿的現象總被政治家當做殺死敵黨的藉口，漢成帝時的丞相翟方進就是這樣冤死的。

（31）關於二月 Aprilis 的來歷還有一種說法認為來自愛神阿芙蘿黛蒂 Aphrodite 為【愛神之月】。

三月 Maius：此月因祭祀掌管春天和生命的女神瑪雅 Maia 而名。

四月 Junius：此月正值初夏，正是年輕人結婚的大好時光，故以婚姻和家庭女神朱諾 Juno 之名命名該月，稱為 Junius。

五月 Quintilis：quintilis 字面意思為‘第五個’月，對比英語中 quintessence【第五元素】，現用來表示事物的精華。

六月 Sextilis：sextilis 字面意思為‘第六個’月，對比六分儀 Sextant【六個的】。

七月 September：september 字面意思為‘第七個’月，對比大家都熟知的服裝品牌七匹狼 Septwolves【七狼】。

圖 2-8　阿瑞斯和阿芙蘿黛蒂

八月 October：october 字面意思為‘第八個’月，章魚有八隻腳因此被稱為 octopus【八足】，還有我們的八進制用 O 表示，全稱 octal【八個的，基數為八的】。

九月 November：november 字面意思為‘第九個’月，來自拉丁語中表示‘九’的 novem，後者與英語中的 nine 同源。

十月 December：december 字面意思為【第十個】月，來自拉丁語中表示‘十’的 decem。英語中十進位縮寫為 D ，全稱是 decimal【十個的，基數為 10 的】，10 年我們稱之為 decade 【十個的】，還有薄伽丘的大作《十日談》*Decameron*【10 天】。

在古羅馬的曆法中，五月起初稱作 Quintilis，因凱撒大帝(32)生於五月，於是他將五月改為 Julius 即【凱撒之月】，以弘揚自己的功績。六月本稱作 Sextilis，羅馬元老院授予皇帝屋大維(33)以奧古斯都 Augustus‘偉大的’尊號時，也將他出生的六月改為 Augustus，即【奧古斯都之月】。

（32）凱撒大帝（Julius Caesar, 西元前 102 ～前 44 年），羅馬共和國末期傑出的軍事統帥、政治家。

（33）屋大維（Augustus Octavianus, 西元前 63 ～西元 14 年），羅馬帝國的開國君主，元首政治的創始人。凱撒大帝的接班人。

（34）伊斯帕尼亞行省 Hispania，即相當於現在的西班牙。當時西班牙尚屬於羅馬帝國西部的一個行省。

西元 154 年，羅馬帝國的伊斯帕尼亞行省[34]爆發了反抗羅馬統治的起義，時值十月 December（注意，十月之後還有 60 餘日才能到第二年的一月 Martius）。元老院認為應該馬上授命新當選的兩位執行官去鎮壓起義，而按照習俗執政官卻要在第二年年初才能上任。為了盡快地迎來這一天，他們決定這一年 December 之後便開始慶祝新年。很久之後，這個方法終於被廣泛接受，於是原來所有的月分都往後推遲兩個月時間，並在 Martius 之前新增了 Januarius 和 Februarius 兩個月分，於是一年的十二個月分名字最終確定下來，英語、法語、西班牙語、義大利語、葡萄牙語中的月分由拉丁語中的月分演變而來。對比這些語言中關於月分的稱呼：

表 2-10　拉丁語、羅曼諸語與英語中的月分名稱

拉丁語	西班牙語	義大利語	法語	葡萄牙語	英語	中文
Januarius	enero	gennaio	janvier	janeiro	January	一月
Februarius	febrero	febbraio	février	fevereiro	February	二月
Martius	marzo	marzo	mars	março	March	三月
Aprilis	abril	aprile	avril	abril	April	四月
Maius	mayo	maggio	mai	maio	May	五月
Junius	junio	giugno	juin	junho	June	六月
Julius	julio	luglio	juillet	julho	July	七月
Augustus	agosto	agosto	août	agosto	August	八月
September	septiembre	settembre	septembre	setembro	September	九月
October	octubre	ottobre	octobre	outubro	October	十月
November	noviembre	novembre	novembre	novembro	November	十一月
December	diciembre	dicembre	décembre	dezembro	December	十二月

至於二月稱為 Februarius，是因為二月一般要進行名為 Februa 的贖罪儀式，可能是羅馬人老是打仗，懺悔懺悔吧！呵呵。真想不通羅馬人怎麼想的，二月剛贖完罪洗滌好靈魂，到了三月 Martius 祭祀好了戰神又出去打殺去了。唉，實在是 ......

新曆法的一月 Januarius 字面意思為【屬於雅努斯神的】，雅努斯 Janus 乃是古羅馬的門戶之神，名字源於拉丁語的‘門’ianua。當然，這跟咱們過年貼在大門上的門神可大不一樣，這個神有兩張面孔，一張面向過去，一張

面向未來，用門戶之神來命名一月，乃是寄予送舊迎新之意。Januarius 這個詞到了葡萄牙語中變成了 janeiro，1502 年 1 月，葡萄牙航海探險隊登陸巴西一港口，時值一月，他們誤認為登岸的海灣為河流，故將這裡命名為里約熱內盧 Rio de Janeiro【一月之河】。

戰神馬爾斯的名字 Mars 一詞可能源自拉丁語的 mas‘男性、陽剛’，後者衍生出了英語中：雄性的 masculine【男性的】、男性的 male【男性的】、男子漢 macho【雄性】、閹割 emasculate【除去雄性】等。類似的，戰神被視為男性的象徵，馬爾斯的符號♂則被用來作為雄性的象徵，對比來自愛神維納斯的符號♀，後者則被用作雌性的象徵。中國的武術被認為是源於以及主要應用於戰爭，故亦稱為 martial arts；由 Mars 產生一個人名叫 Martin，從詞源的角度來講，請大家盡量不要和這種人吵架，要是他真人如其名，那你可就慘了。

2.7　星期三　商業之神

星期三是一週的第四天。希臘人用信使之神來命名這一天，稱其為 hemera Hermou 即【信使神之日】。Hermou 是 Hermes 的所有格，荷米斯 Hermes 是神話中的信使之神、商業之神，他還司掌著將亡靈帶領至冥界的任務，並且是被小偷們所敬拜的神。荷米斯是主神宙斯和仙女瑪雅 Maia 所生，這個瑪雅就是上一節中的司管春天和生命的女神（五月最初被稱為 Maius【瑪雅女神之月】，英語的 May 即由此演變而來）。

關於荷米斯，或許有人還記得小學課本裡的一篇伊索寓言，名叫《荷米斯和雕刻家》，講的是商神荷米斯的故事。原文如下：

荷米斯想知道他在人間受到多大的尊重，就化作凡人，來到一個雕刻家的店裡。他看見宙斯的雕像，問道：值多少錢？

雕刻家說：一個銀元。

荷米斯又笑著問道：希拉的雕像值多少？

雕刻家說：還要貴一點。

後來，荷米斯看見自己的雕像，心想他身為神使，又是商人的庇護神，人們會對他更尊重些，於是問道：這個多少錢？

雕刻家回答說：假如你買了那兩個，這個就免費附贈。

圖 2-9　荷米斯和帕里斯

荷米斯對應羅馬神話中的墨丘利 Mercury，後者也是信使之神和商業之神，因此羅馬人將這一天稱為 dies Mercurii【信使神墨丘利之日】。

墨丘利身為眾神的信使，健步如飛，總是能飛快地傳達神祇的旨意。水星是距離太陽最近的一顆行星，其繞太陽公轉的速度也是所有行星中最快的。古代天文學家觀察到這顆星在夜空中出沒的週期非常短，顯然是一顆運行速度極快的行星，是行星界響噹噹的「飛毛腿」，因此人們用信使之神墨丘利 Mercury 來命名水星，於是就有了英語中的水星 Mercury。神使墨丘利健步如飛、非常靈活，所以活性非常大的金屬元素水銀，人們就用信使之神的名字命名了，於是就有了英語中的 mercury。

在神話作品中，荷米斯經常被描述為一位腳踩戴翼飛鞋、頭戴隱身頭盔、手持一柄雙蛇杖的年輕人，羅馬神話對應的墨丘利也仿照了這個形象，腳踩戴翼飛鞋，因此他行動迅速，是當之無愧的諸神信使；頭戴隱身頭盔，因此可以神不知鬼不覺地出沒，故廣受小偷們的膜拜；手持的雙蛇杖[35]是商業的象徵，世界各國也經常使用該標誌表示商業，例如中國的海關標誌[36]。

（35）信使之神所持的雙蛇杖稱為 Caduceus，其為商業貿易的象徵。希臘神話中還有一種蛇杖，即醫神阿斯克勒庇俄斯的蛇纏藤手杖（Rod of Asclepius），該手杖成為醫學的象徵，例如世界各國醫學部、各種醫科大學、救護車等醫務類的標誌就來自於此。注意不要把兩種標誌相混淆，雙蛇杖是商業的標誌，而蛇纏藤則是醫學的標誌。

（36）中國的海關標誌是由商神手杖與金色鑰匙交叉組成。商神手杖是商業及國際貿易的象徵，鑰匙則象徵海關部門用來把守通關大門的權力，寓意海關為國家把關。

既然墨丘利 Mercury 是商業之神，我們就不難理解其名字源於拉丁語的‘交易、買賣’merx（所有格為 mercis，詞基 merc-），該詞衍生出了拉丁語的 merces（所有格 mercedis、詞基 merced-(37)），意思是‘好處、回報’，做生意就是為了獲取回報。由此衍生出英語單字：貿易 commerce 就是【一起做生意】，我們更常用它的形容詞形式 commercial；【做生意的人】就是商人 merchant，其對應的動詞形式就是交易 merchandise【做生意】；賣布的人被稱為 mercer【生意人】，只為謀取金錢利益的人被稱為 mercenary 即【唯利是圖的】。當一個人對著你喊 mercy，這句話裡面暗含著這樣一個訊息：「給我點好處吧」，這是以前街上乞丐最常用的一句台詞；而在法語中，如果一個人對你說 merci(38)，這說明他從你那裡得到了好處。

圖 2-10　中國海關標誌

merx 衍生出了拉丁語動詞 mercari‘做生意’，後者的完成分詞為 mercatus（所有格 mercati，詞基 mercat-）。於是就有了英語中的市場 market【做買賣的地方】，把各種不同職能的市場（如菜市場、日用品市場、小家電市場等）組合起來就變成一個超大型的市場，英語中稱之為超市 supermarket【超級市場】。mercatus 一詞還衍生出了英語中的商業中心 mart，字面意思也是【市場】。於是我們就不難理解，沃爾瑪 Walmart 是由沃爾頓 Walton 家族控股的一家世界性連鎖大超市；樂天市場 Lottemart 是韓國樂天 Lotte 集團下屬的專營性大超市；大潤發 RT-mart 則是台灣潤泰集團旗下的超市品牌，RT 即潤泰的首字母縮寫；還有來自日本的西友商店的子公司 FamilyMart，字面意思是【家超市】，在中文世界叫做全家；來自韓國的零售超市易買得 E-mart，不知道這個 E 具體代表什麼，或許是說這個超市什麼都有賣吧【mart of everything】；歌詩瑪 Cosmart 明顯就是一個專賣化妝品的超市，即【mart of cosmetics】；號稱世界上最大的

(37) 該詞進入西班牙語，演變為名詞 merced，複數為 mercedes，人們將聖母瑪利亞尊稱為 María de las Mercedes，即【Mary of the Mercies】，人名梅塞德斯 Mercedes 即由此而來。賓士全稱為 Mercedes-Benz，而汽車名中的 Mercedes 部分，則來自賓士創始人之一的埃米爾．傑利內克（Emil Jellinek）的女兒的名字梅塞德斯．傑利內克（Mercedes Jellinek）。

(38) 法語中的 merci 和英語中的 mercy 同源，不過 merci 已經成為法語中的日常用語，相當於英語中的 thanks。

（39）在希臘語中，Zeus 屬於不規則變格名詞，其所有格為 Dios。在一些悲劇作品中，也有用 Zenos 作為其所有格的，但非常少見。

中國商品海外貿易中心位於杜拜，叫做龍城 DragonMart【龍超市】；還有曾經在零售業非常輝煌的凱瑪百貨 K-mart 公司，以及各種其他的購物 mart 等。可以說，由於 mart 的影響以及幾個世界級大超市的巨大成功，現在零售業也捲起一股“mart”熱了，世界新興的零售業都競相以取名 mart 為榮呢！

2.8 星期四 眾神之神

星期四是一週的第五天。希臘人用雷神宙斯來命名這一天，稱其為 hemera Dios 即【雷神宙斯之日】。Dios 是宙斯 Zeus 的所有格[39]，因此 hemera Dios 字面意思即【Zeus' day】。宙斯是希臘神話中的天神和雷神，同時也是奧林帕斯神系的統治者，是眾神之王。在希臘神話中，宙斯實在牛（厲害）得太離譜了，古希臘神話中神界的故事脈絡和人間的英雄事蹟都得從他這裡展開，要不然整個希臘神話體系就散架了。神話中的大英雄，往往其母親或外婆或老祖母在年輕美麗的時候都被宙斯給坑蒙拐騙過。希臘神話中的大英雄一般都是神的後代，並且，最著名的大英雄裡面至少有一半體內都有宙斯的基因。經常大英雄打架的時候，不消你問是誰家的孩子，因為他們一般情況下都應該喊宙斯叫爹或爺爺。有時宙斯在天上看得都心疼呢！心想兩個骨肉打起來了，都不知道該幫哪一邊好。而這還沒算進去宙斯和女神生下的青年神呢！如太陽神阿波羅 Apollo、月亮女神阿提密斯 Artemis、智慧女神雅典娜 Athena、戰神阿瑞斯 Ares、神使荷米斯 Hermes、

圖 2-11　宙斯和希拉

青春女神赫柏 Hebe、文藝女神繆斯 Muses、美惠三女神 Charites、時序三女神 Horae 等。

在希臘語中，Zeus 的所有格是 Dios，詞基為 di-。解釋一下為什麼在分析希臘拉丁語名詞時要引入所有格：在希臘拉丁語中，名詞詞基是詞彙形態和變位的核心，而名詞詞基是透過所有格來判斷的，形容詞亦是如此。這些古語言中重要詞彙的詞基都有著很強的構詞能力，很多進入英語中成為重要的英語詞根，例如 Zeus 的詞基 di-。dios 一詞在特指的情況下表示主神宙斯，而在泛指時表示普遍的‘神靈’的概念，對比拉丁語中表示‘神’的 divus（後者所有格為 divi，詞基為 div-），或許我們可以再對比一下梵語中表示‘天神’的 deva[40]（所有格為 devasya，詞基為 dev-）。我們發現古希臘語的 dios、拉丁語的 divus[41]、梵語中的 deva 都表示‘天神’的概念，並且在詞基上都非常近似。事實上，它們都源自古印歐語中的 *dewos‘神’。於是我們就不難理解英語中的神 deity【神靈】、神化 deify【使如神】、自然神論者 deist【信仰神者】、神聖的 divine【神的】；而人名戴夫斯 Dives 源於拉丁語中的 dives ‘有錢人’，這個詞本來指被神賞識的人。還有希臘神話中的著名人物：雙子座的兩個孩子稱為狄俄斯庫里兄弟 Dioscuri【宙斯之子】、特洛伊戰爭中希臘聯軍方面的著名英雄狄俄墨得斯 Diomedes【宙斯之智】、酒神帝奧尼索斯 Dionysus【宙斯在尼薩山上所生】、羅馬神話中的月亮女神黛安娜 Diana【女神】等。

中世紀的基督徒在道別時，經常會說 a Dieu vous comant【把您託付給神】，這裡的 dieu 便源自‘神’dios[42]。在中古英語中，人們將這句話對應改為 God be with ye【神與你同在】，現代英語中的 goodbye 即由此而來。

注意到希臘語中的詞基 di- 對應拉丁語中的詞基 div-，我們發現希臘語和拉丁語中的同源詞彙往往出現了一種「加 v 法則」，比較下列希臘語和拉丁語的同源詞彙：

（40）在梵語中天神被稱為 Deva（該詞陽性形式），而相應的天女則稱為 Devi（陰性形式），梵文所使用的天城體字母即稱為 Devanagri【神之城】。「天龍八部」中的「天」部在梵語中即為 Deva。

（41）拉丁語中有時也將神稱為 deus，這個詞似乎是受了希臘語 dios 的影響，從希臘語中借過來的。

（42）此處 dieu 已經用來特指上帝了。如今法國人道別時說的 adieu，西班牙人說 adiós，義大利人說 addio，葡萄牙人說 adeus 都源於此。

船隻 naus/navis，新的 neos/novus，看 eido/vido[43]，

黃昏 hesperos/vesperus，房子 oikos/vicus，葡萄酒 oinos/vinus。

宙斯對應羅馬神話中的主神朱庇特 Jupiter，於是羅馬人將星期四對譯為 dies Jovis【主神朱庇特之日】。為了表示對主神的尊敬和崇拜，羅馬人將朱庇特敬稱為朱庇特 Jupiter，後者可以理解為 Zeus pater → Jupiter；拉丁語中的 pater 意思為‘父’，因此 Jupiter 字面意思為【眾神之父朱庇特】。朱庇特是眾神之王，是所有神靈中最強大的一位，他的名字也被用來命名木星，很有趣的一點是，木星正好也是所有行星中最大的一顆。而 Jovis 一名常用在中世紀的占星術中，於是就有了英語中 jovial 指【屬於木星類的】，木星類的人被認為天性快活，故 jovial 也有了「天性快活」之意，這樣的人被稱為 jovian【木星類的人】。

(43) 拉丁語動詞不定式後綴為 -ere/-ire/-are，而希臘語不定式後綴為 -ein，差別比較大。為了方便對比，此處採用動詞的陳述式第一人稱單數形式，因為這兩種語言中，第一人稱單數陳述式都是在動詞詞基後加 -o。

Jupiter 一詞由 Zeus‘宙斯’和 pater‘父’組成，直譯為【父神宙斯】。pater 和英語中的 father 同源，我們發現拉丁語中的 p 往往對應英語同源詞彙中的 f，對比拉丁語和英語中的同源詞彙：

牲畜 pecus/fee，往前 pro/fro，魚 piscis/fish，河港 portus/ford，家禽 pullus/fowl，腳 pes/foot。

由 pater‘父’衍生出的英語詞彙有：同胞 compatriot‘有共同父親’，即【有著共同祖先】；家長 patriarch【父親主管】，弒父 patricide【殺死父親】；中世紀的基督徒在祈禱時一般以 pater noster【我們的父啊】開始，由此衍生出主禱文 paternoster。

神話中的宙斯，留給人最深的印象莫過於他誘拐美女的招數。他化身公牛將美女歐羅巴 Europa 拐騙到克里特島將其強行征服，歐洲人被認為是歐羅巴的後代，歐洲 Europe 由此而得名。他變成天鵝趁斯巴達王后麗達 Leda 在河裡沐浴時與其結合，麗達懷孕後生下了兩個蛋，從蛋中孵化出 4 個孩子，分別是著名的美女海倫 Helen、阿伽門農的妻子克呂泰涅斯特拉 Clytemnestra、英雄卡斯托耳 Castor、英雄波呂丟刻斯 Polydeuces，其中海倫

的美貌導致了震驚古今希外的特洛伊戰爭；而卡斯托耳和波呂丟刻斯兄弟後來變成了雙子座。他還誘騙了月亮女神的侍女卡利斯托 Callisto，一向愛好童貞的月亮女神因此大怒，把她變成一隻熊，這隻熊後來變成了大熊星座；卡利斯托生下的兒子阿卡斯 Arcas 則成小熊座。被宙斯坑蒙拐騙的美女實在太多太多，像身世淒慘的少女伊俄 Io，阿爾戈斯美麗的公主達妮 Danae，底比斯公主塞墨勒 Semele 等等。因為宙斯被用來命名木星，後人就用宙斯的這些「情人」們為木星的衛星命名，比較著名的有 Io（木衛一）、Europa（木衛二）、Callisto（木衛四）、Leda（木衛十三）。

（44）赫西奧德（Hesiod, 約生活在西元前 8 世紀），古希臘著名詩人，與荷馬同時代。著有《神譜》、《工作與時日》、《海克力士之盾》等長詩。其作品《神譜》是公認的古希臘神話諸神譜系的範本。

2.9　星期五 愛與美之女神

星期五是一週的第六天。希臘人用愛與美之女神來命名了這一天，稱其為 hemera Aphrodites 即【愛神阿芙蘿黛蒂之日】。Aphrodites 是阿芙蘿黛蒂 Aphrodite 的所有格，阿芙蘿黛蒂是希臘神話中的愛與美之女神，是所有女神中最美麗動人的一位。根據赫西奧德(44)的說法，以泰坦首領克洛諾斯 Cronos

圖 2-12　維納斯的誕生

為首領的第二代神系反抗並推翻了以天神烏拉諾斯 Uranus 為首領的第一代神系，戰鬥中克洛諾斯砍掉了烏拉諾斯的生殖器，並將其扔進喧囂的大海中。生殖器落進海水中後，海中不停地冒出大量白色的泡沫，並從白色的泡沫花中誕生了愛與美之女神阿芙蘿黛蒂，羅馬名為維納斯 Venus。出生後女神被風和海浪帶到了塞普勒斯島，她的絕倫美色讓神仙和凡人無不為之著迷，就連動物、植物也都為之所動，她所到之處百花盛開。正如赫西奧德所言：

> 話說那生殖器由堅不可摧之刃割下，
> 從堅實大地扔到喧囂不息的大海，
> 隨波漂流了很久。一簇白色水沫
> 在這不朽的肉周圍漫開。有個少女
> 誕生了，她先是經過神聖的基西拉，
> 爾後去到海水環繞的塞普勒斯，
> 美麗端莊的女神在這兒上岸，蔭草
> 從她的纖足下冒出。阿芙蘿黛蒂（Aphrodite），
> 神和人都這麼喚她，因她在泡沫（aphros）中生成

——赫西奧德《神譜》188~196

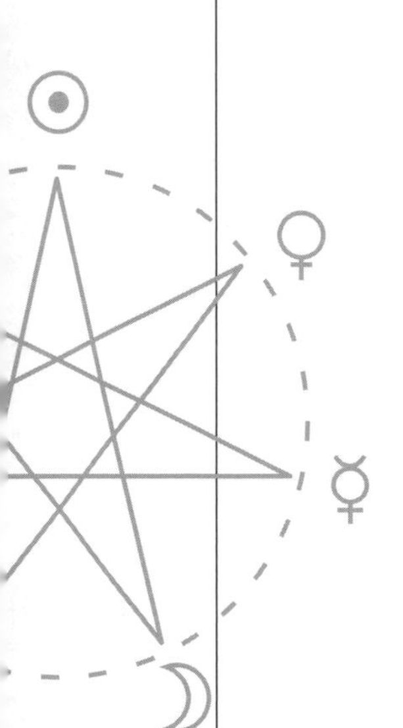

從詩文中我們看到 Aphrodite 一名的來歷，因為她是【從泡沫中生成的】。這個名字由希臘語的 aphros‘泡沫’和後綴 -ite 組成，-ite 後綴經常被用來表示「來自 ......」或「...... 後裔」之意，例如以色列人 Israelite 乃是【Israel 的後裔】、利未人 Livite【Livi 之後裔】、摩押人 Moabite【Moab 之後裔】、迦南人 Canaanite【來自 Canaan】以及亞摩利人 Amorite、西台人 Hittite、耶布斯人 Jebusite 等，讀過《聖經》的朋友應該對這樣的名字都非常熟悉了。

-ite 後綴由古希臘語的形容詞後綴 -ites 演變而來，-ites 一般綴於名詞詞基後，構成表示與該名詞相關的形容詞，對應的陰性形式為 -itis。例如‘血’haima（所有格為 haimatos，詞基 haimat-）加 -ites 構成 haimatites【如血的】。根據形容詞與所修飾名詞保持性屬一致的原則，該後綴在修飾陽性名詞時使用 -ites，修飾陰性名詞時則使用 -itis。

希臘語的 lithos‘石頭’為陽性名詞，於是 haimatites lithos 就是【血色之石】，英語中的赤鐵礦 hematite 即源於此。更進一步地說，英語中 -ite 後綴經常被用來表示‘石頭’概念即源於此，例如：石墨 graphite【寫字石】、隕石 meteorite【流星石】、花崗岩 granite【布滿顆粒的石頭】、螢石 fluorite【發光之石】、藍晶石 kyanite【藍色之石】[45]。

希臘語中， nosos‘疾病’為陰性詞彙，於是關節部分疾病被稱為 arthritis nosos【關節疾病】，現代英語中的關節炎 arthritis 便由此而來。需要注意的是，古希臘語中的 -itis 後綴被用來修飾任何類型的疾病，而其進入現代英語中後，這個後綴多數用來表示「炎症」一類的疾病[46]，例如：闌尾炎 appendicitis、胃炎 gastritis、結腸炎 colitis、咽炎 pharyngitis、支氣管炎 bronchitis、乳腺炎 mastitis 、膀胱炎 cystitis、扁桃腺炎 tonsillitis、前列腺炎 prostatitis、腸炎 enteritis、喉炎 laryngitis、胰臟炎 pancreatitis 等。

（45）各種化石的名稱，如三葉蟲 trilobite、菊石 ammonite、箭石 belemnite、葵磐石 receptaculite、筆石 graptolite；各種礦產名稱，例如菱鋅礦 smithsonite、藍錐礦 benitoite、鎳黃鐵礦 nicopyrite、變色石 Alexandrite、虎眼石 tigerite；各種玉石名稱，例如軟玉 nephrite、硬玉 jadeite、綠電氣石 verdelite、黑電氣石 aphrizite、紅電氣石 daurite、無色電氣石 achroite。

（46）需要注意的是，-itis 後綴來自於修飾‘疾病’nosos 的形容詞後綴，所以其本意只表示某種疾病。雖然英語中一般用此指稱某種炎症，但偶爾也有並非表示炎症的例詞，例如 localitis 即【局部利益症】。

阿芙蘿黛蒂一出生便以美色征服了世界，後來好色的主神宙斯不斷地向她獻殷勤，但是她連宙斯理都不理。宙斯終於抓狂了，以主神的名義把她許給諸神中瘸腿、長相不適合照鏡子的火神赫菲斯托斯 Hephaestus。可憐的火神像武大郎一樣，娶了個美女當老婆自己卻鎮不住，妻子經常在外面和野男人偷情，一個非常著名的情夫就是戰神阿瑞斯 Ares，而且她還和戰神生下了小愛神厄洛斯 Eros，小愛神的羅馬名叫丘比特 Cupid。丘比特大家肯定很熟，可能都被他的箭給射傷過，這種傷全世界只有一種藥能治，要麼你得熬好多年的痛苦傷口才能基本痊癒。而且丘比特這個小傢伙很調皮，還沒穿開襠褲時就會戲弄他伯父阿波羅了。唉，這孩子，在當今大學校園裡射箭就像發射機關槍一樣。

阿芙蘿黛蒂對應羅馬神話中的維納斯 Venus，後者也是司管愛與美之女神。因此星期五被羅馬人稱為 dies Veneris【愛神維納斯之日】。Veneris 為 Venus 的所有格，詞基為 vener-，英語中的“性欲的”venereal【維納斯女神的】便由此

圖 2-13　維納斯和丘比特

而來，性病則被稱為 venereal disease【維納斯病】，一般簡寫為 VD。相似地，Aphrodite 一名也衍生出了英語中表示引起性欲的 aphrodisiac【屬於阿芙蘿黛蒂的】、性欲 aphrodisia【阿芙蘿黛蒂狀態】。阿芙蘿黛蒂是塞普勒斯的守護神，因此也被稱為 Cyprian【塞普勒斯的】，這個詞也被用來表示「淫蕩的」，因阿芙蘿黛蒂被認為是性愛之神。

古人觀察到，夜空中有一顆星星非常耀眼迷人，於是便用最耀眼迷人的女神之名來命名了這顆星，就有了金星 Venus。維納斯被認為是女性的象徵，而戰神馬爾斯則被認為是男性的象徵。在生物學中，維納斯的符號♀被用來表示雌性生物，相應的，戰神馬爾斯的符號♂則被用來表示雄性生物。

圖 2-14　雌性符號和雄性符號

2.10　星期六 農神

星期六是一週的最後一天。古希臘人用泰坦神王克洛諾斯來命名了這一天，稱其為 hemera Cronou【克洛諾斯之日】。Cronou 是 Cronos 的所有格，因此 hemera Cronou 字面意思即【Cronos' day】。克洛諾斯 Cronos 是希臘神話中的泰坦神族的神王。當然，克洛諾斯在希臘神話中有著非常重要的身分：他是第一代神系之主神烏拉諾斯 Uranus 的么兒；他推翻父親的統治，並建立起第二代神系，統治整個世界；他還是宙斯的父親，後者推翻了他的統治，並建立起第三代神系，統治世間萬物。

傳說第一代神族為遠古神族，其統治者為天空之神烏拉諾斯 Uranus。烏拉諾斯的統治異常殘暴，為了防止自己的後代謀反，他甚至強迫所有的孩子都居住在黑暗陰冷的大地深處， 生活在大地女神的子宮之中。大地女神痛苦不堪，便唆使兒女們反抗天王統治。但兒女們個個都畏懼於天神的殘忍和暴虐，只有年少的克洛諾斯站了出來，願意承受這可怖的冒險。他接過大地女神手中一把鋒利的鐮刀，在夜晚來臨時將天空之神閹割，並將其生殖器扔進海中（愛與美之女神阿芙蘿黛蒂就此誕生）。戰勝了遠古神族之後，克洛諾斯建立了以 12 位泰坦神為首的巨神族統治，也就是希臘神話中的第二代神系。克洛諾斯的妻子則生下了後來著名的天神宙斯、海神波塞頓、冥神黑帝斯，這些神組成了第三代神系的中堅力量，並經過 10 年戰爭，終於推翻了泰坦神的統治。

圖 2-15　希拉和克洛諾斯

克洛諾斯經常被尊為時間之神，大概因為其名 Cronos 與希臘語的‘時間’ chronos 非常相近的原因，後者衍生出了英語中：年代學 chronology【關於時間的研究】、年代錯誤 anachronism【時間錯誤】、歷時 diachronic【沿著時間演變】、同時的 synchronic【相同的時間】、同步的 synchronous【時間一致的】、非同步的 asynchronous【時間不一致的】。

克洛諾斯有時也被認為是豐收之神或農神，這一點可能與鐮刀有關。鐮刀是收穫的象徵，而克洛諾斯的武器即為鐮刀（他用這把鐮刀閹割了暴虐的父親，從而奪得王位）。在古希臘，每年都在豐收的季節舉辦獻祭克洛諾斯神 Cronos 的節日，後者則演變成一個固定的被稱為 Cronia【克洛諾斯節】的節日。

克洛諾斯的農神職位與羅馬神話中的農神薩圖爾努斯 Saturn 不謀而合，因此羅馬人將這一天稱為 dies Saturni【農神薩圖爾努斯之日】。像眾多的羅馬神祇一樣，薩圖爾努斯的形象基本上繼承了希臘神話中的克洛諾斯。羅馬人還將土星命名為 Saturn。很有意思的一點是，木星以神話中最強大的主神宙斯命名（以其羅馬名 Jupiter 命名），而土星則用曾經最強大的且僅被宙斯打敗的第二代主神克洛諾斯命名（以其羅馬名 Saturn 命名）。最強大的宙斯被用來命名太陽系中最大的一顆行星，而僅次於宙斯的克洛諾斯則被用來命

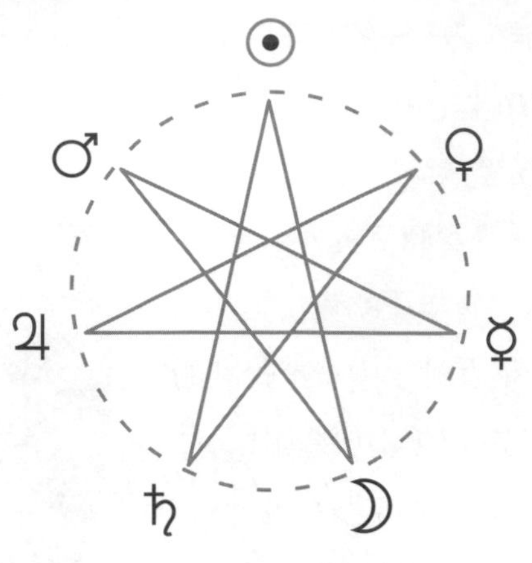
圖 2-16　七大行星金屬符號對應

名僅次於木星的第二大行星。當然，這只能解釋為巧合而已，畢竟羅馬人並不知道什麼是太陽系，在他們看來，日月五行不過是圍繞著地球旋轉的 7 顆行星而已，這早在大天文學家托勒密的著作中就寫得清清楚楚的了。

在托勒密的七大行星宇宙模型中，土星是離地心最遠的一顆行星。古代天文學家發現土星運動週期最大，故認為其運動速度最慢，從而推導出它離地心最遠這一結論。也正是因為這個原因，在占星學中，土星類的人被認為是“陰沉的、冷漠的”saturnine【土星類的】。相反的，水星 Mercury 的運動速度非常快，因此水星類的人被認為“活潑善變的”mercurial【水星類的】；木星對應的天神 Jupiter 天性好色追求快活，因此木星類的人被認為“天性快活的”jovial【木星類的】；火星對應的戰神 Mars 好戰喜殺戮，因此火星類的人被認為“尚武的”martial【火星類的】；金星對應的愛神 Venus 經常與其他神靈私通，因此金星類的人被認為“生性淫蕩的”venereal【金星類的】；月亮善變，從缺到圓、從圓到缺，因此月亮類的人被認為是“敏感、善變的”lunar【月亮類的】；相反的，太陽幾乎恆久不變，因此太陽類的人被認為是“沉穩、不易改變的”solar【太陽類的】。

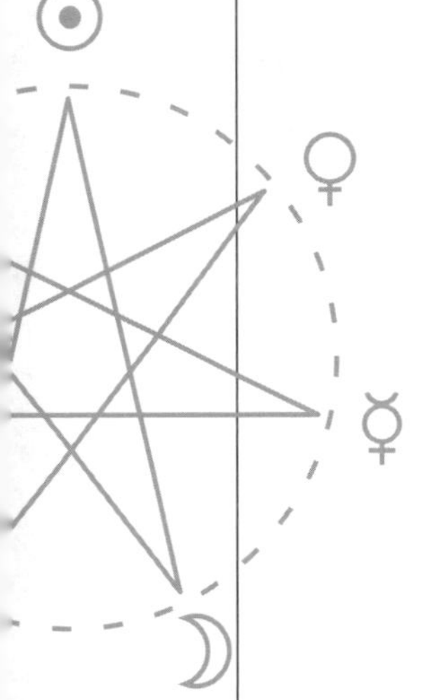

中世紀歐洲煉金術興起時，這些術士們將已知的七種古老金屬和七大行星的宇宙觀對應結合起來。這七種古老金屬早已經被人們認識並利用，它們分別是：金、銀、鐵、汞、錫、銅、鉛。人們認為太陽是最完美的天體，散發出金色的光輝，因此對應金；月亮是銀白色的天體，因此對應銀；火星對應戰神，而鐵器堅硬鋒利，經常被用來製成兵器，因此對應鐵；水星運動速度極快，其對應的信使之神更是機靈善跑，因此對應靈活性強的液體金屬汞；木星對應雷神宙斯，而錫箔晃動時聲音非常像打雷閃電的聲音[47]，因此木星對應金屬錫；金星對應的愛神維納

（47）早期歐洲劇院在演出時，經常晃動錫箔來模仿打雷的聲音。

斯是塞普勒斯之女神，而塞普勒斯富產銅礦，因此金星對應金屬銅[48]；土星距地球遙遠，運動緩慢遲鈍，因此對應性質最不活潑的金屬鉛。

表 2-11　煉金術中的七大金屬和七大行星

金屬名稱	金屬符號	對應行星
金	☉	太陽
銀	☽	月亮
鐵	♂	火星
汞	☿	水星
錫	♃	木星
銅	♀	金星
鉛	♄	土星

至於農神薩圖爾努斯一名 Saturn 的詞源，學界還沒有定論。有人認為其源於拉丁語的 saturare ‘使足夠、使滿意’，後者衍生自形容詞 satis‘足夠’。英語中的 satisfy 即由 satis 加使動後綴 -fy 組成，字面意思即【使足夠】；satis 的抽象名詞 satietas‘滿足’演變為英語的滿足 satiety；而動詞 saturare‘使滿足’則演變為英語中的 saturate “使變飽和”。

(48) 英語中的銅 copper 一詞，便源自塞普勒斯的名字 Cyprus。

根據《聖經》記載，上帝六天創世，在最後一天休息。因此基督徒們將這一天稱為 dies Sabbati【休息日】，英語中的“安息日”Sabbath day 即由此而來。當然，法語的 samedi、義大利語的 sabato、西班牙語的 sábado、羅馬尼亞語的 sâmbătă、德語的 Samstag 都源於此。而表示星期六的 dies Saturni 則演變出了英語中的 Saturday 和荷蘭語中的 zaterdag。

天文宇宙基本概念的解析 3

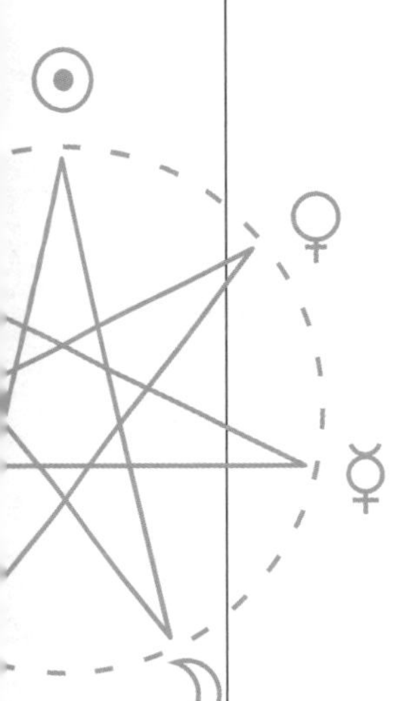

3.1　垂天之象

當黑夜被抹上星點，或月亮高懸深空，總會激起我們沉思與遐想。很久很久以前，古人們就已經對此充滿了遐思和一探究竟的嚮往。是什麼力量驅使太陽、月亮、星星的升落？世界到底有多大？宇宙究竟是什麼樣子？總有很多星星週期性地去而復返，那些關於星空的好奇和迷思總在很多人的成長中刻下印記。夜空對於久遠以前，那些蒙昧中卻充滿幻想的先民們來說，更是充溢著神祕的魔力。當先民們開始為這神祕星空尋求起源時，便有了牽牛織女的故事，有了各種神祕的星占，有了諸民族關於星空和宇宙起源的故事和傳說。

在文明初期，很多民族為了探究世界的奧祕，組織專門人員對星空的秩序法則進行長期觀察。後來這變成一種特殊的職業，例如中國古代的巫祝、古埃及的法老、古巴比倫的占星家等。對古人來說，閱讀星空彷彿就在閱讀神的旨意一樣，一般人是無法勝任的。神的旨意在今天的我們看來，其實大都是天體運行法則和自然規律，對古人來說卻是極為神聖可敬的，違背這些神旨會受到極其嚴重的報應和懲罰。因此，天文的神聖性和權威性使得它成為諸多重要知識的來源。

一、認識世界

古希臘先哲們透過觀測分析星體運動，提出了地心說的宇宙觀。該學說認為：地球是一個巨大球體，處於宇宙中心靜止不動；從地球向外依次有月球、水星、金星、太陽、火星、木星和土星七顆星體，它們在各自的天球軌道上繞地球運轉，這 7 顆星體因為運轉速度不一，看上去就好像在夜空中行走一樣，故被稱為‘行星’planetes【漂泊之星】，英語中的planet即由此而來；7顆行星的外層，是鑲嵌著所有恆星的恆星天層，恆星天層繞地球做圓周運動，這些被鑲嵌在恆星天層的星體相對位置永恆不變，因此這些星體被稱為恆星，英語中叫做 fixed star【固定之星】。地心說的宇宙觀在天文學界盛行了一千多年，其影響更是異常深遠。歐洲的語言詞彙、文化、藝術作品等等，無不深刻地反映出這些觀點。

二、制定曆法

從天明到天黑的時間範圍，人們稱之為「天」，後來這個詞被擴大為表示一整天的概念，為了區分天的整體概念和天的部分概念，人們將部分概念稱為「白天」，與黑夜對應；英語中的 day 也有著類似的性質，在 a day 中表示一整天，在 day and night 中則僅表示白天。月亮的陰晴圓缺具有非常穩定的週期性，中文將這個週期稱為「月」，英語中的 month 同樣也暗含了 moon 的訊息。每日太陽中天的位置變化也具有極強的週期性，冬天太陽位置偏北，夏天偏南，整個位置的變化週期約包含 365「天」的週期數，約包含 12 個「月」的週期數，人們將這個週期命名為一年，一年約有 12 個月，365 天左右。需要注意的是，一個自然的年週期並不恰好等於 12 個自然的月週期。於是，怎樣處理這兩個不相容的重要週期，側重於從哪個週期來描述曆法，則導致了陰曆和陽曆的產生，陰曆即【以月亮週期為基礎的曆法】，相應的，陽曆則是【以太陽週期為基礎的曆法】，對比英語中的陰曆 lunar calendar【月亮曆】和陽曆 solar calendar【太陽曆】。

三、識別時節

日照和氣溫每年都呈現週期性的變化，人們根據特徵將這個變化分為 4 個主要部分，即春夏秋冬，又將這季節細分為各種節氣等。於是，怎麼樣識別季節和節氣的象徵，以便及時地進行農業耕種、祭祀大典、國家規畫等，就變得異常重要。古人發現，季節和節氣往往與夜空中星星的位置有關，於是重要的星體便成為識別各種時節的重要參

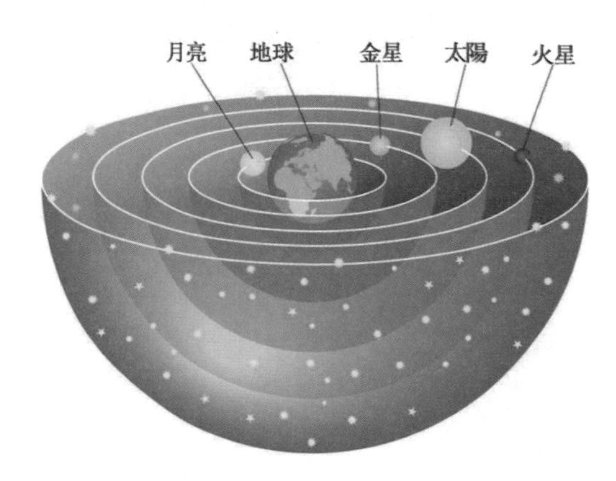

圖 3-1　地心說宇宙模型

考。《尚書》有言：日中星鳥，以殷仲春；日永星火，以正仲夏；宵中星虛，以殷仲秋；日短星昴，以正仲冬。乃是透過星宿的中天來判斷季節。北斗七星也是中國古代判定季節的標誌，《鶡冠子》曰：斗柄東指，天下皆春；斗柄南指，天下皆夏；斗柄西指，天下皆秋；斗柄北指，天下皆冬。是指在傍晚時分，依照北斗的勺柄指向來判斷季節。

四、指導農業

對於大多數古代文明來說，農業乃是立邦之本，是關係百姓溫飽和民族興亡的大事情。因此農業受到統治者們極大的重視。農業與曆法息息相關，因此也依賴於天文和曆法。荀子云：春耕、夏耘、秋收、冬藏，四時不失時，故無不絕而百姓有餘食也。也就是說，曆法和天文對農時有著非常重要的意義，不誤農時，才能保證國家社稷和民族繁榮。古埃及人則透過觀測天狼星偕日升起的時間來判斷尼羅河的大洪水期，並以此來指導農業生產。

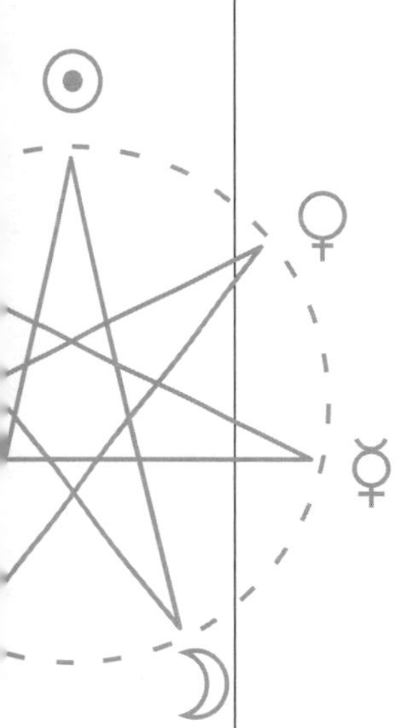

五、辨識方向

中國人用北斗七星來尋找北極星，從而在迷路時找到方向。相似地，生活在地中海沿岸的希臘人和羅馬人也用北斗七星來判別方位，希臘語中表示‘北’的 arctos 和拉丁語中表示的‘北’ septentrio 最初都來自北斗七星的概念。希臘語中的 arctos 本意為‘熊’，一般用來指大熊星座，北斗七星即位於大熊星座，因此用arctos表示‘北’的概念，該詞彙衍生出了現代英語中：北冰洋 Arctic Ocean【北面的大洋】；南極 Antarctica【與北相反方向的】；拉丁語的 septentrio 字面意思為【七牛】，因為北斗七星在羅馬文化中最初是七頭牛的形象。

當然，早期的天文還被用來占卜凶吉、寄予神意等。與天文有關的內容太多太多，實難一一舉證。然而，不同的民族對星空有著不同的見解。可以想像，當我們的古人和西方人的古人一同仰望著浩瀚星空，心中湧起的感覺畢竟是很不一樣的。為什麼呢？

在此我們需要區分一個重要概念：什麼是天文？

天文，從中文來看，乃指【天之文】；或稱為天象，即【垂天之象】。所以從中文角度來看，天文其實就是對天上出現的徵象之研究。這個範圍就廣了，例如中國古代的天文還包括對天氣的預測。例如《詩經》中說：月離於畢，俾滂沱兮[1]。而夜觀天象而知風雨，更是中國傳統的天文氣象知識，至今也不應該全然否定。引述東漢王充在《論衡》中記述的一個小故事：

孔子出，使子路齎雨具。果大雨。子路問其故，孔子曰：昨暮月離於畢。後日，月復離於畢。孔子出，子路請齎雨具，孔子不聽，果不雨，子路問其故，孔子曰：昔日月離其陰，故雨；昨暮月離其陽，故不雨。

歐洲的天文學起源於古希臘，古希臘人將天文稱作 astronomia，其由希臘語中的‘星’aster 和‘法則’nomos 組成，字面意思是【星體運行的法則】。從這個意義上我們就不難理解，為什麼西方天文學人一直致力於研究天體運行規律並嘗試對此作出合理的解釋，從地心說到日心說再到對整個宇宙天體規律的探索。語言詞彙往往界定了事物概念的範疇和界限。這也導致了很多中文概念和西方概念本身在自我定義上的不同，具體到天文概念上，中文的宇宙、衛星、彗星、銀河、星系和英語中的對應概念其實是有很大差別的，後文中將對此一一詳述。

(1) 當月入畢為孟秋多雨之季。

希臘語的 aster 與拉丁語的 stella、英語的 star 同源，於是也有了英語中：占星術 astrology【關於星體的學問】，或稱為 astromancy【關於星體的占卜預測】；太空人被稱為 astronaut【星際船員】，對比潛水夫 aquanaut【水下船員】、宇航員 cosmonaut【太空船員】；以及星狀物 asterisk【小星星】、小行星 asteroid【如星一般的】、災難 disaster【星之錯亂】、星座 constellation【星之匯聚】、星的 stellar【星星的】。

希臘語的 nomos 則衍生出了英語中：經濟學 economy【持家法則】、自治 autonomy【自己管理】、烹飪法 gastronomy【胃的法則】等。

3.2 不一樣的星空

古老的星象文化最神祕玄奧的地方莫過於各種占星術了，透過星象與人的對應來解說個人的性格、命運、愛情以及預測事件發展等。經常看到身邊的少女少男們癡迷於各種星座命理，熱衷於相信某個星座對應什麼樣的性格，今年該星座愛情有著什麼樣的走勢，與戀人的星座是不是匹配等等。這說明占星文化至今仍頗有餘音。那麼，占星到底是怎麼一回事情呢？

占星術的英文名稱很好的回答了我們這個問題，占星術 astromancy 一詞由希臘語的‘星星’aster 和‘預測’mantis 組成，即【星體的占卜】。在遙遠的古代，天空被認為是神靈寓居之地，因此天空中的星之排布就被當成神的旨意。占星術士觀察天體位置變化，並與人間發生的事件對應起來，試圖以此尋求星象中給予的啟示。或許最初在很多事情上，這個法則是屢試不爽的。巴比倫的占星術士發現當太陽進入白羊宮時，正是萬物開始從嚴寒中復甦，春天降臨大地的時節；當太陽進入巨蟹宮時，正好是一年中陽光最充足的時節，這一天晝最長夜最短；當太陽進入天秤宮時，正好是晝夜恢復等長，並且是作物收穫的時節；當太陽進入魔羯宮時，正好是一年中最凋敝蕭條的時候，這時夜最長晝最短。埃及的祭司們發現當天狼星偕日升起的時候，尼羅河就要開始氾濫了，並帶給沿岸人民非常肥沃的土壤。中國司星人員觀察到，當那顆奇亮的行星在東方地平線上出現時，黎明很快就會降臨，因此古人將這顆星稱為「啟明星」。這樣的例子還有很多很多，並且每一次夜空中出現這樣的星象，人間就會對應發生上述事情，一切如同神意一般，或者說是宇宙的法則。大概這些司星人員們覺得這些法則用起來很 high，便大有把星象和世間萬物對應的想法，從此，占星術開始在各種司星人員的觀測總結中盛行起來。接下來要解決對應的問題，簡單地說，想知道一件事情、一個人的發展趨勢，就必須把他同某一種天體對應起來，當天體命名和劃分完成之後，最容易的對應就是時間或空間的對應了，例如你出生在太陽位於白羊宮的月分，那你就是白羊座，然後你的特點就和白羊座的共同性以及它在星空的發展趨勢有關，而白羊座的特點解釋大概源自白羊座的神話故事等內

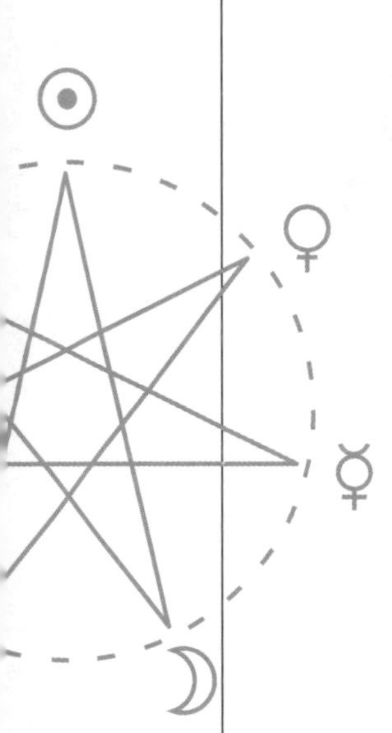

容，以及星職人員對大量白羊座人的統計總結資訊。最初的星座占卜便如此形成，中國的生辰八字基本也是相似的道理。

把人和七大行星聯繫起來，於是就有了西方的行星占。行星占認為：土星類的人生性憂鬱 saturnine，木星類的人生性快活 jovial，太陽類的人生性沉穩 solar，金星類的人沉迷性欲 venereal，水星類的人活潑善變 mercurial，月亮類的人生性易變 lunar。這從原理上倒是有點像中醫中認為有些人屬火，有的人屬金一樣。有的人認為孩子五行缺金，就取名叫什麼什麼鑫的，名字中有淼焱森垚的同樣道理，應該都已屢見不鮮了吧！

圖 3-2　王莽九廟出土的四象瓦當

然而，中國人和西方人眼中的星空，卻有著很大的差別。為什麼呢？

在中國，除了七曜以外，古人將星空分為三垣和四象兩大部分。三垣由太微垣、紫薇垣和天市垣三片星區組成。紫薇垣和太微垣對應朝廷的官職，例如紫薇右垣的星官順時針排列依次為右樞、少尉、上輔、少輔、上衛、少衛、上丞。很明顯，這些星都是古代的官職，相似的星還有很多，正由於這個原因中國人將星星稱為星官，新科狀元郎是文曲星下凡什麼的，不一而足。天市垣則是天上的市場，買賣之地也。

四象指青龍、白虎、朱雀、玄武四種動物，它們各占據東西南北一方，並又細分為 28 個星宿。所謂星宿，最早指的是【月亮運行留宿的地方】(2)，一個自然月約為 28 天，故其運行軌跡的星域被劃分為 28 個部分。這 28 個星宿分別為：

（2）東坡居士在《赤壁賦》中寫道：月出於東山之上，徘徊於斗牛之間。就是說月亮那時正處在斗宿和牛宿之間的位置。《詩經》中的「月離於畢，俾滂沱兮」等等，也是一樣的道理。畢即畢宿。

東方蒼龍七宿：角、亢、氐、房、心、尾、箕；
西方白虎七宿：奎、婁、胃、昴、畢、觜、參；
南方朱雀七宿：井、鬼、柳、星、張、翼、軫；
北方玄武七宿：斗、牛、女、虛、危、室、壁；

(3) 風水、建築、古城主門都是面南的，就連打麻將的人也都講究面南，古人說面南而居也是同樣的道理。中國古代的地圖的南方也總是在上的。

(4) 這在古代建築中有很多體現，至今西安古城牆南門就叫朱雀門，而故宮的北門為玄武門，亦都是源於此。

(5) 古代咸陽即屬於雍州之地。春秋戰國時秦國國都亦稱為雍城。

(6)《出師表》開篇即道：今天下三分，益州疲敝，此誠危急存亡之秋也。

我們常說的「前朱雀後玄武，左青龍右白虎」就源於此。因為當一個人面南時(3)，他的左邊就是東方的青龍位，右邊是西方的白虎位（痞子們也都是這樣紋身的），前面是南方的朱雀位，後面是北方玄武位(4)。

這是中國星象文化的基本雛形。在春秋戰國年代，諸侯各據其地，競相爭霸，逐鹿中原，星職人員把天上的星宿和地上的諸侯國相對應，於是出現了古代的分星和分野。《星經》有云：

角、亢，鄭之分野，兗州；
氐、房、心，宋之分野，豫州；
尾、箕，燕之分野，幽州；
南斗、牽牛，吳越之分野，揚州；
須女、虛，齊之分野，青州；
危、室、壁，衛之分野，并州；
奎、婁，魯之分野，徐州；
胃、昴，趙之分野，冀州；
畢、觜、參，魏之分野，益州；
東井、輿鬼，秦之分野，雍州；
柳、星、張，周之分野，三河；
翼、軫，楚之分野，荊州也。

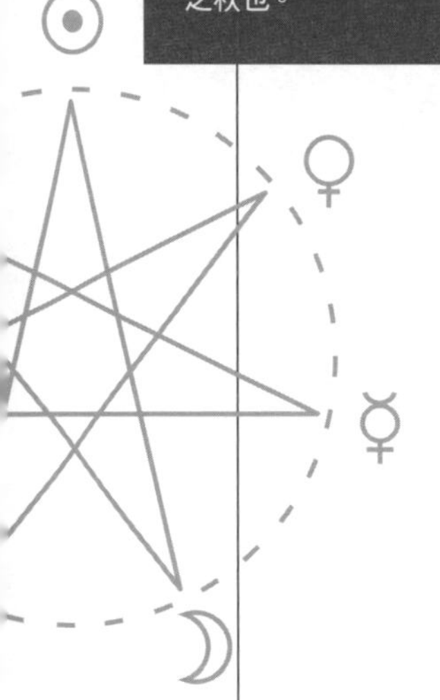

分星和分野是一對相應的概念，例如雍州(5)的分星為井宿，那麼井宿的分野就是雍州。李白過蜀道而賦詩曰：捫參歷井仰脅息，以手撫膺坐長歎。為什麼是「捫參歷井」呢？李白從雍州之地入蜀，雍州分星為井宿，而益州(6)之分星為參宿，所以叫「捫參歷井」。王勃的《滕王閣序》中有：星分翼軫，地接衡廬。為什麼呢？因為翼、軫二宿皆為楚國之分星，南昌為楚國之地，所以星分翼軫，意思是其分星為翼、軫二宿。順便提一下，早在戰國以前軫宿中心的一顆星就被命名為「長沙」，後來用來指楚國的一個重要城邑，就是現在的長沙。

與中國不同的是，當古希臘人仰望星空時，心中湧起的卻往往是出生入死的英雄事蹟，一幕幕活生生的正在上演的故事：追逐七仙女 Pleiades（昴星團）的獵人 Orion（獵戶座），獵人身邊的獵犬 Canis Maior（大犬座）；大英雄珀修斯 Perseus（英仙座），他正要拯救受到海怪 Cetus（鯨魚座）威脅的公主安德洛墨達 Andromeda（仙女座），擔心公主生命安危的國王 Cepheus（仙王座）和王后 Cassiopeia（仙后座），以及珀修斯殺死蛇髮女妖時騰空而出的飛馬 Pegasus（飛馬座）等。

西方人的星空與東方人的星空大不相同。除了七大行星以外，古希臘人將夜空中的星星分為 48 個星座。在他們眼裡，夜空中到處上演著可歌可泣的英雄故事和絢麗迷人的神話傳說。後來在大航海時代，人們發現並記載了很多只有南半球才能看到的星星，並命名了許多南天星座。天文學家們在古代星座和後來發現並命名星座的基礎上，將我們現在觀察到的夜空中的恆星劃分為 88 個星座。這 88 個星座中，黃道星座有 12 個，就是我們常說的黃道十二星座。從春分點開始算起依次為：白羊座、金牛座、雙子座、巨蟹座、獅子座、室女座、天秤座、天蠍座、人馬座、魔羯座、寶瓶座、雙魚座。因為這十二個星宮裡大多是動物形象，人們便將黃道帶稱為 zodiac【動物圈】，源自希臘語中的 zoe‘生命、動物’。該詞衍生出了英語中：人名佐伊 Zoe 意思即【生命】；動物學 zoology 即【研究動物】，而動物園 zoological garden 則為【研究動物的園子】，其縮寫 zoo 已經成為常用的基本詞彙；動物圈稱為 zoosphere【動物圈】，對比生物圈 biosphere、大氣層 atmosphere、平流層 stratosphere；而地質年代中顯生宙 Phanerozoic【生物顯現】則分為古生代 Paleozoic【古老生命】、中生代 Mesozoic【中古生命】和新生代 Cenozoic【新近生命】。

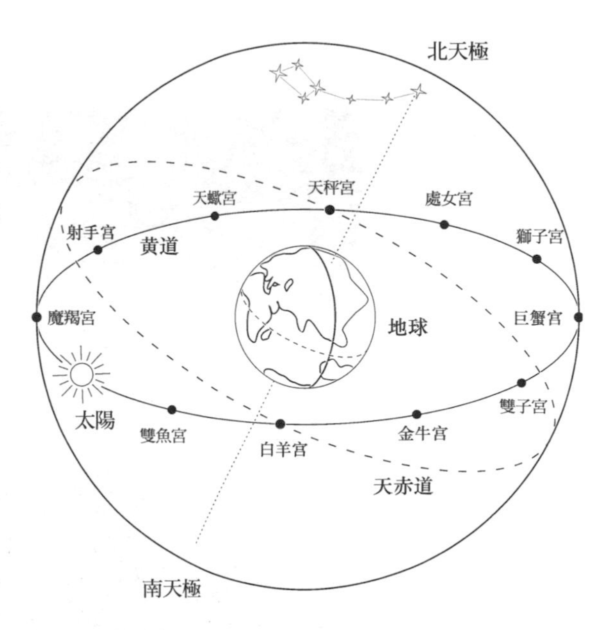

圖 3-3　黃道十二宮

3.3　宇宙的秩序以及對「牛奶路」的誤會

在近代科學誕生之前，天文學界普遍接受地心學說，這個學說認為地球是宇宙的中心，它永恆靜止不動；從地球向外依次有月球、水星、金星、太陽、火星、木星和土星七大行星；行星以外是鑲嵌著所有恆星的恆星天層，這些恆星在宇宙背景中組成了固定的圖形，永不變動。人們將這些恆星所構成的圖形與古老的神話聯繫起來，便有了各種星座的故事傳說。除此以外，還有多年難得一見的彗星，以及夜空中那條長長的銀河等。這便是古人眼中的星空，他們還發現，這些星體的運動都有著固定的規律，於是希臘人將這宇宙稱為 cosmos【和諧的規律】，而將研究宇宙的學問命名為 astronomia【星體運行法則】，英語中的宇宙 cosmos 和天文 astronomy 便由其演變而來。

那麼，什麼是宇宙呢？

古希臘學者將宇宙稱為 cosmos，該詞字面意思是‘秩序’，他們認為宇宙中一切星體之運動都是有規律的，便將這個由規律構成的世界稱為

圖 3-4　宇宙與和諧

cosmos，並且將對此規律的研究稱為 astronomia【星體運行法則】。因此，人們對天文研究的最初理念，甚至直到今天仍然是致力於描述和解釋這些「秩序和法則」，從托勒密地心說、哥白尼日心說、克卜勒三大定律到牛頓經典力學等，無不致力於描述這些天文法則以及解釋其成因。按照希臘神話中的說法，最初世界一片混亂，只有一個太初混沌卡俄斯 Chaos[7]，從它的體內誕生了最初的創世五神：大地女神蓋亞 Gaia、地獄深淵之神塔爾塔洛斯 Tartarus、昏暗之神厄瑞波斯 Erebus、黑夜女神尼克斯 Nyx，以及愛欲之神厄洛斯 Eros。神成為了世界的秩序[8]。因此，從無序的混沌之中誕生了最初的眾神，也就是誕生了最初的秩序，宇宙 cosmos 便由此形成。

而拉丁語中的‘宇宙’universum 由 unus‘一’與 versus‘turned’組成[9]，字面意思可以理解為【包羅萬象、合眾為一】，這個「一」也就是普適性，也就是「宇宙一法」。英語中的 universe 即由此而來。universe 一詞因此也暗含了「共同法則」這一訊息，因此有了形容詞 universal “普遍的”[10]。

（7）英語單字 chaos 意為「混沌、混亂」，出於此。

（8）神是世界的秩序，萬物的法則。這不禁讓人想到《新約・約翰福音》的開篇：太初有道，道與神同在，道就是神。

（9）拉丁語的 unus ‘一’衍生出了英語中：團結 unite【化為一體】、制服 uniform【一個樣子】、獨角獸 unicorn【一根犄角】、統一 union【變為一】。而 versus ‘turned’則衍生出了：腐敗 malversation【變壞】、周年紀念 anniversary【一年一次】、詩句 verse【換行】、背面 verso【翻過了】。

（10）這種共同與統一對應的抽象名詞為 universitas‘聯合’。現代意義上的大學產生於歐洲，最初由一些學者和教師聯合組建，稱為 universitas magistrorum et scholarium【教師與學者之聯合組織】，英語中的 university 即來自於此。

然而，在中國人心中，宇宙卻是另一幅圖景，為什麼呢？

先秦《尸子》有言：「四方上下曰宇，古往今來曰宙」。從中文詞彙來看，宇宙就是無窮時間和空間體的集合。所以，與西方人提到宇宙時心中充滿的秩序與和諧不同，當中國人說起宇宙的時候，總是不由得感到浩瀚無垠、漫無邊際，提起宇宙就自然而然地想到人類渺小、生命短暫。透過語言文字，我們能夠看到一個民族根深蒂固的世界觀以及思維模式。

什麼是行星呢？

希臘人將行星稱為 planetes aster【漂泊之星】，因為相對於固定在恆星天層上的星星而言，這些星在夜空中的相對位置一直是變動的。英語中的

planet 由此而來。這一點上似乎與中文的「行星」有異曲同工之處，其名稱都暗示這些星星在移動。

什麼是彗星呢？

希臘人將彗星稱為 cometes aster【長髮之星】，因為在他們看來，彗星是一顆頭，長長的彗尾就是這頭上的頭髮[11]（這想起來挺恐怖的，對吧）。英語中的 comet 由此而來。‘彗星’ cometes 一詞源自希臘語的‘頭髮’ come，后髮座的學名 Coma Berenices 即為【Berenice 之髮】。當然，中國人眼中的彗星則是另一種圖景，我們也稱其為掃把星，因為長長的彗尾就像一根掃把一樣。

什麼又是銀河呢？

銀河是一條乳白色、長長的道路，繞地球一圈，希臘人稱之為 cyclos galaxias【奶之環】，英語將這個概念意譯為 Milky Way【奶之路】。據說曾經有人主張將 Milky Way 翻譯為「牛奶路」，我看了很疼，就像看見 *The Gadfly* 一書被翻譯成《牛虻》一樣的疼[12]。英語中的 Milky Way 是對希臘語中的 cyclos galaxias 的意譯，galaxias‘奶的’一詞來自於希臘語的 gala‘奶’（所有格為 galactos，詞基 galact-），後者衍生出了英語中：催奶劑 galactagogue【使產奶之物】、促乳的 galactopoietic【產生奶的】。希臘語的 galact- 與拉丁語的‘奶’lac（所有格 lactis，詞基 lact-）同源，於是也有了英語中：泌乳 lactation【產乳】、乳糖酶 lactase【乳汁酶】、乳糖 lactose【乳糖】。

為什麼 Milky Way 不能翻譯為「牛奶路」呢？要說清楚這一點，我們需要請出希臘神話中最厲害、最勇敢、最強大、最著名的大英雄海克力士 Heracles，為啥？且聽下文分解：

（11）希臘人將彗星稱為長髮星，於是就有了古希臘作家盧奇安在《真實的故事》中所講的：「也許長髮星上面的人們認為留長髮才是漂亮的呢。」

（12）在柏拉圖《申辯篇》一書中，蘇格拉底為自己的罪名辯解道：

如果你們殺了我，將不容易找到像我這樣與本邦結有不解之緣的人，打個比較好笑的比方，就像馬虻黏在一匹高大且品種優良的馬身上，馬因其龐大形體而懶惰遲鈍，需要虻的刺激。我想神將我給予城邦，是讓我以這樣的方式到處黏著你們，整天不停地刺激、勸告和責備你們。

原文中的馬虻 myopos 後來被翻譯為英語的 gadfly，後者字面意思是【會叮咬的飛蟲】，沒有固定的所指，而譯成牛虻就有問題了。原文是蘇格拉底自喻中那隻叮馬的虻。英語翻譯為 gadfly 並沒有錯，而中文翻譯為「牛虻」就錯了，因為事實上這是一隻叮馬的「馬虻」。

天神宙斯趁英雄安菲特律翁 Amphitryon 出征之時，化身英雄的模樣將其未婚妻阿爾克墨涅 Alcmene 誘姦，阿爾克墨涅懷孕生下海克力士。海克力士因為遺傳了宙斯的基因，從小力大無比、勇猛過人，眾神們都非常看好這個孩子，認為他將來肯定能成為一位空前偉大的英雄。這使得天后希拉醋意大發，她派出兩條毒蛇去殺死搖籃中的海克力士，沒想到兩條蛇竟被這個襁褓中的孩子活活扼死。宙斯愈發喜歡這個孩子，也想著讓他能在人間和天界建立輝煌的業績，就謀劃著讓天后希拉哺育一下這個小傢伙，希拉打從心裡就非常討厭這個野種，打死都不肯給他餵奶。後來或許是奉宙斯之命，神使荷米斯趁希拉熟睡之際把孩子放在她的懷裡，小傢伙可能沒吃過這麼好吃的奶，天生神力的他吃得興奮一使勁居然差點把希拉的乳房給捏爆，乳汁一下子噴射出來，那射程可不是一點點的遠啊！據說夜空中的銀河就來自希拉噴射出來的乳汁。

所以古希臘人管夜空中這條乳白色星路稱為「奶環」，指的是希拉濺撒在星空的無數乳滴，英語中譯為 Milky Way ，意思是這銀河是由希拉的乳汁組成的，不知道哪位學者心血來潮要給翻譯成「牛奶路」。牛奶！！？

希臘語中的 cyclos galaxias 進入英語中變為 galaxy，因為銀河是人類最初認識到的星系，於是拿銀河的名字來泛指所有的星系，因此 galaxy 就有了「星系」之意。

與西方人認為這是一條乳汁鋪成的路不同，中國人認為這是一條白色的河，故稱為銀河。也有故事說王母娘娘為了將牛郎和織女分開，用髮簪在空中劃出一條河，分開了牛郎（星）和織女（星），這條河就是現在的銀河。

再講講題外話，希拉很不喜歡宙斯的這個私生子，便對其極盡迫害，逼迫他完成十二件幾乎都是不可能完成的任務，除滅了很多人間怪獸和惡匪，並博得世人的尊重和敬仰。後人將他稱為海克力士 Heracles(13)，這個名字是由希拉 Hera 和 -cles‘榮譽、名聲’組成，意為【希拉的榮耀】，因為正是希拉的迫害才成全了這個蓋世無雙的大英雄。-cles 源自希臘語中 cleos‘有名’，於是就不難理解：著名的古希臘三大悲劇家之一的索福克勒斯 Sophocles 的名字意為【有名的智者】，雅典明君伯里克利 Pericles 名字意為【遠近有名】，著名的埃及豔后克麗奧佩脫拉 Cleopatra 則

（13）海克力士原名叫阿爾喀得斯 Alcides，因為希拉的迫害而使得他完成了種種偉大功績，因此人們尊稱他為海克力士 Heracles【希拉的榮耀】。

圖 3-5　銀河的起源

是【名望的家系】，希臘統帥阿伽門農的妻子克呂泰涅斯特拉 Clytemnestra【著名的新娘】，希波戰爭中希臘方統帥地米斯托克利 Themistocles【榮耀的立法者】，最早提出四元素學說的哲學家恩培多克勒 Empedocles【永久的榮耀】等。

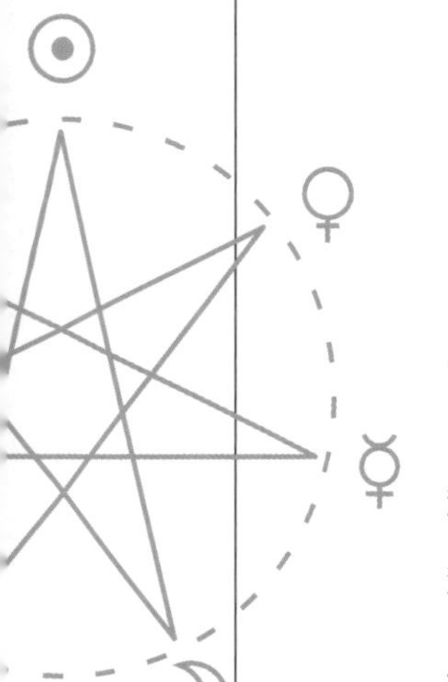

3.4　古今宇宙觀

16 世紀中葉，哥白尼對古老的地心說體系提出了質疑，指出該學說存在的漏洞，並建立起能更能準確解釋天體運動現象的日心說體系。日心說的提出，同時也宣告了近代自然科學的誕生。當人們拋棄舊的宇宙體系，重新用科學來觀測解釋星空，並逐漸揭開宇宙真實的面紗時，無疑都曾被它的宏偉和壯觀所深深震撼。宇宙的尺度遠遠超過了任何人所能想像的大小，並且遠比早先古人所認為的複雜。

從現代天文學中我們得知，宇宙是由空間、時間、物質和能量所構成的統一體。在這浩瀚的巨大空間中，分布著難以計數的巨大的星系 galaxy；每個星系中又有著成千上萬的恆星 fixed star，繞著星系的中心運動；恆星身邊又有很多行星 planet，繞著它不停轉動；而繞著行星轉動的，則被稱為衛星 satellite。就拿我們所處的位置來說，我們位於銀河星系的太陽系中，太陽系 Solar system 主要由恆星太陽 sun、八大行星 planet 和各自的衛星 satellite 組成，除此之外，在火星和木星之間還存在著眾多的小行星 asteroid 所組成的小行星帶，以及圍繞太陽運轉的彗星 comet 和一些星際物質。

圖 3-6　星系

星系 Galaxy

我們所知的宇宙，由一千多億個星系組成，而這些星系則各由幾億甚至上萬億顆恆星以及星際物質構成。這實在是一個大到普通人想像力難以企及的單位。想像一下，地球上最長的河流為尼羅河，其總長度為 6,670 公里，而光速為每秒 300,000 公里，也就是說，光在一秒鐘可以繞著世界上最長的河流來回跑 22 圈。這是光在一秒鐘所走過的路程，而光經過一個小型的星系，則需要幾十萬年時間，而已知的宇宙的尺度，則更在 900 億光年以上——光需要走 900 多億年才能完成的巨大尺度，你能夠想像得出來嗎？

人類最早認識的星系即銀河系（the Milky Way galaxy），因為我們就生活在銀河系內，很早很早以前，人類就開始觀察夜空中美麗的銀河。古人並不知道星系是什麼，更不可能知道銀河其實是一個巨大的星系。希臘人將這條乳白色的帶子稱為 cyclos galaxias【奶之環】，這個名稱也簡稱為 galaxias，古希臘人認為其來自天后希拉飛濺出來的乳汁。現代英語中的 galaxy 一詞即來源於此。該詞最初用來表示銀河系，後來當人們發現除了銀河以外，宇宙中還有多得數不清的類似星系，於是便用 galaxy 一詞泛指任何星系。而 galaxias 的意譯詞彙 Milky Way 則用來專門表示銀河了。

太陽系

我們所生活的太陽系位於銀河系獵戶旋臂靠近內側邊緣的位置上，太陽是銀河系數千億顆恆星中的一顆。太陽系主要由中心的恆星太陽、以八大行星為代表的眾多行星、繞行星運轉的衛星、彗星以及一些星際物質組成。

我們知道，行星繞著恆星轉，衛星繞著行星轉，彗星就是我們俗話裡說的掃把星，因為它長長的尾巴就像一根掃把。語言文字與民族認知是息息相關的，透過文字我們無疑能找到古人對這些事物的理解認識：

早期的甲骨文中，「恆」字（ ）其實相當於現在的「亙」字，由表示天地的上下兩個橫線和中間表示太陽的日字組成，太陽亙古至今都一直屹立在天地間從未改變，故以此來表示永恆不變之意。甲骨文的「行」字（ ）看起來是一個十字路口的樣子，十字路口用來表示東來西往，行走流通之意，因此行星字面上為「走動之星」。為什麼呢？當古代司星人員開始觀察星空，瞭解了星體的基本規律之後，他們發現夜空中很多星星相對位置是從來都不會改變的，這些星星就被稱為恆星。而與恆星不同的是，有五六顆特別的亮星相對於夜空大背景似乎一直都在「行走」，於是給它們取名行星。衛星，甲骨文的衛字（ ）意思更加清晰，表示有很多隻腳在一個十字路口來回走動，本意乃是來回巡邏，守衛地盤。因此從中文來看，之所以稱之為衛星，因為它們保衛自己的「老大」行星。而甲骨文的「彗」字（ ）更讓我們叫絕，彗字乃是一隻手拿著掃把，這個所謂的掃把星實在是名副其實啊！

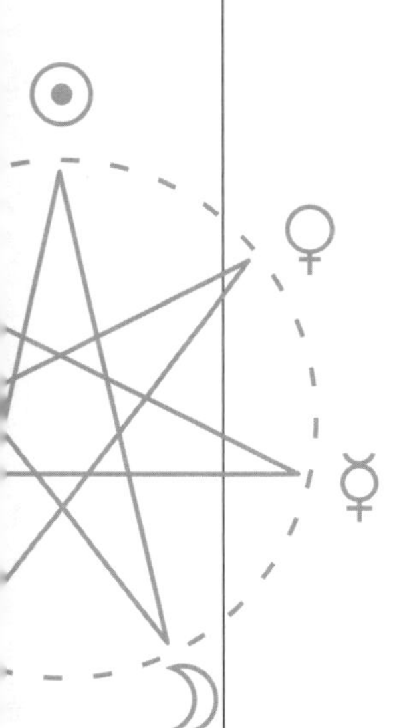

而在西方人看來，這種體系則有另一種味道。

英語中恆星稱為 fixed star【被固定之星】，因為在古代，這些星星被認為是鑲嵌固定在恆星天的。而在恆星天以內天球層流浪漂泊的星體，被稱為行星 planet【漂泊之星】。衛星 satellite 概念的出現比較晚一些，起初用肉眼是觀察不到衛星的（當然，月亮除外，畢竟那時沒有人能認識到地球是顆行星，而月亮則是唯一一顆真正繞這個行星轉動的星體）。直到 1609 年，伽利略用自製望遠鏡觀察了木星以後。他驚奇地發現，木星的周圍有幾顆小星體，伴隨著木星一起運動。後來的克卜勒給這些小星體取名為 satellites【伴隨者、伴侶】，因為這些星伴隨在木星周圍和木星一起運動，英語中的 satellite 由此演變而來，中文對譯為「衛星」。天文學家們給這些新發現衛星取的名字更是生動地說明了 satellites 一詞的內涵，注意到木星得名於主神宙斯，而其衛星都被命名為宙斯的配偶、伴侶，例如木衛一 Io、木衛二 Europa、木衛四 Callisto，這些無一不是宙斯情人的名字，個個都是真真確確的木星（宙斯）之衛星（伴侶）。這一點上和中文有著很大的差別：中文裡的衛星乃是「保衛之星」，與英語中的 satellite【伴侶星】儼然不同，且說圍繞木星旋轉的這些「少女們」又怎麼可能來保衛強大威武、法力無邊的木星之神宙斯呢？從這個角度，我們也就不難理解為什麼英語中所有衛星名稱都來自行星對應神明之親屬或「情人」之名了。

彗星我們已經講過，在中國人看來名副其實的掃把星，在西方人看來則是名副其實的長髮星。因為彗星 comet 一詞，來自希臘語的 cometes aster【長髮之星】。

希臘語中星星被稱為 aster，於是就有了：行星 planetes aster【漂泊之星】，彗星 cometes aster【長髮之星】，英語中的 planet 和 comet 由其轉寫而來；所謂的天文 astronomy 即【星體運行的法則】，而占星 astromancy 則是【由星體而來的預言】；小行星 asteroid 由 aster 和 -id ‘像 ...... 一樣’組成，【像星星一樣的物體】，對比機器人 android【如人一般】；星形符號 asterisk 即【小星星】，對比冠蜥 basilisk 【小君王】、方尖碑 obelisk【小尖】；災難 disaster 由 dis-‘表否定’和 aster 組成，字面意思是【星位不正】，在古代諸多星象文化中，星位不正都被認為是大災難的前兆，尤其是幾個最重要的王星。拉丁語中‘星星’為 stella，於是便有英語中：星座 constellation 字面意思是【聚在一起的星星】；還有星的 stellar【與星相關的】以及星際的 interstellar【星與星之間的】等。值得一提的是，英語中的 star 和古希臘語的 aster、拉丁語的 stella 都為同源詞彙。

除了被剔除的冥王星以外，太陽系共有八大行星，從內到外分別為水星 Mercury、金星 Venus、地球 Tellus、火星 Mars、木星 Jupiter、土星 Saturn、天王星 Uranus、海王星 Neptune。除水星和金星外，其他行星都有其衛星，後文將逐一介紹這些行星及其衛星名稱的來歷。畢竟星體的命名都有其出發點和原因。擴大一點講，所有語言中事物的命名都暗含著人們對該事物的認知印象，而且這在不同的語言中往往是不同的。明白了這一點，我們就不難看出各語言和對應民族文化的根本差異，也只有這樣，才能真正地走入所習語言以及其文化的核心，從而真正意義上理解言語和詞彙的含義。

4.1　八大行星

太陽系有八大行星，從內到外分別為水星 Mercury、金星 Venus、地球 Earth、火星 Mars、木星 Jupiter、土星 Saturn、天王星 Uranus 和海王星 Neptune。其中，水木金火土都比較亮，用肉眼就能觀察到，所以人類很早就開始認識它們了。中文之所以稱為水星、木星、金星、火星、土星，因為古人觀察到，水星色灰、木星色青、金星色白、火星色赤、土星色黃，對應中國古老的陰陽五行理論，分別給它們取名為水星、木星、金星、火星和土星。希臘人則用神話中的重要神明來命名這些行星，羅馬人將其翻譯為羅馬神話

圖 4-1　行星

中對應的神名，水星為信使之神墨丘利 Mercury、金星為愛與美之女神維納斯 Venus、火星為戰神馬爾斯 Mars、木星為主神朱庇特 Jupiter、土星為農神薩圖爾努斯 Saturn。天王星直到 1781 年才被人們用天文望遠鏡發現，學者們延續古代的行星命名習慣，用天空之神烏拉諾斯 Uranus 命名了這顆行星，中文譯為天王星。海王星發現得更晚一些，到 1846 年才被天文望遠鏡捕捉到，學者們用海神尼普頓 Neptune 命名了這顆星，中文譯為海王星。

水星 Mercury ☿

墨丘利 Mercury 是羅馬神話中的信使之神，說白了就是主要負責跑腿給主神送情報什麼的，所以是神話裡面最能跑腿的。水星距離太陽最近，因此運行速度也最快。而古人很早就發現這顆星出沒週期短，從而推得該星運行速度較快，故以信使之神的名字來命名水星。墨丘利對應希臘神話中的荷米斯 Hermes。

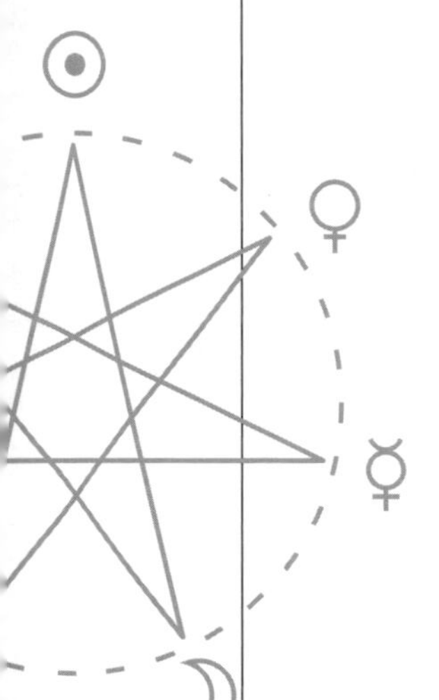

在中國，最初將水星稱為辰星，因為它在地球的繞日軌道內，我們能看到它的時間只有大清早或黃昏時距離地平線不超過一辰（即 30 度）[1] 的角度範圍內，所以稱為辰星。

水星的符號☿來自神使的手杖。

水星沒有衛星。

金星 Venus ♀

維納斯 Venus 是羅馬神話中愛與美之女神，被認為是最漂亮迷人的女性。金星是所有星星中最亮的一顆，其視星等可達 -4.6 等，而夜空中最亮的恆星天狼星視星等才不到 -1.4，其相對亮度相差 16 倍[2]。因其如此之華美，閃耀奪目，故以最美女神維納斯命名。維納斯相當於希臘神話中的阿芙蘿黛蒂 Aphrodite。

金星在中文中又稱為太白金星，意思就是說這顆星十分的亮。有時也稱為明星，例如《詩經 ‧ 鄭風 ‧ 女曰雞鳴》中有「女曰雞鳴，士曰未旦；子興視夜，明星有爛」；或稱為啟明星、長

（1）一日有 12 時辰，一時辰為 360/12=30 度。

（2）星等是天文學上對星星明暗程度的一種表示方法，星等數越小，代表星星越亮，星等數每相差 1，星的亮度大約相差 2.5 倍。

庚星，即早上的金星和傍晚的金星，例如《詩經 · 小雅 · 大東》中有「東有啟明，西有長庚；有捄天畢，載施之行」。

金星的符號♀為一枚銅鏡，乃為愛神的象徵。

金星沒有衛星。

地球 Tellus ⊕

特拉斯 Tellus 是羅馬神話中的大地女神，一般在天文中指稱地球時使用她的名字，後期拉丁語中一般使用特拉 Terra 一名，本意都是‘土、地’。同樣的道理，英語中的 Earth 也被用來指地球。拉丁語的 terra ‘土地’一詞衍生出了英語中：地中海 Mediterranean Sea【在大地中間的海域】，埋葬 inter 乃是【入土】之意，挖出來就是 disinter 了，地下室就是 subterrane（對比【地下道路】subway，【水下】潛艇 submarine），領土 territory【土地區域】。特拉相當於希臘神話中的地母蓋亞 Gaia，這個名字來自希臘語的‘大地’ge，其衍生出了英語中：人名喬治 George 本指‘農夫’，【在地裡工作】之意；地理學說中最早的大陸是一體的，被稱為 Pangaea【整片的大地】，中文譯為「盤古大陸」；所謂的幾何之所以命名 geometry，是因為幾何誕生於農業中的【丈量土地】，還有地理學 geography【地形的描述】和地質學 geology【大地的研究】。

地球的符號⊕來自於表示地球的圓形符號，以及代表經線和緯線的十字符號，後者也可以認為是大地上的東西南北四個方位。

地球的衛星為月亮 the moon 。

火星 Mars ♂

馬爾斯 Mars 是羅馬神話中的戰爭之神，戰爭離不了嗜血和屠戮，而火星呈紅色，正象徵著嗜血和瘋狂，因此西方人使用戰神馬爾斯的名字來命名腥紅色的火星。馬爾斯相當於希臘神話中的戰神阿瑞斯 Ares。

在中國古代，火星被稱為熒惑，因其光度常有變化，順行逆行使人迷惑，故名。因為其善變（光度和順逆行的變化），古人認為它的順逆行和亮度變化乃是上天給的暗示，熒惑運行時遇到哪個星官哪顆星官所代表的朝廷官員就要倒楣，古代有不少官員就是這麼被坑死的。

火星的符號♂為矛和盾牌，是戰爭中最常用的武器。

火星有兩顆衛星，分別為火衛一 Phobos 和火衛二 Deimos，這兩顆衛星都是用戰神阿瑞斯的兩個兒子命名的。兩個人的名字意思都為「恐怖、可怕」，想想戰爭給人的感覺你就知道了。

木星 Jupiter ♃

朱庇特 Jupiter 是羅馬神話中的雷神兼主神，這個名字可以認為由 Zeus pater 演變而來，意思是【父神宙斯】。宙斯乃是希臘神話中最專權、色情故事最多的男主角，神話故事中的名花大都被他採過。因此很多朋友讀過希臘神話都不禁感慨這麼純真善良的美女們……，古人之所以用主神之名命名這顆行星，因為他們發現這顆星非常明亮（其視星等最高可達 -2.9），除了閃耀奪目的金星以外，木星無疑是最耀眼的一顆了。因此人們以神話中的主神命名了這顆行星[3]。

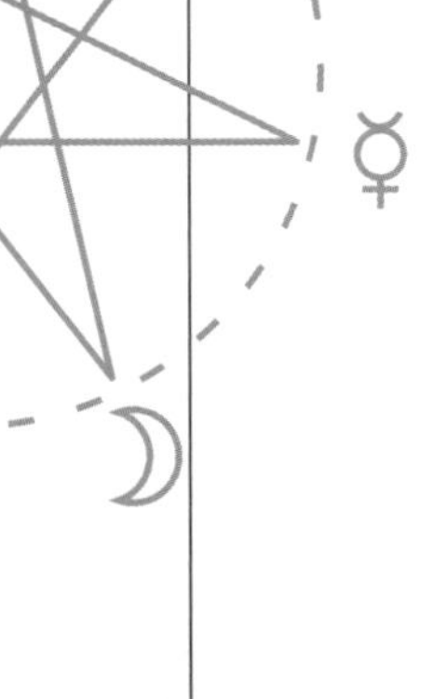

在古代中國，木星也被稱為歲星，因為人們發現他的運行週期約為 12 年（實際週期為 11.86 年），故認為其一歲走過一個地支，所以命名為歲星。後來因發現有一些小偏差，星象學家們便將歲星軌道十二等分[4]，用一個相似於歲星的假想星來紀年，這顆星被稱為太歲。人們常說的「太歲頭上動土」即與此有關。

木星的符號♃表示閃電，因為朱庇特乃雷神。

木星現在已發現 66 顆衛星，其中 50 顆已正式命名。這些名字一般來自於被宙斯所強行霸占的少女，例如木衛一 Io、木衛二 Europa、木衛四 Callisto、木衛十三 Leda；還有一些是宙斯的女兒們，例如木衛四十一 Aoede、木衛四十二 Thelxinoe、木衛四十三 Arche、木衛四十四 Callichore；當然，還有像木衛三這種被他強行占有的小夥子 Ganymede，口味有點重就不說了。

（3）有趣的是，從現代天文的角度看，木星是太陽系最大的行星，而其名稱則來自神話中最強大的主神 Jupiter。

（4）這 12 個部分分別為：星紀、玄枵、娵訾、降婁、大梁、實沉、鶉首、鶉火、鶉尾、壽星、大火、析木。

土星 Saturn ♄

薩圖爾努斯 Saturn 是羅馬神話中的農神，也是時間之神，他對應希臘神話中的時間之神克洛諾斯 Cronos。克洛諾斯是第二代神系中泰坦神族 Titans 的領袖，他帶領泰坦神族打敗了以其父烏拉諾斯 Uranus 領導的第一代神系，後來又被其子宙斯領導的第三代神系所打敗，並被關押在地獄深淵之中。古代天文學家觀察發現，土星的運行週期是所有行星中最長的一位，因此用時間之神來命名了這一顆行星。羅馬人用時間之神薩圖爾努斯命名了這顆行星，因此也有了英語中的 Saturn。

在中國古代，土星被稱為鎮星，古人觀察到它的運行週期約為 28 年（實際週期為 29.5 年），相當於其坐鎮著天上的二十八宿，故曰「歲鎮一宿」。

土星的符號♄來自於克洛諾斯手中的鐮刀。

目前已經發現的土星衛星有 61 顆，其中正式命名的有 53 顆。這些名字大多源自希臘神話中巨神族的各種神靈，例如土衛三 Tethys、土衛五 Rhea 、土衛七 Hyperion、土衛八 Iapetus、土衛九 Phoebe 、土衛十一 Epimetheus、土衛十五 Atlas、土衛十六 Prometheus、土衛十七 Pandora 等。還有一些用北歐神話及其他神話中的巨神或巨人，例如土衛十九 Ymir、土衛四十一 Fenrir、土衛四十二 Fornjot。

（5）因為泰坦神為巨神族，身形龐大，因此 Titan 一詞被賦予‘大’的含義，由 Titan 而取名的那艘據說上帝都鑿不沉的船「鐵達尼號」Titanic 就有著這樣的寓意。

天王星 Uranus ♅

烏拉諾斯 Uranus 是希臘神話中的第一代神主，天空之神，羅馬神話也照搬了這個名字。天神烏拉諾斯與其母大地女神結合，生下了 12 位巨神，稱為泰坦神 Titans[(5)]。他們第二次結合生出來一群怪物，史稱獨眼巨人族 Cyclops，他們都只有一隻眼睛，巨大如輪，嵌於額頭；還生出了百臂巨人族 Hecatonchires，他們個個身有百臂，力大無比。他們第三次結合生出了蛇足巨人族 Gigantes，他們個個身材巨大，長髮長鬚，大腿之上為人形，以兩條蛇尾為足。之所以用烏拉諾斯 Uranus 命名天王星，主要因為他緊挨著兒子薩圖爾努斯 Saturn。

天王星的符號♅來自其發現者威廉・赫瑟爾爵士的名字 Sir William Herschel，由其名首字母 H 和一個表示行星的球形符號組成，代表是由赫瑟爾發現的行星。

天王星有 27 顆衛星，這些衛星名字都比較有個性，他們大都來自莎士比亞戲劇中的人物，例如天衛一 Ariel、天衛二 Umbriel、天衛三 Titania、天衛四 Oberon、天衛五 Miranda、天衛七 Ophelia、天衛十一 Juliet。

海王星 Neptune ♆

尼普頓 Neptune 是羅馬神話中的海王，相當於希臘神話中的海王波塞頓 Poseidon，波塞頓是宙斯的哥哥。在第三代神系對泰坦神的戰爭勝利後，宙斯和他的兩個哥哥用抓鬮決定各自的屬地，結果宙斯抓到了天空，波塞頓抓到了海洋，黑帝斯抓到了冥界。

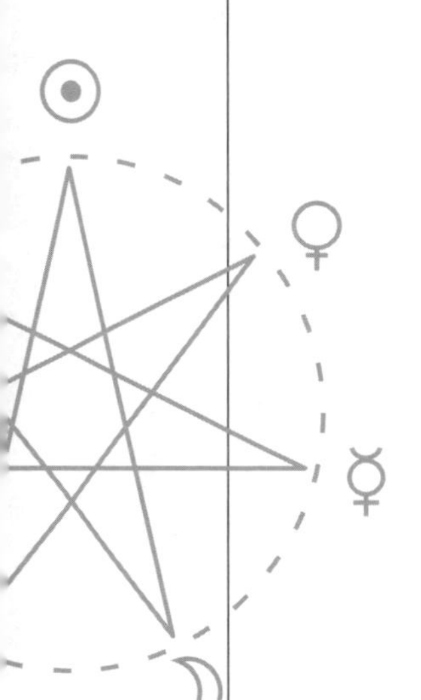

海王星的符號♆為他的武器三叉戟 Trident【三個齒】。

之所以用海神的名字命名海王星，因為該星呈海藍色。

海王星有 13 顆衛星，這些衛星大多用海王的情人、子女命名，例如海衛一 Triton 、海衛二 Nereid、海衛五 Despina 、海衛六 Galatea、海衛九 Halimede、海衛十 Psamathe。

4.2　金星到底叫什麼名字

金星也叫太白金星。當然，此「金」並非黃金，而是泛指的金屬，且是水木金火土之「金」。根據五行應色理論，金在色為白(6)，而金星乃因呈白色，故名。所謂「太白」其實就是「非常白、非常亮」之意，因此這個名字告訴我們金星是一顆【非常亮的、呈白色的行星】。這顆星的確非常亮，亮到夜空中沒有星星能與之匹敵。因此金星也獲得了「明星」的美譽，即【明亮的一顆星】。

(6) 在中國古代的五行學說中，每個元素對應的顏色為：水在色為黑，木在色為青，金在色為白，火在色為紅，土在色為黃。

在《詩經》年代，金星也被稱為「啟明星」或「長庚星」。事物的名稱往往包含著人們對事物的理解以及認知角度。《詩經 · 小雅 · 大東》中有「東有啟明，西有長庚」，也就是說這顆星在東邊時正值黎明將至，當它在東邊地平線上閃爍，光芒蓋過所有繁星時，正預示著將至的黎明，人們便稱其為「啟明星」，意思是【開啟黎明】；而當這顆星在日落時出現在西方地平線以上時，人們稱之為「長庚星」，庚乃延續之意，故意為【延續太陽的光芒】。起初人們並不知道傍晚時看到的這顆亮星和黎明前看到的那顆亮星是同一顆，因此給它取了兩個不一樣的名字，在他們看來，這是兩顆截然不同的行星。

無獨有偶，在古希臘，金星也曾被認為是兩顆不同的星。

古希臘人最早將清晨時升起於地平線上的明星稱為 eosphoros aster【帶來黎明之星】，或者 phosphoros aster【帶來光明之星】；而將黃昏時西邊天際最亮的一顆星稱為 hesperos aster【黃昏之星】；一般這三個詞也會簡稱為 eosphoros、phosphoros 和 hesperos。

注意到 eosphoros 和 phosphoros 都有一個共同的 -phoros 部分，其來自希臘語動詞 phoreo‘帶來’[7]，詞基為 phor-。希臘語的 phor- 與英語動詞 bear 同源，意為「帶來」、「產生」或「承載」。所以 eosphoros 即【帶來黎明】，phosphoros 即【帶來光】之意。希臘語的 phoreo 衍生出了英語中：興高采烈

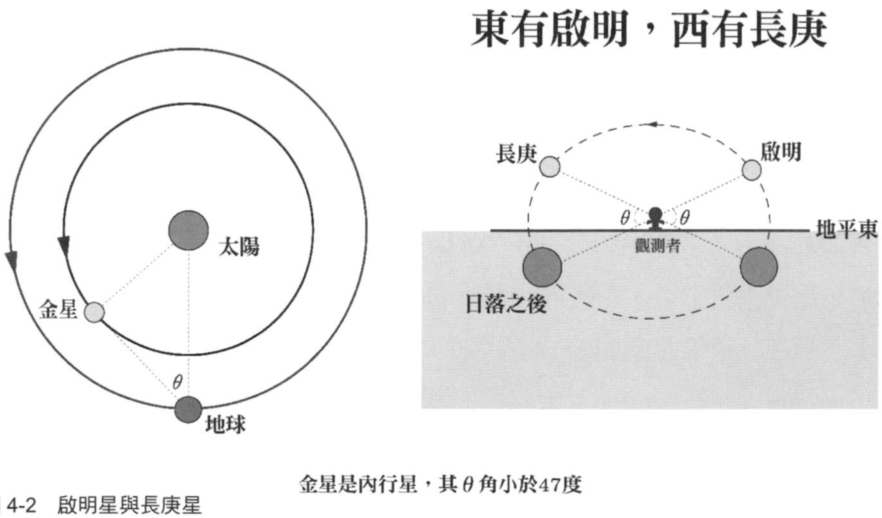

（7）phoreo 是該動詞的第一人稱單數現在式，意思為‘我帶來’，因為第一人稱單數容易判斷詞基，故在此處使用。

東有啟明，西有長庚

金星是內行星，其 θ 角小於47度

圖 4-2 啟明星與長庚星

(8) 拉丁語的 fero 希臘語的 phoreo 一詞同源，意思都為‘帶來、承載’。拉丁語的 fero 衍生出了英語：推斷 infer【帶入其中】、對照 confer【拿到一起】、提供 offer【帶來】、參考 refer【帶回來】、相異 differ【分開帶走】、喜好 prefer【與生俱來的偏好】、轉移 transfer【從一處帶到另一處】、忍受 suffer【在底下承受】等。

(9) 張韶涵的那首叫《歐若拉》的歌曲，指的就是這個極光女神。

euphoria 意思是【帶來愉快】，因此欣快劑稱為 euphoriant【帶來愉快感受之物】，而帶來壞心情則為 cacophoria【帶來不悅】；植物的柄是支撐果實、葉片、花蕊的，因此有雄器柄 androphore【支撐雄（蕊）】、雌器柄 gynophore【支撐雌（蕊）】、花被間柱 anthophore【支撐花】；所謂的卵巢 oophore 就是【產生卵子】的地方，相似的道理，精囊 spermatophore 為【產生精子】的地方；而色素體則為 chromatophore 即【帶來色素】（對比染色體 chromosome【染色物】，核染色質 chromatin【染色素】）(8)。

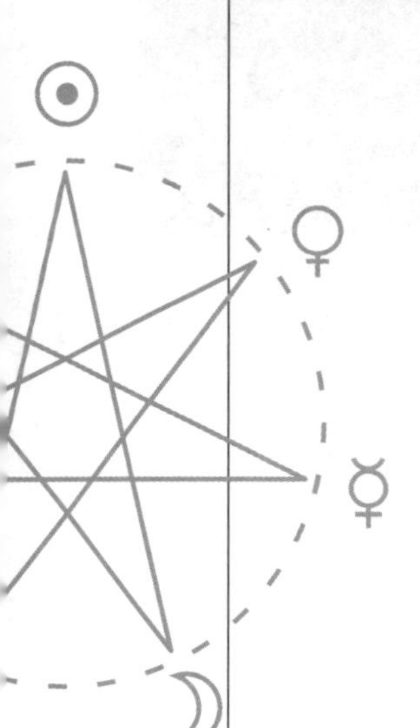

既然 eosphoros 意思是【帶來黎明】，那 eos 就是‘黎明’之意了。的確，這個詞在希臘語中表示‘黎明’，同時也是傳說中的黎明女神厄俄斯 Eos 的名字。在希臘神話中，黎明女神有著玫瑰色的纖指，她每天負責在朝霞和雲彩升起的東方打開兩扇紫色的天門，太陽神駕著太陽車從裡面奔出，於是清晨降臨。黎明是白天的最初階段，於是最早期出現的人類稱為曙人 eoanthropus【最早的人】，還有很多地質學和古生物學中的名詞，例如：原始生命體 eobiont【最早的生命】、始寒武紀 eocambrian【寒武紀的最初】、始新世 eocene【最初的時代】、始石器時代 eolithic age【最初的石器時代】、始祖馬 eohippus【最初的馬】。黎明女神在羅馬神話中叫做奧羅拉 Aurora，人們認為極光是黎明女神變幻出來的，因此 Aurora 又稱極光女神(9)。人們常說「金色的朝霞」，然後你會發現英語中的金 Aurum（化學符號 Au，來自 Aurum 的縮寫）也與 Aurora 同源。

因此就不難理解，Eosphoros 即「帶來黎明」。

phosphoros 意思是【帶來光】，這告訴我們 phos 意思就是‘光’了。的確如此。‘光’在希臘語中即為 phos（所有格 photos，詞基 phot-）。該詞衍生出了英語中：人們將照片稱為 photograph，因為它是【用光來描繪之圖】，現在一般簡寫為 photo；物理中的光子稱作 photon【光粒子】，比較質子 proton、中子 neutron；太陽的光球層叫做 photosphere【光球層】，比較色球層 chromosphere；所謂的發光源 photogen 即【產生光】，對比生原體

biogen；生物學中的光合作用為 photosynthesis【光的合成作用】，對比合成作用 synthesis【放在一起加工】。

phosphoros‘帶來光’一詞的拉丁轉寫 phosphorus 還被用來表示磷，因為磷會自燃，產生火光，所謂的「鬼火」便來自磷的自燃。化學元素磷 phosphorus 即來自這個拉丁語詞彙，其化學符號 P 為首字母。

如此看來，將早晨的金星稱為 Eosphoros‘帶來黎明’或 Phosphoros‘帶來光’，和我們的祖先命名的「啟明星」又何其神似呢！

再看‘昏星’hesperos aster，一般也簡稱為 hesperos，後者同時也是傳說中黃昏之神赫斯珀洛斯 Hesperos 的名字，他的女兒們稱為赫斯珀里得斯姐妹 Hesperides【赫斯珀洛斯之後裔】，也稱作黃昏仙女，負責看守世界極西園裡的金蘋果。hesperos 一表示‘黃昏’之意，為陽性名詞，有時也陰性化為 hespera。著名的古希臘女詩人莎孚[10]曾經寫過一首名為 Ἕσπερε 的同名詩，作為婚歌的一部分，此處與讀者分享，並附我的拙譯：

Ἕσπερε[11], πάντα φέρεις, ὄσα φαίνολις ἐσκέδασ' Αὔως.

傍晚的星星喲，你帶回晨光熹熹灑下的一切吧

φέρεις ὄιν,

你帶回綿羊

φέρεις αἶγα,

你帶回山羊

φέρεις ἄπυ μάτερι παῖδα.

你領著孩子 回到母親身旁

注意到拉丁語中的‘黃昏’為 vesper，對比希臘語的 hesperos 會發現，希臘語的 h（事實上，h 在希臘文這只是一個送氣音，並不是單獨字母）對應拉丁語的 v，或者說，從希臘語到拉丁語會出現一個「加 v」音變。

（10）莎孚（Sappho, 西元前 612～前 570 年），古希臘著名的女抒情詩人，曾被柏拉圖譽為「第十繆斯」。

（11）Ἕσπερε 是 Ἕσπερεα（拉丁文轉寫即 hespera）的呼格，所以翻譯為「傍晚的星星喲」。

圖 4-3　莎孚

我們都知道，黎明時太陽在東方升起，黃昏時太陽在西方墜落。而英語中的 east“東方”與希臘語的 eos‘黎明’同源，英語中的 west“西方”則與希臘語中的 hesperos‘黃昏’以及拉丁語中的 vesper‘黃昏’同源。這一點可以對比英語中的東方 oriental【（太陽）升起】與西方 occidental【（太陽）墜落】，以及位於東方的亞洲 Asia【日出之地】與位於西方的歐洲 Europe【日落之地】。

4.3 火星 戰神和他的兒子們

火星 Mars 一名來自羅馬神話中的戰神馬爾斯 Mars。之所以用戰神的名字命名火星，因為火星呈猩紅色，乃是嗜血的戰神所喜好的顏色。馬爾斯對應希臘神話中的戰神阿瑞斯 Ares，阿瑞斯乃是主神宙斯與天后希拉唯一的一個兒子。根據神話中的說法，阿瑞斯是一個體格健壯、相貌英俊，但生性強暴好鬥、兇殘無比的人物，相比於象徵戰爭策略的雅典娜來說，阿瑞斯基本就是一個只知道屠戮的沒有大腦和情感的戰爭狂。他最大的愛好就是到處打打殺殺了，哪裡打仗他就往哪裡跑，擠進去亂殺一通，也不管哪邊代表正義、哪邊代表邪惡，反正自己殺得開心就行。這位老兄酷愛戰爭、殘暴無比，卻拜倒在愛神阿芙蘿黛蒂的石榴裙下，並與這個有夫之婦偷情，生下了兩個兒子和一個女兒，分別是弗伯斯 Phobos、迪摩斯 Deimos 和哈耳摩尼亞 Harmonia[12]。

話說這兩個兒子完全繼承了老爹的血統，個個生性殘暴無比，看一下他們名字就知道，Phobos‘恐怖’、Deimos‘可怕’。在戰場上，弗伯斯和迪摩斯兩兄弟也常常陪伴著戰神屠戮這些脆弱的人間生靈。戰神的女兒哈耳摩尼亞卻與這些嗜好殺戮的父兄截然相反，她溫順、文靜又熱愛和平，看一下名字就知道，harmonia 對應英語中的和諧 harmony[13]。戰神阿瑞斯在底比斯 Thebes[14] 受到崇

（12）這是赫西奧德在《神譜》中的說法。還有一個流行的說法認為，戰神和愛神生下了小愛神厄洛斯，後者對應羅馬神話中的丘比特。

（13）事實上，拉丁語中 -ia 結尾的名詞有很多進入英語中，變為 -y，對比下列拉丁語詞彙與其演變來的英語單字：
家庭 familia / family，光榮 gloria/glory，哲學 philosophia/philosophy，義大利 Italia/Italy，痛苦 miseria/misery，勝利 victoria/victory，傷害 injuria/injury。

（14）Thebes 又譯忒拜，注意，埃及境內也有一個叫做底比斯的城市，不要把這兩座城市混為一談。

拜，據說底比斯城的建造者大英雄卡德摩斯 Cadmus 娶了戰神的女兒哈耳摩尼亞，因此底比斯人也認為戰神阿瑞斯是他們的祖先。關於底比斯城的建立有一個非常著名的傳說，傳說卡德摩斯為了尋找被宙斯拐走的妹妹歐羅巴 Europa，從腓尼基來到了希臘，並根據阿波羅的神諭，在底比斯這塊地方建立了城市。人們認為，卡德摩斯從腓尼基帶來了 16 個字母，希臘字母就是在此基礎之上形成的。

圖 4-4　馬爾斯和維納斯

既然火星被命以戰神之名，學者們順水推舟，用兩個同樣好戰的兒子來命名火星的兩顆衛星，分別是火衛一 Phobos，火衛二 Deimos。這兩顆衛星一直陪伴著火星，就好像兩個兒子一直陪伴著戰場上的戰神一樣。

關於弗伯斯和迪摩斯並沒有什麼特殊的神話故事，這哥兒倆在希臘神話中好像真沒做過什麼事兒，只是在神話故事中掛個名字罷了。即使在荷馬的史詩中，他們也只是同戰神阿瑞斯一起被提了一下而已。這樣看來，倒像我們常見的什麼什麼榮譽主席、什麼什麼榮譽教授一樣，只是掛一個名聲收收好處而已。

當然，仔細分析的話，這兩個名字卻還是有些來頭的：

火衛一 Phobos

弗伯斯的名字 Phobos 一詞在希臘語中表示‘恐懼、驚恐’之意。因此我們也可以尊其為「恐懼之神」。早期的神話一般都是稱謂即神明，例如古希臘神話中太陽神為 Helios，而希臘語的 helios 一詞意思即‘太陽’；月亮女神為 Selene，而希臘語的 selene 一詞意思即‘月亮’；死亡之神為 Thanatos，而希臘語的 thanatos 一詞意思即‘死亡’等。當然，還有一些神話人物的名字與其生平有關，例如海克力士 Heracles【希拉的榮耀】之所以得此名，是因為希拉對他萬般陷害，成就了他輝煌的一生；阿芙蘿黛蒂 Aphrodite【浪花所生】之所以得此名，是因為她從浪花中出生；伊底帕斯 Oedipus【腫痛的腳】之所以得此名，是因為他幼年時曾被父親刺穿雙足，雙足腫脹不堪。這就好像中國神話中的刑天一樣，是人們根據其生平給他取

(15)《山海經・海外西經》有記:「刑天與天帝爭神，帝斷其首，葬之常羊之山。乃以乳為目，以臍為口，操干戚以舞。」

(16)與 -phobia 表示相反意義的後綴為 -philia“喜歡……的、愛好……的”，源於希臘語中的 philos‘喜愛的’，諸如：血友病 hemophilia【喜歡血】、喜新厭舊 neophilia【愛新的】、戀屍癖 necrophilia【愛死人】等。

(17)歐文（Richard Owen, 1804～1892），英國動物學家、古生物學家。

的名字，「刑天」一名乃【斷頭】之意，而他的故事中最引人注目的當屬他被黃帝軒轅氏斷頭了[15]。

phobos 一詞表示恐懼，其對應的抽象名詞為 phobia‘畏懼’，後者一般用於醫學術語中，用以表示「對 ...... 的畏懼」，凡是讓人害怕的和讓人產生畏懼心理的狀況，這種畏懼的心理就被稱為 -phobia，例如：得了狂犬病的人怕聽到水聲，所以狂犬病被命名為 hydrophobia【怕水】；懼高症就稱作 acrophobia【怕高】、恐犬症就叫 cynophobia【害怕狗】；所謂世界之大無奇不有，有的人害怕騎馬 hippophobia【害怕馬】，有的人害怕工作 ergophobia【害怕工作】，有的人害怕黑夜 noctiphobia【害怕夜晚】（可能大腦裡裝的恐怖鏡頭太多），有的人害怕回憶 mnemophobia【害怕記憶】（小時候有過陰影吧），有的人害怕結婚 gamophobia【害怕結婚】（可能沒錢買房），還有怕談戀愛的 philophobia【害怕愛】（大概受傷過好幾次），還有人有性恐懼 sexophobia【害怕性】（這個為什麼咱就不說了），有的人啥都害怕 panophobia【害怕所有】（這 ......）[16]。

火衛二 Deimos

迪摩斯的名字 Deimos 一詞意為‘恐懼的’，源於希臘語名詞 deos‘畏懼’。deos 還衍生出了形容詞 deinos‘可怕的’。1841 年英國學者歐文[17]研究恐龍化石時，被這些龐大的怪獸所震驚，他認為這些大型爬蟲類和現代的蜥蜴是近親，於是把這些巨大爬蟲類取名為 dinosaurus，來自希臘語的 deinos sauros【恐怖的蜥蜴】，英語中的 dinosaur 由此演變而來。希臘語的 sauros‘蜥蜴’因此成為恐龍名稱的座上賓，於是就有了劍龍 Stegosaur、翼龍 Pterosaur、迅猛龍 Velocisaur、霸王龍 Tyrannosaur、蛇頸龍 Plesiosaur 等。從英語來看，所謂恐龍無非是一種龐大而類似蜥蜴類的動物。不知哪位「先賢」把這個詞漢譯為恐「龍」，龍在我們心中是這種形象嗎？中華兒女從古至今一直自稱為龍的傳人，怎能把這種東西叫龍呢！（作者碎碎念）而西方傳說中邪惡、噴火的怪物 dragon 居然也譯作龍。至今一提到 dragon 大家就

V.S

圖 4-5　中國祥龍對照西方的惡龍

想到龍，一提到龍就譯成 dragon，這簡直是辱沒列祖列宗啊！現在的學生高傲地把「龍的傳人」翻譯成「怪獸的後代」，還在別人面前誇耀自己水準很高，真是悲哀啊！你說你是「dragon 的傳人」，老外會說你好邪惡，你還抱怨老外不懂中國文化的博大精深。這真是一件讓人無語的事情。我們需要反思——我們借助中文學習外語，我對自己文化足夠瞭解嗎？我們對外國文化真正瞭解嗎？除了寒暄問候，我們該拿什麼和別人交流呢？

4.4　木星 伽利略衛星和宙斯的風流故事

1608 年一位荷蘭磨眼鏡工人偶然發現，兩片透鏡按一定的比距裝進一個直筒之中，居然可以清晰觀測到目力不及的極遠處。義大利天文學家伽利略[18]在得知這個消息後備受啟發，他對其中的原理進行了深入研究，並發明了世界上第一架可以放大 30 多倍的望遠鏡。當他將望遠鏡對準夜空中的點點繁星時，他的所見無疑震撼了歐洲乃至整個世界：夜空中並不像基督教宣傳的那樣只有行星天和恆星天；月亮並不是一個完美的球體，上面也有山和谷地；傳說中的銀河根本就不是什麼閃光的乳汁，裡面到處是耀眼的恆星；木星並非獨自在自己

（18）伽利略（Galileo Galilei, 1564 ～ 1642），16 ～ 17 世紀的義大利物理學家、天文學家，他在科學上對人類貢獻巨大，被譽為「現代科學之父」。

(19) 克卜勒 (Johanns Kepler, 1571～1630)，傑出的德國天文學家，他發現了行星運動的三大定律。

(20) 注意到克卜勒在創造 satellites 一詞時，最早指的是伴隨木星的衛星，後來發現很多行星都有著類似的星體伴隨，於是該詞被用來指普通意義上的衛星。

的軌道上運轉，旁邊還有一群繞著它旋轉的小星體。這一切都說明，宇宙根本就不像托勒密地心說以及基督教經典中所描述的那樣。伽利略的這些發現，後來成為哥白尼日心說體系的一個強有力的證據，並最終宣告了傳統宗教宇宙觀和地心說宇宙體系的崩潰。

衛星 satellite 一詞就是當時發明的。伽利略最早發現了 4 顆小星體，圍繞著木星來回旋轉，並且伴隨著木星一起在太空中遨遊，人們將這 4 顆衛星以其發現者命名為伽利略衛星，克卜勒[19]將這些小星體命名為 satellites【伴隨者】[20]，英語中的 satellite 由此而來。因為木星 Jupiter 是用神話中的主神宙斯（對應羅馬神話中的朱庇特 Jupiter）命名的，作為主神宙斯的「伴隨者」，學者分別將這 4 顆衛星命名為木衛一 Io、木衛二 Europa、木衛三 Ganymede、木衛四 Callisto。satellite 一詞，中文翻譯成衛星。

既然 satellite 是【伴隨者】，那伴隨主神宙斯 Jupiter 的自然少不了他的那些情人們，當然，這裡叫情人可能有點不恰當，因為從故事的脈絡來看，很多少女都是被逼無奈而遭宙斯占有的，但我們暫且就這麼稱呼吧！木星一共 63 顆衛星，至今已正式命名了 50 顆，還有 13 顆衛星沒有正式命名。而這 50 顆衛星中絕大多數都是以宙斯的情人所命名，少數是其情人所生的女兒，以及個別養育過宙斯的女神等。

圖 4-6　宙斯和伊俄

木衛一 Io

伊俄 Io 是河神伊那科斯 Inachus 的女兒。主神宙斯被她美麗非凡的容貌所吸引。一天，伊俄在河邊為父親牧羊時，宙斯變成一團濃霧緊緊地將她包裹住。話說主神宙斯在雲霧中爽得正 high 時，聽到小道消息說老婆希拉懷疑自己出軌，正在趕來的路上，情急之下主神將少女變成一隻白色的小母牛。天后希拉可不是好惹的，一看現場就知道發生了啥事，雖然宙斯死皮賴臉就是不肯承認。既然不承認，希拉就要求宙斯把這頭俊美的小母牛送給她，宙斯無奈，只好照辦。事後希拉怕宙斯再拿伊俄開葷，就派阿爾戈斯 Argos 看守這頭母牛。這個阿爾戈斯可不是一般的人物，據說他有一百隻眼睛，睏了休息時只閉一雙眼睛，敢情這差事讓他做是再合適不過了。宙斯沒轍，只好求助於滿腦袋壞點子的信使之神荷米斯。荷米斯扮作一位牧人來到阿爾戈斯看守小母牛的山坡，纏著他狂敘家常，說個沒完沒了。阿爾戈斯本來一點都不想搭理他，但又不好意思不給面子，就只好聽他 blabla 地閒扯，扯了半天還拿出一支長笛吹曲子給阿爾戈斯聽。哪知這長笛是下了魔藥的，阿爾戈斯才聽了一會兒就已撐不住，一百隻眼皮都沉沉地閉上了，接著呼呼大睡。荷米斯見時機成熟，拿出一把刀殺死了這位百眼看守者。

圖 4-7　荷米斯、阿爾戈斯和伊俄

阿爾戈斯恪守職責、因公喪命。為了紀念這位忠誠的看守者，天后將他的眼睛全部摘下來裝飾在自己最寵愛的孔雀身上，相傳孔雀羽毛上的眼狀斑點就是這麼來的。

如果你認為希拉會就此放過這位可憐的少女的話，那你就大錯特錯了。希拉派出一群牛虻，不斷叮咬被變為小母牛的伊俄，少女四處奔跑躲藏，沿著廣闊的海岸向東方逃亡，從此，這個海便以她的名字命名，叫愛奧尼亞海 Ionian Sea（21）。後來她又過了一個渡口，這個渡口被後人命名為博斯普魯斯海峽 Bosporus【牛渡】。後來的後來，她逃到了埃及，在那裡定居了下來。可能因為伊俄已經逃出了自己的勢力範圍，希拉也只好就此作罷。

（21）Ionian Sea 為地中海的一個支海，位於希臘、西西里島和義大利之間。據說愛琴海對岸的陸地也因伊俄得名，被稱為愛奧尼亞 Ionia【伊俄之地】。

少女伊俄的名字 Io 一詞意為'走、流浪'[22]。我們所說的物理和化學中的離子 ion 就源於此[23]，字面意思是【游離者】，因此也有了電離層 ionosphere【離子層】、電離質 ionogen【產生離子者】。io 一名意為'流浪'，這位少女在被宙斯強行占有了之後又遭到希拉的百般迫害，於是她隻身從希臘逃到了埃及，多麼可憐的流浪者啊！

看守小母牛的阿爾戈斯之名 Argos 一詞意為【明亮】，因為他有著一百隻眼睛，目光明亮。'明亮'argos 一詞衍生出了英語中：爭論 argument，意思是說把事情說【明白】了；銀之所以稱為 Argent 因為其【閃閃發亮】，其化學符號為 Ag；1516 年當西班牙殖民者登上南美大陸時，看見當地土著穿戴很多的銀飾，認為這裡盛產白銀，便稱此地為【白銀之國】Argentina，這個地方也就是現在的阿根廷。而阿爾戈斯是著名的百目看守者，英語中借用這個典故，用 argus 表示「機警的看守者」，有一種眼蝶也被命名為 Argus，因為這蝴蝶上有眾多眼睛般的紋理，就如同傳說中擁有一百隻眼睛的阿爾戈斯一樣。

(22) 希臘語的 io 對應拉丁語中的 eo，意思都為'go'，eo 的完成分詞為 itus，後者進入英語中於是便有了：出口 exit【a going outside】、入口 adit【an entrying】、忌辰 obit【gone away】、叛亂 sedition【going apart】、野心 ambition【going around】、過渡 transit【going across】、天體軌道 orbit【going in a circle】。

(23) 英國電磁學家邁克·法拉第發現，電解時，陽粒子移向陰極 cathode，陰粒子移向陽極 anode。由於粒子在電解時定向移動，便取名為 ion【移動】，中文譯為「離子」，即游離之粒子。陰離子游向電位較高的陽極 anode，故取名為 anion，可以理解為【升起的離子】或【移向陽極的離子】；相應的，陽離子游向電位較低的陰極 cathode，故取名為 cation，可以理解為【下降的離子】或【移向陰極的離子】。

木衛二 Europa

歐羅巴 Europa 的故事相信很多人都耳熟能詳了。根據希臘神話傳說，宙斯貪戀腓尼基公主歐羅巴的美色，化身為一頭白色的公牛來到腓尼基王宮附近，當時歐羅巴正和女伴們在河畔採花，這白牛溫順地來到歐羅巴腳邊，並恭敬地舔著她的小手。少女見這頭公牛非常溫和俊美，便大膽地騎上牛背。哪知公牛一見少女坐穩，立即拔腿就跑，飛奔過叢林和海灘，躍入海中，越游越遠。牠游啊游啊游啊游（小姑娘肯定嚇傻了，在茫茫大海中喊著救命，可卻一點作用都沒有），第二天終於游到了茫茫大海深處的克里特島 Crete。於是宙斯又爽了一把，完事後把歐羅巴一個人留在島上。到了這個地步，歐羅巴也只能認命了。她為宙斯生了 3 個孩子，分別是彌諾斯 Minos、拉達曼迪斯 Rhadamanthys、薩耳珀冬 Sarpedon，其中老大、老二因為正直，死後成為冥界的兩大判官[24]。因為克里特島位於腓尼基（腓尼基約相當於今天黎巴嫩地區）以西，從此人們便將這個地方稱為 Europa，後來範圍有所擴大，就變成了泛指的西方世界，也就是現在的歐洲。表示歐洲的 Europe 一詞，就來自歐羅巴的名字。

（24）還記得《聖鬥士》漫畫中的冥界三巨頭嗎？他們分別是埃阿科斯 Aeacus、彌諾斯 Minos 和拉達曼迪斯 Rhadamanthys。這冥界三巨頭就來自古希臘神話中的冥界三大判官，其中有兩個都是歐羅巴的兒子。

話說宙斯對自己化身的白牛形象非常滿意，便將白牛放到夜空中，於是就有了金牛座 Taurus。

歐羅巴到底長什麼樣呢？我們來看她的名字。Europa 一名由希臘語的 eurys‘寬的、廣的’和 ops‘眼睛、臉’組成，我們看到，這或許是一個大眼美女。希臘語的 eurys 一詞經常以前綴 eury- 出現在詞構中，於是便有了英語中：廣鹽性 euryhaline【廣鹽的】、廣光性的 euryphotic【廣光的】、廣溫性的 eurythermic【廣溫的】。ops 意為‘眼睛、臉’，因此神話人物珀羅普斯 Pelops 就是【黑臉】，他後來統一了希臘半島的南部，這一片地區因此被稱為 Peloponnesos 即【珀羅普斯之島】，著名的伯羅奔尼撒戰爭 Peloponnesian War 就發生在這個地方。神話中的巨人 Cyclops【圓眼睛】據說都長有一隻大眼睛，巨大如輪，鑲嵌於額頭，史稱「獨眼巨人」。衣索比亞 Ethiopia 本意乃是【曬黑面孔的國度】，最初用來泛指非洲人，這些人因為強烈的日光而皮膚黝黑，現在該詞被用來專指非洲的一個國家。ops 表示‘眼睛、光’，還衍生出英語中：親自勘察 autopsy【自己看】、近視 myopia【短目光症】、遠視 hyperopia【長目光症】、黃視症 xanthopia【視黃症】、光學 optics【光的技術】、眼鏡商 optician【製造眼鏡者】等。

圖 4-8　歐羅巴遭劫持

木衛三 Ganymede

有人說，宙斯是個帥哥美女通吃的神。這種說法應該是對的，木星最大的一顆衛星木衛三 Ganymede 正向我們說明著這一點。伽倪墨得斯 Ganymede 是特洛伊城的建立者特洛斯 Tros[25] 的兒子，他是遠近聞名的俊美少年。宙斯第一眼看到他時就喜歡上這個年輕俊美的小夥子。一天，主神趁伽倪墨得斯在山上放羊時，變成鷹一把抓起少年，並帶回了奧林匹斯山。

接下來發生的事我也說不清楚。之後的之後，少年做了宙斯的侍童，負責主神的起居，並在諸神的宴席上負責給大家斟酒。斟酒這件事本來是青春女神赫柏 Hebe[26] 負責的。自從大英雄海克力士功成名就後，他被迎入神界，封為大力神，宙斯還將青春女神赫柏嫁與了他。赫柏當了家庭主婦後，忙著燒菜、做飯、看孩子、伺候老公，所以就不能做這份酒童的兼職了，這個工作便由伽倪墨得斯接手。這位少年把工作做得非常出色，博得眾神的讚賞，主神宙斯更是對他寵愛有加，還把他斟酒的形象置於夜空之上，於是就有了夜空中的寶瓶座 Aquarius。

Aquarius 是羅馬人對寶瓶座的稱呼，由拉丁語中表示‘水’的 aqua 演變而來，Aquarius 字面意思為【斟水的人】。相似的，我們可以對比拉丁語中的‘箭矢’sagitta，和‘持弓箭的人’sagittarius[27]。拉丁語的 aqua‘水’還衍生出了英語中：水族館 aquarium【儲水的容器】、水管 aqueduct【導水】、含水土層 aquifer【bear water】、水中表演 aquacade【水幕】、水中呼吸器 aqualung【水肺】、潛水夫 aquanaut【水中航員】、水產養殖 aquaculture【水中養殖】、水彩畫 aquarelle【水彩】、藍晶 aquamarine【海水色】、王水 aqua regia【水之王】，而水療 SPA 則為 salus per aquam【health by water】的首字母縮寫。

那伽倪墨得斯的名字 Ganymede 又是什麼意思呢？這個詞或許可以解讀為 ganyo‘開心、快樂’和 medea‘聰明’，字面意思為【又快樂又聰

(25) 特洛伊城的建立者為達耳達諾斯的孫子特洛斯 Tros，因此這座城市被稱為 Troia【特洛斯之城】，該詞在英語中轉寫為 Troy。著名的特洛伊戰爭就發生在這裡。

(26) 台灣女歌手團體 S.H.E 中的 Hebe 一名就來自希臘神話中的青春女神 Hebe，而 Selena 則來自希臘神話中的月亮女神。

(27) 天箭座 Sagitta 本意即【箭矢】，而人馬座 Sagittarius 字面意思則為【持箭者】。

明】，這人的名字倒是挺自戀的啊！ medea 表示‘聰明’，古希臘三大悲劇之一的《美狄亞》主人翁 Medea 的名字意思就是【狡猾、善於計謀】；特洛伊戰爭中希臘主帥之一的大英雄狄俄墨得斯 Diomedes 名字意為【宙斯的智慧】；著名的數學家阿基米德 Archimedes 可謂是【絕頂聰明】了，真是人如其名。英語中與該詞同源的詞彙還有很多，冥想 meditation 本意乃【思索】；希臘語的動詞 mathein 意思是‘思考、學習’，從而有了數學 mathematics【學習、思考的技藝】[28]，英語中有時也簡寫為 math；還有盜火神普羅米修斯 Prometheus【先知先覺】以及他那被宙斯用美女潘朵拉欺騙了的弟弟厄庇墨透斯 Epimetheus【後知後覺】等。

（28）mathematics 是希臘語 mathema 的形容詞陰性形式，因其修飾陰性的 episteme‘知識’或 techne‘技藝’。這個詞演變為英語中的 mathematics。而 mathema 則源自動詞 mathein‘學習’。

木衛四 Callisto

卡利斯托 Callisto 本是一位水澤仙女，也是月亮女神阿提密斯 Artemis 的侍女。阿提密斯是著名的貞潔女神，她也要求所有的侍女都要像自己一樣，起誓永遠保持貞潔的處女之身。當然也包括卡利斯托。然而不幸的是，卡利斯托的美貌卻激起了宙斯的愛欲，宙斯為了得到她而費盡心思。終於有一天，宙斯假扮成月亮女神的樣子引誘卡利斯托，當卡利斯托午睡中醒來，發現自己正躺在女主人的懷裡，主子抱著她親熱，並在她身體各處愛撫起來。卡利斯托不敢違抗，便依從著自己的女主人（此處刪去 352 個漢字）。

等到卡利斯托發現和自己親熱的不是月亮女神而是好色的主神宙斯時，已經羊入虎口，米已蒸熟。宙斯又爽了一把。完事之後卡利斯托一直不敢跟任何人談起這件事，可是日復一日肚子卻慢慢大了起來。一天她在水中沐浴時，

圖 4-9　宙斯和卡利斯托

終於被月亮女神發現。憤怒的女神詛咒卡利斯托，並把她變成了一隻母熊。後來這位苦命的少女生下了一個兒子，並不得不將他遺棄在叢林中。林中的仙女發現並撫養了這個孩子，為他取名為阿卡斯 Arcas。十幾年過去了，這隻可憐的母熊一直在山林中遊蕩，直到有一天遇見了她的兒子。那時阿卡斯已經長大成人，成為一位技術嫻熟的獵人。相遇的一刻她便認出是自己的兒子，於是母熊緩下腳步想接近他，撫摸他可愛的臉龐，而阿卡斯看到的卻是一頭野獸向他撲來，於是他舉起長矛刺向這一頭野獸。

人們說，天上的兩隻熊就是這母子倆，母親是大熊座 Ursa Major，兒子是小熊座 Ursa Minor。拉丁語的 ursa 意為‘熊’，而希臘語中稱為 arctos‘熊’。很明顯，卡利斯托的兒子阿卡斯的名字 Arcas 也源於 arctos 一詞，而牧夫座的主星 Arcturus 本意就是【看熊的人】。因為大熊星座與小熊星座是古希臘人用於辨識北方的重要參照指標，故 arctos 也有了‘北方’之意，因此也有了英語中的北冰洋 Arctic Ocean【北方的大洋】，北極圈 arctic circle【極北之圈】，以及南極洲 Antarctica【北對面之地】。

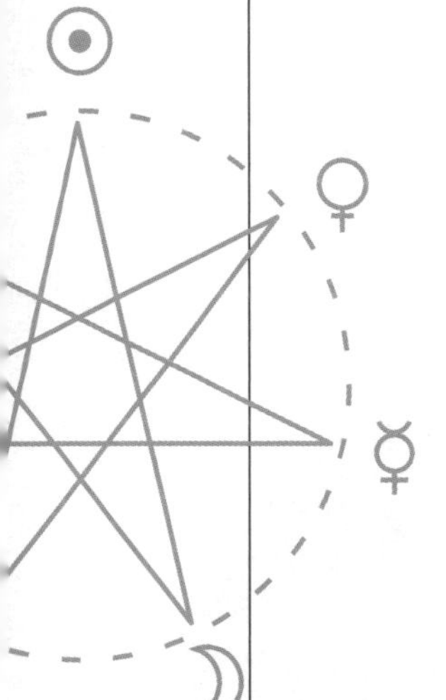

呀！這個故事講得有點傷感了。那再往後講一些吧！在阿卡斯將長矛刺向母親的胸脯時，天上的宙斯發現了他們。話說宙斯當時在天上正閒著沒事做，從天空俯視人間，想發現點什麼，例如新一代的美少女什麼的，猛一看，瞧見一個獵人正準備殺熊，仔細一看這頭熊好面熟啊！不禁想起了當年大明湖畔的夏雨荷（《還珠格格》中的角色之一）...... 宙斯心想這可不成，兒子要殺自己當年的小情人，就趕忙把兒子也變成了一頭熊，並把這兩頭熊提升到天空，變成夜空中的大熊星座和小熊星座。據說這兩隻熊的尾巴之所以比一般熊長，就是因為當時提著尾巴時給拖長的。

希拉又不樂意了。心想這小賤人和一個孽種怎麼可以在天空中如此光輝耀眼呢！但她又不敢直接跟老公表達不滿[29]。希拉就跑去跟老一輩的環河之神俄刻阿諾斯 Oceanus 訴苦，俄刻阿諾斯說閨女看在你受委屈的份上，我以後永遠不讓那兩隻熊來我這洗澡了。於是，一直到今天，大熊星座和小熊星座也沒有下沉到海面以下沐浴過[30]。

（29）在此之前，希拉曾聯合各路神仙反抗宙斯，把宙斯五花大綁，並揚言要廢除宙斯的天王地位。後來宙斯得救後怒不可遏，還對希拉使用了家庭暴力，希拉至今仍心有餘悸。

（30）這個故事的天文學意義是，大熊星座和小熊星座一直繞著北極星運轉，而從希臘本土觀察，它們永遠都不會落入地平線以下。

水澤仙女卡利斯托 Callisto 到底有多美呢？居然讓主神宙斯日思夜想，不顧一切地想弄到手。我們來看她的名字，Callisto 一名源自希臘語中 calos‘美麗的’的最高級 callistos‘最美麗的’，在「名即為實」的古老神話中叫這名字有多美還用再描繪？ calos‘美麗的’一詞衍生出了英語中：書法 calligraphy 乃是【漂亮的書寫】，對比書法拙劣 cacography；健美體操 calisthenics 則為【優美之力】；繆斯女神中的史詩女神卡利俄珀 Calliope 則是【優美的聲音】；萬花筒稱為 kaleidoscope，因為裡面【看到的是很美的圖形】；還有美臀的 callipygian、美體的 callimorph 等。

（31）因為故事來源的古希臘作品很多，有不少故事和人物都有好幾種說法，本文中所涉及人物之故事也或有幾個比較混淆的說法。此處盡量選擇與主神宙斯有關的說法。

4.4_1 木衛 天上的姨太太們

木星已發現 66 顆衛星，其中有 50 顆已經命名，從木衛一到木衛五十皆已經正式命名，從木衛五十一到六十六現今尚未取名。木衛牽扯到的希臘神話人物太多，難以一一細講，現將相關名稱與神話淵源簡述如下。後面的文章中會擇重要人物進一步分析[31]。

木衛一 Io

水澤仙女伊俄。河神伊那科斯 Inachus 的女兒，宙斯的情人之一。

木衛二 Europa

腓尼基公主歐羅巴 Europa，國王阿革諾耳 Agenor 的女兒，宙斯的情人之一。

木衛三 Ganymede

伽倪墨得斯 Ganymede，特洛伊王子，宙斯的酒童。

圖 4-10 木星家族

木衛四 Callisto

寧芙仙子卡利斯托 Callisto，月亮與狩獵女神阿提密斯 Artemis 的侍女，宙斯的情人之一。

木衛五 Amalthea

山羊仙女阿瑪爾希亞 Amalthea，原形為一隻母山羊，並曾用自己的羊奶養育幼年宙斯。除木衛五外，羊神星（113 號小行星）也被命名為 Amalthea。

木衛六 Himalia

仙女希瑪利亞 Himalia。宙斯愛上了她，並與她結合。她與宙斯生了 3 個兒子。

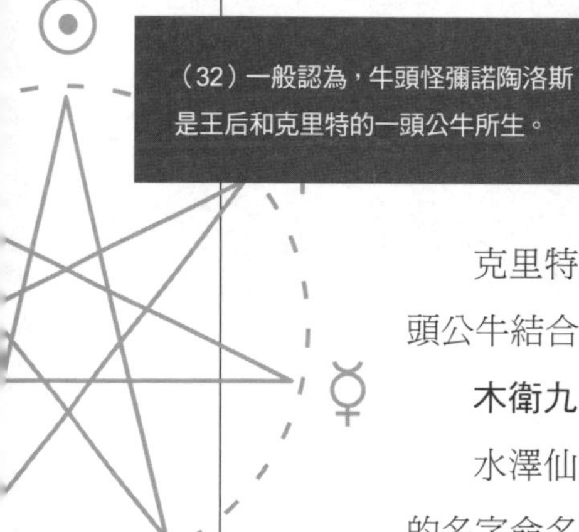

（32）一般認為，牛頭怪彌諾陶洛斯是王后和克里特的一頭公牛所生。

木衛七 Elara

仙女厄拉剌 Elara，宙斯的情婦之一，與其結合生下巨人提堤俄斯 Tityos。

木衛八 Pasiphae

克里特王后帕西法厄 Pasiphae，彌諾斯王之妻。傳說她與宙斯所變的一頭公牛結合，生下了牛頭怪彌諾陶洛斯 Minotaur[32]。

木衛九 Sinope

水澤仙女希諾佩 Sinope，河神阿索波斯之女。宙斯搶走了她，後人用她的名字命名了黑海南岸的一座城市。

木衛十 Lysithea

大洋仙女里希提亞 Lysithea。環河之神俄刻阿諾斯 Oceanus 和大海女神特提斯 Tethys 所生的大洋仙女之一。宙斯的情人之一。

木衛十一 Carme

克里特女神卡耳墨 Carme，宙斯情人之一。

木衛十二 Ananke

定數女神阿南刻 Ananke，宙斯情人之一，與宙斯結合生下 3 位命運女神。

木衛十三 Leda

斯巴達王后麗達 Leda，國王廷達柔斯 Tyndareus 之妻。宙斯變成一隻天鵝與她結合，當夜麗達又與其夫同床，後生下了兩顆鵝蛋，一顆孵出了波呂丟刻斯 Polydeuces 和絕世美女海倫，另一顆孵出卡斯托耳 Castor 和克呂泰涅斯特拉 Clytemnestra。

木衛十四 Thebe

水澤仙女提比 Thebe，河神阿索波斯之女。宙斯將她劫至維奧蒂亞地區。仙女後來嫁給了這裡一個城邦的國王，從此這個城邦得名為底比斯 Thebes。

木衛十五 Adrastea

克里特島水澤仙女阿德拉斯提亞 Adrastea，曾經在宙斯幼年的時候哺育過他。

木衛十六 Metis

大洋仙女墨提斯 Metis。宙斯的第一任妻子。她和宙斯結合並生下了智慧女神雅典娜 Athena。

木衛十七 Callirrhoe

水澤仙女卡利羅厄 Callirrhoe，被宙斯誘騙的仙女之一。

木衛十八 Themisto

水澤仙女希彌斯托 Themisto，河神伊那科斯的女兒，被宙斯誘騙的仙女之一。

木衛十九 Megaclite

仙女墨伽克利忒 Megaclite，被宙斯誘騙的仙女之一。

木衛二十 Taygete

仙女泰萊塔 Taygete，扛天巨神阿特拉斯 Atlas 之女，普勒阿得斯七仙女 Pleiades 之一。宙斯的情人，為宙斯生下斯巴達王拉刻代蒙 Lacedaemon。

木衛二十一 Chaldene

仙女卡爾得涅 Chaldene，宙斯的情人之一。

木衛二十二 Harpalyke

哈耳帕呂刻 Harpalyke，阿卡迪亞公主，宙斯的情人之一。

木衛二十三 Kalyke

仙女卡呂刻 Kalyke，風神埃俄羅斯 Aeolus 之女，與宙斯生美少年恩底彌翁 Endymion。

木衛二十四 Iocaste

伊俄卡斯忒 Iocaste，伊底帕斯王 Oedipus 的母親和妻子，自殺而亡。一說她曾為宙斯生有一子。

木衛二十五 Erinome

仙女厄里諾墨 Erinome，受到愛與美之女神阿芙蘿黛蒂的詛咒而愛上宙斯。

木衛二十六 Isonoe

阿爾戈斯公主伊索諾厄 Isonoe，宙斯的情人之一。她死後被變為一眼泉水。

木衛二十七 Praxidike

懲罰女神普拉克西狄刻 Praxidike，宙斯的情人之一。

木衛二十八 Autonoe

奧托諾厄 Autonoe，底比斯的建立者卡德摩斯 Cadmus 之女，宙斯的情人。

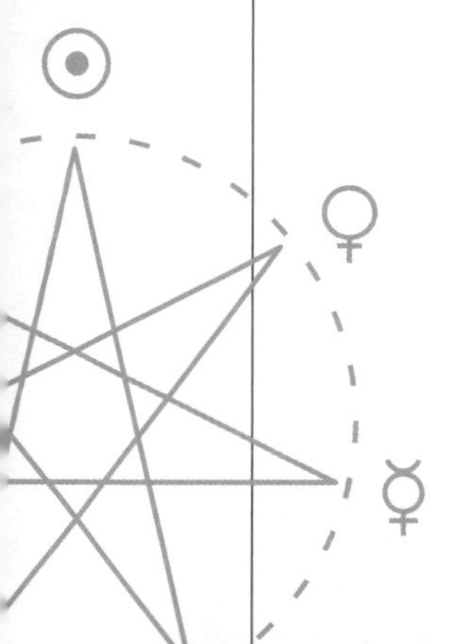

木衛二十九 Thyone

提俄涅 Thyone，底比斯的建立者之女，原名塞墨勒 Semele，與天神宙斯生酒神帝奧尼索斯 Dionysus。後來帝奧尼索斯從冥府將已死的母親升為神靈，成為女神後改名提俄涅。

木衛三十 Hermippe

赫耳彌珀 Hermippe，宙斯的情人之一。

木衛三十一 Aitne

寧芙仙女埃特娜 Aitne，宙斯的情人。西西里島的埃特納火山 Etna 即以其名命名。

木衛三十二 Eurydome

女神歐律多墨 Eurydome，或說與宙斯生下美惠三女神卡里忒斯 Charites[33]。

木衛三十三 Euanthe

女神歐安忒 Euanthe，宙斯的情人。或說與宙斯生下美惠三女神卡里忒斯 Charites。

木衛三十四 Euporie

豐饒女神歐波里亞 Euporie，宙斯之女，時序三女神 Horae 之一[34]。

(33) 部分希臘神話人物在不同的著述中有所不同，例如此處的美惠女神的母親，在不同的古典作家筆下，可能是 Eurynome、Eurydome 或 Euanthe。而關於美惠女神的具體人物，赫西奧德認為是 Aglaia、Euphrosyne、Thalia 三位，而荷馬則只提到 Cale 和 Pasithea 兩位。保薩尼阿斯則提到了 Hegemone。

(34) 關於時序女神也有不同的說法，一般認為是時令三女神 Thallo、Auxo、Carpo，或秩序三女神 Eunomia、Dice、Eirene。

木衛三十五 Orthosie

繁榮女神俄耳托西亞 Orthosie，宙斯之女，時序三女神 Horae 之一。

木衛三十六 Sponde

奠酒女神斯蓬得 Sponde，宙斯之女，時序三女神 Horae 之一。

木衛三十七 Kale

仙女卡勒 Kale，宙斯之女，美惠三女神卡里忒斯 Charites 之一。

木衛三十八 Pasithea

仙女帕西希亞 Pasithea，宙斯之女，美惠女神卡里忒斯 Charites 之一。

木衛三十九 Hegemone

引導女神赫革摩涅 Hegemone，宙斯之女，美惠女神卡里忒斯 Charites 之一。

木衛四十 Mneme

記憶女神謨涅墨 Mneme，文藝三女神繆斯 Muses 之一(35)。或與宙斯的第五任妻子摩涅莫緒涅相混同。

(35) 關於繆斯女神，在古典作品中也有不同的說法。根據保薩尼阿斯記述，最早的繆斯女神只有3位，分別為 Melete、Mneme、Aoede。而流傳更為廣泛的莫過於赫西奧德關於9位繆斯女神的說法，她們分別為 Calliope、Clio、Erato、Urania、Euterpe、Terpsichore、Polyhymnia、Thalia、Melpomene。也有部分版本中包括 Arche、Callichore、Eukelade 等。

木衛四十一 Aoede

歌曲女神阿俄伊得 Aoide，文藝三女神繆斯 Muses 之一。或為宙斯之女。

木衛四十二 Thelxinoe

陶醉女神忒爾克西諾厄 Thelxinoe，宙斯之女，繆斯女神 Muses 之一。

木衛四十三 Arche

開場女神阿耳刻 Arche，宙斯之女，文藝女神繆斯 Muses 之一。

木衛四十四 Kallichore

女神卡利科瑞 Kallichore，宙斯之女，文藝女神繆斯 Muses 之一。

木衛四十五 Helike

寧芙仙女赫里克 Helike，曾在宙斯幼年時養育過他。

木衛四十六 Carpo

果實女神卡耳波 Carpo，宙斯之女，時序女神 Horae 之一。

木衛四十七 Eukelade

女神歐刻拉得 Eukelade，宙斯之女，繆斯女神 Muses 之一。

木衛四十八 Cyllene

水澤仙女庫勒涅 Cyllene，宙斯之女。

木衛四十九 Kore

仙女科瑞 Kore，宙斯和豐收女神得墨忒耳 Demeter 之女，被冥王黑帝斯搶走，成為冥后。後改名為珀耳塞福涅 Persephone。

木衛五十 Herse

露珠女神赫耳塞 Herse，宙斯與月亮女神塞勒涅 Selene 所生之女。

4.4_2 繆斯之藝

我們已經知道，木星的衛星中有 6 位是以繆斯女神命名的。那麼，繆斯們到底是什麼樣的神靈，又有著什麼樣的傳說呢？

根據赫西奧德的說法，主神宙斯和泰坦神族中的記憶女神摩涅莫緒涅 Mnemosyne 在連續 9 個夜裡結合，女神懷孕後生下了 9 位聰穎漂亮的女兒，也就是後來的 9 位繆斯女神 Muses（36）。她們居住在帕納塞斯山群山中的赫利孔山中，她們各自司掌一種藝術，並將文藝之神阿波羅尊為領袖。我們又從保薩尼阿斯（37）那裡得知，繆斯最初只有 3 位，她們由天神烏拉諾斯和地母蓋亞所生，這 3 位女神分別為實踐女神米雷特 Melete、記憶女神謨涅墨 Mneme、歌唱女神阿俄伊得 Aoede（38）。

希臘人認為，詩人、藝術家的靈感都源於繆斯女神，詩人們在敘詩前往往都要向繆斯祈禱，以獲得藝術的靈感。例如荷馬在史詩《奧德賽》開篇即唱道：

（36）注意此詞為英語化了的希語詞彙，在英語中，Muses 為 Muse 的複數，而希臘文原名為複數 Mousai，單數為 Mousa。

（37）保薩尼阿斯（Pausanias, 110～180），羅馬時代的希臘史地理學家、旅行家。著有《希臘述記》一書。

（38）後來還產生一種說法認為繆斯女神共有 4 位，分別是陶醉女神忒爾克西諾厄 Thelxinoe、歌唱女神阿俄伊得 Aoede、開場女神阿耳刻 Arche、實踐女神米雷特 Melete。其他的說法中也有包括了卡利科瑞 Kallichore、歐刻拉得 Eukelade 等。

告訴我，繆斯，那位精明能幹者的經歷，

在攻破神聖的特洛伊城後，他浪跡四方。

——荷馬《奧德賽》1 卷 1~2

繆斯象徵各種藝術，因此藝術之一的音樂被稱為 music，該詞來自希臘語的 mousike（techne）‘繆斯之技藝’，其中 mousike 一詞演變為英語中的 music。在希臘語中，名詞詞基後加 -ikos/-ike/-ikon 構成相應的形容詞，表示‘...... 的’(39)，其與拉丁語中的形容詞後綴 -icus/-ica/-icum 同源，英語中的 -ic 大多源於此，諸如：諷世者 cynic【犬儒學派的】、禁欲主義者 stoic【廊下學派或斯多噶學派的】、學術 academic【學院的】、塑膠 plastic【塑造成形的】、色情的 erotic【關於愛欲的】、神祕的 mystic【祕密的】、詩的 poetic【詩人的】、古代的 archaic【古老的】、public【公眾的】、評論家 critic【分辨好壞的】。拉丁語中的 -icus/-ica/-icum 演變為法語的 -ique，於是也有了英語中：獨一無二的 unique【唯一的】、古老的 antique【古代的】、公報 communique【公共的】。

根據形容詞與所修飾名詞性屬一致的原則，在修飾陰性名詞‘技藝’techne 時使用希臘語的 -ike，英語中很多暗含「技藝」含義的 -ic 類名詞皆源於此，諸如：魔術 magic【術士之藝】、技術 technic【技藝】、算術 arithmetic【計算之術】、醫術 iatric【醫生之技藝】、語音學 phonetics【聲音之術】等(40)。因為這些形容詞概念大多已名詞化，我們也經常使用其複數形式 -ics，於是就有了英語中：數學 mathematics【思考之技藝】、政治學 politics【政治技術】、戰術 tactics【機智之術】、彈道學 ballistics【發射之技術】、雜技 acrobatics【高處行走之術】、教學法 pedagogics【教師之技術】、辯論術 polemics【爭吵之術】、物理學 physics【自然之術】、電子學 electronics【電子技術】、經濟學 economics【治家之術】、動力學 dynamics【力

(39) 希臘語中的名詞都是有性屬的，其中陽性多以 -os 結尾、陰性多以 -e 或 -a 結尾，中性多以 -on 結尾。用來修飾名詞的形容詞必須和名詞保持相同的性屬，因此每一個形容詞都具有 3 種形態，修飾陽性名詞時使用陽性形式，修飾陰性名詞時使用陰性形式，修飾中性名詞時使用中性形式。

(40) 注意到 -ic 雖然本為形容詞後綴，但很多形容詞都名詞化了，例如 music、magic、classic、plastic 等，這些名詞加後綴 -al 變為形容詞，於是就有了 musical、magical、classical、plastical 等詞彙。一般也加 -ian 構成職業身分一類的名詞，例如樂師 musician、殯葬業者 mortician、政治家 politician、魔術師 magician、美容師 beautician。

圖 4-11 阿波羅和謬斯女神們

之技藝】等[41]。

而英語中的博物館 museum 則來自希臘語的 mousion，即【置放繆斯作品的地方】。在希臘化時代，埃及的亞歷山大城興建了一座專門收集各種藝術作品的殿堂，稱為 Mouseion，並成為古代西方文化藝術之象徵。拉丁語將其轉寫為 museum，並用來泛指各種收藏陳放藝術作品的殿堂，後者演變為英語中的博物館 museum。希臘語中 -ion 後綴本為中性形容詞形式，因為所表達的'場所、地方'概念為中性，故用該後綴表示'...... 之場所'之意，拉丁語一般將其轉寫為 -ium 或者 -eum，亦表示'...... 之場所'，故有 museum 一詞。因此也有了英語中：禮堂 auditorium 乃是【容納聽眾的地方】，療養院 sanatorium 則為【恢復健康之地】以及火葬場 crematorium【燒成灰的地方】、游泳池 natatorium【游泳之地】、水族館 aquarium【容水的地方】、美容院 beautorium【美容之處】、天文台 observatorium【容納觀測者之地】，後者演變出了英語中的 observatory 一詞。注意到拉丁語中 -ium 後綴表示場所時經常以 -arium、-orium、-erium 等形式出現，英語中一般將這類詞對應轉寫為 -ary、-ory、-ery。這類的詞彙很多，諸如英語中：圖書館 library【存放書籍的地方】、詞典 dictionary【收藏各種單字的地方】、卵巢 ovary【卵子的老巢】、實驗室 laboratory【勞作的地方】、工廠 factory【做工的地方】、小餐館 eatery【吃的地方】、麵包房 bakery【烘麵包的地方】、養魚場 fishery【養魚的地方】、陶器廠 pottery【做陶器的地方】、手術室 surgery【做手術的地方】、

(41) 醫生在希臘語中稱為 iater，從而有了英語中各種'醫術' -iatrics【醫生之技藝】，例如兒科治療 pediatrics、物理療法 physiatrics、精神病學 psychiatrics，以及 cresciatrics、dermiatrics、geriatrics、gyniatrics、hippiatrics、hydriatrics、otiatrics、phoniatrics、theriatrics 等。

女修道院 nunnery【修女生活的地方】、墓地 cemetery【安眠之地】、養豬場 piggery【養豬之處】等。

根據保薩尼阿斯的說法，最初的繆斯女神共有 3 位，她們分別是歌唱女神阿俄伊得 Aoede、記憶女神謨涅墨 Mneme 和實踐女神米雷特 Melete，這些名字都是什麼意思呢？背後又有著什麼樣的詞源訊息呢？

歌唱女神 Aoede

歌唱女神阿俄伊得的名字 Aoede 一詞意為【歌唱】，希臘語中一般將歌曲、詩歌稱為 aoide，有時母音緊縮為 oide 或 ode，希臘人將‘悲劇’稱為 tragodia，由‘山羊’tragos 和‘歌曲’oide 組成，字面意思是【山羊之歌】。相應的，‘喜劇’稱為 comoidia【狂歡之歌】，由‘狂歡’comos 和‘歌曲’oide 組成。英語中的悲劇 tragedy 和喜劇 comedy 便由此而來。大詩人赫西奧德的名字 Hesiod 字面意思為【歌詠者】。oide 還衍生出了英語中：音樂廳 odeon 或 odeum【表演音樂之地】、韻律 prosody【to the song】、輓歌 threnody【悲傷之歌】、狂想曲 rhapsody【吟誦詩歌】、頌歌 ode【歌曲】等。

記憶女神 Mneme

記憶女神謨涅墨的名字 Mneme 一詞意為【記憶】，是動詞 mnaomai‘想起、記起’對應的抽象名詞形式，動詞 mnaomai 的詞幹為 mna-，加 -me 構成表示動作對象的名詞，即 mneme‘記憶’。在希臘語中，動詞詞幹加 -me（或 -ma）構成動作狀態或者對象的名詞，而加 -mon 則構成表示對應的形容詞概念，因此就有了 mnemon‘記性好的’。大英雄阿基里斯就有個僕人叫謨涅蒙 Mnemon，他的職責是提醒阿基里斯不要誤殺太陽神阿波羅的兒子，這個名字真是取得很到位呢！形容詞詞幹後加 -syne 構成形容詞對應的抽象名詞，因此 mnemon 對應的抽象名詞就是 mnemosyne‘好記性’。注意到繆斯們的母親之名 Mnemosyne 即來自於此。該詞還衍生出了英語中：記憶術 mnemonics【記憶之術】、不計前嫌 amnesty【不記得】、失憶 amnesia【忘卻之狀態】；有時候我們會忽然覺得，一些正在發生的場景、片段似乎曾經在夢裡或哪裡發生過，雖然完全不可能是真實地發生過，卻在我們的記憶裡那麼相似，這種幻知在法語中被稱為 déjà vu“似曾相識”，英語中叫 promnesia【提前知道】，可能很多人都覺著這種幻知不可靠，便用該詞表示「記憶錯誤」之意。廣泛地說，希臘語的 mneme‘記憶’與拉丁語中的‘思考’mens（所有格 mentis，詞基 ment-）、英語中的 mind 都是同源詞彙，因此就不難理解英語中：心理活動 mentation【思考】、腦力的 mental【思考的】、提及 mention【使想起】、班長 monitor【提醒者】、懷舊 reminiscence【再記起】、記憶 remember【再想起】、評價 comment【再思考，再解讀】、癡呆 dementia【思想錯亂】、提醒 remind【使再記起】。羅馬神話中天后朱諾的全名為 Juno Moneta 即【Juno the reminder】，羅馬人曾經在女神廟前建造一個鑄幣廠，於是將錢幣用女神的名字命名為 moneta，後者進入英語中，於是就有了錢 money 和造幣廠 mint。

實踐女神 Melete

實踐女神米雷特的名字 Melete 一詞意為【實踐、練習】，該詞彙在英語中並無太多重要衍生詞彙，不再詳談。

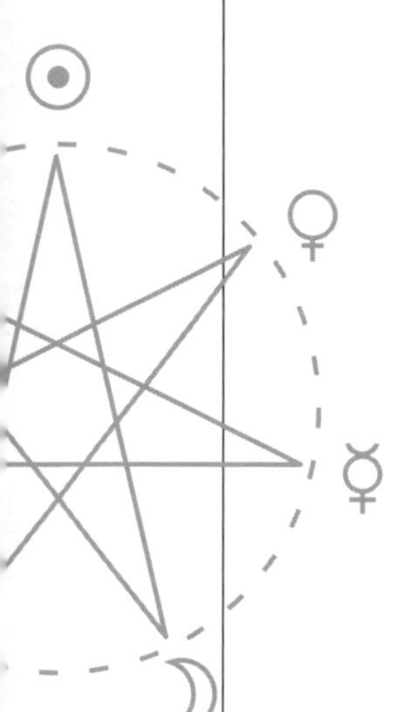

4.4_3　繆斯九仙女

根據赫西奧德在《神譜》中的記述，繆斯女神一共有 9 位，她們是主神宙斯與記憶女神摩涅莫緒涅所生的後代。這 9 位女神分別司掌文藝的九大方面，分別是史詩女神卡利俄珀 Calliope、歷史女神克利俄 Clio、愛情詩女神埃拉托 Erato、天文女神烏拉尼亞 Urania、歌舞女神特普可西兒 Terpsichore、音樂與抒情詩之女神歐忒耳珀 Euterpe、頌歌女神波呂許尼亞 Polyhymnia、田園詩與喜劇女神塔利亞 Thalia、悲劇女神梅爾波曼 Melpomene。她們分別代表著一種特定的藝術形式。

在古希臘，還有一位被稱為第十繆斯的女詩人，她就是被譽為西方美學之母的莎孚。這個來自希臘列斯伏斯島 Lesbos 的女詩人在西方文藝史，特別是詩歌史上可是大名鼎鼎的人物。女同性戀 lesbian 一詞【列斯伏斯島之人】最初就用來特指女詩人莎孚，該詞由近代心理學家所造，因為有流傳說認為莎孚是個女同性戀者。這個詞讓列斯伏斯島的居民大為光火，他們曾經多次對該詞提出抗議，因為 lesbian 字面意思表示該島上的居民，但結果依

表 4-1　繆斯九仙女

繆斯女神	譯名	神職	標誌
Calliope	卡利俄珀	史詩女神	筆和蠟板
Clio	克利俄	歷史女神	月桂花冠和羊皮紙卷
Erato	埃拉托	愛情詩女神	七弦琴
Urania	烏拉尼亞	天文女神	地球儀
Terpsichore	特普可西兒	歌舞女神	手持弦琴
Euterpe	歐忒耳珀	音樂與抒情詩之女神	雙管長笛
Polyhymnia	波呂許尼亞	頌歌女神	面紗
Thalia	塔利亞	田園詩與喜劇女神	牧笛和喜劇面具
Melpomene	梅爾波曼	悲劇女神	悲劇面具

然無濟於事。這是一件好笑又很無奈的事情，就如你是該島的居民，你跟別人說我是「萊斯沃斯人」，人家會說哦，原來你是個 lesbian 啊！這真是躺著也中槍啊！塞普勒斯島上的居民也很中槍，因為他們不方便說我是塞普勒斯人（Cyprian），因為這無異於在說，他是一個淫蕩的人。

那麼，這九位繆斯女神名字都代表什麼意思，她們又有什麼樣的故事呢？

史詩女神 Calliope

最初的史詩是透過吟唱、歌詠而口口相傳的，因此史詩女神必然應是一個好的吟唱者。卡利俄珀 Calliope 一名即暗含著這樣的訊息。這個名字由希臘語的‘美好的’calos 和‘聲音’ops[42] 組成，字面意思是【美好的聲音】，美好的聲音正是史詩女神所必備的特質。calos 的名詞形式為 callos，後者經常用來構成複合詞，例如希臘神話中的一些人物：卡利羅厄 Callirrhoe 名字意為【優美的水流】，還記得我們講的木衛十七嗎？就是她了，她爹是河神，河神生了一個漂亮的女兒，取這個名字，真是太合適不過了；卡利狄刻 Callidice【美麗與公正】是一位女王，奧德修斯流浪期間曾娶她為妻，既然是一個女王，取此名也是非常合適的。還有地名加里波利 Callipolis【美麗的城市】，現在一般寫作 Gallipoli，第一次世界大戰時著名的加里波底戰役即發生於此。

（42）注意到古希臘語中還有一個 ops 表示‘眼睛、臉龐’之意，與其寫法相同，但並非同一個詞。並且這二者的詞源並不相同。表示‘聲音’的 ops 與拉丁語的 vox 同源，後者則衍生出了英語中的 vocal、voice、vowel、invoke、revoke、convoke、vocabulary、equivocal 等詞彙。

大概是這位繆斯女神與文藝之神阿波羅一直相伴，日久生情，他們相愛並生下了奧菲斯 Orpheus。奧菲斯繼承了父母的文藝基因，並表現出非常高的音樂才能。阿波羅很喜歡這個兒子，並將自己最鍾愛的一把七弦琴送給了他。奧菲斯將這種樂器演奏得出神入化，能用它彈出天籟般美好的旋律，不論人類、神靈還是動物，聞之皆欣然陶醉，就連兇神惡煞、洪水猛獸聽到他的琴聲也會變得溫和安靜，在這音樂中忘記了狂躁兇惡的本性。他曾經參加阿爾戈號遠航奪取金羊毛的探險，並在途中用琴聲壓制住了用美妙歌聲迷醉水手的海妖塞壬 Siren。後來他的愛妻歐里狄克 Eurydice 被毒蛇咬傷致死。奧菲斯悲痛不已，孤身闖入冥府，用優美的琴聲打動了冥河渡夫，用動人的音樂馴服了守衛冥界大門的三頭犬，連復仇女神都為他的真情和音樂所動容。最後他終於來到冥王與冥后面前，請求他們把妻子還給自己。冥王不禁感動，答應了這個請求。思妻心切的奧菲斯急於見到自己的妻子，還未走出冥界時就忘記了冥王的囑咐，急不可待地回頭看妻子，結果就在看到的那一剎那，妻子卻永遠地墜入冥界永恆的深淵之中。

後來他心灰意冷，四處流浪，並盡量避開所有的女人，卻因此得罪了酒神狂熱的女信徒們。這些女信徒們殘忍地將他殺死，將屍體撕成碎片後到處拋棄。奧菲斯的頭顱和七弦琴被扔進海裡，隨著海浪漂泊到了列斯伏斯島，人們將他埋在當地的阿波羅神廟旁，並把七弦琴懸掛在神廟的牆壁上。人們相信這個島上出過那麼多著名歌手與才華橫溢的詩人，就與此有關。被譽為第十繆斯的女詩人莎孚就是其中一位。

圖 4-12　奧菲斯的頭顱

歷史女神 Clio

歷史記述著名的人物和著名的歷史事件，因此就不難理解歷史女神的名字克利俄 Clio【使成名】之意，這個詞對應的名詞形式為 cleos ‘名聲、榮耀’。該詞經常被用在人名中，例如雅典明君伯里克利 Pericles【遠近聞名】，在他的領導下，雅典的精神和物質文明達到了一個頂峰，最下層的奴隸和普通人民的生活也有了很多的保障。又例如著名的埃及豔后克麗奧佩脫拉 Cleopatra【名望的家系】，可惜紅顏禍水，粉黛薄命，最後自殺以終，給後世留下了很多傳說和遐想。而古希臘著名數學家，《幾何原本》的作者歐幾里得 Euclid 則【名聲很好】，這個名字也是的確名副其實，至今他的作品仍是幾何學的奠基和權威。

圖 4-13　海辛瑟斯之死

歷史女神克利俄和一位斯巴達國王相愛，並生下了著名的美少年海辛瑟斯 Hyacinthus。海辛瑟斯長得非常俊美，就連太陽神阿波羅和西風之神仄費洛斯 Zephyrus 都不禁愛上了這個少年，兩位神明爭風吃醋，最後卻害死了這個美少年。為了紀念自己的戀人，阿波羅將海辛瑟斯變為一種美麗的植物，後來人們便用少年的名字來命名這種植物，英語中的 hyacinth 便由此而來，中文稱為風信子。

愛情詩女神 Erato

愛情詩女神埃拉托 Erato 一名意為【愛情、渴望】，源自希臘語中的‘愛’eros（所有格 erotos，詞基 erot-）。愛情詩女神司掌關於愛戀之詩歌，埃拉托一名正暗含著這樣的訊息。eros 意為‘愛’，故愛欲之神厄洛斯 Eros 之名亦由此而來，厄洛斯使得世界因愛而交合，於是萬物得以產生和繁衍，也產生了後來的各種各樣的神靈。eros‘愛’一詞衍生出了英語中：色情的 erotic【關於性愛的】、色情作品 erotica【關於性愛的作品】、色情 eroticism【性愛的行為】、色情狂 erotomaniac【對性癡迷】、性欲發作 erotogenesis【情欲產生】、性愛學 erotology【關於性愛的研究】。

天文女神 Urania

天文女神司掌天空中一切星象以及對應的寓意。她的名字烏拉尼亞 Urania 一詞即為【天文、天象】，該詞源自希臘語中的‘天空’uranos，Urania 一詞為 uranos 的抽象名詞，故有‘天文’之意。注意到希臘語中名詞

或形容詞詞基後加 -ia 往往構成對應的抽象名詞形式，對比希臘語中的詞彙：

聰明的 sophos，智慧 sophia；父親 pater，家系 patria；
國王 basileus，王國 basileia；酒神 Dionysus，酒神節 Dionysia；
被召喚者 eccletos ，公民大會 ecclesia；公民 polites，公民權 politeia。

因此有了‘天文女神’Urania，其由 uranos‘天空’抽象而來。遠古神族中的天神烏拉諾斯 Uranus 之名即來自後者。天神烏拉諾斯的名字還被用來命名了一種化學元素，即 uranium【烏拉諾斯元素】，縮寫為 U，中文音譯為鈾[43]；uranos‘天空’一詞還衍生出了英語中：星圖學 uranography【天象的繪圖】、天體學 uranology【關於天體的研究】、天體測量 uranometry【天體的測量】、隕石 uranolite【天上飛來的石頭】、杞人憂天 uranophobia【害怕天】。

歌舞女神 Terpsichore

既然是歌舞女神，那自然是喜歡唱歌跳舞的了，特普可西兒 Terpsichore 就是這樣的女神。從她的名字即能看出來，該名由希臘語的 terpsis‘喜歡’和 choros‘歌舞’組成，字面意思是【喜歡歌舞】，這無疑非常適合用來稱呼歌舞女神了。terpsis 意為‘喜歡’，因此抒情詩女神歐忒耳珀 Euterpe 之名即為【很討人喜歡】，這大概也是對抒情詩細膩而柔和之美的一種詮釋。‘歌舞’choros 最初指那種舞隊一起跳的舞蹈，並且伴著合唱的歌曲。其衍生出了英語中：唱詩班為 choir【合唱】，唱詩班的成員叫做 chorister【唱詩人】；合唱為 chorus，因此也有了讚美詩 choral【合唱之詩歌】；還有頌歌 carol【合唱之歌】、舞蹈病 chorea【跳舞之病症】。

特普可西兒有 3 個女兒，她們本來都是豐收女神得墨忒耳 Demeter 之女珀耳塞福涅 Persephone 的同伴。一次，珀耳塞福涅和這些女伴在河畔採摘水仙花時，可怕的冥王從大地深處躍出，搶走了驚愕中的少女。後來少女的母親得墨忒耳怪罪這 3 個女孩沒有保護好自己的女兒，便將這 3 位女孩變成了海妖，也就是海妖塞壬 Siren。這些海妖個個上身美若天仙，下身為魚尾[44]，她們生活在墨西拿海峽附近的一個海島上，遇到船隻

（43）由希臘神話中的神名命名的元素不少，諸如來自月亮女神塞勒涅 Selene 的硒 selenium、來自泰坦神 Titan 的鈦 titanium。

（44）星巴克的商標就來自傳說中的海妖塞壬 Siren 的形象。

經過時，就用美妙的歌聲誘惑他們。水手們一聽到塞壬的歌聲都會情不自禁著迷，不顧一切地將船隻駛向該島，並且在途中觸礁溺水而死。因此這個海島周邊四處都是皚皚的白骨。

圖 4-14 奧德修斯和塞壬們

傳說大英雄奧德修斯曾率領船隊經過墨西拿海峽，為了能夠聽到這傳說中讓人無限著迷的歌聲並活下來，他命令水手們把自己緊緊捆綁在在桅杆上，並吩咐所有水手用蠟塞住各自的耳朵。在船隻駛過這座海島附近時，奧德修斯聽到了女妖們銷魂的歌聲，那歌聲是如此令人神往，他絕望地掙扎著要解除身上的束縛，並渴望能夠離塞壬們更近一些，便吼叫著命令水手們駛向該島。但沒人理他。海員們駕駛船隻一直向前，直到再也聽不到歌聲。

現代英語中，siren 一般用來指極度誘惑的讓人無法抵擋的美女，也可以指歌聲迷人的女歌手。

音樂與抒情詩之女神 Euterpe

音樂與抒情詩之女神歐忒耳珀 Euterpe 一名由希臘語中的 eu‘好’和 terpsis‘喜歡’組成，字面意思是【很討人喜歡】。希臘語的 eu‘好’衍生出了英語中：安樂死 euthanasia【快樂的死亡】、頌詞 eulogy【讚美的話】、幸福 eudemonia【心裡面感覺很美】、優生學 eugenics【優秀遺傳之術】、諧音 euphony【悅耳的聲音】、委婉語 euphemism【說好聽的話】、心情愉快 euphoria【帶來美好】、真核生物 eukaryote【完好的核】。桉樹被稱為 eucalyptus【覆蓋完好】，因為桉樹花芽有一個特有的圓錐形遮蓋或花瓣黏合成帽狀，其對花芽形成了「很好的保護性覆蓋」；著名的古希臘數學家歐幾里得 Euclid 一名意思即為【名聲很好】，至今他仍是數學界響噹噹的人物。

頌歌女神 Polyhymnia

頌歌女神波呂許尼亞 Polyhymnia 一名由希臘語的‘多、非常’polys 和

‘頌歌’hymnos 組成，字面意思是【很多頌歌】。希臘語中，polys 一詞經常以前綴 poly- 出現在構詞中，於是我們就不難理解：海倫的哥哥波呂丟刻斯 Polydeuces 應該很討人喜歡，他的名字意思為【非常甜美】，或許嘴巴很甜很會說話吧；伊底帕斯王的大兒子波呂涅克斯 Polyneices【愛吵架】，為爭奪底比斯城的王位而與其弟互相殘殺；大英雄伊阿宋之母名字叫波呂墨得 Polymede【非常聰慧】（much cunning）；還有【臭名昭著】的巨人波呂斐摩斯 Polyphemus（much rumor）；有一個【殺人如麻】的男子取了個名字叫波呂豐忒斯 Polyphontes（many killing）；荷米斯的情人波呂墨勒 Polymele 很【愛唱歌】（many songs）。這些神話人物名字都取得非常吻合其人物特點。我們再來看英語中由前綴 poly- 構成的詞彙：玻里尼西亞 Polynesia 本意為【多島群島】，對比印度尼西亞 Indonesia【印度群島】，密克羅尼西亞 Micronesia【小島群島】；水螅 Polypus 有【很多腳】，對比章魚 octopus【八隻腳】；多項式 polynomial【諸多項】，對比單項式 monomial，二項式 binomial，三項式 trinomial 等等；多頭壟斷 polypoly 【多家出售】，對比獨家壟斷 monopoly，雙頭壟斷 duopoly 等。

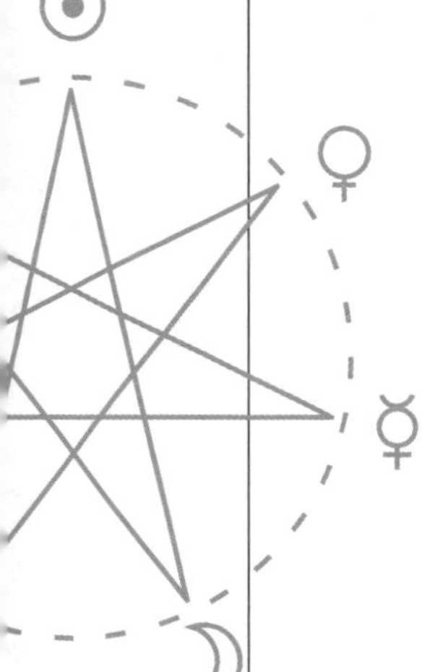

希臘語的 hymnos‘頌歌’演變為英語中的頌歌 hymn，這種頌歌一般在婚禮等場合使用，於是也就不難理解婚姻之神許門 Hymen；膜翅目的動物被稱為 Hymenoptera，其中 ptera 是‘翅膀’之意（而 helicopter【旋轉的翅膀】就是咱們所說的直升機了），這說明表示婚姻的 hymen 還跟什麼膜一類的東西有關。你可以盡情地猜。

田園詩女神 Thalia

田園詩女神塔利亞 Thalia 司掌田園詩和喜劇，她的名字意為【草木繁榮】，由希臘語的‘綠枝、植物繁茂’thalos 的詞基加 -ia 構成。既然是田園詩女神，自然是與植物、大自然很貼近了，而塔利亞一名似乎也暗含著「美好的田園」這一概念。古希臘七賢之首的泰利斯[45]被譽為「科學和哲學之祖」，他的名字 Thales 意思為【繁榮】，亦來源於此。化學元素鉈學名為 thallium，因為其光譜呈嫩綠色；植物學中的葉狀體英文為 thallus，也是

（45）泰利斯（Thales, 約西元前624～前546年），古希臘思想家、科學家、哲學家，愛奧尼亞學派的創始人。古希臘七賢之首。

因為其呈綠色；而植物學中的原植體植物 thallophytes 字面意思為【綠色的植物】。

悲劇女神 Melpomene

悲劇女神梅爾波曼 Melpomene 之名源於希臘語動詞 melpo‘歌唱’，其對應的名詞即為 melpomene。梅爾波曼最初本為歌唱女神，後來成為司掌悲劇的女神。

需要注意的是，希臘語中表示‘歌唱’的 melpo 與表示‘歌曲’的 melos 並不同源，雖然兩者形態和含義上都比較接近。‘歌曲’melos 一詞本意為‘肢體’，歌曲由一節一節的音樂組成，就如同一節一節的肢體組成軀體一樣。希臘語的 melos 則衍生出了英語中的旋律 melody【歌曲】、裝飾音 melisma【歌曲】(46)、音樂劇 melodrama【音樂戲劇】。

（46）希臘語的‘歌曲’melisma 來自動詞 melizo‘使唱歌曲’，字面意思是【所唱】，melizo 則衍生自名詞 melos‘歌曲’。在希臘語中，名詞詞基後加後綴 -izo 經常構成相應的動詞概念，多表示該名詞含義的使動概念，該後綴進入英語中，便有了英語中的 -ize 類動詞，例如名詞 modern 表示「現代」，而加 -ize 即構成 modernize“使現代化”。對比英語中：real/realize，organ/organize，carbon/carbonize，civil/civilize，global/globalize，local/localize，normal/normalize，symbol/symbolize，urban/urbanize。

4.4_4　時令三女神

根據神話中的說法，最初司掌秩序與時令的神祇為泰坦女神希彌斯 Themis，她是律法和正義的象徵。她公正無私，經常為諸神和人類評定公正對錯。她一手高舉天秤，象徵絕對的公平與正義；另一手秉持寶劍，象徵誅殺世間一切邪惡，不畏強權；在評判時，她經常蒙住雙眼，以做到公正無私，不徇私情。女神希彌斯因其公正嚴明而受到人們的尊崇和敬仰。

希彌斯女神是主神宙斯的第二個妻子。她與天神宙斯第一次結合後，生下了 3 個女兒，這 3 個女兒成為了後來的時令三女神 Horae。她們分別代表著一年的 3 個季節，分別是代表「萌芽季」的塔洛 Thallo，代表「生長季」的奧克索 Auxo，以及代表「成熟季」的卡耳波 Carpo。早先在古希臘，人們將一年分為 3 個季節，而這 3 位時令女神則每人司掌著其中的一個季節。

女神希彌斯與天神宙斯第二次結合，生下了 3 個女兒，這 3 個女兒成為了後來的秩序三女神 Horae。她們代表著世界和人間的各種秩序，分別是象徵「良好秩序」的歐諾彌亞 Eunomia，象徵「公正」的狄刻 Dike 以及象徵「和平」的厄瑞涅 Eirene[47]。

那麼時序女神的名字 Horae 又是怎麼來的呢？

時序女神在希臘語中作 Horai，是 hora ‘季節、時間’ 的複數形式。所謂季節，是人們對大地上萬物興榮衰敗週期的一種人為的劃分。例如我們所說的春生夏長秋收冬藏，就是大自然、作物興衰週期的一種人為劃分。其實春夏秋冬是連續漸變的，實際上並沒有明顯的界限，對於春夏秋冬的劃分只是人們的一種人為分界而已。劃分的標誌不同，其結果就可能不同，因此在早期的不同文化中，對於季節的區分往往是有所差異的，例如古埃及人根據尼羅河漲落週期對農業的影響，就將一年分為來水季（7～10月）、播種季（11～2月）和收穫季（3～6月）3 個季節。希臘人可能受埃及的影響，也將一年分為 3 個季節，分別為‘綠色季’ earos hora、‘熱季’ theroeos hora、‘冷季’ cheimas hora。這或許正是時令女神之所以有 3 位的來歷。

(47) 比較有意思的是，雖然普遍將這 6 位女神統稱為時序女神 Horae，但因為是兩組女神，每組 3 位，所以經常會說 Horae 三女神。為了區分這兩組女神，我們將代表季節的三女神稱為時令三女神，因為她們各司一年中的某一個時令；將代表秩序的三女神稱為秩序三女神，因為她們象徵著世間的各種秩序；同時將這 6 位女神總稱為時序女神，其包含時令三女神和秩序三女神。

hora 一詞在英語中演變成 hour，因此時令女神在英語中也翻譯為 the Hours。希臘語的 hora‘時間’還衍生出了英語中：每小時的 horal【時間的】、時計 horography【時間記錄】、日晷 horologe【時間指示】、占星術 horoscope【觀時占命】。

講到這裡，我們順便再看看小時以下的時間單位是怎麼「細分」的。我們知道，一個小時有 60 個 minute，這個 minute 一詞和‘迷你’ mini 同源（對比最小 minimum、迷你裙 miniskirt、小步舞曲 minuet），本意為「細小、細分」，所以

圖 4-15　香港立法會大樓正義女神雕像

munite 就像中文裡的「分鐘」一樣，就是把一個鐘頭細分為了更小的六十部分的意思。而 second 一詞乃是 second minute 概念的縮寫，字面意思是【再細分】（second 一詞本意為「緊接著」，故有「第二」之意），於是就有了一個 minute 分為六十個 second。

我們來分析這 3 位時序女神。

塔洛 Thallo

塔洛為代表作物之萌芽的女神，所司掌時令基本相當於我們現在的春季。春季萬物生發，大地重新披上一片新綠。而女神塔洛的名字 Thallo 則和我們講過的繆斯九仙女之一的 Thalia 一樣，都來自希臘語的中的 thalos‘綠枝、嫩葉’，因此就有了英語中：葉狀體 thallus【嫩葉】、似葉狀體 thalloid【如葉狀體】、葉狀植物 thallogen【產生綠枝】。春天植物萌芽，到處一片青綠，塔洛乃是司掌這個萌芽季節的季節之神，她所經之處嚴寒漸散，天地萬物開始萌生，草長鶯飛，一片欣欣向榮的景象。

綠色無疑是春天最好的象徵了，希臘人將春天最初長出來的青綠色或者黃綠色嫩芽叫 chloe，因此有了形容詞 chloros‘嫩綠的’，而春之女神克洛里斯 Chloris 一名便源於此。chloros‘嫩綠的’一詞還衍生出了英語中：化學元素氯 chlorine【黃綠色】，因為氯氣呈黃綠色，其化學符號 Cl 即取自該詞彙，因此也有了氯酸鹽 chlorate、氯胺 chloramine、氯奎 chloroquine 等詞彙；葉綠素 chlorophyll 字面意思為【葉之綠色】；綠黴素為 chloromycetin【綠色黴素】，對比紅黴素 erythromycin、土黴素 terramycin。人的膽汁呈黃綠色，因此希臘語中將‘膽汁’稱為 chole，與 chloe‘嫩芽’同源，於是就有了英語中的膽囊 cholecyst【膽囊】、膽固醇 cholesterol【膽固醇】；體液學說認為，膽汁過多的人易怒，因此就有了英語中的易怒的 choleric【膽汁質的】、脾氣暴躁 choler【膽汁】；古代醫學還曾認為，霍亂是因為體內的膽汁異常引起的，從而也有了英語中的霍亂 cholera【膽汁病】。

希臘語中表示春季的詞彙為 er（所有格 eros，詞基 er-），其本意即‘綠色’，拉丁語中表示春季的 ver（所有格 veris，詞基為 ver-）與其同源。拉丁語 ver‘春季’衍生出了英語中：春季 primavera【最初的春】、青翠

verdure【綠色】、翠綠的 verdant【綠色的】、春天的 vernal【春天的】、銅綠 verdigris【希臘綠】(48)、綠鵑 vireo【綠色鳥】；美國佛蒙特州 Vermont 因為多山並蔥翠而得名，Vermont 一詞本意即為【綠色的山】，對比白朗峰 Mont Blanc【白色的山】、蒙特內哥羅 Montenegro【黑色之山】、蒙特婁 Montreal【皇家之山】。

奧克索 Auxo

(48) 英語的 verdigris 一詞源自古法語的 verte grez【希臘綠色】，此稱呼可能因為希臘盛產銅礦。

奧克索為代表作物之生長的女神，所司掌季節基本相當於我們現在的夏季。什麼是生長呢？生長就是動植物的從小到大的過程，奧克索的名字即來自於此，auxo 一詞意為【增長】。

希臘語的 auxo‘增長’衍生出了英語中：生長素 auxin，其後綴 -in 多用來表示生物和化學中的各種「提取物」，一般漢譯為「...... 素」，例如毒素 toxin、胰島素 insulin、腎上腺素 adrenalin、紅黴素 erythromycin；附件 auxiliary 的字面意思則是【增加的、附加的】，還有細胞變大 auxesis【增大】、生長學 auxology【生長之學問】、發育細胞 auxocyte【增大的細胞】等。

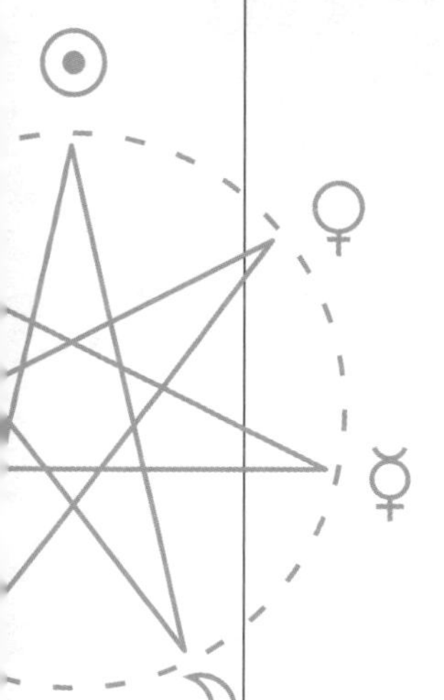

希臘語的 auxo‘增長’與拉丁語的 augere‘增大’同源，後者衍生出了英語中：擴大 augment【變大】，因此也有了語言學中的大稱詞 augmentative【變大的】，對比小稱詞 diminutive【變小的】；增到最大就是 Augustus【最偉大的】，羅馬帝王屋大維曾經被元老院授予這個尊號，因此一般稱為奧古斯都·屋大維 Augustus Octavianus【至尊者屋大維】，他在 8 月出生，因此羅馬人用他的名字命名了這個月分，稱為 Augustus，英語的 August、西班牙語的 agosto、義大利語的 agosto、法語的 août 都由此演變而來。動詞 augere 的完成分詞為 auctus（所有格 aucti，詞基 auct-），而英語中所謂的拍賣 auction 不就是一個【價位增長】的過程麼？寫作也是一個從無到有、從少到多的增長過程，於是就不難理解作家為什麼被稱為 author【使增加者】了，因為著書就是個使內容增添的一個過程。

古人常說，春生夏長秋收冬藏，夏天是萬物生長的主要階段，這樣的理解和象徵夏天的生長女神奧克索 Auxo 的概念又何其相似呢！

圖 4-16　維納斯的誕生，時序女神在右

卡耳波 Carpo

卡耳波為代表作物之收穫的女神。基本對應於我們所說的秋天，秋天作物成熟，為收穫之季節。女神卡耳波之名 Carpo 一詞字面意思即為【結果實】，其來自希臘語的名詞 carpos‘果實’，後者衍生出了英語中：植物學中的內果皮 endocarp【果實內部】、中果皮 mesocarp【果實中間】、外果皮 exocarp【果實外部】、果瓣 carpel【小果實】；還有果瓣柄 carpophore【支撐果子】、吃果實的 carpophagous【吃果子的】、果實學為 carpology【果實之研究】等等。

果子是收穫採摘得來的，這也解釋了希臘語的‘果實’carpos 和拉丁語中的‘採摘’carpere、英語中的「收穫」harvest 同源的原因。拉丁語的 carpere 的單數命令式為 carpe‘請摘取’，於是就不難理解賀拉斯的那句名言 Carpe diem【收穫今天、把握今天】。而摘錄 excerpt 無疑就是【摘選出來】，對比除去 except【拿出來】、抽出 extract【拔出來】等。

4.4_5 秩序三女神

根據《神譜》中的記載，司掌法律和正義的泰坦女神希彌斯與主神宙斯結合，生下了3位秩序女神Horae，她們分別為象徵「良好秩序」的歐諾彌亞Eunomia，象徵「公正」的狄刻Dike，以及象徵「和平」的厄瑞涅Eirene。注意到希彌斯是司掌法律的女神，而法律的作用無非就是使社會能夠擁有‘良好秩序’eunomia、矛盾得到‘公正’處理dike、人與人之間‘和平’相處eirene，這大概正是希彌斯生下這3位秩序女神之理念的來源。

（49）-is 後綴於名詞詞基，表示女性的人物意義，例如希臘語中保護人 phylax，而 phylacis 則表示女保護人。

希彌斯的名字Themis一詞源自希臘語中的thema，後者字面意思為【制定之事】，而Themis一名乃是該詞的陰性人稱形式[49]。法律即制定之事，所以希彌斯可以說是法律概念的女性形象，也就是法律女神。而thema一詞表示‘制定之事’，源自希臘語的動詞tithemi‘做、制定’，後者的詞幹為the-。在希臘語中，動詞詞幹加後綴-sis常用來構成表示該動作的抽象名詞，動詞詞幹加後綴-tes用來構成表示動作施動者的事物名詞，而動詞詞幹加後綴-ma用來構成表示行為本身或行為對象的名詞。舉個例子，動詞詞幹the-加後綴-sis構成表示該動作的抽象名詞，也就是‘放置、制定’，因此就有了英語中的假設hypothesis【放在下面作為討論基礎】、合成synthesis【放在一起】、光合作用photosynthesis【光的合成】；詞幹the-加後綴-tes構成表示動作施動者的概念，於是‘放置者、抵押者’就是thetes，對應的女性形式為thetis，宙斯戀人之一的海洋女神忒提斯之名Thetis即來於此；詞幹the-加後綴-ma構成表示行為本身或行為對象的名詞，於是就有了thema‘制定之事’，因而也就有了英語中：主題theme【所定】、主題的thematic【主題的】。這樣的例子還有很多，例如希臘語的動詞poeo‘做、寫詩’詞幹為poe-，於是就有了‘詩人’poetes【寫詩者】，英語中的poet由此而來；也有了希臘語的‘詩歌’poema【所寫之詩】，英語中的poem由此而來；生成poesis【做】，於是就有了英語中的致病pathopoiesis【病症之產生】。

這告訴我們，同一個詞根不同的變化形式（即語法形式）所表達的意義是有區別的[50]。此處分析一下從希臘語中來的 -ma 型後綴。在希臘語中，在動詞詞幹後加 -ma，構成表示該動作的行為本身或行為對象的名詞。為了盡可能不引進過多的希臘語內容，此處盡量多舉一些被英語所借用的詞彙：

表 4-2　-ma 後綴構詞

希臘語動詞	動詞含義	詞幹	-ma 後綴構成名詞	-ma 類名詞解釋	名詞含義	衍生英語詞彙
gignosco	認識	gno-	gnoma	所知	見解	gnome
grapho	寫、畫	graph-	gramma	所寫	文字	gram、grammar
horao	看	ora-	horama	所見	景象	panorama
doceo	教授	doc-	dogma	所授	信條	dogma、dogmatic
drao	表演	dra-	drama	所演	戲劇	drama、dramatic
speiro	播種	sper-	sperma	所播撒	種子	sperm、spermatozoon
poeo	作詩	poe-	poema	所創作	詩歌	poem
proballo	扔出	probal-	problema	所扔	障礙	problem
nao	流動	na-	nama	河流	河流	naiad
ceimai	躺下	cei-	coma	躺下	昏迷	comatose

可以看到，希臘語中動詞詞幹加 -ma 後綴變成了表示動作對象或動作自身的名詞了，表示動作對象概念的一般可以字面理解為【所為之事物】，例如 graph-‘寫’，其構成的 gramma‘文字、符號’（graph-ma → gramma）即【所寫】。另外，-ma 類名詞的所有格為 -matos，詞基 -mat-，因此英語中 drama 的形容詞就變為了 dramatic，dogma 的形容詞就成為了 dogmatic。

我們再來分析一下秩序三女神 Horae 各自名字的來歷。

歐諾彌亞 Eunomia

歐諾彌亞為代表世間良好秩序的女神，她的名字 Eunomia 由希臘語的 eu‘好’和 nomos‘法則、秩序’組成，後綴 -ia 用來構成抽象概念的名詞，因此

（50）英語中的詞根 graph- 在構詞中表意一般為動作的畫和寫，而 gram- 多表示已經寫好了的文字之義，例如 photograph 就表示【用光來描繪】，而 cryptogram 則表示【隱藏的文字】。同樣的道理，從希臘語中來的 -sis 後綴則表示‘動作的過程、狀態’之意，所以 thesis 一詞應該理解為「做該事情的過程」，例如合成 synthesis、光合作用 photosynthesis 這類詞彙都偏重於強調該行為的過程。再擴展一點地說，對於不同形式的同源詞根，不能只用一個固定的模式去解釋，知道音變的來由以及其所帶來的表意差別，對準確分析詞彙含義會有很大幫助。

圖 4-17　留鬍子的帝奧尼索斯帶領著時序女神

eunomia一詞即【良好的秩序】。

希臘語的 eu‘好’在構詞時經常以前綴 eu- 的形態出現，如幾何之父歐幾里得 Euclid【名聲很好】；人名尤朵拉 Eudora【好的賜予】，例如兩口子一直想要一個孩子，努力了好多年都沒有成功，後來終於有一次成功了，妻子懷孕生下一個小孩，取名叫尤朵拉就很恰當；人名尤金 Eugene 和尤金尼亞 Eugenia 都是【出生高貴】之意；而尤妮絲 Eunice 意思為【大獲全勝】；【話說得好】就是 euphemism，例如一個人比較笨，你說他單純，這就是委婉語 euphemism 了；消化良好就是 eupepsia【消化好】。

希臘語的 nomos 表示‘法則、秩序’，於是有了英語中：天文學 astronomy【星體運行法則】、經濟學 economy【持家法則】、烹飪法 gastronomy【養胃的法則】、農學 agronomy【事田之法】；《聖經》中的申命記 *Deuteronomy* 本意為【第二律法】；而自治 autonomy【自己制定法則】，對應形容詞為 autonomous；反常 anomie 意思是【不按套路來】，而矛盾 antinomy 則意為【法則相悖】等。

狄刻 Dike

狄刻是代表公正的女神，她的名字 Dike 一詞意思即為‘公正’。這個詞經常被用在神話的人名中，例如奧菲斯的老婆歐里狄克 Eurydice【非常公正】；奧德修斯曾經娶過一位女王，名叫卡利狄刻 Callidice【又漂亮又公正】；阿伽門農王有一個女兒名叫拉俄狄刻 Laodice【人民的公正】。希臘語的 dike‘公正’還衍生出了：審理官 dicast【判定公正的人】，法院 dicastery【公正之處】。

厄瑞涅 Eirene

厄瑞涅是代表和平的女神，她的名字 Eirene 一詞在希臘語中意思就為‘和平’[51]。eirene‘和平’一詞衍生出了英語中：和平的 eirenic【關於和平的】，和平提議 eirenicon【和平的】。女神厄瑞涅的名字 Eirene 還演變出了女名愛琳 Irene。當然，由神話人物名字演變而來的人名很多，常見的例如戴安娜 Diana、格雷絲 Grace、海倫 Helen、菲比 Phoebe、阿多尼斯 Adonis、賽琳娜 Selena 等。

(51）至此，讀者們應該已經非常明顯地看到一點：神話中的神靈名稱往往是名副其實的。太陽神即以太陽為名，月神即以月亮為名，各種神靈幾乎都是如此。由此來看，神話學往往包含著很重要的語言學訊息。很多朋友非常喜歡希臘神話，卻為希臘神話中複雜的人名和地名所苦惱，很重要的一個原因就是不懂希臘語，對這些朋友來說，音譯的名字過於抽象繞口，卻沒有什麼實際意義。而但凡學過一些希臘語，然後再去看這些經典的希臘神話，其興致與味道自然完全不一樣了。

4.4_6 美惠三女神

根據《神譜》記載，宙斯的第三位妻子為大洋仙女歐律諾墨 Eurynome。歐律諾墨為宙斯生下了 3 個女兒，她們就是後來的美惠三女神 Charites，這 3 位女神分別為：代表光輝的阿格萊亞 Aglaia、代表快樂的歐佛洛緒涅 Euphrosyne、代表鮮花盛放的塔利亞 Thalia。傳說美惠女神們常常頭戴花冠，舞步輕盈，從渾茫而深邃的背景中走出來，好像靈感般在人們眼前顯現。她們嫵媚、優雅和聖潔，後世的詩人和畫家常常歌詠她們，祈求她們能賦予自己不竭的藝術創造力。

歐律諾墨是環河之神俄刻阿諾斯 Oceanus 和泰坦女神特提斯 Tethys 的女兒，是 3000 位大洋仙女之一。她的名字 Eurynome 一詞由 eurys‘寬廣’和 nomos‘秩序’組成，表示【廣泛的秩序】。eurys 表示‘寬廣’，而蛇髮三女妖戈耳工之一的歐律阿勒 Euryale 意思是【寬闊的海】，她們居住在寬闊的大洋盡頭，故得此名；特洛伊戰爭中的希臘聯軍先行官叫歐律巴忒斯 Eurybates，這名字大概是個稱號吧！意思是【大步流星】，怪不得會讓他做先行官呢；還有奧德修斯的乳母歐律克勒亞 Euryclea【名聲遠播】、樂師奧菲斯的戀人歐里狄克 Eurydice【廣泛的正義】。

既然美惠女神被稱為 Charites，那這個名字又有著什麼樣的內涵呢？

圖 4-18　維納斯和美惠三女神正在照料丘比特

希臘語的 charites 是 charis‘優美、漂亮’的複數形式，因為美惠女神一共有 3 位。希臘語的 charis‘優美’與拉丁語中的 carus‘美好的、珍愛的’同源。後者衍生出了英語中的愛撫 caress【愛護】。carus 的抽象名詞形式為 caritas‘尊敬、愛心’，英語中也借用了這個詞，不過一般用來表示「博愛」之意。拉丁語的 caritas 演變為了古法語的 charité，後者進入英語中，從而有了英語中的慈悲 charity【愛憐】、珍惜 cherish【愛惜】。

注意到拉丁語的 ca- 音節進入法語中一般變為 cha-，因為拉丁語和古法語對英語的影響，很多 ca- 與其衍生的 cha- 類詞彙都進入英語中，例如拉丁語的 carta‘紙張’進入法語中變為 charte、拉丁語的 carrus‘車、馬車’進入法語中變為 char、拉丁語的 calx‘石頭’進入法語中變為 chaux、拉丁語的 caput‘頭’進入法語中變為 chef 等。這些詞彙對英語都有著非常深刻的影響。此處各舉幾個例子。

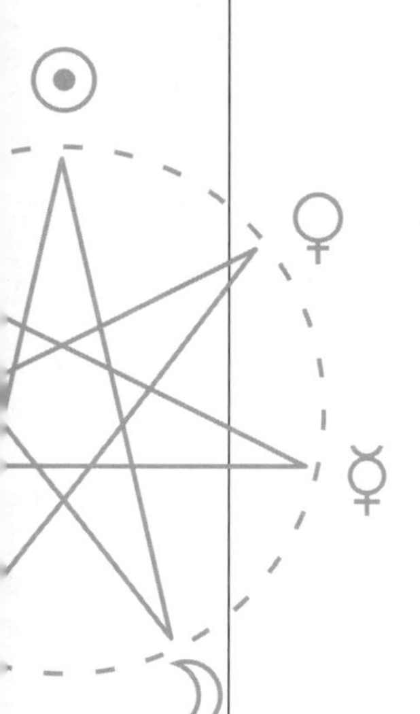

拉丁語的 carta 演變為法語的 charte 以及英語中的 card，意思都為「紙張」。同時也衍生出了英語中：卡通 cartoon【紙工】、地圖 carte【圖紙】、圖表 chart【紙】、許可證 charter【紙文件】、條約書 cartel【紙約】、不詳的 uncharted【未在地圖上標誌出來的】。

拉丁語的 carrus 演變為法語的 char，英語的 car，意思都是「車輛」。同時也衍生出了英語中：貨運 cargo【車載貨物】、四輪馬車 carriage【馬車】、運載 carry【車載】、前程 career【跑馬道】、戰車 chariot【車輛】；裝貨 charge 為【車輛裝載】，裝的太多了叫 surcharge【裝載過多】，卸貨為 discharge【卸載下來】。

拉丁語的 calx 演變為法語的 chaux，本意為‘小石頭、石灰’，英語中的 chalk「粉筆」亦由此而來，因為粉筆是由石灰製成的。同時也衍生出了英語中：鈣 calcium【石頭元素】、鈣化 calcify【使成為鈣】、粉刷塗料 calcimine【石灰礦】；羅馬人用小石子進行數學運算，於是就有了計算法 calculus【小石子】和運算 calculate【計算】。

拉丁語的 caput 演變為法語中的 chef，意思都為‘頭、腦袋’，其同時也衍生出了英語中：頭部 caput【頭】、首領 captain【頭兒】、首長 chief【頭兒】、海角 cape【大地之頭部】、捲心菜 cabbage【腦袋】、二頭肌 biceps【兩個頭】、三頭肌 triceps【三個頭】、斬首 decapitate【除去頭】、首都 capital【首要的】。

當然，這類詞彙還有很多，拉丁語的 caballus 演變為法語的 cheval，意思都為‘馬匹’；拉丁語的calceus演變為法語的chaussure，意思都是‘鞋子’；拉丁語的 caro 演變為法語的 chair，意思都為‘肉’；拉丁語的 campus 演變為了法語的 champ，意思都為‘田野’；拉丁語的 calor 演變為了法語的 chaleur，意思都為‘熱’；拉丁語的 capsa 演變為了法語的 châsse，意思都為‘盒子’......

美惠三女神在羅馬神話中稱為 Gratiae，後者是 gratia‘恩惠、美好’的複數形式，gratia 一詞演變為英語中的 grace，因此美惠三女神一般也在英語中意譯為 the Graces。注意到拉丁語的 -tia 後綴往往演變為英語中的 -ce，對比下述拉丁語詞彙與其所演變的英語詞彙：

區別 differentia /difference，浮現 emergentia/emergence，智慧 sapientia/sapience，科學 scientia/science，宣判 sententia/sentence，能力 potentia/potence，勤勞 diligentia /diligence。

根據赫西奧德的說法，美惠三女神分別為阿格萊亞、歐佛洛緒涅、塔利亞。這些名字中又藏著什麼樣的訊息呢？

阿格萊亞 Aglaia

阿格萊亞的名字 Aglaia 一詞意為‘非常榮耀’。該詞為形容詞 aglaos‘非常著名’的抽象名詞形式。所以，女神阿格萊亞的名字 Aglaia 可以理解為【非常榮耀】。阿格萊亞司掌運動會上的勝利，因為古希臘人認為運動之協調和肉體之美是無比光榮的一件事情。這也解釋了為什麼奧林匹克會產生在古希臘這樣的地方，而不是在古代中國這個對人體和肌肉美並不怎麼欣賞的民族。

據說愛神阿芙蘿黛蒂雖然嫁給了火神赫菲斯托斯，但經常與戰神阿瑞斯偷情，後來終於被火神發現，於是夫妻離婚。後來火神與美惠女神阿格萊亞相愛，他們結合並生下了：歐克勒亞 Eucleia【好名聲】、歐斐墨 Eupheme【美

圖 4-19　《春》，左邊是美惠三女神

好言辭】、歐忒尼亞 Euthenia【美好前景】、菲羅佛洛緒涅 Philophrosyne【友愛善良】4 位女兒。

歐佛洛緒涅 Euphrosyne

歐佛洛緒涅的名字 Euphrosyne 一詞意思為‘快樂、善心’，該詞是形容詞 euphron‘愉快的’的抽象名詞形式。後者由 eu‘好’與 phren‘理智、精神’組成。詞根 eu 衍生詞彙我們已經講解了不少，此處不再贅述，補充一個生物學知識：生物學術語命名中的 eu- 前綴一般漢譯為‘真’，例如真細菌 eubacteria、真核細胞 eukaryote。希臘語的 phren‘理智、精神’（所有格 phrenos，詞基 phren-）衍生出了英語中：精神的 phrenic【神志的】、精神錯亂 phrenetic/frantic【精神問題】、精神分裂 schizophrenia【精神分裂之症】，人名索夫羅尼婭 Sophronia 則是【智慧的思想】。

euphron 為希臘語的形容詞中性形式。希臘語中，形容詞詞幹後加 -syne 構成相應的概念，相當於英語中的 -ness 或 -tude[52]。所以歐佛洛緒涅的名字 Euphrosyne 字面意思就是【快樂、善心】。同樣的道理，繆斯女神的母親摩涅

莫緒涅之名 Mnemosyne，乃是由形容詞 mnemon‘記性好的’和後綴 -syne 組成，而 mnemon 則是動詞詞幹 mne-‘記憶’對應的形容詞形式（-mon 是古希臘語中形容詞的標誌），所以繆斯之母Mnemosyne的名字應該準確的解釋為thoughtfulness，即【好記性】，而不是我們經常所簡單解釋的‘記憶、思想’。

塔利亞 Thalia

赫西奧德在《神譜》中提到，塔利亞為 3 位美惠女神之一。而荷馬則把這個女神劃入了 9 位繆斯的行列。時令三女神中的 Thallo 名字也是與此同源。

Thalia 名字中的 -ia 部分和 Aglaia 名字中的 -ia 一樣，構成抽象意義的名詞，所以 Thalia 名字我們可以理解為【豐盛、富足】。

荷馬史詩中的美惠女神

荷馬史詩中也提到到美惠女神，但是荷馬只提及了兩位，分別是卡勒 Kale 和帕西希亞 Pasithea。注意到如果將這兩個名字連在一起，即 Kale pasi thea【goddess who is beautiful to all】，這正好充分詮釋了美惠女神的內涵。不過話說回來，這個不關我們的事，我們且來分析一下這些名字吧！

（52）在英語中，-ness、-tude 等後綴置於形容詞後，表示偏向於形容詞性意義的抽象名稱，例如 happyness、carefulness、illness，solitude、longitude、altitude 等。當我們要進行詞彙變換時，一般都是自覺或不自覺地遵守這樣的構詞方式，例如我們要使用一個形容詞的名詞形式，我們一般都將其變為 adj+ness，部分也用 adj+tude 的形式。相似的，可以對比英語中的 -ion、-ment 等後綴，其置於動詞詞幹後，用來構成抽象動作意義的名詞，例如 creation、action、ambition， movement、treatment、engagement 等。而 -ure 後綴則用在動詞詞幹後，多構成表示動作對象的名詞，例如 creature【所創造之物】、mixture【所混合之物】、lecture【所講之物】。

卡勒的名字 Kale 為形容詞 calos‘美麗’的陰性形式，因為卡勒乃是一位女神，故名稱使用陰性，可以翻譯為【美麗女神】。

帕西希亞的名字 Pasithea 由 pas‘全部’（所有格 pantos，詞基 pant-）和 thea‘女神’組成，字面意思是【在所有女神之中】。pas 在構詞中經常以前綴 pan- 出現，於是就有了：潘朵拉 Pandora 即【被給予眾多的女人】，她是火神所造的美女，諸神都曾經送給她一樣禮物，故得名；地理上的泛古大陸稱為 Pangaea，因為當時地殼尚未分裂，是【一整片的陸地】；以及英語中的萬能藥 panacea【啥都治】、胰島 pancreas【全是肉】、全景 panorama【整個景色】、全副盔甲 panoply【全身武裝】等。thea 為 theos‘神祇’對應的陰性形式，故意思為【女神】，因此也有了英語中：神學 theology【關於神的學問】、無神論 atheism【無神主義】、神權統治 theocracy【神之統治】；而整個希臘神話中的眾神譜系，基本上都採用古希臘詩人赫西奧德的《神譜》，該書原名為 *Theogonia*，即【神之創生】。

在特洛伊戰爭的第十年，希拉為了幫助處於劣勢的希臘聯軍，便召請睡神許普諾斯 Hypnos 出馬蒙蔽主宰著一切的主神宙斯。為了得到睡神的支持，天后答應事後將美麗的帕西希亞下嫁給他。許普諾斯對這位美惠女神暗戀已久，苦於不敢當面向她表白。得到了希拉的許諾，睡神欣喜若狂，立刻答應了希拉的請求。儘管事發後宙斯氣得到處追殺許普諾斯，並重重地處罰了他，不過當他刑滿獲釋以後，如願以償地娶到了心愛的大美人做老婆，這也算很值了。

4.4_7　木星的神話體系

在《木衛 天上的姨太太們》一文中我們已經說過，木星以神話中的天神宙斯命名，Jupiter 是宙斯的羅馬名。木星已發現 66 顆衛星，其中有 50 顆已經正式命名，從木衛一到木衛五十。這些衛星的名字都來自於神話中宙斯之情人或女兒的名字。很明顯，這非常符合衛星 satellite 一名背後的邏輯，因為 satellite 一詞即【伴隨者】。

我們也已經講到宙斯的不少情人，這些人物大多是被宙斯欺騙的少女，例如木衛一 Io、木衛二 Europa、木衛三 Ganymede（這個例外，應該算作宙斯的同性好友）、木衛四 Callisto。她們生下的孩子大多數成為神靈或仙女、聲名顯赫的大英雄、著名國王。例如木衛十三麗達 Leda 為宙斯生下了傳說中的美女海倫和雙子英雄；木衛十六墨提斯 Metis 為宙斯生下了智慧女神雅典娜；木衛二十泰萊塔 Taygete 為宙斯生下了著名的斯巴達王拉刻代蒙；木衛二十三卡呂刻 Kalyke 為宙斯生下了著名的美少年恩底彌翁；木衛二十九提俄涅 Thyone 為宙斯生下了著名的酒神帝奧尼索斯 ......

圖 4-20　宙斯和忒提斯

從木衛三十四以後，大多是以宙斯的女兒命名的，其中有繆斯女神 Muses、時序女神 Horae、美惠女神 Charites 等。

在繆斯的相關篇章中，我們介紹了赫西奧德筆下的9位繆斯女神：Calliope、Clio、Erato、Urania、Euterpe、Terpsichore、Polyhymnia、Thalia、Melpomene。而傳說中早期的繆斯女神只有3位：Aoede、Mnema、Melete。還有另外一些古代作家筆下繆斯仙女的分類，包括Arche、Callichore、Eukelade等，因為這些說法的影響並不廣，故我們未進行深入探討。

現在，我們來看看天上圍著宙斯唱歌跳舞的繆斯們：

Mneme 木衛四十

Aoede 木衛四十一

Thelxinoe 木衛四十二

Arche 木衛四十三

Kallichore 木衛四十四

Eukelade 木衛四十七

在時序女神的相關篇章中，我們看到，經典的神話作品主要將Horae分為代表自然秩序的時令三女神Thallo、Auxo、Carpo，或分為代表人間秩序的秩序三女神Eunomia、Dike、Eirene。也有一些作品認為Sponde、Orthosie、Euporie等女神也在時序女神之列。

我們來看看繞著她爹轉的時序女神們：

Euporie 木衛三十四

Orthosie 木衛三十五

Sponde 木衛三十六

Carpo 木衛四十六

在美惠三女神相關篇章中，我們看到，赫西奧德筆下的美惠女神分別是Euphrosyne、Aglaia、Thalia，詩人荷馬說是Kale、Pasithea，而保薩尼阿斯則提到了Hegemon。關於美惠女神的母親，也有人認為是Euanthe、Eudryome或者Autonoe。

我們來看木星周圍的美惠女神一家：

Autonoe 木衛二十八

Eurydome 木衛三十二

Euanthe 木衛三十三

Kale 木衛三十七

Pasithea 木衛三十八

Hegemone 木衛三十九

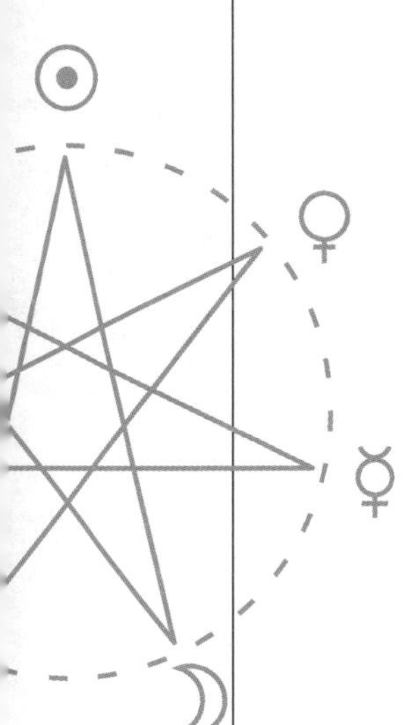

你可能感到很奇怪，怎麼這些神名這麼混亂不統一啊？造成這種分歧的原因很多，一個重要的原因是因為古希臘城邦的相互獨立，各自的神話體系都有些許不同，而不同的作家都從自己故鄉的神話體系來敘述神話故事，像荷馬、赫西奧德所著影響較大的作品和其對諸神體系的解說就留了下來，成為人們所熟知的神系。而影響較小的一般都不為大眾所知。舉一個簡單的例子，雅典人崇拜的美惠女神為 Auxo、Hegemone、Pitho，而斯巴達人崇拜的美惠女神則為 Cleta、Phaënna；雖然同屬愛奧尼亞地區，赫西奧德的記載中說美惠女神為 Euphrosyne、Aglaia、Thalia，荷馬則說是 Cale、Pasithea。這種現象造成了說法的多樣性。

另外還有木衛四十八 Cyllene、木衛四十九 Kore、木衛五十 Herse 也都是宙斯的女兒。

還有 3 個衛星，木衛五 Amalthea、木衛十五 Adrastea、木衛四十五 Helike 本為曾經哺育過幼年宙斯的仙女。

4.5　土星 古老的巨神族

土星以神話中泰坦神族之神主克洛諾斯 Cronos 命名，其對應羅馬神話中的農神薩圖爾努斯 Saturn，因此也就有了英語中表示土星的 Saturn，以及對應的星期六 Saturday【土曜日】。根據希臘神話傳說，克洛諾斯是第二代神系之神王，是巨神族的首領。這代神都因為體型巨大而出名，其所組成的神族也被稱為巨神族。巨神族包括泰坦神族、獨眼巨人族、百臂巨人族、蛇足巨人族等。巨神族的領導階級是以 12 位泰坦巨神為首的泰坦神族，他們個個體型巨大，法力無邊，因此成為實力強大、威力無比的象徵[53]。

目前已經發現的土星衛星有 61 顆，其中國際上正式命名的有 53 顆，從土衛一到土衛五十三。注意到土星由泰坦巨神神主之名命名，那麼陪伴該星的衛星自然應該是臣屬於他的各位巨神了。事實正是如此，從土衛一到土衛十八皆以希臘神話中的巨神及其後裔命名，因為天文星體的命名在學界一直都有著這樣不成文的規定：星體的命名都取材於希臘神話。後來當其他民族的科學家也加入這項研究探討時，他們希望自己民族中的神話人物也能展現在天空中，便向國際天文協會申請新發現或未命名的星體以本民族的神話人物來命名，於是也就有了不少以其他神話人物命名的衛星。土衛十九之後的衛星大多以非希臘羅馬神話的其他歐洲神話人物命名，但為了和土星的巨神族身分相呼應，這些神話人物都同樣取材於傳說中的巨神或巨人。這些相關神話中，主要有北歐神話、高盧神話和因紐特神話，而土衛一至土衛十八多使用希臘神話和羅馬神話中的人物名稱[54]。

下文為方便起見，用 < 希臘 > 代表希臘神話人物、< 羅馬 > 代表羅馬神話人物、< 北歐 > 代表北歐神話人物、< 高盧 > 代表高盧神話人物、< 因紐特 > 代表因紐特神話人物。

（53）20 世紀初，一艘被認為「連上帝都不能鑿沉」的巨型郵輪就被命名為「鐵達尼號」Titanic【如泰坦巨神般】。可能是上帝真的為這句話生氣了，拿起一個冰棒扔到大西洋中，於是這艘船就被這塊冰撞沉了。

（54）後期發現的衛星依照軌道傾角劃分為 3 組：軌道傾角在 90° ～ 180° 的逆行衛星歸為北歐群，以北歐神話命名（早期發現的土衛九除外，因為國際上已經定名）；軌道傾角在 36° 左右的順行衛星歸為高盧群，以高盧古神話故事人物命名；軌道傾角在 48° 左右的順行衛星歸為因紐特群，以因紐特神話傳說命名。

土衛一 Mimas

<希臘>蛇足巨人彌瑪斯 Mimas，地母蓋亞受天神烏拉諾斯精血所生之子，號稱「仿效者」。在巨靈之戰中，被赫菲斯托斯用一塊熾鐵擊中身亡。

土衛二 Enceladus

<希臘>蛇足巨人恩刻拉多斯 Enceladus，地母蓋亞受天神烏拉諾斯精血所生之子，號稱「衝鋒號」。在巨靈之戰中，被雅典娜囚死於西西里島的火山之下。

土衛三 Tethys

<希臘>泰坦女神特提斯 Tethys，十二位泰坦主神之一。環河之神俄刻阿諾斯之妻，眾大洋仙女之母。

土衛四 Dione

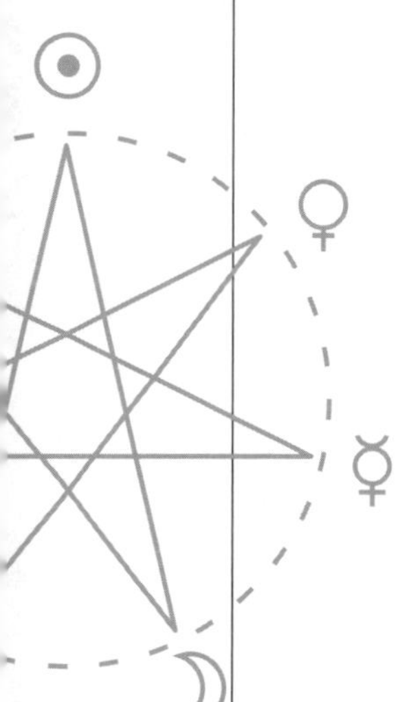

<希臘>女神狄俄涅 Dione，泰坦神族成員。環河之神俄刻阿諾斯與特提斯之女，大洋仙女之一。

土衛五 Rhea

<希臘>流逝女神瑞亞 Rhea，十二位泰坦主神之一。泰坦神主克洛諾斯的妻子，天王宙斯、海王波塞頓與冥王黑帝斯之母。

土衛六 Titan

<希臘>泰坦神 Titan，泰坦眾神的單數名詞形式。泰坦神族即天神烏拉諾斯與地母蓋亞所生之六兒六女所創建的神族。

土衛七 Hyperion

<希臘>高空之神許珀里翁 Hyperion，十二位泰坦主神之一。太陽神赫利奧斯、月亮女神塞勒涅之父。

土衛八 Iapetus

<希臘>衝擊之神伊阿珀托斯 Iapetus，十二位泰坦主神之一。扛天巨神阿特拉斯與盜火神普羅米修斯之父。

土衛九 Phoebe

<希臘>光明女神菲比 Phoebe，十二位泰坦主神之一。暗夜女神勒托與星夜女神阿斯特蕾亞之母。

土衛十 Janus

<羅馬>門神雅努斯 Janus，農神薩圖爾努斯之子。生有雙面，一面朝向過去，一面朝向未來。

土衛十一 Epimetheus

<希臘>後覺之神厄庇墨透斯 Epimetheus，泰坦神族一員，普羅米修斯之弟。因迎娶潘朵拉而為人類帶來災禍。

土衛十二 Helene

<希臘>美女海倫 Helene，宙斯變為白鵝與王后麗達結合所生。因被帕里斯劫掠而引發著名的特洛伊戰爭。該名一般也轉寫為 Helen。

土衛十三 Telesto

<希臘>忒勒斯托 Telesto，大洋仙女之一。

土衛十四 Calypso

<希臘>卡呂普索 Calypso，大洋仙女之一。英雄奧德修斯的情人，曾將英雄留藏在奧吉吉亞島上 7 年之久。

土衛十五 Atlas

<希臘>巨神阿特拉斯 Atlas，普羅米修斯之兄。泰坦神族戰敗後被罰在世界極西處背負天穹。

土衛十六 Prometheus

<希臘>普羅米修斯 Prometheus，因替人類盜取火種而被囚罰於高加索山上，受盡痛苦折磨。

土衛十七 Pandora

<希臘>神造美女潘朵拉 Pandora，宙斯命火神製造出的女人。嫁與後覺之神厄庇墨透斯，給人類帶來了無窮災禍。

土衛十八 Pan

<希臘>牧神潘 Pan，神使荷米斯之子。他有著人的軀幹和頭，有山羊的腿、犄角和耳朵。

土衛十九 Ymir

<北歐>太初巨人伊密爾 Ymir，霜巨人族之始祖。為主神奧丁所殺。

土衛二十 Paaliaq

< 因紐特 > 巨神帕利阿克 Paaliaq。

土衛二十一 Tarvos

< 高盧 > 牛神塔沃斯 Tarvos。

土衛二十二 Ijiraq

< 因紐特 > 變形怪伊耶拉克 Ijiraq，常綁架孩童，並將他們藏匿起來。

土衛二十三 Suttungr

< 北歐 > 巨人蘇圖恩 Suttungr，從矮人族那裡獲得了具有魔力的靈酒。神王奧丁騙過蘇圖恩的女兒，化為蛇偷飲了靈酒。

土衛二十四 Kiviuq

< 因紐特 > 巨神基維尤克 Kiviuq，因紐特傳說中的英雄，常化作熊或海怪。

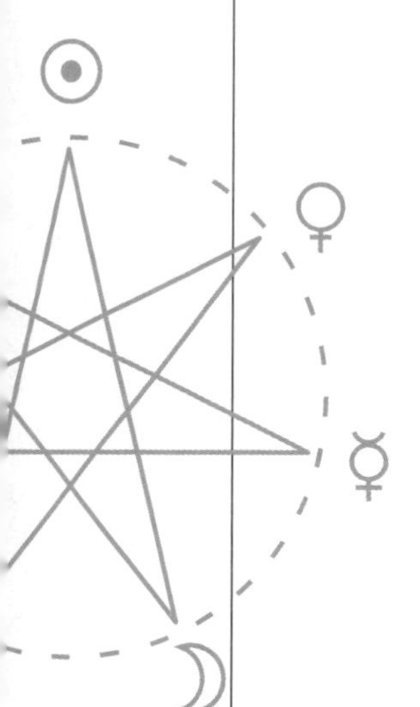

土衛二十五 Mundilfari

< 北歐 > 巨人蒙迪爾法利 Mundilfari，太陽女神蘇娜和月神曼尼之父。

土衛二十六 Albiorix

< 高盧 > 世界之王阿爾比俄里克斯 Albiorix，亦為戰爭之神。

土衛二十七 Skathi

< 北歐 > 雪獵女神斯卡蒂 Skathi，巨人之女。她為父報仇來到仙宮，後與大海之神結為夫妻。傳說挪威第一代王即為女神和神王奧丁所生。

土衛二十八 Erriapus

< 高盧 > 巨神厄里阿波斯 Erriapus。

土衛二十九 Siarnaq

< 因紐特 > 巨神西阿爾那克 Siarnaq。

土衛三十 Thrymr

< 北歐 > 風巨人索列姆 Thrymr，空氣巨人卡利之子，巨人族之王。他盜走了雷神之鎚，要求用愛神芙蕾雅來交換。後被雷神索爾用計殺死。

土衛三十一 Narvi

< 北歐 > 巨人那維 Narvi，邪神洛基 Loki 之子。眾神施計謀殺那維，並用那維的腸子捆綁邪神洛基，將之囚禁於地穴中。

土衛三十二 Methone

< 希臘 > 仙女墨托涅 Methone，蛇足巨人阿爾庫俄紐斯的 7 個女兒之一。在父親死後，投入海中化為翠鳥。

土衛三十三 Pallene

< 希臘 > 仙女帕勒涅 Pallene，蛇足巨人阿爾庫俄紐斯的 7 個女兒之一。在父親死後，投入海中化為翠鳥。

土衛三十四 Polydeuces

< 希臘 > 波呂丟刻斯 Polydeuces，宙斯與斯巴達王后麗達之子，英雄卡斯托耳的同母異父兄弟。

土衛三十五 Daphnis

< 希臘 > 牧羊人達佛尼斯 Daphnis，神使荷米斯之子。

土衛三十六 Aegir

< 北歐 > 海巨人埃吉爾 Aegir，火巨人洛格與空氣巨人卡利之兄弟。九位美麗的波浪仙女之父。

土衛三十七 Bebhionn

< 塞爾特 > 生育女神貝芬 Bebhionn，美貌出眾的女巨人。

土衛三十八 Bergelmir

< 北歐 > 勃爾格爾密爾 Bergelmir，霜巨人族的始祖。當太初巨人伊密爾被殺死時，唯有他的父母乘舟逃出血海。

土衛三十九 Bestla

< 北歐 > 女巨人貝絲特拉 Bestla，守衛智慧之泉的巨人米密爾 Mimir 之妹，神王奧丁的母親。

土衛四十 Farbauti

< 北歐 > 閃電巨人法布提 Farbauti，他化身閃電擊中繁葉女巨人，生邪神洛基。

土衛四十一 Fenrir

< 北歐 > 巨狼芬利爾 Fenrir，邪神洛基之子。在眾神的黃昏到來時，他將神王奧丁殺死。

土衛四十二 Fornjot

<北歐>始源巨人佛恩尤特 Fornjot，海巨人埃吉爾、空氣巨人卡利與火巨人洛格之父。

土衛四十三 Hati

<北歐>逐月惡狼哈梯 Hati，巨狼芬利爾之子。在眾神的黃昏到來時，他吞蝕月亮，將月神曼尼殺死。

土衛四十四 Hyrrokkin

<北歐>火煙女巨人希爾羅金 Hyrrokkin。在光明神巴爾德 Balder 的葬禮上，她幫助眾神將沉重的葬船推進水中。

土衛四十五 Kari

<北歐>空氣巨人卡利 Kari，始源巨人佛恩尤特之子，風巨人索列姆之父。

土衛四十六 Loge

<日耳曼>火巨人洛格 Loge，始源巨人佛恩尤特之子。或與邪神洛基相混同。

土衛四十七 Skoll

<北歐>逐日惡狼斯庫爾 Skoll，巨狼芬利爾之子。在眾神的黃昏到來時，他吞蝕太陽，將太陽女神殺死。

土衛四十八 Surtur

<北歐>焚世巨人蘇爾特爾 Surtur，在眾神的黃昏到來時，他與霜巨人族聯手將整個世界毀滅。

土衛四十九 Anthe

<希臘>仙女安忒 Anthe，蛇足巨人阿爾庫俄紐斯的 7 個女兒之一。在父親死後，投入海中化為翠鳥。

土衛五十 Jarnsaxa

<北歐>鐵刀女巨人雅恩莎撒 Jarnsaxa，雷神索爾的情人。

土衛五十一 Greip

<北歐>女巨人格蕾普 Greip，曾與姐姐密謀殺死雷神索爾，被雷神發現後殺死。

土衛五十二 Tarqeq

< 因紐特 > 月神塔爾科克 Tarqeq。

土衛五十三 Aegaeon

< 希臘 > 風暴巨人埃該翁 Aegaeon，蛇足巨人之一。

4.5_1 巨神族的時代

根據赫西奧德在《神譜》中的記載，天神烏拉諾斯和大地女神蓋亞多次結合，生下了 3 批神靈，分別是泰坦神族 Titans、獨眼巨人族 Cyclops、百臂巨人族 Hecatonchires。那時天神烏拉諾斯帶領著第一代神系的遠古神族統治著整個宇宙。然而天神殘暴不堪、暴虐成性，他逼迫自己的孩子們居住在大地女神的子宮裡，不許他們出來。大地女神因此痛苦不堪，她腹中的子女們也遭受著同樣的痛苦。於是蓋亞鼓動她腹中的子女們叛亂。但所有的兒女都畏懼天神淫威而不敢反抗，只有泰坦神中最年輕的克洛諾斯 Cronos 勇敢地站了出來。他接過母親手中的鐮刀，在一個落日黃昏時分將其父閹割，並將這生殖器拋入大海。生殖器沉入海中，海水裡不斷產生白色的泡沫，從這泡沫中誕生了愛與美之女神阿芙蘿黛蒂 Aphrodite。天神生殖器上的血滴濺落在大地上，迫使大地女神再一次受孕，從而生下了蛇足巨人族吉甘特斯 Gigantes、復仇三女神厄里尼厄斯 Erinyes，以及梣木三女神墨利亞 Meliae。因為大地女神所生的這些後代都身形龐大[55]，魁梧無比，所以這一代神靈共同組成的神族被稱為巨神族。

巨神族在克洛諾斯的帶領下反抗天神的統治，並最終取得勝利，於是世界進入了由泰坦神族領導的巨神族的統治，也就是第二代神系統治。克洛諾斯成為眾神之王，統治著宇宙萬物。

既然巨神族由天神和大地女神所生，而巨神族又細分為泰坦神族 Titans、獨眼巨人族 Cyclops、百臂巨人族 Hecatonchires、蛇足巨人族 Gigantes、復仇三女神 Erinyes 和梣木三女神 Meliae。那麼，這些神都是什麼樣的呢？又包括哪些人物呢？

（55）注意到愛神阿芙蘿黛蒂並不屬於巨神族，因為她並非大地女神所生。

圖 4-21 克洛諾斯閹割了烏拉諾斯

泰坦神族 Titans

泰坦神族主要由 12 位泰坦主神，以及大部分泰坦神的後裔組成[56]。這 12 位泰坦主神 6 男 6 女，分別是：環河之神俄刻阿諾斯 Oceanus、光明之神科俄斯 Coeus、力量之神克利俄斯 Crius、高空之神許珀里翁 Hyperion、衝擊之神伊阿珀托斯 Iapetus、時間之神克洛諾斯 Cronos 等 6 位神靈，以及光體女神希亞 Theia、流逝女神瑞亞 Rhea、秩序女神希彌斯 Themis、記憶女神摩涅莫緒涅 Mnemosyne、光明女神菲比 Phoebe、海洋女神特提斯 Tethys 等 6 位女神。正如赫西奧德在《神譜》中所說：

> 大地女神和天神歡愛，生了渦流深深的俄刻阿諾斯、
> 科俄斯、克利俄斯、許珀里翁、伊阿珀托斯、
> 希亞、瑞亞、希彌斯、摩涅莫緒涅、
> 頭戴金冠的菲比和可愛的特提斯。
> 在這些孩子之後，狡猾多謀的克洛諾斯降生，
> 在所有孩子中最可怕，他憎恨性欲旺盛的父親。
>
> ——赫西奧德《神譜》133~138

（56）克洛諾斯的後代宙斯、波塞頓、黑帝斯、得墨忒耳、赫斯提亞、希拉並不屬於泰坦神，這些後代是第三代神系奧林帕斯神的中堅力量，因此不被歸入泰坦神族。

當然，除了這 12 位主神，他們的大多數後裔也被稱為泰坦神。例如衝擊之神伊阿珀托斯之後代阿特拉斯 Atlas、墨諾提俄斯 Menoetius、普羅米修斯 Prometheus、厄庇墨透斯 Epimetheus，高空之神許珀里翁的後代赫利奧斯 Helios、塞勒涅 Selene、厄俄斯 Eos 等。

這些神之所以被稱為泰坦神，赫西奧德在《神譜》中也給出了解釋：

於是父親給了他們一個諢名，
廣袤的天神稱他們為泰坦 Titan【緊張者】。
他們曾在緊張中犯過一個可怕的罪惡，
總有一天，他們要為此遭到報應。

——赫西奧德《神譜》207~210

很久以後，泰坦神族敗給了以宙斯為首的奧林帕斯神族，泰坦神的領袖被打入地獄深淵之中，正好應了天神烏拉諾斯當年的預言。

獨眼巨人族 Cyclops

獨眼巨人族由 3 位獨眼巨人組成，分別是：【雷鳴】巨人布戎忒斯 Brontes，【閃電】巨人斯忒洛珀斯 Steropes、【強光】巨人阿耳革斯 Arges。他們個個體形巨大、身懷絕技，並具有十分精湛的手藝，能造出鬼斧神工無與倫比的武器，後來宙斯的雷霆、波塞頓的三叉戟、黑帝斯的隱身頭盔都是他們打造的。這些巨人個個都只有一隻眼睛，巨大如輪，鑲嵌於額頭。赫西奧德曾這樣說道：

大地女神還生下狂傲無比的獨眼巨人，
布戎忒斯、斯忒洛珀斯和暴厲的阿耳革斯。
他們送給宙斯雷鳴，為他鑄造閃電。
他們模樣和別的神一樣，
只是額頭正中長著一隻眼。
他們被稱作庫克羅普斯，
全因額頭正中長著一隻圓眼。
他們的行動強健有力而靈巧。

——赫西奧德《神譜》139~146

圖 4-22　一位巨神

百臂巨人族 Hecatonchires

百臂巨人族由 3 位百臂巨人組成，分別是：【狂暴者】科托斯 Cottus、【強壯者】布里阿瑞俄斯

Briareus、【巨臂者】古厄斯 Gyes。他們也個個身材高大、強力無比，這些巨人各有 100 隻手，50 個頭，打起仗來一個人相當於 50 個人，不是一般的強悍。因此赫西奧德如是說道：

大地女神和天神還生下別的後代，
三個碩大無朋、難以稱呼的兒子，
科托斯、布里阿瑞俄斯和古厄斯，全都傲慢極了。
他們肩上吊著一百隻手臂，
難以名狀，還有五十個腦袋
分別長在身軀粗壯的肩膀上。
這三個兄弟力大無窮讓人驚駭。

——赫西奧德《神譜》147~153

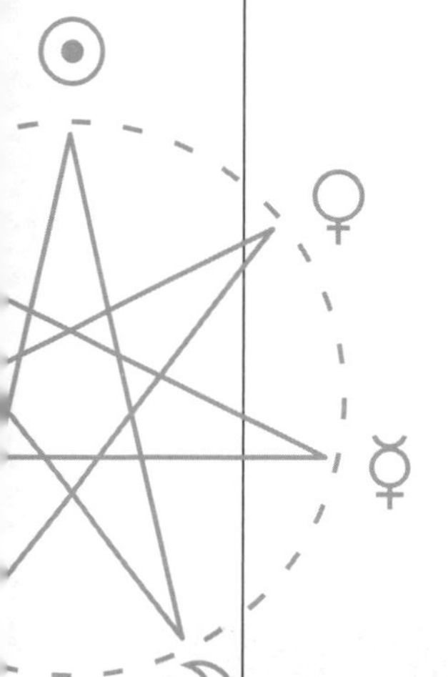

蛇足巨人族 Gigantes

當克洛諾斯閹割其父，並將生殖器拋出後，上面的血滴灑落在大地上，於是大地母親受孕，後來生下了一群蛇足巨人。這些孩子被稱為吉甘特斯 Gigantes，他們個個身材高大、披堅執銳，並且人身蛇足，因此中文一般稱為蛇足巨人族。赫西奧德在《神譜》中這樣說道：

廣大的天神帶來了夜幕，
他整個兒覆蓋著蓋亞，渴求愛撫
萬般熱烈。那個埋伏在旁的兒子
伸出左手，右手握著巨大的鐮刀，
奇長而有尖齒。他一揮手割下
父親的生殖器，隨即往身後一扔。
那東西也沒有平白從他手心丟開。
從中濺出的血滴，四處散落，
大地悉數收下，隨著時光流逝，
生下復仇三女神和蛇足巨人族
——他們穿戴閃亮鎧甲手執長槍，
還有廣漠上的梣木仙子墨利亞。

——赫西奧德《神譜》176~187

關於蛇足巨人的具體名單，赫西奧德並未寫出，因此後世的著述中各有不同看法，該內容我們將在後面的文章中述及。後來，新生的奧林帕斯神族在宙斯的帶領下，對泰坦諸神展開了長達 10 年的“泰坦之戰”Titanomachia【對泰坦神的戰爭】，並推翻了泰坦諸神的統治，從此巨神族開始沒落。很久以後，地母蓋亞為了恢復泰坦神族的榮耀，便慫恿蛇足巨人們向奧林帕斯諸神挑起戰爭，史稱“巨靈之戰”Gigantomachia【對蛇足巨人的戰爭】，卻仍然無法恢復巨神們曾經的榮耀，敗給了奧林帕斯永生的神靈們。神界的秩序從此永恆地確定了下來。

4.5_2　泰坦神族

希臘神話中的第一代神系 Protogenoi 為最初的神靈，該神系的主神包括創世五神即地母蓋亞 Gaia、地獄深淵之神塔爾塔洛斯 Tartarus、愛欲之神厄洛斯 Eros、昏暗之神厄瑞波斯 Erebus 和黑夜女神尼克斯 Nyx，以及創世五神生下的天空之神烏拉諾斯 Uranus、遠古海神蓬托斯 Pontos、遠古山神烏瑞亞 Ourea、天光之神埃忒耳 Aether、白晝女神赫墨拉 Hemera，和 5 位後輩海神中象徵「海之友善」的海中老人涅柔斯 Nereus、象徵「海之奇觀」的陶瑪斯 Thaumas、象徵「海之憤怒」的福耳庫斯 Phorcys、象徵「海之危險」的刻托 Ceto、象徵「海之力量」的歐律比亞 Eurybia。

第一代神系的神主為天神烏拉諾斯，他同創世五神之一的大地女神蓋亞結合，生下了巨神族。他們第一次結合的時後，生出了 12 位泰坦巨神，分別為：環河之神俄刻阿諾斯 Oceanus、光明之神科俄斯 Coeus、力量之神克利俄斯 Crius、高空之神許珀里翁 Hyperion、衝擊之神伊阿珀托斯 Iapetus、時間之神克洛諾斯 Cronos，以及光體女神希亞 Theia、流逝女神瑞亞 Rhea、秩序女神希彌斯 Themis、記憶女神摩涅莫緒涅 Mnemosyne、光明女神菲比 Phoebe、海洋女神特提斯 Tethys。他們第二次結合的時候，生下了 3 位獨眼巨人，分別為：雷鳴巨人布戎忒斯 Brontes，閃電巨人斯忒洛珀斯 Steropes、強光巨人阿耳革斯 Arges。他們第三次結合的時候，則生下了 3 位百臂巨人，分別為：狂暴者科托斯 Cottus、強壯者布里阿瑞俄斯 Briareus、巨臂者古厄斯 Gyes。

因為天神統治殘暴不堪，眾巨神們奮起反抗，於是爆發了天神之戰。戰爭結束後，巨神族取代遠古神族稱霸世界。世界進入泰坦神統治的第二代神系時期。海洋的統治權由遠古海神蓬托斯和五位老一輩海神轉移到泰坦神族的環河之神俄刻阿諾斯和海洋女神特提斯手中；光明的統治權由天光之神埃忒耳、白晝女神赫墨拉轉移到泰坦神族的高空之神許珀里翁、光明之神科俄斯、光體女神希亞、光明女神菲比手中；天空的統治權由天神烏拉諾斯轉移至時間之神克洛諾斯手中。

12 位泰坦主神中，環河之神俄刻阿諾斯 Oceanus 和其妹妹海洋女神特提斯 Tethys 結合，生了 3000 位河神 Potamoi【眾河流】和 3000 位大洋仙女 Oceanids【俄刻阿諾斯之後裔】。這些仙女們個個生得美麗動人，大多成為眾神的伴侶、愛人，或者與人間的國王、英雄相愛，留下了很多美麗的傳說。

高空之神許珀里翁 Hyperion 與光體女神希亞 Theia 結合，生下了太陽神赫利奧斯 Helios、月亮女神塞勒涅 Selene、黎明女神厄俄斯 Eos。這個神話似乎並不難理解，太陽、月亮日日在我們頭頂的高空中行走，是為世界帶來光明的兩個重要光體，因此他們是高空之神與光體女神的後代；而黎明也是太陽活動的一部分，因此也被認為是太陽神的妹妹。

衝擊之神伊阿珀托斯 Iapetus 與秩序女神希彌斯 Themis 結合[57]，生下了阿特拉斯 Atlas、墨諾提俄斯 Menoetius、普羅米修斯 Prometheus 和厄庇墨透斯 Epimetheus。後來奧林帕斯神族打敗了泰坦神族，這些兒子們個個都遭到迫害。阿特拉斯被罰去扛天，墨諾提俄斯被打入地獄深淵中，普羅米修斯因幫人類盜火而被囚禁於高加索山上，厄庇墨透斯則遭宙斯算計娶了潘朵拉而成為千古罪人。

（57）赫西奧德在《神譜》中提及，伊阿珀托斯與大洋仙女克呂墨涅 Clymene 生下了 Atlas、Prometheus、Epimetheus。而在埃斯庫羅斯的著名悲劇《普羅米修斯》中，這些神是由泰坦女神中的秩序女神希彌斯 Themis 所生。此處採用伊阿珀托斯與希彌斯生下三位神靈的說法。

力量之神克利俄斯 Crius 娶上代海神歐律比亞 Eurybia 為妻，他們生下了戰爭之神帕拉斯 Pallas、眾星之神阿斯特拉伊歐斯 Astraeus、破壞之神珀塞斯 Perses。戰爭之神帕拉斯與冥河女神斯提克斯 Styx 結合，生下了強力之神克拉托斯 Cratos、暴力女神比亞 Bia、熱誠之神仄洛斯 Zelos 以及勝利女神耐吉

Nike。眾星之神阿斯特拉伊歐斯與黎明女神厄俄斯結合，生下了各種各樣的星神以及諸風神，這些風神分別為：西風之神仄費洛斯 Zephyrus、南風之神諾特斯 Notus、北風之神波瑞阿斯 Boreas。她還生下了啟明星厄俄斯福洛斯 Eosphoros 和天上所有的星辰。破壞之神珀塞斯則娶星夜女神阿斯特蕾亞，並與她生下了幽靈女神黑卡蒂 Hecate。

圖 4-23《鐵達尼號》海報

光明之神科俄斯 Coeus 與光明女神菲比 Phoebe 結合，生下了暗夜女神勒托 Leto 和星夜女神阿斯特蕾亞 Astraea。勒托和天神宙斯結合，生下了後來的太陽神阿波羅 Apollo 和月亮女神阿提密斯 Artemis。阿斯特蕾亞則為破壞之神珀塞斯生下了幽靈女神黑卡蒂 Hecate。

記憶女神摩涅莫緒涅 Mnemosyne 與宙斯生下了 9 位繆斯女神。

神王克洛諾斯 Cronos 和妹妹瑞亞 Rhea 結合，生下了 6 個孩子，分別是後來的天神 Zeus、海神 Poseidon、冥神 Hades、農神 Demeter、灶神 Hestia、婚姻女神 Hera。在泰坦之戰結束後，這 6 個子女成為第三代神系之統治核心奧林帕斯神族的中堅力量。

需要注意的是，除了力量之神克利俄斯和記憶女神摩涅莫緒涅以外，其他 10 位泰坦神各兩兩結合，生下了諸多神靈。這些神靈與 12 位泰坦神一起，共同組成了泰坦神族。當然，克洛諾斯的 6 個兒子除外，因為他們後來成為奧林帕斯神。摩涅莫緒涅生下的 9 位繆斯女神也除外，因為她們是奧林帕斯神宙斯的後代。

泰坦神個個都是巨神，他們法力高強、難以匹敵。因此，20 世紀初，英國白星海運公司將其所造的當時世界上最大最豪華的遊輪命名為「鐵達尼號」Titanic，意思是【像泰坦神一般】，喻指其船之巨大與堅不可摧，就像古老傳說中的泰坦神一樣。白星公司對此十分自信，他們宣稱這是一艘「連上帝也鑿不沉的船」。1912 年 4 月 14 日，這艘號稱不沉之船在其處女航上竟被一座時速為 40km/h 的冰山給撞上，在大西洋中沉沒了。這個所謂的不沉神話剛面世就沉了，讓人不禁想起了電影《東成西就》裡終於練就「天下無敵」的王重陽，剛出山就被一隻從天而降的鞋子砸死了，唉……

另外，化學元素鈦被稱為 Titanium，就是用泰坦神來命名的。當然，用神話人物來命名的化學元素還有不少：

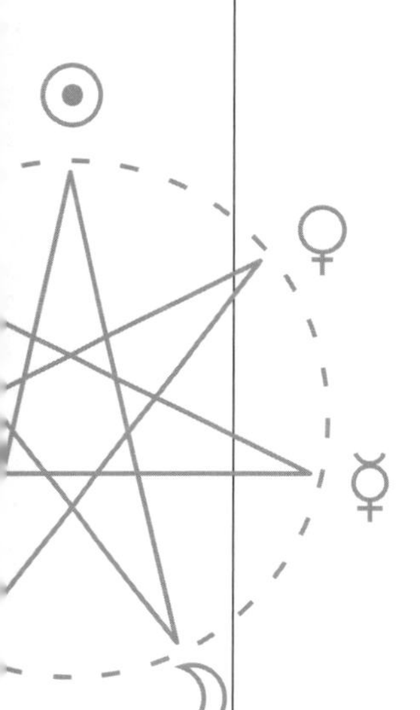

表 4-3　源於神話人物的化學元素

元素學名	中文譯名	化學符號	原子序數	源於神名	神話類別
Helium	氦	He	2	太陽神 Helios	希臘
Titanium	鈦	Ti	22	泰坦神 Titan	希臘
Vanadium	釩	V	23	愛神 Vanadis	北歐
Selenium	硒	Se	34	月亮女神 Selene	希臘
Niobium	鈮	Nb	41	底比斯王后 Niobe	希臘
Palladium	鈀	Pd	46	智慧女神 Pallas Athena	希臘
Cadmium	鎘	Cd	48	底比斯建立者 Cadmus	希臘
Tellurium	碲	Te	52	大地女神 Tellus	羅馬
Promethium	鉕	Pm	61	盜火神 Prometheus	希臘
Tantalum	鉭	Ta	73	宙斯之子 Tantalus	希臘
Iridium	銥	Ir	77	彩虹女神 Iris	希臘
Mercury	汞	Hg	80	神使 Mercury	羅馬
Thallium	鉈	Tl	81	時序女神 Thallo	希臘
Thorium	釷	Th	90	雷神 Thor	北歐
Uranium	鈾	U	92	天神 Uranus	希臘
Neptunium	錼	Np	93	海神 Neptune	羅馬
Plutonium	鈽	Pu	94	冥王 Pluto	希臘

從該表不難看出，-ium 後綴為化學元素常用標誌。事實上，-ium 本為拉丁語中性形容詞標誌，因為拉丁語中的‘元素’elementum 本為中性名詞，根據「形容詞與所修飾名詞性屬一致」的原則，我們可以看到 Titanium 其實是 elementum Titanium【泰坦元素】概念的一種簡約表達，同樣的道理 Helium 其實就是【太陽神赫利奧斯之元素】、Selenium 就是【月亮女神塞勒涅之元素】了。從這點也可以看出，拉丁語中的名詞詞基後加 -ius/-ia/-ium 構成對應的形容詞概念，而化學元素的常用後綴 -ium 無疑便來源於此。

4.5_3 泰坦之戰

天神之戰結束後，泰坦神族取代老一輩的遠古神族成為世界的統治者，克洛諾斯被尊為主神。然而克洛諾斯的統治並不比他的父親強多少。他懼怕實力強大的獨眼巨人或百臂巨人族會推翻自己的統治，便將獨眼巨人和百臂巨人們囚禁於地獄深淵之中，以鞏固自己的統治。更可怕的是，當克洛諾斯得到一則預言說自己的後代將比自己更強大時，居然喪心病狂地將妻子瑞亞生下的幾個孩子一一吞噬。

瑞亞見丈夫如此殘忍，一連5個孩子都被丈夫活活吞進腹中，不禁心生畏懼。她將第六個孩子偷偷藏在克里特的一個山洞中，並在襁褓中放進一塊石頭交給了丈夫。克洛諾斯不假思索地吞進肚中。這個小兒子名為宙斯，他長大後為了救出自己的哥哥姐姐，便設計一種催吐藥給克洛諾斯吃下，使其吐出了曾經吃下的5個孩子。

這5個孩子分別是波塞頓、黑帝斯、得墨忒耳、赫斯提亞、希拉。於是6位兄弟姐妹聯合一起，努力反抗，試圖推翻克洛諾斯的暴虐統治，從而發動了「泰坦之戰」。但因為勢單力薄，他們長期處於被圍剿的一方而到處奔逃，畢竟以他們當時的法力和武器，遠不是法力高強的泰坦神的對手。因此這場戰爭進行了10年，仍然沒有任何進展。

宙斯體認到，6位兄弟姐妹論實力遠不及泰坦眾神。於是聰明的他想到了被囚禁在地獄深淵中的獨眼三巨人和百臂三巨人。為了解救出被囚的巨人，並聯合他們一同對抗泰坦諸神，宙斯隻身闖入冥界最深處的塔爾塔洛斯深淵中，並經歷了重重的艱難險阻。被解放的巨人們出於感恩，也出於對當權者的憤慨，加入以宙斯為首領的奧林帕斯陣營，他們結成統一戰線，和當權的泰坦神族對抗。

手藝精湛的獨眼巨人們為了感謝這些青年神明的救恩，為大恩人宙斯打造了霹靂 Thunderbolt，並為他的兄長波塞頓打造了三叉戟 Trident，為黑帝斯打造了隱身頭盔 Helm of Darkness。反抗的時間到了！宙斯三兄弟的武器皆可謂厲害萬分，再加上6位巨人相助——在戰場上，3位百臂巨人用300

隻手不斷地向泰坦神投擲巨石，速度之快堪比現代的機關槍；獨眼巨人也英勇地與泰坦神相抗衡，加上後輩的青年神們。這場戰爭打得天昏地暗，赫西奧德如此描述道：

> 一時裡，無邊的海浪鳴聲迴盪，
> 大地轟然長響，連廣天也動憾
> 呻吟。高聳的奧林匹斯山底
> 在永生者們重擊之下顫動。強烈的振鳴
> 從他們腳下傳到幽暗的塔爾塔洛斯，
> 還有廝殺混戰聲，重箭呼嘯聲。
> 雙方互擲武器，引起嗚咽不絕。
> 兩軍吶喊，呼聲直上星天。
> 短兵相接，廝殺與喧嚷不盡。
>
> ——赫西奧德《神譜》678~686

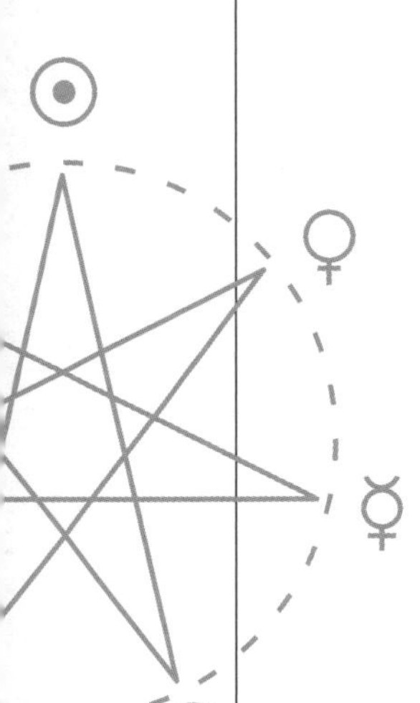

勝利最終倒向了反抗者一邊，10 年的艱苦戰爭終於獲得了勝利。

戰勝泰坦神族後，以宙斯為首的第三代神系開始統治整個宇宙。宙斯和他的兩個哥哥波塞頓、黑帝斯以抓鬮方式分掌諸領域，宙斯抓到了天空，成為了

圖 4-24　泰坦神落敗

圖 4-25　火山口

至尊的天神之王；波塞頓抓到了海洋，成為了眾海之王；黑帝斯抓到了冥界，成為了冥界之王。這也就是我們所熟知的神王宙斯、海王波塞頓、冥王黑帝斯。

他們將幾位暴虐的泰坦神頭目打入塔爾塔洛斯深淵[58]，並由 3 位百臂巨人看守出口。3 位獨眼巨人則在火山口建了一個鍛造工坊，專門打造頂級武器和華麗無比的裝飾品。後來火神赫菲斯托斯 Hephaestus 拜他們為師，苦學鍛造之藝，學到了有三四成吧！也自己開作坊店造各種神器，並先後打造了：赫利奧斯的太陽車、阿波羅和阿提密斯的神弓、宙斯的神盾、天后希拉的寶座、酒神帝奧尼索斯的權杖、大英雄阿基里斯的盔甲和盾牌、美女潘朵拉等等。雖然這些神器比起獨眼巨人們手藝還有很大差距，但是在獨眼巨人們被阿波羅殺死之後，赫菲斯托斯無疑是世界上手藝最好的一位匠人了。

話說回來，阿波羅為什麼要殺死 3 位獨眼巨人呢？

這得牽扯到另外一個故事。話說阿波羅的兒子阿斯克勒庇俄斯 Asclepius 習醫多年，醫術精湛到能夠起死回生，救了人間很多垂死或重傷的人，甚至連好多已經斷了氣的人都給救活了。人間到處將他尊為醫神。這下冥王黑帝斯可忍不下這口氣了，說這嚴重影響到冥界的興旺，因為好幾個月都沒有亡魂來冥界了，搞得自己的王國蕭條到不行。冥王多次向宙斯申訴，要求主神為他主持公道。宙斯一怒之下，用霹靂將這位神醫擊死。而阿波羅痛失愛子，欲找宙斯報仇，但私下尋思自己壓根不是老爹的對手，便遷怒於製造霹靂的 3 位獨眼巨人，在人家全神貫注製造工藝的時候從背後放了 3 支冷箭，將其一一射死。可憐的 3 位獨眼巨人就這樣命喪黃泉了。他們死後，靈魂一直環繞在火山口周圍，據說火山口的形狀就是獨眼巨人的眼睛變化而來的。

火山口的形狀是不是很像一隻巨大的眼睛呢？在這一點上，我們應該對古人的想像力表示敬佩。

（58）事實上，並不是所有的泰坦神都對反叛進行了鎮壓，所以被打入地獄深淵的只是泰坦神中的部分神靈。諸如首領克洛諾斯、衝擊之神伊阿珀托斯、狂傲的墨諾提俄斯等。

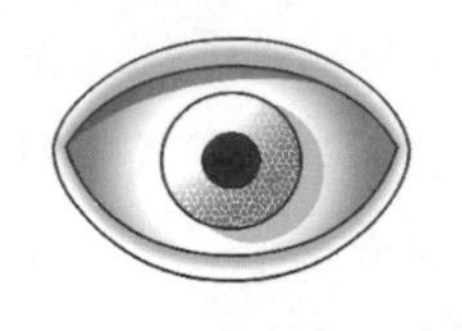

圖 4-26　眼睛

至此，地母蓋亞所生的幾支重要的巨神族：泰坦神族、獨眼巨人族、百臂巨人族、蛇足巨人族中，獨眼巨人族已經被奧林帕斯神祇殺死；泰坦神族被囚禁在地獄深淵中，他們的後人也一個個地被宙斯清除（阿特拉斯被迫扛天、普羅米修斯被抓去餵鷹、赫利奧斯讓位給阿波羅、塞勒涅讓位給阿提密斯......）；百臂神族被宙斯奴役，變成他的僕人。只剩下蛇足巨人族，他們也到處被奧林帕斯神族排擠，不得不生活在蠻荒、寒冷、陰暗的地方。奧林帕斯神祇對於巨神族的迫害導致了巨神們的母親——地母蓋亞的強烈不滿，在她的慫恿下，蛇足巨人們對奧林帕斯神族發動了新的戰爭，史詩「巨靈之戰」。關於這場戰爭的詳情，我們將在後面的篇章中一一講解。

鑒於本篇中涉及的人物眾多，此處分析幾個較重要的名稱概念。

獨眼巨人 Cyclops

獨眼巨人被稱為 Cyclops，他們都長著一隻如車輪大的眼睛，鑲嵌於額頭中間。人如其名，Cyclops 由希臘語的‘圓’cyclos 和‘眼睛’ops 組成，意思是【圓眼睛】，因為巨大如輪的圓眼睛乃是其最重要的特徵。希臘語的 cyclos‘圓’衍生出了英語中：圓形 cycle【圓圈】，人們將【兩個輪子】的車稱為自行車 bicycle，並且經常簡稱其為 bike，而【三個輪子】那就是三輪車 tricycle 了，還有【一個輪子】的單輪車 unicycle；回收 recycle 就是讓它【再循環】一次；四環素 tetracycline 的意思為【含有四個（烴基）環的化學製劑】；植物仙客來因為有著球形的根部，而被稱作 cyclamen；氣旋 cyclone 不就是空氣在【轉圈圈】嗎？

百臂巨人 Hecatonchires

百臂巨人各自生有 50 個頭 100 隻手，神話界能跟他們有得一拼的恐怕只有千手觀音了，只可惜他們只在各自的領地混，沒有機會 PK 一下。百臂巨人的名字 Hecatonchires 由希臘語中的 hecaton‘一百’與 cheir‘手’組成，意思是【一百隻手臂】。hecaton‘一百’一詞衍生出了英語中：公頃 hectare【一百公畝】，對比公畝 ares【一片區域】、區域 area【一片區域】；百牲祭 hecatomb 字面意思為【一百頭牛】，現在多用來表示大屠殺。希臘語的 hecaton 與英語中的 hundred“一百”、拉丁語的 centum‘一百’同源，後者衍生出世紀 century【一百年】、百分比 percent【每一百份】、蜈蚣 centipede【百足】等一系列英語常用詞彙。

cheir 意為‘手’，於是我們就知道了半人馬中的智者凱隆 Chiron 名字意思大概可以譯為【手藝】，他曾教會很多大英雄學會了各種武藝與各種技藝；脊骨按摩治療師 chiropractor 意思是【用手操作的人】，手冊 enchiridion 意思是【小手書】；手相術 chiromancy 字面意思為【用手占卜】、筆跡 chirography 則是【手所寫】；而英語中的的外科醫生 surgeon 也是從希臘語 chirurgeon 經過曲折的演變而來，本意為【用手操作】。

4.5_4　泰坦神族 之海洋神祇

早期的希臘人認為，大地是一塊圓盤，圓盤的週邊被一條長河環繞著，這條河被稱為俄刻阿諾斯河 Oceanus，也稱為環河或環海，被認為是世界的邊界[59]。在神話中，大地女神和天神結合，生下了環河之神俄刻阿諾斯，環河之神同時也代表者這條環繞大地的長河，他緊緊包圍著大地的邊沿，河的外沿也就是世界的盡頭了。太陽、月亮和眾星辰都是從環河的東邊升起，又西沉落入環河的另一邊[60]。在當時的希臘人看來，一切海洋、河流、溪泉的水都源於這條巨大的環河。相應地，在神話中，環河之神 Oceanus 與他的妹妹海洋女神特提斯 Tethys 結合，生下了 3000 位河神 Potamoi【眾河流】和 3000 位大洋仙女 Oceanids【俄刻阿諾斯之後裔】。

> ...... 此後還有眾多神女出世，
> 總共有 3000 個細踝的大洋仙女。
> 她們分散於大地之上和海浪深處，
> 聚所眾多，女神中最是出色。
> 此外還有三千個水波喧嘩的河神，
> 威嚴的特提斯為俄刻阿諾斯生下的兒子。

（59）受到這個觀念的影響，早期的西方航海者都不敢駛進大西洋深處，因為在他們看來那就是世界盡頭了。

（60）當然，北極星和北極附近天區的星辰永遠都不會落入大海中，因為北極一直固定在夜空中的一個地方，所有的星辰都繞其旋轉。前文我們講到，仙女卡利斯托和她的兒子阿卡斯變成的大熊座和小熊座永遠不能去俄刻阿諾斯河沐浴，因為這兩個星座永遠不會沉到海平面以下。

細說所有河神名目超出我凡人本能，
不過每條河流岸邊的住戶都熟知。

——赫西奧德《神譜》363~370

大洋仙女 Oceanids

大洋仙女 Oceanids 轉寫自希臘語中的 Oceanides，後者是 Oceanis 的複數形式。Oceanis 為 oceanos‘環河’的形容詞形式，字面意思為【環河神俄刻阿諾斯的】，一般引申為‘來自環河神的’或‘俄刻阿諾斯之後裔’。希臘語中，經常在人名等名詞詞基之後綴以 -as 或 -is 用來構成【...... 之後裔】之意，其對應的複數形式分別為 -ades 和 -ides。例如海中仙女 Nereides 乃是對海神涅柔斯 Nereus 的 50 個女兒的稱呼；普勒阿得斯七仙女 Pleiades 為大洋仙女普勒俄涅 Pleione 的 7 個女兒；赫利阿得斯三姐妹 Heliades 為太陽神赫利奧斯 Helios 的女兒；波瑞阿得斯兄弟 Boreades 為北風神波瑞阿斯 Boreas 的兩個攣生子。還有很多很多，諸如神話中的水澤仙女 Naiades、樹林仙女 Dyades、山岳仙女 Oreades、眾怪 Phorcydes、翠鳥七仙女 Alkyonides(61)。

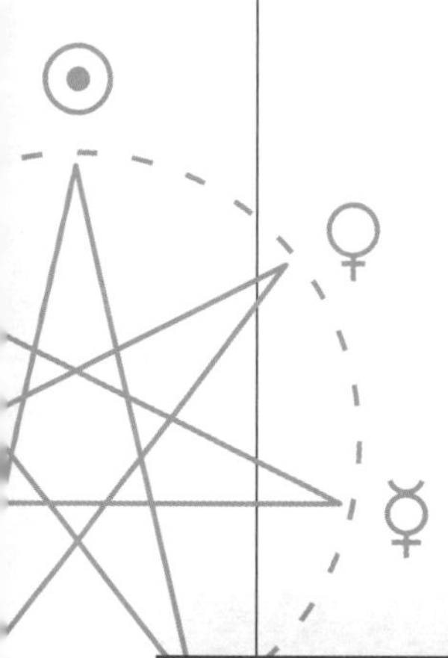

另外，化學中將由某種物質生成的化合物也命名為 -ide，亦來自於希臘語的 -ides。例如硫 sulphur 生成的化合物為‘硫化物’sulphide。道理很簡單，硫化物是硫和某種物質結合生成的，所以 sulphide 自然而然的就是【硫所生，硫之後裔】了。

希臘語的 -ides 一般拉丁語轉寫為 -ida，後者被用來命名植物學中的科名或動物學中的等級群名，對應的複數形式為 -idae。例如植物學中，裸子植物分為蘇鐵綱 Cycadopsida、銀杏綱 Ginkgopsida、松柏綱 Coniferopsida、紅豆杉綱 Taxopsida 和買麻藤綱 Gnetopsida 等 5 個綱。又如動物學中，菊石亞綱共有海神石目 Clymeniida、似古菊石目 Anarcestida、棱菊石目 Goniatitida、前碟菊石目 Prolecanitida、齒菊石目 Ceratitida、葉菊石目 Phylloceratida、弛菊石目 Lytoceratida、菊石目 Ammonitida、勾菊石目 Ancyloceratida 等 9 個子目。類似的例子在生物學名稱中比

(61) 這些名字在轉寫中往往會英語化，於是海中仙女 Nereides 一般在英語中變為 Nereids，單數則順理成章地被認為 Nereid。相似的道理，大洋仙女被轉寫為 Oceanids、水澤女仙被轉寫為 Naiads、樹林仙女 Dryads、山岳仙女 Oreads。部分名稱因為歷史等原因仍舊採用古希臘語中的寫法，例如七仙女 Pleiades、玻瑞阿得斯兄弟 Boreades、赫利阿得斯仙女 Heliades、眾怪福耳庫德斯 Phorcydes、翠鳥七仙女 Alkyonides 等，但單數都被認為是 -id 或 -ad。

比皆是，當然，這裡的 -ida 在意義上已經不是【...... 之後裔】的概念，而是弱化為【與 ...... 同類的，與 ...... 同族的】之意。這類詞彙一般也會英語轉寫為 -id，於是就有了鳶尾類 irid、沙蠶類 nereid、齧蟲 psocid 等。

圖 4-27　日落時的阿波羅和大洋仙女

大洋仙女一共有 3000 名，逐一解說必然非常繁瑣，此處我們簡單介紹幾位重要的人物。

大洋仙女多里斯 Doris，她嫁給了海中老人涅柔斯 Nereus，並為他生下了 50 個貌美如花的女兒，稱為海中仙女 Nereids【涅柔斯之後裔】。這些海中仙女中，比較著名的有：海后 Amphitrite、大英雄阿基里斯之母 Thetis、沙灘仙女 Psamathe、仙女 Galatea 等。

大洋仙女克呂墨涅 Clymene，她為泰坦神伊阿珀托斯 Iapetus 生下了著名的扛天巨神 Atlas、先覺神 Prometheus、後覺神 Epimetheus。

大洋仙女墨提斯 Metis，泰坦神族中的智慧女神，宙斯的第一任妻室。她為宙斯生下了後來的智慧女神 Athena。當宙斯得到神諭說墨提斯生下的兒子將會比其父強大時，他將墨提斯吞進肚中，因此他和女神化為一體，同時獲得了智慧和強權。

大洋仙女歐律諾墨 Eurynome，宙斯的第三任妻室，她為宙斯生下了美惠三女神 Charites，她們分別為 Aglaia、Euphrosyne、Thalia。

大洋仙女斯提克斯 Styx，冥界斯提克斯河之女神，她與泰坦神族的戰爭之神帕拉斯 Pallas 結合，生下了強力之神 Cratos、暴力女神 Bia、熱誠之神 Zelos 以及勝利女神 Nike。在「泰坦之戰」中，斯提克斯攜家屬歸附了奧林帕斯神族，宙斯命她負責管理眾神的誓言。而這位冥河仙女的子女們也成為了宙斯的保鏢和跟隨者。

大洋仙女狄俄涅 Dione，她嫁給了佛里吉亞王坦塔洛斯 Tantalus，生下了珀羅普斯 Pelops 和尼俄柏 Niobe。珀羅普斯統一了希臘半島的南部，因此該地區也被稱為伯羅奔尼撒 Peloponnesus【珀羅普斯之島嶼】。另外，在《荷馬史詩》中，狄俄涅為主神宙斯生下了愛與美之女神 Aphrodite。

大洋仙女厄勒克特拉 Electra，她嫁給先輩海神陶瑪斯 Thaumas，並為其生下了彩虹女神 Iris、怪鳥 Harpy。

大洋仙女菲呂拉 Philyra，泰坦神克洛諾斯變成一匹馬追求她，他們結合後生下了著名的半人馬智者凱隆 Chiron。

眾河神 Potamoi

Potamoi 是希臘語中‘河流’potamos 的複數形式，因此字面意思為【眾河流】，作為神靈概念則為【眾河神】。‘河流’potamos 衍生出了英語中：河馬 hippopotamus，對比海馬 hippocampus；河流學 potamology，對比地質學 geology；美索不達米亞 Mesopotamia 意思是【河流之間的土地】，因為該地區位於幼發拉底河與底格里斯河之間，是兩河沖積出來的肥沃平原地帶。

環河之神俄刻阿諾斯和海洋女神特提斯生下了 3000 個河神，河神的名字也難以一一計數，因為人們認為每一條大河中都有一位河神。如同每一條大河都會有很多細小的直流一樣，這些河神往往又生下眾多的水澤仙女 Naiads【河神之後裔】。眾河神中，比較重要的有：

河神阿索波斯 Asopus，他和妻子墨托珀 Metope 生有 9 位美麗動人的女兒，分別為 Thebe、Plataea、Corcyra、Salamis、Euboea、Sinope、Thespia、Tangara、Aegina，宙斯先後搶走了 Thebe、Sinope、Plataea、Aegina 等 4 位少女，海神波塞頓也搶走 Corcyra、Salamis、Euboea 等 3 個仙女，太陽神阿波羅拐走了 Thespia，信使神荷米斯劫走了 Tangara。這些少女生則生下了很多著名的英雄。

圖 4-28　一位水澤仙女

河神伊那科斯 Inachus 和梣樹女仙墨利亞 Melia 結合，生下了少女伊俄 Io，後者遭宙斯強暴，並因希拉的迫害而淒慘不堪。人們因她命名了愛奧尼亞海 Ionian Sea 和博斯普魯斯海峽 Bosporus。

河神阿科洛厄斯 Achelous，他是眾河神的首領，管轄著希臘最大的一條河流。阿科洛厄斯曾經和大英雄海克力士一同追求一個美女，但在戰鬥中輸給了這位情敵，他的一隻角還被英雄所折斷。

當然，河神還有很多，例如尼羅河神、波河神、幼發拉底河神、底格里斯河神等。每一條大河都有一位河神，他與河流有著共同的名字，這些河神都是俄刻阿諾斯的後裔。

環河的起源

古希臘人認為，環河緊緊包圍著陸地，所以他們將西邊盡頭的水域稱為大西洋 Oceanos Atlanticos，其中 Atlanticos‘阿特拉斯的’一詞源自扛天神阿特拉斯 Atlas 之名，因為傳說他在世界的極西背負著整個蒼穹。英語中的 Atlantic Ocean 由此而來，可以理解為【西方的大洋】。注意到英語中的 ocean 即源自希臘語的 oceanos。從這點來看，西方人所說的 ocean，其實帶有「包圍著陸地」這一訊息的，與中文的「海洋」表達概念上有些許的不同。這也解釋了地中海如此大的一片水域為什麼不叫 ocean 而稱作 sea 的原因。因為與大洋不同，地中海 Mediterranean sea 是【被大陸包圍的海域】。

在英語中，被海洋包圍的「大陸」叫 continent。那麼什麼是 continent 呢？這個詞由拉丁語的 con-‘with’和 tineo‘hold’組成，後綴 -ent 為拉丁語分詞詞基，因此這個詞的字面意思是‘being held with’即【被包圍著的】。既然 ocean 是包圍著陸地的水域，那麼 continent 則正是被這 ocean 所包圍的陸地。中文翻譯為「洲」。

至於環河俄刻阿諾斯的名字 Oceanus 一詞，由希臘語的‘急速的’ocys 與‘流動’nao 組成，意思是【快速流動的河】。其中 nao 意為‘河水流動’(62) 與希臘語的 nesos‘島嶼’、拉丁語的 natare‘游泳’同源。nesos‘島嶼’一詞衍生出了玻里尼西亞 Polynesia【多島群島】、美拉尼西亞 Melanesia【黑色群島】、密克羅尼西亞 Micronesia【小島群島】、印度尼西亞 Indonesia【印度群島】等地名。

（62）與動詞 nao‘流動’有關的神話人名有：海中老人 Nereus【流動者】、海中仙女 Nereids【涅琉斯之後裔】、水澤仙女 Naiads【河流的後代】。

4.5_5　泰坦神族 之天空神祇

在泰坦神族中，高空之神許珀里翁Hyperion與光體女神希亞Theia結合，生下為世界帶來光明的兩位天體神，即太陽神赫利奧斯 Helios 和月亮女神塞勒涅 Selene。他們日夜在高空中行走，為世間帶來光明。黎明女神厄俄斯 Eos 也是許珀里翁與希亞的孩子，她有著玫瑰色的手指，每天清晨負責為太陽神打開黎明的大門。從自然現象角度來看，高空之神許珀里翁象徵著蒼穹之上日、月、星辰等的運行，他和象徵著光芒的希亞結合，生下了司掌天空中重要光芒的神明太陽、月亮、黎明，這或許是古代先民對於自然現象一種樸素的神話解說。

> 希亞生下偉岸的赫利奧斯、明澤的塞勒涅
> 和厄俄斯——她把光明帶給大地上的生靈
> 和掌管廣闊天宇的永生神們。
> 希亞受迫於許珀里翁的愛，生下他們。
>
> ——赫西奧德《神譜》371~374

太陽神 Helios

根據神話傳說，赫利奧斯是一個俊美無比的青年，他每天清晨駕著由四匹噴火奔馬牽引的太陽車從東方的大海中升起，用光明普照整個大地，穿過蒼穹一路行駛，傍晚時落入西方的大洋盡頭沐浴休息，恢復體力，第二天又精神抖擻地升起於東方的海面上。

圖 4-29　駕著太陽車的赫利奧斯

他娶了大洋仙女珀耳塞伊斯 Perseis 為妻，仙女為太陽神生下了許多兒女，其中比較有

名的有女巫喀耳刻 Circe，她曾經和漂泊流浪的奧德修斯相愛，並幫助奧德修斯活著抵達冥界入口；科爾基斯國王埃厄忒斯 Aeetes，美狄亞的父親，金羊毛的最初擁有者；帕西法厄 Pasiphae，克里特王彌諾斯的妻子，和公牛結合生下了怪物彌諾陶洛斯 Minotaur。太陽神還和另一位大洋仙女克呂墨涅 Clymene 生下了赫利阿得斯三姐妹 Heliades 和法厄同 Phaeton，後來法厄同駕駛著太陽車失控，在天穹橫衝直撞，宙斯為防止災情擴大用閃電擊中了他。法厄同從高空墜落，屍體落進波江之中；他的姐姐們聽到這個消息後悲痛萬分，她們來到波河邊哭了整整4個月，並在悲傷中化作了兩岸的白楊樹，而她們的淚水則變成了樹上流出的琥珀。

赫利奧斯的轄地為羅得島，在那裡他受到人們的廣泛崇拜。羅得島居民曾在島上建造了一座太陽神巨像，因其宏偉壯觀而被譽為古代世界七大奇觀之一。

太陽神赫利奧斯的名字 Helios 一詞意思即為‘太陽’，該詞衍生出了英語中：向日葵 helianthus【太陽花】，英語也意譯為 sunflower；日心說 heliocentric theory【太陽中心的理論】，對比地心說 geocentric theory【地球中心的理論】；近日點 perihelion【太陽附近】，對比遠日點 aphelion【遠離太陽】；氦元素最早是因分析太陽光譜而發現的，因此被命名為 helium【太陽元素】；還有中暑 heliosis【太陽病】、日光浴治療法 heliotherapy【太陽治療】、太陽蟲 heliozoa【太陽生命】(63)、太陽崇拜 heliolatry【太陽崇拜】。

(63) 太陽蟲 heliozoa 為原生動物，體呈球形，因有許多放射狀的絲狀偽足自身體伸出、形如光芒四射的太陽而得名。

月亮女神 Selene

在古希臘詩人筆下，月亮女神被描述為一位年輕貌美的女子，每天夜裡在大地盡頭的環河中沐浴，並從海上升起，為夜晚灑下安謐的光輝。夜晚的寧靜就是她柔美的象徵。月亮女神塞勒涅曾經愛上了牧羊少年恩底彌翁 Endymion，她深深愛著

圖 4-30　月亮女神塞勒涅和恩底彌翁

這個俊美的牧羊少年，愛到因自己不能永遠擁有他而感到無比痛苦。因為少年是肉體凡胎，會蒼老死亡，而塞勒涅是永生的神。為了能一直看到少年迷人的樣子，女神使他在一個山洞中永遠陷入沉睡，這樣少年就能一直保持青春的容顏，不用韶華流盡、陷入蒼老。月亮女神每個夜晚都會悄悄的照耀著這個山洞，用皎潔的月光來撫摸自己深愛的戀人。後來，月亮女神為恩底彌翁生下了 50 個女兒 Menai【眾月分】[64]，正好對應一個奧林匹克年（即 4 年）裡的 50 個月分。

（64）menai 是希臘語‘月亮’mene 的複數形式。同樣的道理，anemoi 即為希臘語 anemos‘風’的複數形式。

（65）前綴 tri- 與英語中的 three 同源，意思都為‘三’。

希臘語的 selene 意為‘月亮’，其衍生出了英語中：硒 selenium【月亮元素】、月球學 selenology【月亮的學問】、月面測量 selenodesy【月球路程】、半月齒 selenodont【月亮牙】。

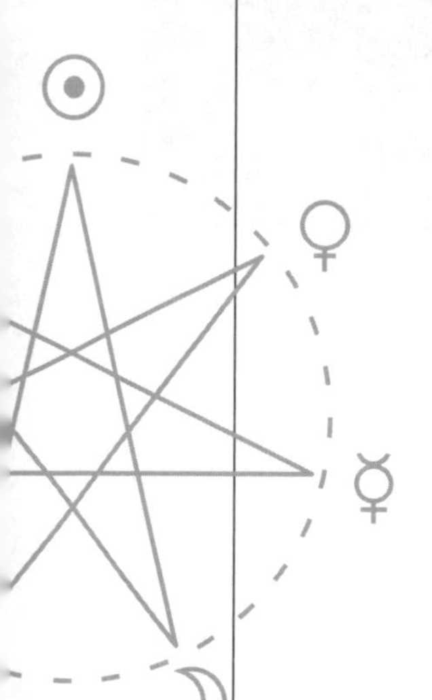

希臘語中也將月亮稱為 mene，該詞與英語中的 moon 同源。mene 的複數為 menai，故月亮女神生下的 50 個女兒被稱為 Menai；該詞與拉丁語中的 mensis‘月分’同源。英語中的學期 semester 便是由 sex mensis【六個月】簡化而來；相應地，trimester 就是【三個月了】[65]。月經被稱作 mensis，因為其週期與月亮圓缺的週期相同，也稱作 menstruation，後者源於拉丁語的 menstruus，意思是【每月出現的】；同樣也有了無月經 amenia【無月經】、閉經 menostasia【月經停滯】等醫學術語。

黎明女神 Eos

黎明女神厄俄斯與眾星之神阿斯特拉伊歐斯 Astraeus 相愛結合，生下了 3 位風神 Anemoi【眾風】，他們分別是：西風之神仄費洛斯 Zephyrus、南風之神諾特斯 Notus、北風之神波瑞阿斯 Boreas，她還生下了天上所有的星辰。厄俄斯曾經和戰神阿瑞斯偷情，這使得阿瑞斯的情婦阿芙蘿黛蒂非常生氣，為了報復，愛神使黎明女神心中充滿愛欲，並不斷地愛上人間各種英武俊俏之人。於是黎明女神變成了一位多情的女神，她曾愛上好幾位青年並想要將他們據為己有，例如著名獵戶俄里翁 Orion、英雄刻法羅斯 Cephalus、特洛伊美少年提托諾斯 Tithonus 等。厄俄斯請求宙斯賜予提托諾斯永生，但卻忘了請求使他永保青春，後來提托諾斯慢慢變得蒼老醜陋，性格也越來越

圖 4-31　厄俄斯和提托諾斯

聒噪。厄俄斯開始越來越討厭這個糟老頭，終於不能再忍受他，並把他變成了一隻知了。

黎明女神為提托諾斯生下了一個兒子，取名叫門農 Memnon。門農後來參加了特洛伊戰爭，並被希臘聯軍的阿基里斯殺死。後來宙斯賜予門農永生，來安撫黎明女神心中的悲傷。人們說清晨草葉間的晨露，就是黎明女神懷念兒子的淚水。

高空之神 Hyperion

我們已經知道，高空之神許珀里翁和光體女神希亞結合，生下了高空中的兩個光體太陽和月亮。而許珀里翁的名字 Hyperion 一詞，即由希臘語的 hyper‘在上面’和 ion‘行走’構成，意思是【在高空中行走】。準確地說，hyper 是希臘語中的介詞，其與拉丁語中的 super、英語中的 over 同源[66]，而 ion 則是動詞 io‘行走’的現在分詞，所以 Hyperion 其實可以更準確地翻譯為【going over】或【the one walking above】。ion 是動詞 io 的現在分詞，後者我們在《木星　伽利略衛星和宙斯的風流故事》一文中已經講過。結合 Hyperion 的身分，我們可以更準確的將其名稱理解為【在天上巡視的神明】。這名字不就是許珀里翁神職的真實寫照嗎？並且他的子女太陽神和月亮女神不也都是在天上行走巡視的麼！

（66）對比希臘語的 hyper 與拉丁語的 super，會發現希臘語中 h 往往與拉丁語的 s 音對應，對比希臘語和拉丁語中表示相同概念的詞彙：hepta/septem‘七’、hex/sex‘六’、helios/sol‘太陽’、hypo/sub‘下’等；而 u 和 y 分別為拉丁字母轉寫希臘字母 upsilon 的兩種形式。

希臘語的 hyper‘在上面’衍生出了大量的詞彙，作為前綴的 hyper- 一般可翻譯為‘過度、超級’，例如：極度活躍 hyperactive【過度反應】、高血壓 hypertension【血壓過高】、超文字 hypertext【超級文本】(67)、過敏 hypersensitive【過度敏感】、遠視 hyperopia【視力過遠症狀】。拉丁語的 super 也作為前綴衍生出了不少的英語詞彙，例如：超音速 supersonic【超過聲音的】、超新星 supernova【超級新生的】、超級明星 superstar【超級明星】、超人 superman【超級人類】等。

(67) 網名前綴 http 即來自 hypertext transport protocol【超文字傳輸協定】的首字母簡寫。

光體女神 Theia

光體女神希亞的名字 Theia 一詞為形容詞 theios‘神聖的、神靈的’的陰性形式，所以可以理解為【女神、神聖】。形容詞 theios 源自名詞 theos‘神’，後者衍生出了英語中：神學 theology【神的研究】，對比生物學 biology【對生命的研究】、考古學 archaeology【關於古物的研究】；神權統治 thearchy【神的統治】，對比聖人統治 hagiarchy【聖人統治】、無政府 anarchy【無統治】；有神論 theism【神靈主義】，對比無神論 atheism【無神主義】；神權的 theocratic【神權統治的】，對比民主的 democratic【人民統治的】、官僚的 bureaucratic【官僚統治的】。

4.5_6　泰坦神族之盜火者
普羅米修斯

根據赫西奧德的說法，泰坦主神中的衝擊之神伊阿珀托斯 Iapetus 與大洋仙女克呂墨涅 Clymene 結合，生下了 4 個兒子，分別是剛硬不屈的阿特拉斯 Atlas、顯傲的墨諾提俄斯 Menoetius、聰明的普羅米修斯 Prometheus 和愚笨的厄庇墨透斯 Epimetheus。

在泰坦之戰中，伊阿珀托斯帶領著老大老二，也就是阿特拉斯和墨諾提俄斯這兩位勇猛無比的兒子，對反叛的奧林帕斯神祇進行了殘酷的鎮壓。而老三普羅米修斯卻帶著老四厄庇墨透斯投奔了奧林帕斯陣營。普羅米修斯還

為宙斯出謀劃策，幫助他取得了最終的勝利。後來，戰敗的泰坦神被一一懲處，墨諾提俄斯和父親被打入可怕的地獄深淵之中，阿特拉斯則被罰在大地的最西端背負著沉重的蒼穹。

雖然普羅米修斯帶著老四棄暗投明並極力支持奧林帕斯神族，神王宙斯卻並不信任這兩位有著泰坦血統的神祇。不但如此，宙斯還對他們處處刁難，並設法將其一一除掉。

圖 4-32　普羅米修斯創造了人類

普羅米修斯 Prometheus

據說，最初普羅米修斯依照神的形象，用水和泥土創造了人類，雅典娜吹了一口氣，於是人類便有了靈魂[68]，並開始在大地上繁衍。普羅米修斯深深愛著人類這個卑微的種族[69]，他教會了人類怎樣觀察日月星辰、為他們發明了數字和文字、教他們種植和飼養、教他們造船和航行、農耕、占卜、預言 ...... 然而人類的興起卻讓宙斯非常不快。為限制人類勢力繼續發展壯大，宙斯剝奪了人類使用火的權利。為了大地上可憐而脆弱的人們，普羅米修斯不得不從天界盜來火種，也因此觸怒宙斯。宙斯本就有一大堆藉口想要除掉普羅米修斯，正好借此機會清除這位心中之患。宙斯命強力之神克拉托斯 Cratos 與暴力女神比亞 Bia 將他囚鎖在高加索山的懸崖上，每天派一隻鷹啄食他的肝臟，正如埃斯庫羅斯[70]所說：

> 須得經過很久的時光流逝，你才能
> 重新返回光明之中，這時宙斯的
> 戴翼的飛犬，就是那嗜血又殘忍的蒼鷹，
> 會貪婪地把你的軀體大塊地撕碎，
> 牠會每天不邀而至，開懷飲宴，
> 吞噬你那被不斷啄食而變黑的肝臟。
>
> ——埃斯庫羅斯《普羅米修斯》1020~1025

（68）古希臘人認為，人的靈魂乃為身體內的某種氣息，故希臘語的 psyche 一詞既表示‘靈魂’又表示‘氣息’之意。同樣的道理，拉丁語的 spiritus、anima 也都同時具有上述兩個意思。

（69）‘愛人類的’philanthropos 一詞最早出現在古希臘悲劇作家埃斯庫羅斯的《普羅米修斯》中，形容普羅米修斯對人類的愛。這個詞到了近代，表示「博愛」的概念，英語中寫作 philanthropy。

（70）埃斯庫羅斯（Aeschylos, 約西元前 525～前 456 年），古希臘悲劇詩人，被譽為「悲劇之父」。代表作有《普羅米修斯》、《阿伽門農》、《波斯人》以及《七將攻底比斯》等。

圖 4-33　普羅米修斯遭受凌虐

很多年後，大英雄海克力士為尋找金蘋果來到高加索的懸崖畔，他拉弓射死惡鷹，並解救了普羅米修斯。身中毒箭的半人馬先知凱隆獻出自己的生命，來換取普羅米修斯的自由，從此他代替盜火神被鐵鎖捆綁在高加索的山間，直至今日。

據說奧林匹克運動會中的奧運聖火傳遞和點燃，就是為了紀念這位為人類帶來火種的神靈。

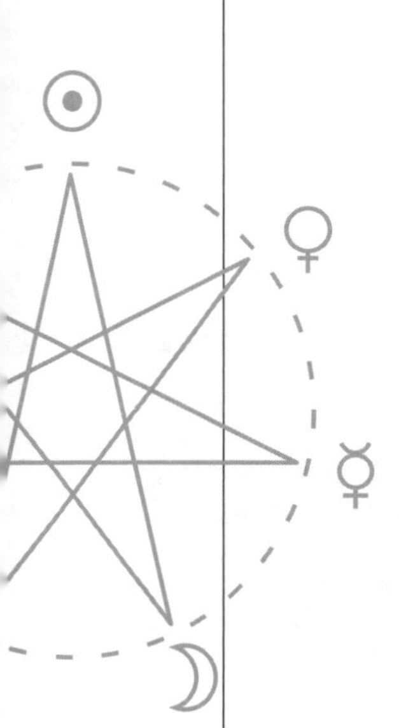

厄庇墨透斯 Epimetheus

詭計多端的宙斯在除去普羅米修斯後仍不罷手，一心想除掉剩下的厄庇墨透斯。厄庇墨透斯這傢伙比較單純，說難聽點就叫傻，智商本來就很低，一看見美女就直接降到負數了。宙斯看到了這一點，便想出一個既可以除掉這位泰坦後裔，又能制裁人類的辦法。他命火神赫菲斯托斯創造了一個美人，為了能讓這個美人充分誘惑住厄庇墨透斯，宙斯召集了眾神，並要求他們各賜予這美女一項迷人之處，於是：

明眸的雅典娜為她繫上輕帶
和白袍，用一條刺繡精美的面紗
親手從頭往下罩住她，看上去神妙無比！
帕拉斯 · 雅典娜為她戴上
用草地鮮花編成的迷人花冠
她還把一條金髮帶戴在她頭上，
那是顯赫的跛足神的親手傑作，
他巧手做出，以取悅父神宙斯。
那上頭有繽紛彩飾，看上去神妙無比！

陸地和海洋的很多生物全都鏤在上頭，
成千上萬——籠罩在一片神光之中。
宛如奇蹟，像活的一般，還能說話。
宙斯造了這美妙的不幸，以替代好處。
他帶她去神和人所在的地方，
偉大父神的明眸女兒把她打扮得很是神氣。
不死的神和有死的人無不驚歎
這專為人類而設的玄妙的圈套。

——赫西奧德《神譜》573~589

這個姑娘能說會道、美麗妖嬈、千嬌百媚、電力十足，因此眾神為她取名叫潘朵拉 Pandora【眾神之給予】。末了宙斯還送了她一個盒子，裡面亂七八糟的啥壞東西都有，並把這個女人帶到了不諳世事的厄庇墨透斯面前。

普羅米修斯曾經多次警告過四弟，不要接受宙斯的任何禮物。可厄庇墨透斯一看見美女就瘋狂分泌荷爾蒙，三哥的警告竟忘得一乾二淨，眼睛直直地盯著這位美女不停地咽口水。宙斯說小埃啊看你這麼喜歡她，看在咱們倆關係不錯的份上，就把她送給你當老婆了。

結婚那天，按宙斯的要求，潘朵拉捧著那個裝滿災難的盒子，在丈夫面前打開。裡面的各種災害如一股黑煙般飛散了出來，並迅速在人間擴散傳播，於是大地上開始出現了疾病、死亡、戰爭、災難、瘟疫、殘殺，人間從此布滿各種災難和疾苦。

唉，紅顏禍水啊！

釋名篇

注意到普羅米修斯 Prometheus 和厄庇墨透斯 Epimetheus 這兩個名字都是以 -eus 為後綴的。在古希臘語中，-eus 後綴一般用來表示'...... 者'的概念，多綴於動詞詞幹之後，表示男性施動者的概念[71]。-eus 多見於古希臘的職業名稱或者男性人名。在希臘神話中，到處可以看到有著 -eus 後綴的神名或英雄姓名，例如：

（71）相當於現代英語中的後綴 -er，對比 player、teacher、thinker 和英語中的動詞 play、teach、think。

夢神摩耳甫斯 Morpheus，該名意為【變換者】，因為古希臘人認為，夢是由各種變換的影像所構成。

雅典國王埃勾斯 Aegeus，名字本意為【牧羊人】。他是大英雄忒修斯之父，忒修斯帶領為克里特進貢的童男童女進入迷宮之中，並殺死怪物彌諾陶洛斯，回來的途中掛錯黑帆。埃勾斯站在海岬看到船隻，以為兒子命喪克里特，遂跳海自盡。後人以他的名字命名了那一片海域，也就是現在的愛琴海 Aegean Sea【埃勾斯之海】。而忒修斯 Theseus 後來成為雅典的一代明君，他的名字意思為【立法者】。

大英雄珀修斯 Perseus，其名意為【誅殺者】。他殺死了蛇髮女妖美杜莎，還建立了後來異常強大的邁錫尼城。

海神普洛透斯 Proteus ，該名意為【最早者】，他是海王波塞頓的長子。還有英雄珀琉斯 Peleus、奧德修斯 Odysseus、奧菲斯 Orpheus 等等。

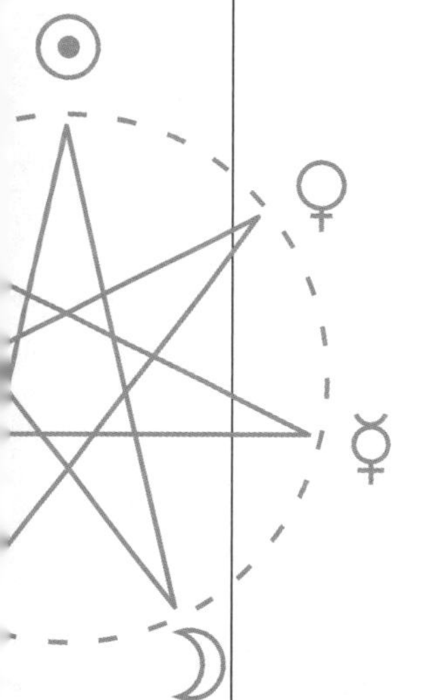

而普羅米修斯的名字 Prometheus 由 pro‘before’、metis‘智慧’與後綴 -eus 組成，表示【先覺者】。這暗示著他作為「先知者」的這一重要角色：他預見宙斯會誘惑老四厄庇墨透斯並提前給他以警告；最重要的一點，普羅米修斯曾預言宙斯和某一位女神結合後會生下一個比宙斯本人還強大的後代，並有能力推翻他現在的統治。宙斯為了瞭解這個預言極力討好普羅米修斯，而後者一直守口如瓶，這令宙斯非常抓狂，此事大概也是宙斯要除掉他的原因之一。

希臘語中的 pro‘before、ahead’也同樣進入英語[72]，於是就有了：麻煩 problem 表示“a thing thrown ahead”，即【障礙物】；小犬座第一亮星南河三被稱為 Procyon【在犬的前面】，因為它總是比大犬座最亮的天狼星更早地升起；先知 prophet 字面意思為【預言者】，而激怒 provoke 則是【在某人面前叫罵】；提出意見 propose 就是【把想法攤出來】，還有前行 proceed【往前走】、宣告 proclaim【上前呼喊】、生產 produce【引出來】、宣稱 profess【上前說明】、節目 program【先前寫好】、進步 progress【往前走】、應允 promise【許在前面的諾言】、晉升 promote【往前挪】、推進 propel【往前推】、前列腺 prostate【位於前列】、拖延 protract【向前方拉拽】；前景 prospect 即【將來的景象】，而保護 protect【上前遮住】本意表示站在

（72）另外提一下，pro 與拉丁語中的前綴 pre- 同源，後者衍生出了 prefer、president、preliminary、prevail、pregnant 等詞彙。

前面遮住，這很符合電視劇中的英雄救美的情形，衝上前去張開雙臂把美女遮在身後，對著欺負她的混混們說你們光天化日之下竟敢 ......

metis 表示‘智慧’之意。於是就有了智慧女神墨提斯 Metis，她的優秀基因全然傳給了自己的女兒，這個女兒也就是大名鼎鼎的智慧女神雅典娜。希臘語的 medos‘智慧、思想’亦與其同源，例如大數學家阿基米德 Archimedes 名字的意思就是【大智者】，特洛伊戰爭中希臘方主帥之一的狄俄墨得斯 Diomedes 名字意思則為【宙斯之智慧】等。

因此，盜火神 Prometheus 名字即為【先覺者】。希臘人認為普羅米修斯的孫子赫楞 Hellen 為其祖先，所以希臘人自稱為 Hellas，中文的音譯為「希臘」(73)。因此也有了英語中：希臘式的 hellenic、希臘風格 Hellenism 等。

和先知先覺的三哥相比，老四厄庇墨透斯 Epimetheus 真是個【後覺者】，他第一眼看到美女潘朵拉就把三哥的警告忘得一乾二淨，直到潘朵拉打開那個裝滿了災難的盒子他才知道自己犯了大錯。說起來跟一根筋自覺往妖怪鍋裡面衝的唐僧有得一拼。我們已經知道，-eus 為人名後綴，metis 表示‘智慧’，現在只剩下 epi- 這個前綴部分了。

希臘語前綴 epi- 一般表示‘upon’之意，極少數情況下也表示‘after’之意。與 pro- 一樣，這個前綴也被英語構詞所採納，例如英語中：流行病 epidemic【upon the people】、震央 epicenter【on the center】、表皮 epidermis【on the skin】、警句 epigram【on written】、附生植物 epiphyte【on the plant】。聰明的 Prometheus 與愚笨的 Epimetheus 正好形成了巨大的反差，因此，此處的 epi- 應該理解為 pro-‘before’對應的 epi-‘after’，而 Epimetheus 亦應是名副其實的【後覺者】了。

(73) 中文的「希臘」直接音譯自希臘語的 Hellas，而不是英語的 Greece。

潘朵拉 Pandora

關於潘朵拉的名字，赫西奧德曾解釋說：

> ...... 他為這個女人取名為
> 潘朵拉（Pandora），所有（pantes）居住在奧林帕斯的神們
> 都給她禮物（dora），這個吃五穀人類的災禍。
>
> ——赫西奧德《工作與時日》80~82

圖 4-34　潘朵拉

注意到潘朵拉 Pandora 一名由 pantes‘所有的’與 dora‘禮物’構成，意思是【所有禮物、所有給予】。pantes 是形容詞 pan‘所有’的陽性複數形式，後者衍生出了英語中：萬能藥 panacea【所有病都治】、魔窟 pandemonium【眾魔之地】、萬神殿 pantheon【眾神之殿】、全景 panorama【所有景色】、胰腺 pancreas【全是肉】、大流行病 pandemic【全體人民間的】、盤古大陸 Pangaea【整體大陸】等。

dora 是希臘語 doron‘禮物’的複數形式，後者源於動詞 didomi‘給予’，禮物即被給予之物。人名 Theodora 本意為【神之贈禮】，該名字後來演變為 Dorothy。拉丁語中表示‘給予’的動詞 do 亦與之同源，其衍生出了‘禮物’donum，後者衍生出了英語中：捐贈 donate【給予禮物】，於是捐贈者就是 donor【施主】、受贈者就是 donee【受主】；原諒 pardon 即【徹底赦免】，而容忍 condone【放棄】即 give up 之意。

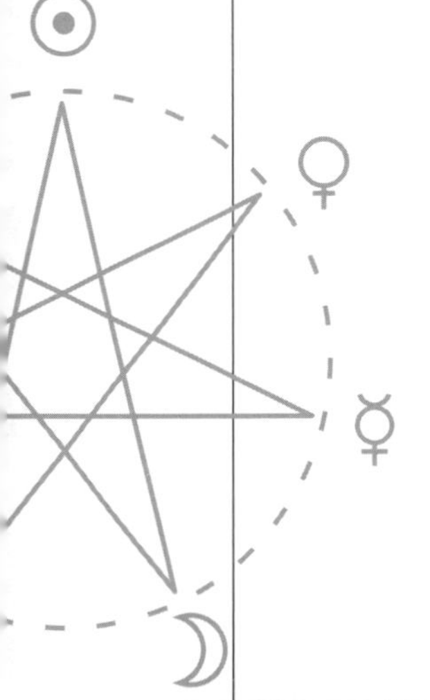

阿特拉斯 Atlas

再說阿特拉斯的苦難。泰坦神族戰敗之後，巨神阿特拉斯被迫到世界盡頭扛負蒼天，他年復一年背著沉重的天穹動也不能動一下。後來大英雄海克力士受命摘取金蘋果，在高加索遇到了智慧的普羅米修斯。普羅米修斯建議他請阿特拉斯去完成這個任務，原因很簡單：第一，阿特拉斯與看守金蘋果的 3 位仙女很熟，畢竟他們都常年在世界極西的地方，抬頭不見低頭見(74)；第二，普羅米修斯能借此讓大哥從沉重的勞役中暫時解脫(75)。於是海克力士答應暫時幫阿特拉斯扛天，而後者答應去摘取金蘋果。怎料阿特拉斯拿到金蘋果後想要賴，不願再回到原來的工作崗位上了。聰明的海克力士將計就計，說要去找一副墊肩，讓扛天神替他先扛一會兒。等巨神剛把蒼天舉到自己的肩上，海克力士卻撿起金蘋果一溜煙跑了。

(74) 也有說法認為 3 位仙女乃是阿特拉斯的女兒。

(75) 考慮到普羅米修斯是一個非常有城府的神，這裡面或許有利用海克力士釋放阿特拉斯的嫌疑。

也有故事說英雄珀修斯殺死了蛇髮女妖美杜莎後曾路過這裡，阿特拉斯一看是老冤家宙斯的孽種，就想將他趕走，珀修斯心想你膽敢蔑視我，就拿出女妖的頭舉到阿特拉斯眼前，當他看見女妖布滿蛇髮的斷頭時，立刻變成了一座石山（凡是看了這位女妖的人都會變成石頭）。據說如今利比亞境內的阿特拉斯山 Mount Atlas 就是由這位扛天巨神變來的(76)。

(76) 注意到這個故事和海克力士的故事並非同一個版本，而這兩個版本之間有個矛盾之處：海克力士是珀修斯的後代，如果珀修斯當年把阿特拉斯變為石頭山，就不會存在海克力士與阿特拉斯之間的故事了。

Atlas 一詞由用來增添悅耳讀音的前綴 a- 和 tlenai 'to bear' 組成，表示【承受者】，這無疑也是對他負重扛天的解說。而珀琉斯的兄弟，著名英雄忒拉蒙 Telamon 一名則意為【能扛的】。與此同源的英語詞彙還有：讚頌 extol【to bear up】、懷才 talent【bearing】、忍耐 thole【to bear】、容忍 tolerance【the bearing】。

希臘語 Atlas 的所有格為 Atlantos，後者衍生出形容詞 Atlanticos 【阿特拉斯的】，因為阿特拉斯位於世界極西的盡頭，於是人們將世界最西端的大洋命名為 Atlantic Ocean【大西洋】。中世紀的地圖繪製者都喜歡將 Atlas 扛著地球的形象附於地圖的一角，於是 atlas 一詞也有了現在的「地圖集」之意。

4.5_7 泰坦神族 之給力

在泰坦神族中，力量之神克利俄斯 Crius 娶上代女海神歐律比亞 Eurybia 為妻，他們生下了戰爭之神帕拉斯 Pallas、眾星之神阿斯特拉伊歐斯 Astraeus、破壞之神珀塞斯 Perses。Pallas 與冥河女神斯提克斯 Styx 結合，生下了強力之神克拉托斯 Cratos、暴力女神比亞 Bia、熱誠之神仄洛斯 Zelos 以及勝利女神耐吉 Nike。眾星之神阿斯特拉伊歐斯與黎明女神厄俄斯結合，生下了各種各樣的星神以及諸風神，這些風神分別為：西風之神仄費洛斯 Zephyrus、南風之神諾特斯 Notus、北風之神波瑞阿斯 Boreas。她還生下了啟明星厄俄斯福洛斯 Eosphoros 和天上所有的星辰。珀塞斯則娶星夜女神阿斯忒里亞 Asteria，並與她生下了幽靈女神黑卡蒂 Hecate。赫西奧德這樣寫道：

最聖潔的歐律比亞與克利俄斯因愛結合，
生下高大的阿斯特拉伊歐斯、帕拉斯，
還有才智出眾的珀塞斯。
厄俄斯為阿斯特拉伊歐斯生下強壯的風神：
吹淨雲天的仄費洛斯、快速的波瑞阿斯
和諾特斯——由她在他的歡愛之床中所生。
最後，黎明女神又生下厄俄斯福洛斯，
以及天神用來修飾王冠的閃閃群星。

——赫西奧德《神譜》375~382

（77）黎明女神生下了眾風神，似乎因為古希臘認為風的起落和黎明有關。

這個泰坦家族似乎非常地給力（夠力），看一下名字就知道。力量之神 Crius【蠻力】的妻子是 Eurybia【廣力】，他們生下了「高大的」眾星之神 Astraeus，後者則生下了「強壯的」風神。他們的另一個兒子是戰爭之神 Pallas【舞槍】，後者則生下了強力之神 Cratos【武力】與暴力女神比亞 Bia【強力】。明顯這個家族都是非常「給力」的人物，我們來逐一認識一下。

眾星之神 Astraeus

阿斯特拉伊歐斯是眾星之神，他是所有星神的祖先。他的名字 Astraeus 一詞由‘星星’aster 和表示‘...... 者’的 -eus 組成，因此阿斯特拉伊歐斯乃是星星的人格化身。他還和黎明女神生下了 3 位風神（77）：西風神 Zephyrus、南風神 Notus、北風神 Boreas。各風神的性格不同，西風和煦、南風潮熱、北風迅疾。

圖 4-35　俄瑞提亞遭綁架

西風神仄費洛斯曾經愛上了美少年海辛瑟斯 Hyacinthus，並想與其斷背。然而美少年一直和太陽神阿波羅相互愛慕，於是西風在嫉妒之下吹彎了阿波羅投擲的鐵餅，並擊中了可憐的少年。阿波羅抱著少年的屍體悲傷不已，傷心的太陽神將海辛瑟斯變成了一種植物，據說風信子 hyacinth 就是這麼來的。

北風迅疾，他帶翼而飛，日行千里。北風之神波瑞阿斯曾經愛上雅典公主俄瑞提亞 Orithyia，為了得到美麗的公主，他向雅典國王求親，卻遭到拒絕。北風之神只好動用武力，將公主強行捲到很遠很遠的北方，並和她結為夫妻。他們生下了波瑞阿得斯兄弟 Boreades【波瑞阿斯之後裔】。這對兄弟後來參加了著名的阿爾戈號探險，並且將折磨盲先知菲紐斯的怪鳥哈耳庇厄趕跑。

圖 4-36　勝利女神

南風起自大海，因此經常刮起大霧，迷惑人們的視野，此時是盜賊出沒的很好時機。秋日的南風更是不利於出海航行。赫西奧德曾在《工作與時日》中說道：

不要等到新鮮葡萄酒上市，秋雨的季節以及南風神的可怕風暴的來臨。這時伴隨著宙斯的滂沱秋雨而來的南風攪動著海面，帶來極大的危險。

——赫西奧德《工作與時日》674~678

眾星之神還和黎明女神生下了啟明星 Eosphoros【帶來黎明】，因為啟明星即黎明時分最亮的一顆星。很明顯，他同時具有黎明女神和星神的基因。

戰爭之神 Pallas

戰爭之神帕拉斯除了他著名的後代以外，似乎很少被提及。或許因為在某種程度上，他的職能被下代的戰爭女神雅典娜所取代的關係，而雅典娜的全名帕拉斯 · 雅典娜 Pallas Athena 似乎說明了這一點。正如《神譜》所說：

大洋仙女斯提克斯與帕拉斯結合，
在她的宮殿生下仄洛斯和美踝的耐吉，
克拉托斯和比亞，出眾的神族後代。

——赫西奧德《神譜》383~385

(78) 羅浮宮鎮館三寶之一的勝利女神像無疑是對耐吉形象的最好詮釋了，雖然歷經兩千多年的歷史滄桑，雕像失去了頭顱，但是我們仍然能從這尊雕像中看出女神被描刻出的那種醉人的美。

(79) 現代國際知名品牌中，像耐吉這種源於古希臘神話的品牌屢見不鮮，例如亞馬遜網 Amazon、臺灣的震旦集團 Aurora、達芙妮女鞋 Daphne、大眾的輝騰汽車 Phaeton 等。

(80) Nike 對應羅馬神話中的 Victoria，英語的 victory 就由後者演變而來。

勝利女神 Nike

戰神的 4 個孩子中，最出名的應該算勝利女神了。她常常被描繪為長著翅膀快速飛行的少女[78]。或許因為她健步如飛，同時象徵著體育競技勝利的原因，她被一家體育用品企業奉為企業標識，也就是大名鼎鼎的耐吉 Nike[79]。或許勝利女神也青睞於自己代言的這個品牌吧！使其成為了這個行業中無可辯駁的勝利者。耐吉的 Logo 據說就來自女神羽翼的形象，代表著速度，同時也代表著動感和輕柔。

希臘語的 nike 一詞意為‘勝利’[80]，作為神名對應著勝利女神。奧運會獎牌上都印有展翅的勝利女神的形象，代表擁有她的人即獲取勝利者。nike‘勝利’一詞經常被用在人名中，於是就有了：優妮絲 Eunice【完好的勝利】、貝蕾妮絲 Berenice【帶來勝利】、尼古拉斯 Nicholas【人民的勝利】。

帕拉斯的兩個孩子，強力之神克拉托斯和暴力女神比亞曾經接受宙斯的命令，用鐵鎖將盜火者普羅米修斯強行鎖在巍峨的高加索山上。普羅米修斯雖然實力不俗，但一見這兩個天界執法官前來對他執法，二話沒說直接放棄抵抗，一看他們兩個傢伙的名字就知道自己不是他們的對手。

既然這兩個傢伙如此厲害，我們來看看這兩位天界的執法官到底是什麼樣子呢？

強力之神 Cratos

克拉托斯的名字 Cratos 一詞意為‘武力’，引申為‘統治、管理’之意。大哲人蘇格拉底的名字 Socrates 即由 sos‘完整’和 cratos 構成，可以翻譯為【給力的人】。cratos 一詞還衍生出不少英語中詞彙，例如民主政治就叫 democratic【人民統治】，名詞形式 democracy；像古代希臘出現的貴族統治的政治就叫 aristocratic【貴族統治】，名詞形式 aristocracy；像中國古代官僚統治的就叫 bureaucratic【官僚統治】，名詞形式 bureaucracy；還有像古代埃及那樣的由祭司統治的叫 hierocratic【神職統治】，名詞形式為 hierocracy；還有神權

圖 4-37　Nike 品牌的商標

統治 theocracy【神統治】、財閥統治 plutocracy【富人統治】、依法成立的政府 nomocracy【法律統治】、老人政治 gerontocracy【老人統治】。注意到這類名詞中，統治者被稱為 -crat，統治的形容詞形式為 -cratic，對應的抽象名詞為 -cracy，例如貴族統治者 aristocrat、貴族統治的 aristocratic、貴族政治 aristocracy。其中，-crat 一般表示‘管理的人’；其對應的形容詞為 -cratic‘關於統治的’；對應的抽象名詞為 cracy‘統治’。

暴力女神 Bia

比亞的名字 Bia 一詞意為‘暴力、強力’，所以人名芝諾比亞 Zenobia 即來自 Zenos bia【宙斯之力】(81)。注意到比亞的奶奶，也就是老一輩的女海神 Eurybia，該名字的前綴部分 eury- 我們已經多次講過，表示‘寬廣’之意，所以 Eurybia 名字的意思就是【廣泛之力】。她是太古神族中的海神之一，被認為是大海狂暴和蠻力的象徵，畢竟大海無邊無際，經常將航船和水手吞沒其中。

（81）Zenos 為 Zeus 的不規則所有格形式，因此 Zenos bia 意思即為【Zeus' force】。廊下派（或斯多噶派）哲學的創始人芝諾 Zeno 之名亦源自此處，字面意思為【來自宙斯】。一般更多見的 Zeus 所有格為 Dios。

熱誠之神 Zelos

戰神的 4 個孩子中，仄洛斯 Zelos 被認為是鼓動人們參加戰爭的元兇。仄洛斯代表一種渴望，渴望上陣殺敵，渴望建立功績，渴望自己的名字成為不朽。神話中很多英雄參加戰爭、參加冒險、挑戰惡獸，多是抱有這個動機的。例如特洛伊戰爭中最偉大的英雄阿基里斯，他明知自己會死於特洛伊戰場，但為了不朽的榮譽，毅然參加了這場戰爭，而不是躲避戰爭，庸活終老。

仄洛斯的名字 Zelos 一詞意為‘渴望’，英語中的 zeal 即源於此。

破壞之神 Perses

破壞之神珀塞斯娶星夜女神阿斯忒里亞，並與她生下幽靈女神黑卡蒂。

> 她（菲比）還生下美名遐邇的阿斯忒里亞，珀塞斯
> 有天引她入高門，稱她為妻子。
> 她受孕生下黑卡蒂，在諸神之中
> 克洛諾斯之子宙斯最尊重她，給她極大的恩惠
>
> ——赫西奧德《神譜》409~412

（82）也有人認為 Crius 一名源自希臘語中的 crino‘區分’，因此‘判官’被稱為 crites，英語中的 critic、critical、criticism 等都由此而來。

珀塞斯的名字 Perses 源自希臘語的 persomai‘毀滅、毀壞’，因此珀塞斯被稱為破壞之神。著名的大英雄珀修斯 Perseus 的名字亦來自於此，意思為【殺滅者】。

黑卡蒂經常被當作月亮女神，與阿提密斯相混同。事實上，她在很多職能上都與其他神祇相混同。或許正是因此，她雖然重要，卻沒有多少故事流傳下來。人們認為她是巫師的始祖。

力量之神 Crius

我們已經知道，海洋女神 Eurybia 名字意思為【廣力】。而她的丈夫力量之神克利俄斯之名 Crius 則與希臘語中的 crios‘公羊’同源，公羊也被認為是蠻力的象徵(82)。這說明該家族確實很「給力」：克利俄斯 Crius 為【蠻力】、他老婆 Eurybia 是【廣力】、他孫子 Cratos【武力】、孫女 Bia【強力】。由此來看，克利俄斯的名字實在應該理解為 gelivable 啊！

4.5_8　泰坦神族 之日月光明

在 12 位泰坦神中，光明之神科俄斯 Coeus 與光明女神菲比 Phoebe 結合，正如赫西奧德所說：

> 菲比走近科俄斯的愛的婚床，
> 她在他的情愛中受孕，生下
> 身著緇衣的勒托，她生性溫柔，
> 對所有人類和永生神們都友善。
> 她生來溫柔，在奧林帕斯最仁慈。
> 她還生下美名的阿斯忒里亞，珀塞斯
> 有天請她入高門，稱她為妻子。
>
> ——赫西奧德《神譜》404~410

注意到光明之神科俄斯一名 Coeus 字面意思為【燃燒著的】，為陽性形容詞，暗指在天空中劇烈燃燒的太陽，後者給世界帶來白晝和光明。而光明女神菲比一名 Phoebe 字面意思為【明亮】，為陰性形容詞，喻指著夜晚明亮皎潔的月亮[83]，月亮在夜裡給世界帶來光亮。阿斯忒里亞之名 Asteria 為‘星星’aster 的陰性形容詞形式，因此她被尊為星夜女神，象徵繁星。而勒托 Leto 象徵黑夜。象徵太陽的科俄斯和象徵月亮的菲比生下了象徵繁星的阿斯忒里亞和象徵黑夜的勒托，這似乎在描述著一個非常樸素的自然現象：太陽為世界帶來最重要的光明，太陽沒入地平線後最大的光明就來自月亮了，而月亮之下則是眾多的繁星以及漆黑的夜。

黑夜女神 Leto

這兩個女兒中，勒托生性溫柔，美麗動人。宙斯愛上了她，並和她生下了後來的太陽神阿波羅 Apollo 和月亮女神阿提密斯 Artemis。很明顯，這對兄妹充分繼承了外公外婆的基因，阿波羅繼承了科俄斯的基因，成為太陽神；而阿提密斯繼承了菲比的基因，成為了月亮女神。

> 勒托生下了阿波羅和神箭手阿提密斯，
> 天神的所有後代中數他們最優雅迷人，
> 她在執盾宙斯的愛撫之中生下他們。
>
> ——赫西奧德《神譜》918~920

據說當勒托懷孕時，醋意大發的天后希拉不能容忍別的女人為宙斯生下長子，便下令禁止大地任何地方給她庇護與分娩之所。痛苦的勒托四處奔波，處處被農夫們追趕和拒絕，找不到任何地方能夠歇息和產子。星夜女神見姐姐如此痛苦，實在不忍心袖手旁觀，便跳進大海中化作一個漂浮的島嶼，即‘無形島’Adelos，女神接納了姐姐並為她接生。宙斯使海底升起四根金剛石巨柱，將這座浮島固定了下來，於是這個島被更名為提洛島 Delos[84]【可見、有形】。勒托在這裡產下阿波羅和阿提密斯，他們後來成為奧林帕斯神族中的太陽神和月亮女神。於是我們又回到了神話創生的原始課題中，暗夜女神勒托生下了太陽神阿波羅

(83) 在荷馬史詩中，Phoebe 一詞經常用來修飾月亮或月亮女神，因此，該名稱乃是月亮的象徵。

(84) 阿波羅出生在提洛島島，該島後來成為太陽神阿波羅的一個聖地。大英雄忒修斯在出征克里特島前就去提洛島拜祭過，並向太陽神許願說如果能活著回來，以後年年來該島進獻。後來他得到天佑活著歸來，並勵精圖治，使雅典富裕強盛起來，該祭祀成為一年中最重要的禮儀之一。數百年後，當蘇格拉底被判死刑時，因為雅典派船去提洛島島進獻，死刑推延數日，正好讓柏拉圖寫就《克里托篇》、《斐多篇》等著名作品。

圖 4-38　阿波羅和阿提密斯的誕生

和月亮女神阿提密斯，這不是在象徵著太陽和月亮皆出於黑暗，卻給人們帶來光明嗎？

暗夜女神勒托之名 Leto 或許與希臘語的‘隱藏、遺忘’lethe 同源，畢竟黑夜使得萬物隱藏起來，同樣的道理，遺忘也是記憶的隱藏。根據神話記載，冥界一共有 5 條大河，其中有一條大河稱為‘忘川’Lethe，所有的亡魂須飲此河之水以忘掉塵世之事。lethe 一詞衍生出了英語中：昏睡 lethargy【如飲忘川般昏昏沉沉的、毫無生氣的】，對比氬 argon【毫無生氣的氣體元素】；致死的 lethal【使人昏睡的】，對比口頭的 oral【口的】、根本的 basal【基礎的】、致命的 fatal【命運的】。

星夜女神 Asteria

星夜女神阿斯忒里亞嫁給了破壞之神珀塞斯，生下了幽靈女神黑卡蒂。

星夜女神阿斯忒里亞的名字來自希臘語的‘星星’aster，前文我們已經講過該詞，此處再補充一些衍生詞彙，英語中的星形符 asterisk 字面意思為【小星形】，-isk 為源自希臘語中的小稱詞後綴，例如：冠蜥 basilisk 因為頭頂著類似於皇冠的東西，人稱【小君王】，對比君王 basileus；方尖碑 obelisk 其本意則為【帶小尖頂的柱子】。

星夜女神阿斯忒里亞有時也被等同於正義女神阿斯特蕾亞 Astraea，雖然兩者本身並非同一人物。正義女神阿斯特蕾亞手持天平為人類秤量善惡、評判是非。自從黃金時代開始，她就來到了人間與人類相處。後來人類開始墮落，由黃金時代歷經白銀時代、青銅時代。到了黑鐵時代，人間出現戰亂、手足相殘。終於，司掌正義的阿斯忒里亞不堪忍受人類的墮落，就決然回到天上。她的形象化為了天上的室女座 Virgo，她用來秤量善惡、評判公正的天平也變成了夜空中的天秤座 Libra。

既然光明之神 Coeus 象徵太陽，而光明女神 Phoebe 象徵月亮，那麼，這兩個名字背後又有著什麼樣的內涵呢？

光明之神 Coeus

科俄斯的名字 Coeus 在希臘語中作 Coios，由 caio ‘燃燒’ 和形容詞後綴 -ios 組成，故字面意思可以理解為【燃燒著的】，該詞為陽性形式，象徵天空中燃燒的太陽。與 caio ‘燃燒’ 同源的英語詞彙有：灼痛 causalgia【燒疼了】、灼燒上色 encaustic【使燒灼】、蒸汽烙術 atmocausis【汽烙】、蒸汽烙管 atmocautery【汽烙容器】，腐蝕 caustic 即【被灼燒的】，連鎮定 calm 都和它是遠親。

光明女神 Phoebe

光明女神菲比的名字 Phoebe 意為 ‘發光的’，是 phaos ‘光’ 的一種形容詞陰性形式，表示【發光的（月亮）】，所以菲比被認為是最初的月亮女神。phoebe 對應的陽性形式為 phoebus，後者則常常被用來稱呼太陽神，即福波斯 Phoebus。這倒是讓人想起《聖經》中的內容：

> 於是神造了兩個大光，大的管晝，小的管夜。
>
> ——《聖經．創世記》1：16

phoebus 和 phoebe 都是 ‘光’ phaos 衍生出的形容詞形式，phaos ‘光’ 衍生出動詞 phaino ‘使顯現’，該動詞則衍生出了英語中：現象 phenomenon【所顯現】[85]、幻影 phantasm【影像】、幽靈 phantom【幻影】、狂想曲 fantasia【影像】、幻想 fantasy【影像】、異想 fancy【產生影像】。除此以外，還有諸多 phen-、phaner-、-phant 和 -phane 詞根的詞彙都源於此。例如：顯現 phanerosis【the appearing】，地理中最早出現生物的時代被稱為顯生宙 Phanerozoic【出現生命】；酚之所以稱為 phenol【發光之酚類】，因為酚是最早提取自煤焦油的衍生物，而煤焦油是以前用來照明的主要原料[86]；窗孔 fenestra【透光的工具】，

（85）希臘語的 phainomenon 是動詞 phaino ‘to appear’ 中動態分詞中性形式，因此 phenomenon 即【an appearing】。phenomenon 的複數形式為 phenomena，其也是直接借鑑自希臘語。

（86）-ol 後綴源於酒精 alcohol，表示與酒精成分相似的化學成分，一般用來表示醇、酚類的概念。

（87）母音緊縮是古希臘語中一個重要的音變現象，兩個相連的母音經常會出現融合的現象，變為一個長母音，其中 a+o=o。

其中 -tra 來自古語中的助格，對比禱文 mantra【思考的工具】；狀態 phasis‘呈現’（phansis → phasis）則演變出英語中的 phase，後者多譯為「相位、時期」，故細胞分裂的幾個階段分別稱為 Interphase、Prophase、Metaphase、Anaphase、Telophase；強調 emphasis 即【使呈現出來】。

在古希臘語中的‘光’phaos 透過母音緊縮(87)變為 phos（所有格 photos，詞基 phot-）。因此就有了英語中的磷 phosphorus【帶來光】，因為磷會在空氣中產生自燃現象，鬼火就因此而來，磷元素的化學符號 P 來自 phosphorus 首字母簡寫；相片 photograph 即【用光描繪出的圖片】，但我們更常用其簡寫形式 photo；光子 photon【光微粒】，對比質子 proton、中子 neutron；影印 photocopy【用光掃描得到的 copy】；發光源 photogen【產生光】，對比氫 hydrogen【產生水】，氧 oxygen【產生酸】、氮 nitrogen【產生硝石】；光合作用 photosynthesis【光的合成作用】，其由‘光’photo- 和‘合成’synthesis 組成，synthesis 表示【放在一起】，其由 syn‘一起’、thesis‘放’組成；光幻視 phosphene【光產生的影像】，由‘光’phos 和‘顯現’phene 組成；光球層 photosphere【光球面】，對比色球層 chromosphere【色球面】、生物圈 biosphere【生物圈層】。

圖 4-39 神創造了太陽和月亮

4.5_9 泰坦神族 之時光流逝

至此，泰坦神族中還有克洛諾斯家族沒有細講。時間之神克洛諾斯 Cronos 娶流逝女神瑞亞 Rhea 為妻，並生下了 6 個孩子。這是泰坦神族的最後一個家族，但同時又是最重要的一個家族。克洛諾斯曾經領導巨神族打敗烏拉諾斯領導的第一代神系，並被擁立為第二代神系裡的天王至尊，天后瑞亞則為他生下了 6 位神子，這 6 位神子分別成為了後來的冥王黑帝斯 Hades、海王波塞頓 Poseidon、天王宙斯 Zeus 以及灶神赫斯提亞 Hestia、豐收女神得墨忒耳 Demeter、婚姻女神希拉 Hera。很多年後，這 6 個神子成為奧林帕斯神族的中堅力量，他們領導著第三代神祇進行了多年的抗爭，誓要推翻泰坦神族的統治。赫西奧德曾經說道：

> 瑞亞被克洛諾斯征服，生下光榮的後代：
> 赫斯提亞、得墨忒耳和腳穿金靴的希拉，
> 強悍的黑帝斯，駐守地下，冷酷無情，
> 還有那喧響的撼地神，
> 還有大智的宙斯，神和人之父，
> 他的霹靂使廣闊的大地也戰慄。
>
> ——赫西奧德《神譜》453~458

然而，這 6 位神子對克洛諾斯來說卻是不祥的災難，是他命中註定的劫數，也是他閹割生父之惡行的報應——克洛諾斯在反抗烏拉諾斯領導的第一代神系統治的戰爭中，曾經殘忍地將其父親閹割，並推翻了父親的統治。如此殘暴的不義之舉，終使得他面臨相似的因果報應。天神烏拉諾斯和地母蓋亞曾向克洛諾斯預言，不管他多麼強大，也會最終被自己的兒子征服，這是命中註定的事情。他的王位將被自己的一個兒子推翻，並被永久地取代。克洛諾斯心中因此產生了無盡的恐懼，為了反抗可怕的命運，他將妻子生下的孩子一一吞食。天后瑞亞被迫抱著每一個新生的骨肉來到殘忍的夫君面前，供他吞食。一連生下的 5 個孩子都這樣被他吃掉了。天后不忍自己的親生骨

（88）墨提斯 Metis 是宙斯的初戀，也是他的第一任妻子，她為宙斯生下了後來的智慧女神雅典娜 Athena。

（89）編年史 chronicle 是由希臘語的 ta chronika biblia【記錄時間之書】演變而來，本用來表示編年書籍，chronika 部分演變為英語中的 chronicle。

肉被如此吞食，內心充滿了痛苦，卻又懼怕殘暴的丈夫而不敢反抗。當第六子出生後，她偷偷將孩子藏進克里特的一個山洞裡面，而在孩子的襁褓中放了塊大石頭交給了丈夫。

天王克洛諾斯二話不說連皮都沒有剝就把襁褓咽了下去，居然沒有噎住也沒有打嗝，這說明他的吞咽功能十分強大。第六子長大後，在智慧女神女神墨提斯(88)的幫助下，給暴虐的天王吃了一種催吐藥，使他把數年前吞食的 5 個兒女統統吐了出來。而且這 5 個兒女居然都還活著。這又說明了克洛諾斯雖然有著強大的吞咽功能，但腸胃消化功能極其之差，可能是地球上最糟糕的一位了。這 5 個兒女分別為波塞頓、黑帝斯、得墨忒耳、赫斯提亞、希拉，而解救他們的老六則是大名鼎鼎的宙斯了。後來老六帶領著解救出來的哥哥和姐姐們，經過了漫長的十年戰爭，推翻了巨神族領導下的第二代神系的統治，並樹立起了新的秩序。宙斯三兄弟以抓鬮決定了各自的統治領域。統治者們訂立了宇宙的法度，於是萬物始作，草長鶯飛，世界一片興榮。

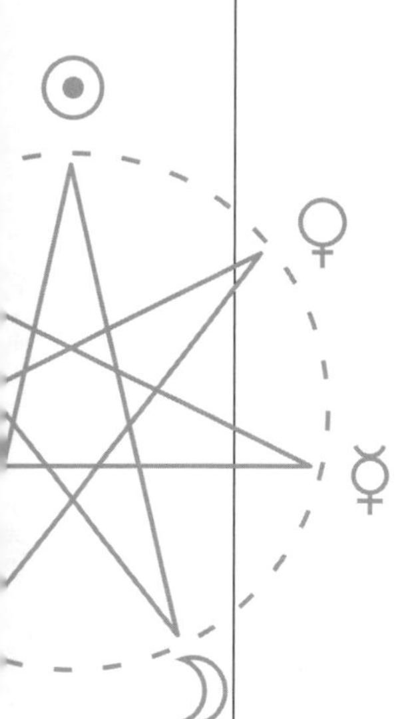

時間之神 Cronos

克洛諾斯一般被認為是時間之神，或許因其名 Cronos 與希臘語的‘時間’chronos 非常相似。而他的妻子瑞亞 Rhea 一名則是【流動】之意，克洛諾斯娶瑞亞為妻，似乎正符合「時間流逝」的樸素認知。而克洛諾斯是天神烏拉諾斯的兒子，天空上的日、月、星辰等都是用以丈量時間的。另外，克洛諾斯將他的孩子逐一吞食，似乎也是對「時間終會帶走其所帶來的一切」的隱喻。希臘語的‘時間’chronos 衍生出了英語中的年代學 chronology【關於時間的學問】、記時器 chronograph【時間的記錄】、天文鐘 chronometer【時間的儀器】、精密測時器 chronoscope【時間之鏡】、慢性 chronic【耗時的】、年代錯誤 anachronism【時間出錯】、編年史 chronicle【關於年代的書作】(89)、同步 synchronious【時間一致】、非同步 asynchronous【時間不一致】、歷時的 diachronic【經過時代】、共時的 synchronic【相同時代】、老朋友 crony【經久的】等。

然而，雖然人們普遍這樣認為，最初的事實或許並非如此。早期有關克洛諾斯的壁畫上經常有烏鴉的身影相伴出現，這或許解釋了克洛諾斯 Cronos 一名的來源，其源自希臘語的‘烏鴉’ corone。拉丁語的‘烏鴉’ corvus、英語中的“渡鴉” raven 都與其同源。

克洛諾斯有時候也被認為是農神，這大概與他手中的那把鐮刀有關，他曾經用這把鐮刀閹割了天神烏拉諾斯。古希臘人將豐收的一個重要節日稱為 Cronia【克洛諾斯之節日】，明顯這也是將他認作農神的原因之一。或許正是這個原因，他被等同於羅馬神話中的農神薩圖爾努斯 Saturn，土星的名字 Saturn 便源於後者，同樣也有星期六 Saturday【土星日】。

流逝女神 Rhea

天后瑞亞為時間之神克洛諾斯的妻子，時間流逝，如水過溪川。同樣的道理，時間之神的妻子名為 Rhea【流逝】。Rhea 一名來自希臘語的 rheos‘河流’或者源自其對應的動詞 rheo‘流動’。‘河流’ rheos 一詞衍生出了很多醫學相關的詞彙，諸如：流變學 rheology【流動的學問】、黏膜炎 catarrh【（鼻涕）往下流】、鼻溢液 rhinorrhea【流鼻涕】、淋病 gonorrhea【「種子」洩露】、多語症 logorrhea【語詞橫流】、皮脂溢 seborrhea【皮脂外流】、感冒 rheum【流（鼻涕）】、痔瘡 hemorrhoid【大便出血】。

需要注意的是，希臘語的 rheos‘河流’與拉丁語的 rivus‘河流’之間並無同源關係，且兩者與英語中的 river‘河流’也毫不相干，雖然這三者看上去非常接近。拉丁語的 rivus‘河流’衍生出了葡萄牙語中的 rio‘河流’和西班牙語的 río‘河流’，我們經常聽到的一些地名中就含有這些詞彙，例如：里約熱內盧 Rio de Janiero【一月之河】、里奧格蘭德 Rio Grande【大河】、里奧內格羅 Rio Negro【黑河】以及里奧貝爾德 Rio Verde【綠色的河】、里奧 - 德奧羅 Río de Oro【金河】等。河流 rivus 還衍生出了英語中：小溪 rivulet【小河】，對手 rival【同飲一條河流的】，源於 derive【沿河追溯】等。萊茵河 Rhein 也與拉丁語的 rivus 同源，該名本意亦為【河流】。

人馬智者 Chiron

克洛諾斯還有一個私生子。傳說克洛諾斯曾經愛上了大洋仙女菲呂拉 Philyra，並想得到她。仙女為了躲避這位神祇的追求，把自己變為一匹母

圖 4-40　凱隆教導阿基里斯

馬，克洛諾斯則變為一匹公馬占有了她。仙女懷孕生下了一隻半人半馬的兒子，即後來的半人馬智者凱隆 Chiron。凱隆繼承了父親的神族基因，長大後成為一位非常睿智的博學者。他精通各種技藝，音樂、醫藥、射箭、角力、預言等，並且性情和善、學識淵博。希臘各地的國王、貴族甚至神靈都將自己的兒子遣來向他學藝，他的徒弟也大都成為後世的大英雄或著名人物，例如大英雄海克力士 Heracles、醫神阿斯克勒庇俄斯 Asclepius、雅典明君忒修斯 Theseus、特洛伊戰場上的大英雄阿基里斯 Achilles、大英雄珀琉斯 Peleus、阿爾戈英雄首領伊阿宋 Iason 等。

後來，海克力士在一次衝突中放箭誤傷了自己的導師。這箭頭曾經被抹上劇毒，擁有不死之身的凱隆不得不每天忍受著毒發的劇痛。後來他決定獻出自己不死的生命，來換取同他一樣天天遭受劇烈痛楚的盜火神普羅米修斯的自由。面對如此高尚的人格、偉大的精神，連主神宙斯都感動得一場糊塗，於是主神將凱隆的形象置於天空，成為夜空中的半人馬座 Centaurus，凱隆拉弓射箭的形象也被升入夜空，成為了人馬座 Sagittarius【射箭者】。

（一）「時光流逝」後裔 之天神宙斯

泰坦之戰結束後，奧林帕斯神族取代泰坦神族統治了整個世界。天神宙斯 Zeus 成為眾神之王，他的妻子希拉 Hera 被尊為天后。在大地女神蓋亞的忠告下，天神宙斯重新公正地為眾神們分配了榮譽。於是新的王權建立，眾神各司其職，在世間各處施行正義和公正。

天神宙斯

宙斯還有段鮮為人知的童年。當年克洛諾斯連續吃掉了 5 個孩子之後，瑞亞心中充滿驚恐，她跑到克里特島產下了第六子，也就是後來的天神宙斯，並把他藏在伊達山一處山洞之中，交由那裡的仙女們照養，這些仙女有蜂蜜仙女梅麗莎 Melissa（也有說法認為是北極仙女庫諾蘇拉 Cynosura）和柳樹仙女赫里克 Helike，她們曾經用母山羊阿瑪爾希亞 Amalthea 的羊奶和蜂蜜將宙斯哺育大。年幼的宙斯非常調皮，曾經在玩耍時不小心將母山羊的羊角折斷。後來宙斯為報答母山羊的哺乳之恩，將那根折斷的羊角賦予神奇的功效，使它能源源不斷產生各種各樣的東西，這根角被稱為 cornucopia【豐饒之角】，相當於中國的聚寶盆。母山羊死後，宙斯還將其皮做成了盾牌，因此盾牌被稱作 aigis，它來自希臘語的‘山羊’aix[90]，aigis 演變為英語中的 aegis 一詞，後者多用來表示引申意義的「庇護」[91]。荷馬和赫西奧德等古希臘詩人每提到宙斯，也經常說‘執盾的宙斯’Zeus aigiochos。木衛五的名字即取自母山羊阿瑪爾希亞 Amalthea。

（90）愛琴海 Aegean Sea【埃勾斯之海】的國王埃勾斯 Aegeus，名字由表示‘山羊’的 aix（所有格 aigos，詞基 aig-）和表示動作執行者的 -eus 後綴組成，這個名字的意思為【牧羊人】。

（91）宙斯的武器為堅硬的羊皮盾以及獨眼巨人為其打造的霹靂。他的聖物為雄鷹（還記得特洛伊王子是怎麼被拐走的嗎），聖樹為橡樹。人們常用母山羊（和阿瑪爾希亞故事有關）、牛角塗成金色的白色公牛（還記得歐羅巴是怎麼上當的吧）祭祀他。

圖 4-41　年幼的宙斯在伊達山受哺育長大

據說夜空中牧夫座頭等亮星的名字 Capella 也來自這頭山羊，該詞的意思即【母山羊】。宙斯出於感激，還將北極仙女 Cynosura 變為夜空中的小熊星座，將仙女 Helike 變成了夜空中的大熊星座。因此古希臘人也將大熊星座稱為 helike，將小熊星座稱為 cynosura，後者後來被用來表示小熊星座裡的頭號亮星，英語中的「北極星」Cynosure 即由此而來。

從某種意義上來講，宙斯是一位非常精於政治手腕的神靈。他之所以能夠打敗泰坦神，成為眾神之主，並長久地保持著王位，這一切都與他的政治手腕密不可分。這些政治手腕在泰坦之戰一開始就表現得淋漓盡致：宙斯先拯救自己的兄弟姐妹，並帶領他們一起抗擊泰坦神族；在仍舊勢單力薄的情況下，他動員起同樣憎恨泰坦神的獨眼巨人和百臂巨人助陣，來增強自己的實力；他還對泰坦統治下的很多神靈進行招降收買，以削弱對方陣營勢力。

有一天，奧林帕斯的閃電神王
召集所有永生神們到奧林匹斯山，
宣布任何神只要隨他與泰坦作戰，

圖 4-42　眾神圍著宙斯的寶座開會

將不會被剝奪財富，並保有
從前在永生神們中享有的榮譽。
在克洛諾斯治下無名無分者
將獲得公正應有的財富和榮譽。

——赫西奧德《神譜》390~396

於是不少泰坦神紛紛倒戈，前來支持奧林帕斯陣營，諸如環河之神俄刻阿諾斯、大洋仙女斯提克斯及其家屬、普羅米修斯與弟弟厄庇墨透斯、大多數泰坦女神等都前來投靠宙斯陣營，從而為奧林帕斯神族的勝利奠定了基礎。

宙斯的七次政治聯姻

當然，這不過是其政治手腕的一小部分。為了確保眾神不會背叛自己，宙斯讓所有神祇對著冥府的斯提克斯河發誓，永遠忠於自己。在打敗了泰坦神之後，宙斯的第一個舉措就是「為諸神重新分配榮譽」，也就是立即為新政府組閣。神王緊接著透過七次政治聯姻，安撫了泰坦神族及各個階層的反叛情緒，同時還為自己生養了眾多身世顯赫的奧林帕斯神裔，從而極大地鞏固了自己的統治地位。這七次聯姻分別是：

1. 宙斯的第一次聯姻

宙斯先娶智慧女神墨提斯 Metis 為妻。然而神王卻要因此面臨一個困境，命中註定女神將生下一個女兒和一個兒子，這個兒子要比自己的父親更加強大[92]，並且會推翻父族的統治。這是神王所不能接受的。為了避免被長子推翻的命運，宙斯做了一項非常狡猾的舉措，他哄騙墨提斯，並將妻子吞進腹中。如此，宙斯不但遏制了潛在的威脅[93]，還得到女神無與倫比的智慧。

（92）注意到每一代的統治者都在面臨著這樣的一個困境：他的長子將比自己強大，並且會最終取代自己成為世界之尊。第一代神系的主神烏拉諾斯為了避免這個災難，把所有的孩子都囚禁在大地深處（即地母蓋亞的子宮中），不讓他們出生；後來他被第一個走出大地的克洛諾斯（第一個出母親子宮的兒子，即長子）所閹割並打敗。第二代神系的主神克洛諾斯為了避免相同的災難，將妻子所生的每一個孩子都吞進肚中，然而唯一一個沒有被吞進肚中的宙斯則獨自長大，並迫使他吐出了吃下的孩子（相當於克洛諾斯重新生下了這些孩子，從這個角度來看，宙斯後來居上，成為了長子，因此也是他後來繼承了王位），並將父親打敗，成為第三代的諸神之尊。同樣，宙斯也面臨著類似的問題。

（93）因為他同自己尚未孕育的長子合為了一體，從此不再受到被長子推翻的威脅。

眾神之王宙斯最先娶墨提斯，
她知道的事比任何神和人都多，
可她正要生下明眸神女雅典娜，
就在那時，宙斯使計哄她上當，
花言巧語，將她吞進肚裡，
在大地和繁星無數的天空的指示下。
他們告訴他這個辦法，以避免王權
為別的永生神取代，不再屬於宙斯。

——赫西奧德《神譜》886~893

話說當宙斯吞下女神墨提斯時，女神已經懷上了一個女兒。宙斯生吞了智慧女神，從而將其智慧變為了自己的智慧。而墨提斯懷中的女兒也漸漸在宙斯的頭顱中長大。很多時日以後，宙斯感到頭疼難忍，痛苦不堪，因為他頭顱中的女兒已經完全長成。終於有一天，劇痛的頭顱突然裂開，一位女神從主神裂開的頭顱中一躍而出，她體態婀娜、身披盔甲、手持長矛、光彩照人，她就是著名的智慧女神雅典娜。

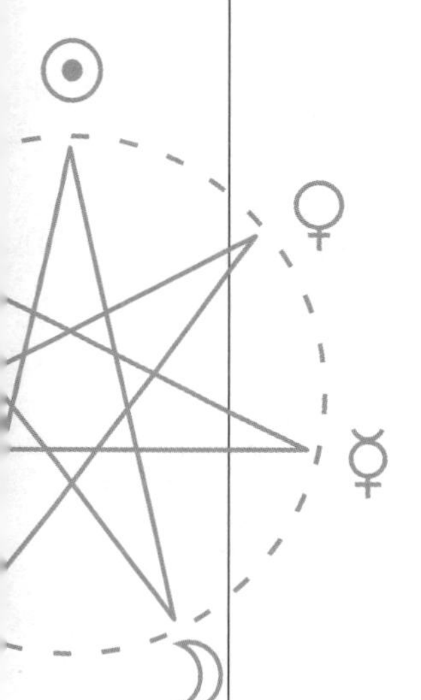

2. 宙斯的第二次聯姻

宙斯的第二個妻子是泰坦神族的秩序女神希彌斯 Themis。宙斯和這位泰坦女神結合，生下了著名的時序女神。其中，時令三女神分別為代表「萌芽季」的塔洛 Thallo、代表「生長季」奧克索 Auxo、代表「成熟季」的卡耳波 Carpo，秩序三女神分別為象徵「良好秩序」的歐諾彌亞 Eunomia、象徵「公正」的狄刻 Dike、象徵「和平」的厄瑞涅 Eirene。《神譜》中則只提到了後三者，即秩序三女神。

第二個，他領容光照人的希彌斯入室，生下秩序女神，
歐諾彌亞、狄刻和如花的厄瑞涅，
她們時時關注有死的人類的勞作

——赫西奧德《神譜》901~903

3. 宙斯的第三次聯姻

宙斯的第三個妻子是大洋仙女歐律諾墨 Eurynome。宙斯和這位大洋仙女結合，生下了可愛迷人的美惠三女神。她們分別為代表光輝的阿格萊亞 Aglaia、代表快樂的歐佛洛緒涅 Euphrosyne、代表鮮花盛放的塔利亞 Thalia。她們可愛、善良又純潔，每一位皆美如千種顏色，如花開不敗，所有凡人皆喜愛她們。

美貌動人的大洋仙女歐律諾墨
為他生下嬌顏的美惠三女神，
阿格萊亞、歐佛洛緒涅和可愛的塔利亞，
她們的每個顧盼都在傾訴愛意
使人全身酥軟，那眉下的眼波多美！

——赫西奧德《神譜》907~911

4. 宙斯的第四次聯姻

宙斯的第四個妻子為豐收女神得墨忒耳 Demeter。宙斯和得墨忒耳結合，生下了珀耳塞福涅 Persephone。珀耳塞福涅美麗動人，曾被眾多神靈所愛戀和渴慕。然而豐收女神非常疼愛自己的女兒，不許任何神祇接近她。為了得到這個美人，冥王黑帝斯費盡心思，直到有一天少女在河邊採花時，他突然出現並把少女掠至冥界，將生米煮成熟飯。豐收女神非常傷心，卻又無可奈何，只得在宙斯的調解下將女兒嫁給冥王黑帝斯。於是珀耳塞福涅成為了冥后。

他又和生養萬物的得墨忒耳共寢，
生下白臂的珀耳塞福涅，她被黑帝斯從母親
身邊帶走，大智的宙斯做主把女兒許配給他。

——赫西奧德《神譜》912~914

圖 4-43　冥王劫走珀耳塞福涅

5. 宙斯的第五次聯姻

宙斯的第五個妻子為記憶女神摩涅莫緒涅 Mnemosyne。宙斯與泰坦神族中的記憶女神摩涅莫緒涅在連續 9 個夜裡結合，女神懷孕後生下 9 位聰穎漂亮的女兒，也就是後來的 9 位繆斯女神。這 9 位繆斯女神各自代表著一種特定的藝術形式。

> 他還愛上秀髮柔美的摩涅莫緒涅，
> 她生下頭戴金冠的繆斯神女，
> 共有九位，都愛宴飲和歌唱之樂。
>
> ——赫西奧德《神譜》915~917

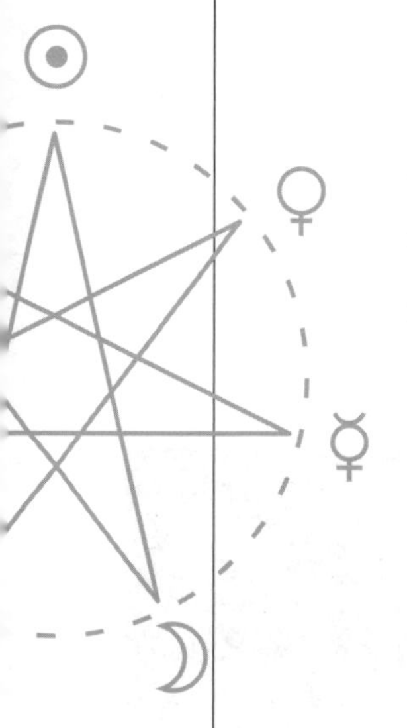

6. 宙斯的第六次聯姻

宙斯的第六個妻子為暗夜女神勒托 Leto。宙斯與勒托結合，生下了後來的太陽神阿波羅 Apollo 和月亮女神阿提密斯 Artemis。注意到命中註定的長子已經因為宙斯吞食墨提斯而不可能出生，因此阿波羅成為宙斯事實上的長子。正是由於這個原因，阿波羅也被賜予非常大的權利，並得到諸神們的敬重。

> 勒托生下了阿波羅和神箭手阿提密斯，
> 天神的所有後代中數他們最優雅迷人，
> 她在執盾宙斯的愛撫之中生下他們。
>
> ——赫西奧德《神譜》918~920

7. 宙斯的第七次聯姻

宙斯娶的最後一位女神，是自己的妹妹希拉 Hera(94)。希拉最終成為了宙斯的唯一正室，被尊為天后以及婚姻和家庭女神。希拉為宙斯生下了 3 個孩子，分別是青春女神赫柏 Hebe、戰神阿瑞斯 Ares 和助產女神艾莉西亞 Eileithyia。

> 最後，他娶希拉做嬌妻。
> 她生下赫柏、阿瑞斯和艾莉西亞，
> 在與人和神的王因愛而結合後。
>
> ——赫西奧德《神譜》921~923

(94) 從母親懷孕的角度來看，希拉是宙斯的姐姐。但是從被克洛諾斯吞食和吐出的角度來看，希拉則是宙斯的妹妹。

圖 4-44　宙斯和希拉

然而，宙斯在迎娶希拉之後，依然經常在外風流，豔史不斷。這使得希拉非常氣悶，並想盡一切辦法殘害宙斯的情婦和其生下的野種。希拉還因為生夫君的氣，在未經相愛交合的情況下，生下了火神赫菲斯托斯 Hephaestus。這個孩子精於打鐵鑄器，也被稱為工匠神。

宙斯的三次凡間姻緣

宙斯是一位生性風流的神，但凡美麗動人的仙女或者貌美迷人的凡間女子，一旦被他愛上，一般都逃脫不了被霸占的命運。她們生下的後代一般成為天神或者人間的大英雄。宙斯的這些凡間姻緣中，有 3 次非常著名，分別是：

1. 宙斯的第一次凡間姻緣

宙斯愛上了美麗的仙女瑪雅 Maia，瑪雅是扛天巨神阿特拉斯的女兒，普勒阿得斯七仙女之一。宙斯和她在阿卡迪亞一個陰涼的山洞中交合，仙女懷孕後生下了神使荷米斯 Hermes。

阿特拉斯之女瑪雅在宙斯的聖床上
孕育了光榮的荷米斯，永生者的信使。

——赫西奧德《神譜》938~939

荷米斯自小就非常機靈可愛，剛從襁褓中爬出來不久就發明了七弦琴，還去外面偷了阿波羅的一群神牛。當阿波羅抓住了這個小偷並把他告到天庭，竟發現自己雖有理但怎麼辯駁也爭論不過這個還沒有斷奶的小傢伙。荷米斯長大後更是不得了，他心思敏捷、精於辯論，懂得各種智謀，他有一雙飛鞋，穿著這雙飛鞋可以快速飛行。宙斯非常喜歡這個孩子，因為只有這孩子能夠每次都猜中自己的心思，宙斯的旨意（包括密令）往往都讓他去執行，因此荷米斯也被尊為信使之神。

2. 宙斯的第二次凡間姻緣

宙斯愛上了底比斯公主塞墨勒 Semele，塞墨勒是底比斯城的建立者卡德摩斯的女兒。宙斯騙取了她的愛情，她和宙斯結合並懷了一個孩子，這個孩子就是後來的酒神帝奧尼索斯 Dionysus。

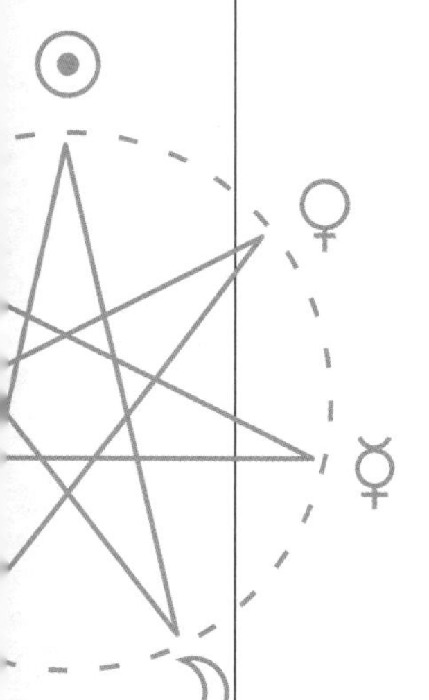

卡德摩斯之女塞墨勒與宙斯因愛結合，
生下出色的兒子，歡樂無邊的帝奧尼索斯。
她原是凡人女子，如今母子全得永生。

——赫西奧德《神譜》940~942

希拉很是嫉妒塞墨勒，便化作塞墨勒的奶媽，蠱惑起少女的好奇心，讓她迫切地想要親眼見到宙斯身為雷神的高貴尊容，以證明神王對她愛情的忠貞。當宙斯無法拒絕，變回戎裝雷神原形時，可憐的凡間女子塞墨勒瞬間被強光和烈焰焚身致死。宙斯從她的肚中救出了尚未出生的孩子，將孩子放在他的大腿中直到胎兒期滿 10 月，在尼薩山 Nysa 上生下了他，因此這個孩子被稱為帝奧尼索斯 Dionysus【宙斯在尼薩山上所生】。帝奧尼索斯長大後發明了釀酒，並遊歷世界各地，後來被人們尊為酒神。

3. 宙斯的第三次凡間姻緣

宙斯愛上了美麗清純的少女阿爾克墨涅 Alcmene。當少女的未婚夫外出打仗時，他化作未婚夫的樣子來到少女床邊，與其結合。阿爾克墨涅懷孕後生下了著名的大英雄海克力士 Heracles。

阿爾克墨涅生下大力士海克力士，

圖 4-45　荷米斯把剛出生的帝奧尼索斯托付給尼薩山的寧芙仙子

在她與聚雲神宙斯相愛結合之後。

——赫西奧德《神譜》943~944

海克力士原名為阿爾喀得斯 Alcides【阿爾克墨涅之子】，希拉不喜歡宙斯的這個「野種」，便極力對其迫害。阿爾喀得斯還在襁褓時，希拉就派出兩條毒蛇去咬死這個孩子，結果兩條蛇都被孩子活活扼死。阿爾喀得斯長大後，天后使他發瘋並且在瘋癲中殺死了自己的孩子。為了贖罪，阿爾喀得斯不得不奉命去完成 12 項難以想像的艱巨任務，並且憑著驚人的毅力將這些任務逐一完成。希拉的迫害反而使得阿爾喀得斯實現了眾多的英雄偉業，因此人們將這個英雄尊稱為海克力士 Heracles【希拉的榮耀】。

（二）「時光流逝」後裔 之天后希拉

在宙斯的七次政治聯姻中，最後娶的女神是他的妹妹希拉 Hera。希拉最終成為了宙斯的唯一正室，被尊為天后，並得以負責分管婚姻和家庭。希拉為宙斯生下了 3 個孩子，分別是青春女神赫柏 Hebe、戰神阿瑞斯 Ares 和助產之神艾莉西亞 Eileithyia。

青春女神 Hebe

青春女神赫柏非常安靜甜美，宙斯很喜歡這個女兒，並讓她負責在宴席上為眾神斟酒。後來大英雄海克力士功德圓滿，榮升為神靈，天神宙

圖 4-46　青春女神赫柏

斯非常高興，就把女兒赫柏嫁給了這位人間的大英雄，如今神界裡的武仙。青春女神的名字赫柏 Hebe 意為‘青春、年輕’，該詞衍生出了英語中：青春期癡呆 hebephrenia【青春期的精神疾病】、青年公民 ephebus【在青春期】、青春期的 ephebic【在青春期的】。赫柏的羅馬名為 Juventas。

戰神 Ares

戰神阿瑞斯似乎與希拉沒有多少相似之處。戰神是一個非常兇殘狂暴、熱愛殺戮，四肢發達但是頭腦簡單的傢伙。他的名字 Ares 意思即為‘戰爭’，其源自希臘語的 are‘毀滅、災難’，戰爭無疑是帶來毀滅和災難的，因此戰神阿瑞斯的名字 Ares 可以理解為【毀滅者】。雅典衛城中有座山丘，被稱為 Areios pagos【戰神之山】，那裡曾經坐落著雅典的最高級法院，英語中的「最高法院」Areopagus 一詞就源於此，而這個法院的成員則被稱為 Areopagite【Areopagus 裡的成員】。希臘人用戰神之名稱呼火星，而大火星 Antares 乃是一個亮度【堪比火星】的星體，火星學 areology 即【關於火星的研究】。

助產女神 Eileithyia

這 3 個孩子中，助產女神艾莉西亞與母親在神職上最為相近，希拉司掌婚姻和家庭，而艾莉西亞司掌接生孩子，結婚和生孩子無疑是每個家庭的最重要事宜了。助產女神的名字 Eileithyia 源自希臘語的 eleytho‘前來幫忙’，畢竟助產女神乃是接生婆的守護神，她們都是前來幫助孕婦順利分娩生孩子的。

火神 Hephaestus

希拉還生下了一個兒子。因為當時和宙斯賭氣，就未經過相愛結合，獨自分娩生下了火神赫菲斯托斯。赫西奧德說：

> 希拉心裡惱怒，生著自家夫君的氣，
> 她未經相愛交合，生下顯赫的赫菲斯托斯，
> 天神的所有後代裡屬他技藝最出眾。
>
> ——赫西奧德《神譜》927~929

希拉生這個孩子最初只是為了和丈夫賭氣。哪知因為懷胎期間一直動怒，影響了胎氣，生下來的孩子居然奇醜無比。希拉很是鬱悶，想扔掉這個孩子，

但念及是自己的親生骨肉，便下不了手。宙斯更是不喜歡這個醜八怪，覺得老婆居然生出這樣難看的孩子，讓自己很沒面子。赫菲斯托斯為在眾神中獲得一席地位，極力討自己的母親希拉開心，甚至不惜冒犯主神宙斯。終於有一次，宙斯一怒之下抓住他的腳，把他扔出天宮。赫菲斯托斯從天上墜落下來，黃昏時落到愛琴海的利姆諾斯島(95)，摔成了瘸子。為了出人頭地，赫菲斯托斯來到火山口追隨獨眼三巨人學藝數年，並獲得真傳，從此技藝精湛、名聲遠播，眾神紛紛請他為自己打造宮殿、飾物和武器。從此赫菲斯托斯被尊為火神和鍛造之神，在奧林帕斯眾神中有了一席地位。

（95）因此，利姆諾斯島 Lemnos 成為了火神的領地，赫菲斯托斯在那裡受到了廣泛的尊崇。

話說宙斯曾多次追求愛與美之女神阿芙蘿黛蒂，但每次都被拒絕，宙斯一怒之下以主神的名義將她許配給醜陋不堪的火神赫菲斯托斯。但美麗的愛神並不喜歡這個長相醜陋、腿腳不靈、一點浪漫情調都沒有的男人，便私下和戰神阿瑞斯偷情，還為他生下了小愛神。火神得知妻子背著自己偷腥，便在家裡設計了一個機關，當妻子和阿瑞斯偷情時將姦夫淫婦活捉在一張大網中，還喊眾神來看。女神們羞於前來，而男神們則紛紛前來圍觀看熱鬧。火神的家醜一下變成眾所周知的事情。夫妻兩人自知都很不光彩，便從此分手。後來火神又娶了美惠三女神中的阿格萊亞，從此過上了幸福安定的生活。

圖 4-47　赫菲斯托斯把阿瑞斯和阿芙蘿黛蒂活捉在一張大網中

關於火神赫菲斯托斯的名字 Hephaestus，學者們各有不同的解說。其中 -phaestus 部分很可能來自希臘語的 phaestos，是動詞 phao‘發光’對應的形容詞，因此 Hephaestus 應該是某種「閃耀者」，這無疑是對神靈一個很好的詮釋。一般認為，這裡的 he- 只是作為悅耳的音節加在詞首的，於是 Hephaestus 就是【光芒閃耀者】了。

天后 Hera

天后希拉是家庭和婚姻的保護神。而她的名字 Hera 即為希臘語‘保護者’heros 一詞的陰性形式，

（96）-in 構成化學和醫學的藥劑名稱，例如毒素 toxin、毛地黃毒苷 digitoxin、腎上腺素 adrenalin、阿斯匹靈 aspirin，毛地黃 digoxin，青黴素 penicillin，阿莫西林 amoxicillin。

（97）注意區分此處的 servo 與拉丁語的 servio，兩者並不同源。servio 意思為‘服從、照料’，英語中有很多詞彙都來自於拉丁語的 servio，例如傭人 servant 指服從和伺候主人，字面理解為【服從者】；所以傭人【服務】serve 他們的主人，這種服務的名詞形態為 service；傭人的身分被認為是【卑賤的】servile；【沒有伺候好】就是 underserved。

因此 hera 一詞可以理解為【女保護人】，因為她保護著家庭和婚姻。希臘語的 heros 意為‘保護者’，英語中的 hero 也與此同源，英雄 hero 不就是保衛自己的人民、祖國並使其安全的人嗎？至今西方人心中的英雄形象大約依舊如此，看看那些蜘蛛俠、蝙蝠俠、超人以及美國電影中近乎氾濫的「拯救地球」的故事，就可見一斑。hero 加女性後綴 -ine 構成了「女英雄」heroine，對比情婦 concubine【陪睡的女人】；海洛因 heroin 則是由 hero 和表示醫藥和化學物質後綴 -in[96] 構成，這個名字說明它是一種會讓人爽到 feel like a hero 的藥劑。

希臘語的 heros 與拉丁語的動詞 servo‘保護、拯救’同源。拉丁語的 servo ‘保護、拯救’衍生出了英語中：保存 conserve【保護】，因此有了監督官 conservator【保護者】、保守黨 conservative【保留的】；觀察 observe【照看、關照】，因此也有了觀察員 observer【觀察者】、天文台 observatory【觀察之處】；防護 preserve【提前保護】，故有保存 preservation【提前保護】；存儲 reserve 意為【保護】，蓄水池稱為 reservoir【存儲的地方】[97]。

天后希拉的羅馬名朱諾 Juno，全名為 Juno Moneta【警戒者朱諾】。西元前 4 世紀末，羅馬曾經被高盧侵略軍所重重包圍。一次，高盧人準備對羅馬人進行夜襲，想趁夜深人靜沒有防備的時候偷襲羅馬人。然而偷襲者驚醒了朱諾神廟中的白鵝，白鵝不斷鳴叫，喚醒了熟睡中的羅馬士兵，從而免除了一場危難。人們認為是朱諾女神顯靈，在為羅馬人民警戒，從此便稱女神為 Juno Moneta【警戒者朱諾】。而 Juno 一名的來歷或許與拉丁語中的‘年輕’juvenis 同源，英語中的“青春的”juvenile【年輕的】即由此而來；Juno 的女兒青春女神 Juventas【年輕】之名更是符合這一點；瑞士化妝品牌柔美娜 Juvena 不就是暗含著讓你「永保青春」的意思嗎？moneta 一詞是動詞 moneo‘告誡、提醒’的完成分詞陰性形式，班長 moniter 意思即【告誡者、提醒者】，其還引申出「監視者、監控器」之意。moneo 還衍生出了英語中：紀念碑 monument【紀念】、警告 admonish【告誡】、召喚 summon【提醒】等。

西元前 280 年羅馬人就軍費日漸減少一事來請教希拉，得到了女神的指點。於是在朱諾女神廟宇旁建立了鑄幣廠，因為錢幣從這裡造出，便以女神名命名該錢幣為 moneta，這個詞後來演變為古法語的 moneie，又進入英語變為 money；moneta 還通過另一個途徑進入英語中，變為 mint，現在用來表示「造幣廠」。“金融的”monetary 則由 moneta 和形容詞後綴 -ary 構成，表示【貨幣的、金錢的】。money 一詞源自‘警戒’moneta。由是觀之，古羅馬人稱呼金錢時，似乎也有告誡自己不為金錢所迷失的寓意，從這裡我們依稀可以看見古人的睿智。只可惜如今的中國人從 money 一詞中只能看到無盡的貪婪和欲望，背後的告誡全似不曾存在一般。

另外，朱諾是婚姻女神，儒略曆六月正值初夏之際，鶯飛草長、百花盛開，是婚嫁的絕好時機，羅馬人常常選擇在此月內結婚，於是便將此月冠以婚姻女神朱諾之名，稱為 Junius mensis【朱諾之月】，英語中的六月 June 由此而來。

（三）「時光流逝」後裔 之海王波塞頓

在戰勝了泰坦神族之後，奧林帕斯神族取得了世界的統治權，宙斯、波塞頓、黑帝斯三兄弟以抓鬮方式瓜分了世界的各個領域。波塞頓分得了海洋的統治權，成為海王。海王波塞頓經常手持三叉戟，乘著由多匹馬拉著的戰車出現在海面，身邊的隨從有海中仙女、海豚、各種海魚等。海王波塞頓的妻子是海中仙女安菲特里忒 Amphitrite，她為波塞頓生下了身軀高大的兒子特里同 Triton。

安菲特里忒和喧響的撼地神
生下了高大的特里同，他占有大海
深處，在慈母和父王的身邊，
住在黃金宮殿：讓人害怕的神。

——赫西奧德《神譜》930~933

波塞頓的老婆是海中仙女安菲特里忒，因此她也被尊為海后。據說波塞頓最初暗戀的是海后的姐姐仙女忒提斯，後來有神諭說忒提斯生下的兒子將

(98) 珀伽索斯 Pegasus 的形象後來成為了夜空中的飛馬座。對這點不熟的朋友可以回想一下《聖鬥士》裡的那個著名的「天馬流星拳」。星矢小朋友就是這個星座的。

(99) 寧芙仙女托俄薩 Thoosa，海王波塞頓之情人，其名 Thoosa 為【迅捷】之意。

遠比其父強大，於是海神轉移目標，又戀上了忒提斯的妹妹。一開始安菲特里忒並不喜歡這個行事魯莽的小夥子，只因這小夥子是奧林帕斯神族的主神之一，不便明確拒絕，於是仙女每次都故意躲著他。波塞頓苦於不能見到這個美麗仙女，心中充滿了憂傷。後來一隻海豚自告奮勇，願意幫助海王將這位仙女追到手。當仙女為了躲避波塞頓而逃到大海的盡頭時，海豚在那裡找到了她，仙女無計可施，只好認命。安菲特里忒嫁給波塞頓，成為海后，並為他生下了人身魚尾的特里同。為了表揚海豚的功勞，波塞頓將其化為夜空中的海豚座 Delphinus。

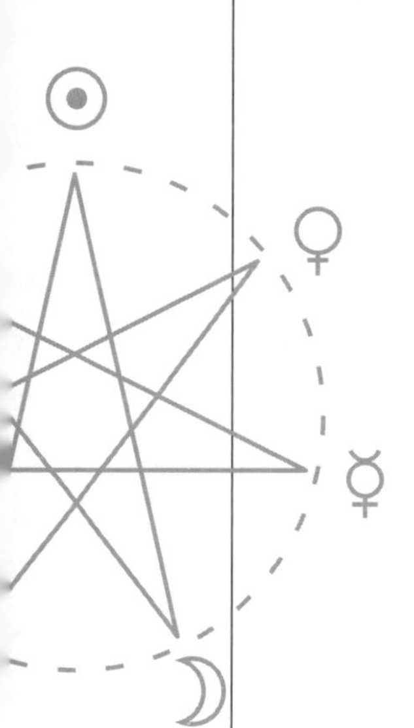

有權有勢的大神都喜歡在外風流快活，波塞頓也不例外，關於他的風流韻事說起來也是一籮筐。他和地母蓋亞生下了大力巨人安泰俄斯 Antaeus，後者被強大的海克力士殺死；他和豐收女神得墨忒耳結合，生下了神駒阿里翁 Arion，這匹神駒能說人話，並在「七將攻底比斯」中表現非凡；他還把冷豔的美女美杜莎弄到手，後者生下了飛馬珀伽索斯 Pegasus (98)，這匹飛馬被宙斯看中，主神用牠來馱運自己的武器；他和自然仙女托俄薩 (99) 生下獨眼巨人波呂斐摩斯 Polyphemus，後者曾被奧德修斯刺瞎眼睛；他還和少女堤羅結合，生下了英雄珀利阿斯 Pelias 和涅琉斯 Neleus......

當然，對於海王的頻頻出軌，海后安菲特里忒並不是每一次都能容忍的。海王曾經和水澤仙女斯庫拉 Scylla 偷情，海后發現後，在仙女洗澡的海水中下了一種可怕的毒藥，使她變成了一個有 6 顆頭、12 隻手的可怕海妖。當阿爾戈號航船來到附近的海域，以及後來奧德修斯 10 年的漂泊生涯中到達這裡時，都曾經過這個可怕海妖的身旁。

在奧林帕斯神族中，波塞頓是地位僅次於宙斯的二把手。這個二把手對「大哥大」既敬畏又不甘心，他甚至還曾經聯合對宙斯有不滿情緒的諸神，如天后希拉、太陽神阿波羅、智慧女神雅典娜等，一起造反要除掉天神宙斯。恰好海中仙女忒提斯及時拯救受難的天神。在《伊里亞德》中，仙女的兒子阿基里斯曾對自己的母親道出這一段往事：

你曾經獨自在諸神中為克洛諾斯的兒子，
黑雲中的神擋住那種可恥的毀滅，
當時其他的奧林帕斯天神，希拉、
波塞頓、帕拉斯 · 雅典娜都想把他綁起來。
女神，好在你去那裡為他鬆綁，
是你迅速召喚那個百臂巨人——
眾神管他叫布里阿瑞俄斯，凡人叫他埃該翁——
去到奧林帕斯，他比他父親強得多。
他坐在宙斯身邊，仗恃力氣大而狂喜，
那些永樂的天神都怕他，不敢捆綁。

——荷馬《伊里亞德》卷1　397~406

因為百臂巨人的及時趕到，這場叛亂很快被鎮壓了下去。叛亂的領袖們紛紛受到懲處，希拉被綁住手腕吊在空中。波塞頓和阿波羅被罰去人間服役，他們受雇於國王拉俄墨冬 Laomedon，為他修建了特洛伊城牆。這城牆因為由兩位大神所建，故堅不可摧、難以攻破。後來特洛伊戰爭持續了 10 年，打得空前慘烈，但是城牆卻分毫無損。直到奧德修斯使出木馬計，希臘聯軍裡應外合，才終於攻下了這座城市。

古希臘人認為，大地是一個扁平的圓盤，漂浮在一片巨大的海洋之上。因此海底的動盪也會引起陸地的晃動，當海洋深處的水發生劇烈波動時，便會發生地震。於是海域的主宰者波塞頓自然而然被認為是地震之神，即撼地之神。當他憤怒地揮舞起那威力無邊的三叉戟時，會引發巨浪滔天、地動山搖、洪水氾濫，實在是可怕至極。而海洋變化無常，經常風雨大作，吞食行經的船隻，因此人們認為波塞頓脾氣非常暴躁，很容易發飆。他最可怕的一次發飆據說發生在一萬多年以前，因為亞特蘭提斯帝國觸怒了海神，他一怒之下興起了大地震，並用三叉戟將這片遼闊富庶的國度鑿沉，永遠地沉在廣闊的大西洋之中。有關亞特蘭提斯的傳說至今仍是探險家和古文明愛好者茶餘飯後津津樂道的話題。

波塞頓被認為是馬的創造者，他給予了人類第一匹馬，因此波塞頓也被稱

（100）波塞頓與馬的關係表現在：波塞頓的獻祭動物一般為一匹馬或海豚；波塞頓在與雅典娜爭奪阿提卡地區統治權的競爭中，用三叉戟敲了一下雅典衛城的岩石，從岩石中蹦出了一匹戰馬（也有說是一股海泉）；他曾經與蛇髮女妖美杜莎偷情，後者受孕懷下了著名的飛馬珀伽索斯；他曾經和豐收女神得墨忒耳結合，女神生下了神馬阿里翁。

（101）對比古英語的 hors 和拉丁語的 cursus 我們看到，英語的 h 與拉丁語的 c 對應，對比英語和拉丁語中的基本同源詞彙：心臟 heart/cors、百 hundred/centum、獸角 horn/cornu。

為 Poseidon Hippios‘馬神波塞頓’。馬與海王波塞頓有著一種密不可分的關係[100]，並且馬是一種自由奔放的動物，其狂奔的情景猶如波濤洶湧，這也是為什麼很多西方人常用群馬奔騰來表現狂濤湧動場景的原因。

英語中表示馬的基本詞彙 horse 或許能很好地說明這一點，horse 從古英語的 hors‘馬’演變而來，後者與拉丁語的 cursus‘奔跑’同源[101]，馬即善於奔跑的動物。cursus‘奔跑’一詞衍生出了英語中的倉促的 cursory 即【跑動的、急促的】，而草書 cursive 則是【急速揮就的書寫】；游標 cursor 乃是螢幕上的【跑動者】，而先驅 precursor 無疑就是【跑在前面的人】；駿馬被稱為 courser，因為牠是善於【奔跑者】；一場跑步可以被稱為 course【跑動】，於是就有了聚集 concourse【跑到了一起】、討論 discourse【在話題周圍跑】、交往 intercourse【彼此之間跑】、求助 recourse【往回跑】；一種研究科目也可以用 course 來表示，即【一系列的研究】，而每一個單獨的研究方面我們也稱為課程 curriculum【小跑】；海盜被稱為 corsair【跑動者】，因為他們經常在海中來回出沒。cursus‘奔跑’是拉丁語動詞 currere‘to run’的完成分詞，後者詞基為 curr-，其衍生出了英語中：水流、電流 current 即【流動的】，current 也表示錢幣，意在指其【流通】；快遞員 courier 即【跑腿送東西的人】，而走廊 corridor 則是【供人來回走動之地】；有一種舞步因為【步伐節奏快】而被稱為庫倫特舞 courante；還有發生 occur【to run】、再現 recur【to run again】、同時發生 concur【to run together】等。

‘奔跑’cursus 也與拉丁語的 carrum‘車輛、馬車’同源，因為馬車也是在路上「跑動」的。carrum‘車輛’一詞衍生出了英語中：汽車 car【車輛】、豪華馬車 caroche【車輛】、戰車 chariot【大車輛】、小型馬車 cariole【小車】、軍旗戰車 carroccio【戰車】；裝載 charge 即【往車上裝貨物】，因此也有了貨物 cargo【所裝之物】，卸下來所裝的貨物即 discharge【卸貨】，重新裝載即 recharge【再裝載】[102]；車上載著人或貨物稱為 carry【運載】，而載著人或貨物的車子則為 carriage【運載之車】，大的運載車即大遊覽車 charabanc【有座椅的車】；前途 career 本指的是【賽馬的跑道】，後來引申為人生的仕途，即職業生涯。

因此，馬 horse 的詞源意思為【奔跑】[103]。為什麼要用 horse 來表示馬呢？這或許值得我們細究一下，人類養豬的動機只是為了吃肉，養牛羊為了吃肉和取乳，而養馬則可以騎上牠飛奔。從這一點來看，用 horse 表示「馬」確實是很貼切的一個詞彙呢！

（102）相似的道理，如果把電池比喻成車輛，那麼充電 charge 就是裝載貨物，放電 discharge 就是卸載貨物，而再充電 recharge 則是重新裝載。

（103）關於 horse 與 cursus 的同源問題，學界尚未完全定論。Chambers 和 Eric Patridge 認為兩者同源，而 Pokorny 只是提到兩者「可能」同源，Klein 則認為兩者各有不同的來源。

（四）「時光流逝」後裔之豐收女神得墨忒耳

克洛諾斯和瑞亞的 6 個兒女中，得墨忒耳 Demeter 後來成為豐收女神，司掌大地上的植物生長和穀物成熟。得墨忒耳是宙斯的第四個妻子，她為宙斯生下了一個女兒，這個女兒就是後來的冥后珀耳塞福涅 Persephone。

女神為女兒取名為科瑞 Kore，意思是【少女】。少女時代的科瑞就已經亭亭玉立、美麗動人了，青年神祇們無不為她傾心戀慕，據說神使荷米斯、戰神阿瑞斯、太陽神阿波羅和火神赫菲斯托斯都曾追求過她。當然，也有猥瑣的大叔偷偷愛上這個少女的，這個大叔就是女孩的叔叔冥王黑帝斯。得墨忒耳非常疼愛自己的女兒，想一直把她留在身邊，便不讓任何男性接近她，生怕有哪位心懷不軌的神祇會騙走自己純潔無瑕的女兒。然而最擔心的事情還是發生了。一天，科瑞和女伴們在草原上一條溪邊採花，當她看到一株好看的水仙並低頭去摘的時候，附近的大地忽然間裂開，冥王駕著四匹黑色駿馬拉著的戰車從地下的幽冥衝出，將驚慌中的少女掠走，抱著她消失在了黑暗的死亡之國。《奧菲斯教禱歌》中一首獻給冥王的禱歌這樣唱道：

從前你與純潔的得墨忒耳之女結合，
你在草原上引誘了她，乘著馬車

穿越大海，去到埃勒夫西斯的

洞穴，冥界的入口就在那裡。

——《奧菲斯教禱歌》篇 18　12~15

（104）阿里斯托芬（Aristophanes，約西元前 446 年～前 385 年），古希臘著名喜劇作家，被譽為「喜劇之父」。

（105）雅典的地母節是女性參加的節日，是婦女的狂歡節，一共 4 天。第一天為「上廟節」，婦女們都到地母廟中準備；第二天為「下地節」，紀念地母的女兒被冥王帶到地下去；第三天為「斷食節」，紀念地母在失去女兒後悲傷不進飯食；第四天為「祝地母節」，祝賀地母將女兒從冥界接出來。《地母節婦女》講的是第四天時，婦女們開會討論歐里庇得斯對她們的誹謗，商量如何處死這個悲劇作家的故事。

失去了心愛的女兒以後，得墨忒耳十分傷心。她離開奧林帕斯四處尋找女兒，沒有了心情照顧大地和穀物，於是各地的莊稼顆粒無收。人間四處被饑餓和可怕的死亡威脅。後來宙斯得知了此事，他找到冥王黑帝斯並出面調解，要求冥王還回搶走的少女。冥王可不是好惹的，他在將少女囚禁在冥界期間，給她吃了一種冥界特有的石榴。無論人或神靈，凡吃過這石榴者都無法再長時間居住在陽間。因此，雖然冥王答應將少女放回陽間，但是她卻不得不每年花三分之一的時間回到冥界，陪冥王在一起。豐收女神見米已成炊，無法挽回，只好將女兒下嫁給這個猥瑣陰險的大叔，從此少女改名為珀耳塞福涅 Persephone，成為冥后。冥王和冥后達成協議，讓她每年三分之二的時間回到陽間，陪母親一起生活；剩下的三分之一的時間回到地下，陪丈夫居住在冥府中。人們說，當女兒回到母親身邊時，女神心情舒暢，大地上就會長出鮮花、小麥、水果；當女神和女兒分開時，總是悲傷心痛，無心照管大地，於是就有了凋敝的冬天。

得墨忒耳是掌管豐收和穀物的女神，這些都是從大地上得到的農產，因此她也被稱為地母神。雅典人在 10 月末、11 月初的農閒時間舉行地母節，就是用來慶祝得墨忒耳之恩賜的。阿里斯托芬[104]的著名喜劇《地母節婦女》寫的就是發生在這個節慶裡的事情[105]。

得墨忒耳被稱為地母神，她的名字中就明顯透露了這樣的訊息：Demeter 由希臘語的 de‘大地’和 mater‘母親’組成，字面意思即【大地母親】，也就是地母神。其中 de 是多里斯方言中‘大地’ge 的變體，對比大地女神蓋亞的名字 Gaia。希臘語的 mater‘母親’與英語的 mother 同源，這一點可以對比希臘語的 pater‘父親’和其英語同源詞彙 father。希臘語的 mater‘母親’衍生出了英語中：母親般的 maternal【如母親的】，對比父親般的 paternal【如父親的】、兄弟般的 fraternal【如兄弟的】；女家長 matriarch【管家的母親】，對比男家長 patriarch【管家的父親】；弒母 matricide【殺害母親】，對比弒父 patricide【殺害父親】、弒君 regicide【殺害君王】、弒兄弟 fratricide【殺害兄弟】、弒夫 / 妻 mariticide【殺害配偶】；母姓的 matronymic【母親姓名的】，對比父姓的 patronymic【父親姓名的】；家庭主婦 matron 表示的肯定是做了【母親】的女人，還沒做母親的叫少婦，對比庇護人 patron【父親】，最初指的即俗語中的「老爺」；婚姻生活 matrimony 即宣告著一方將成為【母親】，而相應的遺產 patrimony 則因繼承自【父親】而得名；母校 alma mater，其字面意思為【nurishing mother】，暗指在知識上養育了你的母親；大都市被稱為 metropolis【母親城】，因為她一般是最早發展起來，她帶動附近其他衛星城（即子城市）的發展，而 Metropolitan Railway【大都市地鐵】一般也簡稱為 metro；母親生出各種各樣的孩子，就好像原料做出各種物品一樣，因此材料被稱為 material【母質的】，英語中的 matter 亦由此而來；還有子宮 matrix【母親的】、子宮痛 metralgia【子宮疼痛】。

子宮 matrix 本意為【母親的】，也翻譯為「母體」，引申為萬物產生的基礎，矩陣是進行複雜的多元方程運算的基礎，因此矩陣也被稱為 matrix[106]。

得墨忒耳曾經和凡間的英雄伊阿西翁 Iasion 相愛，並為他生下了普路托斯 Ploutos。赫西奧德說：

> 最聖潔的女神得墨忒耳生下普路托斯，
> 她得到英雄伊阿西翁的溫存愛撫，
> 在豐饒的克里特，翻過三回的休耕地上。
>
> ——赫西奧德《神譜》969~971

凡間的英雄伊阿西翁睡了宙斯的第四個老婆得墨忒耳，給宙斯戴了一頂大綠帽。於是主神震怒，用閃電劈死了這位英雄。英雄和女神生下的兒子普路托斯後來被人們尊為財神。普路托斯的母親司掌大地之上所產的財富，而他則被認為是大地之下財富的象徵，因為各種金銀礦藏都產於地下。另一方面，古人認為財富很大程度上取決於土地上的收成，因此豐收女神生下了財神[107]。在一些神話中，普

（106）著名科幻電影《駭客任務》原名為 Matrix，這個名字中即包含著該電影中最重要的概念，例如 AI 的超級母體和矩陣的電腦程式。順便提一下，《駭客任務 2：重裝上陣》中梅洛維奇的妻子也叫 Persephone，至於其中的深意，也是非常值得琢磨的。

（107）阿里斯托芬的喜劇《財神》就以其為名。

路托斯甚至被認為是珀耳塞福涅的丈夫，於是財神和冥王成為一體。大概正是這個原因，羅馬神話中將冥神稱為普魯托 Pluto。

得墨忒耳對應羅馬神話中的穀物女神凱瑞斯 Ceres。現代人用她的名字命名了早期發現的一顆小行星 Ceres，中文譯名為「穀神星」。拉丁語的 ceres 意為‘穀物’，因此英語中的穀類食品被稱為 cereal【穀物的】。ceres‘穀物’一詞與拉丁語動詞 creare‘成長、增多’同源，因為穀物是在田間生長起來的。creare 詞基為 cre-，其衍生出了英語中：漸強的 crescent【在增長的】、漸弱的 decrescent【在減少的】，這兩個詞一般用來形容月亮的漸圓和漸缺；創造 create 字面意思【使增加】，所謂的創造不就是使事物產生或增加的過程麼；還有增加 increase【內增】、減少 decrease【負增】、徵募 recruit【增加人手】等。拉丁語的 creare‘增長’與希臘語的 kouros‘少年’和其對應的陰性形式 kore‘少女’同源，畢竟年少正是長身體的時候。而 Kore 正是得墨忒耳給心愛的女兒取的名字，中文音譯為科瑞，字面意思為「少女」。當她被冥王搶走並立為冥后以後，她就不再是一位少女了，因此更名為珀耳塞福涅 Persephone。這個名字無疑展現著她的冥后身分，因為這個名字的字面意思為【誅滅一切者】。

圖 4-48　珀耳塞福涅重返陽間

（五）「時光流逝」後裔 之 冥王黑帝斯

奧林帕斯神族的統治確立後，黑帝斯成為了冥界之王，統治著大地之下陰暗的國土，他的臣民是遊移在地府中的千千萬萬個幽魂。沒有人知道冥王黑帝斯長什麼樣，只知道他有一個隱身頭盔，據說是當年獨眼巨人出於感激為他打造的。戴上這個頭盔就會隱形，誰都無法看到。人們認為冥王是不能被看見的，當一個人看到了冥王，那說明他的死期到了。人們甚至都不敢直呼他的名字，怕這名字一出口真的會將他召喚而來。

圖 4-49　海妖塞壬

黑帝斯偷偷地喜歡上了美麗的少女科瑞。一開始的時候，冥王大概想著去表白，向美麗的少女求愛，以討得她的芳心。但自從那些年輕帥氣的青年神祇們的表白一一失敗了以後，他自知以自己的相貌和年紀去追求這位花兒一般的少女肯定沒指望，弄不好還將成為眾神的笑柄。於是一個邪惡的念頭在他的心頭滋生。有一天少女和女伴們在溪邊採花，當她遠離同伴，俯身採擷一枝美麗的水仙時，冥王駕著馬車從大地中一躍而出，以迅雷不及掩耳之勢將她搶走。當時少女的夥伴們都嚇傻了，愣愣地呆在原地，還以為自己陽壽已盡，冥王要抓她們下陰間投胎呢！後來豐收女神得墨忒耳追問這些女伴誰拐走了自己的女兒時，她們都因懼怕而不敢說出黑帝斯的名字。女神一怒之下，將這些女孩變成了可怕的女妖，從此她們被迫生活在大海深處的一處島嶼上，用美妙的歌聲來誘惑經過這個海域的水手。人們將她們稱為海妖塞壬 Siren。

古希臘人不敢直呼冥王的名字，便將其稱為黑帝斯 Hades【不可見者】。Hades 一詞源自古希臘語中的 Ἅιδης，該詞由 a-‘否定前綴’與動詞 eido‘看見’構成，字面意思為【不可見者】。這一點用來描述冥王，無疑再合適不過了。從神話的角度來講，這種「不可見」也正隱喻著死亡。前綴 a- 表示否定，於是就有了希臘語的 argon‘不活躍的’，其由否定前綴 a- 與 ergon‘活躍、工作’構成，後來化學家用該詞命名了新發現的一種氣體，即惰性氣體氬氣 Argon【不活躍的氣體、惰性的氣體】。惰性氣體的名稱由此而來(108)。動詞 eido‘看見’則衍生出了希臘語的名詞‘樣貌、影像’eidos【所見】，後者經常被用來構成各種表示「...... 樣子的東西，...... 狀之物」

（108）氬氣 Argon 為最早發現的惰性氣體，惰性氣體的概念也是源於此，「惰性氣體」一名意思即為【不活躍的氣體】。既然氬為 Argon，我們可以對比一下氖 Neon【新的惰性氣體】，氪 Krypton【隱藏的惰性氣體】，氙 Xenon【陌生的惰性氣體】，氡 Radon【鐳 Radium 衰變後生成的惰性氣體】。注意到 -on 本為希臘語中性形容詞後綴，因為這些形容詞所修飾的「氣體」一詞為中性名詞，故惰性氣體都有著 -on 的標誌後綴。

的 -eidos，英語轉寫為 -id。英語中以 -oid 結尾的名詞一般來源於此，其中 -o- 為希臘語中的連接字符，例如球狀物 spheroid 即 spher-o-id【像球一樣的物體】。這樣的詞彙很多，又如：小行星 asteroid【星狀體】、假根 rhizoid【像根的】、卵形體 ovoid【卵狀物】、類骨質 osteoid【骨類的】、頭狀花 cephaloid【頭狀物】、菌類 fungoid【蕈狀物】、機器人 android【類人的】、盤狀物 discoid【像碟子】、石狀物 lithoid【像石頭】、齒狀物 odontoid【像牙齒】。甲狀腺 thyroid 中的「甲狀」在西方人看來其實是「門狀」，這個詞由希臘語的 thyra‘門’和 eidos 構成，字面意思是【門狀之物】；乙狀結腸 sigmoid 的字面意思是【Σ 狀物】，Σ 即希臘字母 sigma。

希臘語的 eidos‘影像’還衍生出了英語中：幻像 eidolon【影像】、偶像 idol【幻象】、偶像崇拜 idolatry【偶像的崇拜】、萬花筒 kaleidoscope【迷人影像之鏡】、想法 idea【觀點】、理想的 ideal【合想法的】、理想主義 idealism【理想主義】。

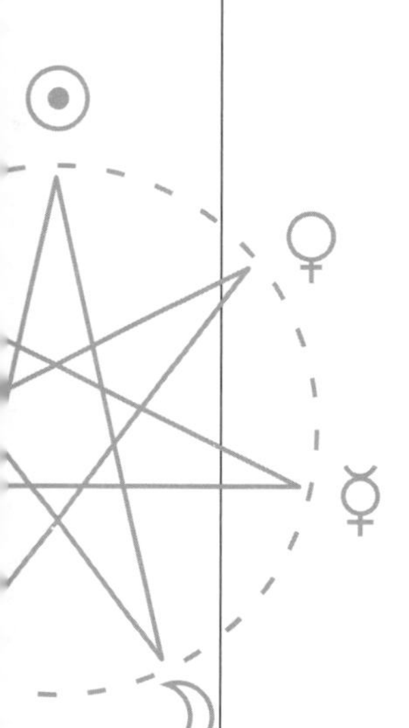

至此，我們對這個詞的詞源分析才剛剛開始。動詞 eido 的不定式為 idein‘to see’，詞基為 id-。對比拉丁語表示相同概念的動詞 videre‘to see’，後者詞基部分為 vid-，我們會輕易發現這兩者同源。從希臘語的 id- 到拉丁語的 vid- 剛好經過了一個「加 v 法則」，這個音位對應我們已經講過很多次了。拉丁語的 videre‘to see’衍生出的英語詞彙有：視頻 video 來自拉丁語，意思是【我看】，對比音訊 audio【我聽】；證據 evidence 本意是【展示出來看的】；所謂的遠見 providence 其實就是【先見之明】；招人不滿的 invidious 明顯就是讓人實在【看不下去了】；參見 vide 就是【請見】，諸如參見前文 vide ante【見前】、參見後文 vide post【見後】、參見上文 vide supra【見上】、參見下文 vide infra【見下】。動詞 videre 的完成分詞為 visus，後者衍生出了英語中：視力 vision 即【the seeing】、視覺的 visual【看的】、可見的 visible【能看到的】、不可見的 invisible【不能看到的】，外表 visage【所見到的景象】、預知 previse 就是【提前看到】；拜訪 visit【去探望】，拜訪的人就是 visitor 或 visitant，探望的抽象名詞為 visitation；建議 advise 無疑是【讓你看到】事情的真實的一面，或可能導致的結果；修訂 revise 是【重新審閱】了一遍，複習 revision【再看】也是類似的道理；如果沒有【先見之明】providence 怎麼可能做好準備 provide 呢？所謂的監督 supervise 就是【高高在上看】；而設計 devise 無疑是將想法【落實為可見】而已。拉丁語的 visus 演變出了古法語的 veue，從而有了英語中：風景 view【看見】、預告片 preview【在之前看】、回顧 review【再看】、面試 interview【面對面看】、調查 survey【從上往下看】、嫉妒 envy【心懷不軌地看】。

「見」和「知」有著密不可分的關係，知識本多源於經歷，也就是見識；而思考也就是「想」，從漢字結構上似乎可以理解為「心中之相」即「心中所見」。由此看來，在知識的最初階段，有見才能有知。中文的「我明白」以見指知，英語中也有相似的道理，叫 I see。事實上，早在古希臘語中，eido 就由‘見’的含義引申出‘知’的概念了。或許還要追溯得更早一些，古印度的奧義書——四部吠陀書即說明了這一點。在梵語中吠陀 veda 意思是‘知’，這個詞顯然與拉丁語的 videre 同源，本意都表示‘見’。印度最古老的婆羅門教就是吠陀思想的代表。順便提一下，佛祖的護法之一的韋陀也是 Veda，或譯「明智」。

拉丁語中的 visus 與英語中的 wise、wisdom、wit 同源，後者都有‘知’之意，而目擊者 witness 中還殘留著‘見’的基本概念。在阿爾戈英雄中，有一個名叫伊得蒙 Idmon 的先知，他【無所不知】，雖然在航行之前就預言到自己將死於途中，但他還是毫不猶豫地參加了這次偉大的遠航。

冥王黑帝斯在希臘神話中有時也被等同為財神普路托斯 Ploutos。後者被羅馬人轉寫成普魯托 Pluto。Pluto 一名源自希臘語的 ploutos‘財富’，後者衍生出了英語中：財閥統治 plutocracy【有錢人統治】、富豪統治 plutarchy【有錢人統治】、拜金主義 plutolatry【財富崇拜】、政治經濟學 plutonomy【財富之法則】、豪富妄想 plutomania【對富裕的迷戀】等。冥王星的名字 Pluto 即來自於冥王 Ploutos 的拉丁語名，這一點可以對比來自於海王羅馬名的海王星 Neptune、來自宙斯羅馬名的木星 Jupiter。

（六）「時光流逝」後裔之灶神赫斯提亞

克洛諾斯與瑞亞所生的6個子女中，赫斯提亞 Hestia 後來成為灶神，她負責掌管每一戶家庭的灶火。從出生的角度來看，赫斯提亞是6個孩子中的長女，她也是第一個被父親生吞進肚子，最後一位被吐出來的孩子。從後一個角度來看，赫斯提亞又成為6個孩子中最小的一位了。因此，她既是大姐又是小妹。赫斯提亞是著名的貞潔三女神之一，她立誓永保貞潔，並多次拒絕海王波塞頓、太陽神阿波羅等的求愛。在希臘神話中，赫斯提亞應該算是最低調的一位神祇了，她從來不惹是生非，不支持誰也不反對誰，也不和任何神祇鬧彆扭。相對於宙斯這種風流成性、酷愛強行實施自己意志的神祇，赫斯提亞無疑形成了鮮明的對比。灶神的不作不為也使得關於她的神話傳說幾乎一片空白，沒有任何故事流傳下來。之所以如此，或許因為在古希臘人家中，灶火就安置在房屋內。畢竟女神就在你們家，你怎麼敢談論她呢！神的壞話被神聽到了可不是鬧著玩的。赫斯提亞對應羅馬神話的維斯塔 Vesta。與希臘神話一樣，羅馬神話裡的灶神也沒有留下什麼著名的傳說。

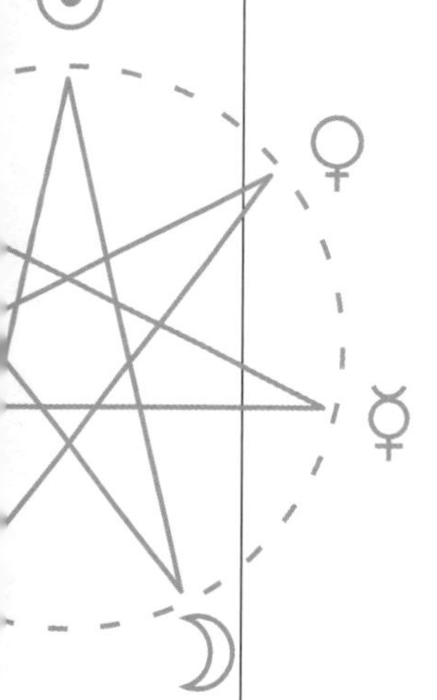

希臘語的 hestia 與拉丁語的 vesta 同源，意思都是‘家灶’。

hestia 一詞源自動詞 hezomai‘入座、入住’，後者衍生出了希臘語的 hedos‘座位’、hedra‘座椅’。希臘語的 hedos‘座位’與拉丁語的 sedes‘座位’、英語的 seat 同源，sedes 則演變出了拉丁語動詞 sedere‘就坐’，詞基為 sed-，對比英語中的同源詞彙 sit。該詞還衍生出了英語中：主持 preside【坐在前面】，於是就有了總統 president【主持事情者】；定居 reside【住下來】，而【住下來的人】就是居民 resident 了，同樣的道理，英語中的定居 settle 亦與其同源；潛伏 insidious 就是【安坐在那裡】，如果你在工作或學習中能夠【坐得住】、不躁亂，那你就是一個勤勉 assiduous 者了；還有坐著的 sedentary【安坐的】、沉著的 sedate【坐著的】、持異議者 dissident【分開坐著的人】、取代 supersede【坐於其上】、座談會 sederunt【大家在那坐著】、沉澱 sediment【沉積下來】、評估 assess【坐在旁邊】、巢穴 nest【坐下之地】。希臘語的 hedra‘座椅’(109)則衍生出了英語中：大教堂

(109) hedra 意為‘座椅’，引申出‘底面’的含義，從而有了英語中：四面體 tetrahedron【四個底面】、八面體 octahedron【八個底面】、十二面體 dodecahedron【十二個底面】、多面體 polyhedron【多個底面】。

cathedral【座椅的】來自 ecclesia cathedralis‘有主教座椅的教會’，因此 cathedral 一般指的是擁有主教職務的教堂；cathedralis 是‘座椅’cathedra 的形容詞形式，後者則演變出英語中的椅子 chair。

圖 4-50 奧林帕斯眾神

赫斯提亞是著名的 3 位貞潔女神之一，另兩位分別為智慧女神雅典娜和月亮女神阿提密斯。這 3 位女神都發誓永保貞潔，永不委身於任何神靈或人類。赫斯提亞曾經拒絕了海神波塞頓、太陽神阿波羅等神靈的追求。雅典娜和阿提密斯更不消說，她們不願嫁給任何人或神靈，而且不允許任何人觸犯自己貞潔的身分。據說雅典娜曾因為美女美杜莎和海王波塞頓在自己神廟前偷情而勃然大怒，她剝奪了美杜莎美麗的容顏，並把後者變成了一位無比恐怖的女妖，任何人只要看她一眼就會立刻被恐懼攫取靈魂，變成一具沒有生命的石頭。阿提密斯甚至不允許自己的侍女與任何男性有染，這些侍女們都曾經在女主人面前鄭重起誓跟隨她，永守貞潔。宙斯假裝成月亮女神的樣子侵犯了阿提密斯美麗的侍女卡利斯托，女神發現她失去貞潔了之後異常憤怒，將她變成一頭母熊並趕出了聖林。身為處女神的雅典娜全名為帕拉斯 ・ 雅典娜 Pallas Athena 即‘少女雅典娜’，她也經常被稱為 Parthenos Athena‘處女神雅典娜’，因此也有了著名帕台農神廟 Parthenon Temple【處女神之廟宇】，該廟宇就因供奉雅典娜而得名。阿提密斯的羅馬名為黛安娜 Diana，該名也成為處女的象徵，英語中 to be a Diana 就是「永守貞潔」之意。

至此，對克洛諾斯和瑞亞所生的 6 位子女已經分析完畢。這 6 位子女構成了奧林帕斯神族的中堅力量，他們在泰坦之戰、巨靈之戰、堤豐之戰等戰役中帶領第三代神系取得了輝煌的成績，最終鞏固了奧林帕斯神族的統治。在巨神族統治結束以後，12 位泰坦神被 12 位奧林帕斯主神所取代，這些主神基本由神王宙斯的兄弟姐妹和宙斯的子女們組成。他們分別是：天神宙斯、天后希拉、海王波塞頓、豐收女神得墨忒耳、灶神赫斯提亞、智慧女神雅典娜、太陽神阿波羅、月亮女神阿提密斯、戰神阿瑞斯、愛神阿芙蘿黛蒂、火神赫菲斯托斯和信使之神荷米斯。

表 4-4　希臘羅馬神話中的 12 位主神

神職	希臘名	譯名	羅馬名	譯名	對應聖物
天神	Zeus	宙斯	Jupiter	朱庇特	雄鷹、公牛
天后	Hera	希拉	Juno	朱諾	孔雀
海神	Poseidon	波塞頓	Neptune	尼普頓	馬、海豚
豐收女神	Demeter	得墨忒耳	Ceres	凱瑞斯	小麥、穀物
智慧女神	Athena	雅典娜	Minerva	彌涅耳瓦	橄欖樹、貓頭鷹
太陽神	Apollo	阿波羅	Apollo	阿波羅	天鵝、渡鴉
月亮女神	Artemis	阿提密斯	Diana	黛安娜	鹿、母熊
戰神	Ares	阿瑞斯	Mars	馬爾斯	禿鷲、狼
愛神	Aphrodite	阿芙蘿黛蒂	Venus	維納斯	玫瑰、白鴿
火神	Hephaestus	赫菲斯托斯	Vulcan	伏爾甘	鐵砧、鵪鶉
神使	Hermes	荷米斯	Mercury	墨丘利	龜
酒神	Dionysus	帝奧尼索斯	Bacchus	巴克科斯	葡萄枝、山羊

後來信奉酒神帝奧尼索斯的人越來越多，他在神界的地位也變得越來越重要。一向低調的灶神赫斯提亞便讓出了自己的位置，於是酒神成為了十二主神中的一員。奧林帕斯神族的 12 位大神最終固定下來。這 12 位主神是古代希臘人崇拜的諸神中的主要神祇。這些神祇以宙斯為中心，居住在奧林匹斯山上。相對其他神祇來說，他們的地位更為重要，因此被稱為奧林帕斯十二神。這 12 位神祇之重要性毋庸置疑，每一個神都有著難以一一述說的故事，並且對後世的文化藝術都有著深遠的影響。

要注意的是冥王黑帝斯並不在奧林帕斯的十二主神之列，因為他在冥界統治，並不經常出席在眾神聚集的奧林匹斯山上的會議。但雖然冥王未被列入十二主神，其重要性卻是不容置疑的，畢竟他統治的國度是每一位凡人最終的歸宿。

4.5_10　巨靈之戰

泰坦之戰以後，巨神族的勢力開始衰落，巨神族成員及其後代紛紛遭到奧林帕斯神族的排擠和整肅。地母蓋亞眼見自己心愛的孩子們——曾經無比強大的巨神族如今被奧林帕斯神族折磨得如此悲慘，心中不禁充滿了痛苦。於是，一個復仇計畫開始在她的心頭滋生。她將吉甘特斯巨人們Gigantes叫到自己面前，這樣鼓動他們：孩子們啊！看看你們正在受難的兄弟姐妹們吧！被囚禁在地獄深處的泰坦神、環繞在火山口的獨眼巨人們的亡魂、忍受著世界重負的阿特拉斯、被鷹鷲啄食肝臟的普羅米修斯 ...... 你們難道還要忍受更深重的苦難嗎？反抗吧！英勇無畏的孩子們！

（110）偽阿波羅多羅斯（Pseudo Apollodorus），重要的古希臘神話文獻《書庫》的作者。因證實並非阿波羅多羅斯所作，因此作者名被人們稱為偽阿波羅多羅斯。

於是，蛇足巨人們掀起了著名的「巨靈之戰」。

偽阿波羅多羅斯(110)在《書庫》中講到，吉甘特斯巨人出生在帕勒涅半島，他們個個身材巨大，長髮長鬚，大腿之上為人形，以兩條蛇尾為足，因此也稱為蛇足巨人。這些巨人們穿戴閃光盔甲，以火把和巨石為武器。蛇足巨人共24位，其中著名的有：阿爾庫俄紐斯Alcyoneus【大力士】、波耳費里翁Porphyrion【洶湧】、恩刻拉多斯Enceladus【衝鋒號】、埃該翁Aegaeon【風暴】、阿格里俄斯Agrius【野蠻人】、托翁Thoon【飛毛腿】、厄菲阿爾忒斯Ephialtes【夢魘】、彌瑪斯Mimas【仿效者】、帕拉斯Pallas【舞槍者】、歐律托斯Eurytus【泛流者】、克呂提俄斯Clytius【顯赫者】、波呂玻忒斯Polybotes【饕餮者】、希波呂托斯Hippolytus【放馬者】。其中大力士阿爾庫俄紐斯是領袖，洶湧者波耳費里翁為二把手。

女神蓋亞賜給了他們一種法力，使得他們暫時擁有不死之身，即使是被打成十級傷殘，也能很快地恢復過來投入戰鬥。有一則預言說，世上唯有凡人中最勇猛英雄才能殺死他們。預言還說如果巨人們能找到一株神奇的藥草，那這位凡間英雄便也無法奈何他們了。在蓋亞和巨人們密謀戰爭時，消息已走漏，被奧林帕斯諸神們知道。宙斯連忙召集眾神，令他們做好戰鬥的準備。聰明的雅典娜趕在蓋亞之前找到了這個藥草，並根據宙斯的命令，請人間最勇猛的英雄海克力士來援助奧林帕斯神，加入了這場戰爭。

大地女神激勵蛇足巨人們說：孩子們，是時候推翻奧林帕斯神的統治，拯救你們的兄弟姐妹們了。讓世界重新恢復巨神族的輝煌統治吧！去吧，戰鬥吧！阿爾庫俄紐斯，你去把宙斯扔下寶座，搶過他的霹靂，將他碎屍萬段。波耳費里翁，你去對付希拉。孩子們，進攻吧！奧林帕斯神族的末日就要到了！

圖 4-51　吉甘特斯巨人大戰奧林帕斯諸神

巨人們像潮水一般湧向奧林匹斯山。山上的眾神在奧林帕斯十二主神的帶領下，已經做好了戰鬥的準備。宙斯用閃電雷鳴奏響了戰爭的號角，大地女神就猛烈地撼動著群山給以回擊。戰爭開始了。大力士阿爾庫俄紐斯勇猛無比，在最前面衝殺，雖然被宙斯一次次地打倒，但他總會重新站起來投入戰鬥。洶湧者波耳費里翁 PK 女神希拉，希拉壓根就不是這位可怕巨人的對手，且戰且退，這哥們在戰鬥時無意間碰掉了希拉的面紗，不禁被希拉的美色所動，邪心陡起，想來個先姦後殺，宙斯老遠發現這個邪惡的巨人企圖猥褻自己老婆，便一個雷霆過去將其擊翻在地。戰爭漸漸進入膠著狀態，奧林帕斯眾神施了各種方法，卻都未能殺死任何一個對手。這時海克力士終於在雅典娜的帶領下趕到，給剛剛復活過來的波耳費里翁補了一箭，後者這才靈魂出竅，蹬腿咽氣了。最難纏的是蛇足巨人的首領阿爾庫俄紐斯，雖然宙斯和海克力士聯手，多次將其打倒在地，但是一落地他又充滿力量地站了起來，就好像從未倒下過一樣，而宙斯和海克力士卻開始有點力不從心了。後來還是聰明的雅典娜識破了其中的蹊蹺，讓海克力士假裝敗走，且戰且逃，引誘巨人跑出其出生地帕勒涅半島之後，再用毒箭射中了他。巨人忘記了母親曾經叮囑他不要離開帕勒涅的勸告，倒地之後就再也沒能站起來了。

阿爾庫俄紐斯有 7 個女兒，後來在得知自己的父親被海克力士殺死後，她們悲痛欲絕，紛紛投海而死，死後化作了翠鳥[111]。

衝鋒號手恩刻拉多斯一看老大老二都被殲滅了，拔腿就跑。雅典娜一路追趕，終於在西西里島追上了他，她擊倒巨人後用埃特納火山 Mount Etna 將其死死壓住。據說，這裡經常火山噴發，就是恩刻拉多斯在掙扎的原因。

夢魘巨人厄菲阿爾忒斯想登上奧林匹斯山，於是將三座山堆疊在一起，企圖借此登上奧林帕斯時，被太陽神阿波羅一箭射中左眼，海克力士則一箭射中了他的右眼，巨人從山頂摔了下來，失去了生命。仿效者彌瑪斯被火神赫菲斯托斯扔過來的一塊熾鐵擊中身亡。帕拉斯被雅典娜女神擊斃，女神剝下他身上的皮，披在自己身上，作為防護[112]。饕餮者波呂玻忒斯見大勢已去，逃離戰場，海王波塞頓一路追趕，並在科斯島附近撕開一座小島，壓在了巨人身上，這島被稱為尼西羅斯島[113]，是一座活火山之島，因為被埋在島下面的巨人仍掙扎著想要出來。冥王黑帝斯並沒有參戰，但是他將自己的隱身頭盔借給信使之神荷米斯，荷米斯戴著隱身頭盔殺死了放馬者希波呂托斯，這位巨人甚至連自己被誰殺死都不知道。3 位命運女神用銅杖殺死了野蠻人阿格里俄斯和飛毛腿托翁。風暴巨人埃該翁被月亮女神阿提密斯一箭射死，顯赫者克呂提俄斯被幽靈女神黑卡蒂用火燒死，泛流者歐律托斯被酒神帝奧尼索斯用神杖殺死 ......

（111）注意到阿爾庫俄紐斯 Alcyoneus 的女兒們化作了翠鳥，而翠鳥在希臘語中稱為 alcyone，後者演變為了英語中的翠鳥 halcyon。

（112）雅典娜也被稱為帕拉斯．雅典娜 Pallas Athena，據說就是因為她曾經殺死巨人帕拉斯，並披著他的皮戰鬥。

（113）圓形的尼西羅斯小島 Nisyros 位於愛琴海科斯島旁邊，古代時是一座活火山，曾多次噴發。

巨靈之戰結束後，巨神族徹底被奧林帕斯神征服，自此以後神界再也沒有發生大暴動。奧林帕斯神族制定並守護著新的世界法則，再也沒有出現如此宏大而可怕的戰爭。

那麼，蛇足巨人的名字 Gigantes 到底暗含著什麼樣的訊息呢？

Gigantes 一詞，是希臘語‘巨大、巨人’gigas 一詞的名詞複數形式，因為蛇足巨人不只一位。gigas 衍生出了英語中：龐大的 gigantic（對比鐵達尼號的名字 Titanic）、生物中的巨紅血球為 gigantocyte【巨大的細胞】、

(114) 我們常說電腦硬碟儲存空間的單位 G 就是 gigabit，表示 1 000 000 000 個位元，或稱 billion bit。當然，後者只是個近似數，或者我們應該準確的說 1Gb=1024Mb（約為 1000 兆），而 1Mb=1024Kb（約為 1000K），又有 1Kb=1024b（約為 1000b）。

(115) 對比自行車 bicycle【兩個輪子】、二頭肌 biceps【兩個頭】。

(116) 對比三輪車 tricycle【三個輪子】、三頭肌 triceps【三個頭】、三角形 triangle【三個角】。

(117) 對比四邊形 quadrangle【四個角】、一刻鐘 quarter【四分之一小時】。

像姚明這種身材巨大的就叫 gigantosoma【巨大的身軀】；gigantes 還衍生出了英語中的 giant，後者亦用來表示「巨人」之意。希臘語的 gigas 還經常以前綴 giga- 的形態出現在構詞中，例如 gigabyte[114]。

與中文的個位、萬位、億位這樣的四位命數法不同，西方的命數法是三位的，所以一個數在中文傳統中是這樣表示的 1 0002 0009，叫做一億零二萬零九，相同的數在英語中則是 100 020 009，為 100 million 20 thousand and 9。英語的進制是三位數的， one、thousand、million、billion、trillion 這樣的進制。這些單位一般在數學和物理中有著不同的縮寫表示，其中，表示 thousand 概念的簡寫形式，一般使用來自希臘語的 kilo-（如公斤 kilogram、公里 kilometer、千瓦 kilowatt、千焦耳 kilojoule，這些都是我們常見的物理單位，一般簡寫為 kg、km、kw、kj）。而百萬 million 則是拉丁語的 mille‘一千’的大稱詞形式，意思是【更大的千位】，即兩個千的積，也就是百萬，因此就有了百萬富翁 millionaire【百萬之人】；表示百萬概念的簡寫形式，一般使用來自希臘語的 mega-（例如百萬位元組 megabyte、百萬噸 megaton、百萬像素 megapixel、百萬瓦 megawatt，當然，我們比較習慣將這個百萬譯為「兆」）。更大一級的進位為 billion，由 bis[115] ‘兩次’和 million 構成，兩次百萬乘積，即 10^{12}，一般也在較小的尺度下表示 10 億（10^9）的概念；表示 10 億概念的縮寫形式，一般使用 giga-，相比下來，這的確是個巨大的數字（如 10 億位元組 gigabyte、10 億噸 gigaton）。當然，除此之外還有 trillion【百萬的三次乘積】[116] 即 10^{18}、quadrillion【百萬的四次乘積】[117] 即 10^{24} 等，現在也分別在較小尺度下表示 10^{12}、10^{15} 之數量，不過這些數字實在太大，日常幾乎都用不到的。

關於希臘語 gigas‘巨大’的詞源，有一個說法是源於大地女神蓋亞 Gaia，畢竟蓋亞所生的後代都有著巨大的身軀，諸如泰坦神族、百臂巨人族、獨眼巨人族、蛇足巨人族等。蓋亞的名字 Gaia 一詞源自希臘語的 ge‘大地’，其衍生出了英語中：地理 geography【對大地的描繪】、地質學 geology【研究大地的一門學問】、幾何學 geometry【土地丈量的學問】；月亮繞地球運行，離地球最近的點叫近地點 perigee，離地球最遠的點叫遠地點 apogee；地棲生物叫 geobiont【大地生命】，地面植物為 geobion【大地生命】、地下結果實叫做 geocarpy【地裡的果子】；風水術稱作 geomancy【大地預測】，不過這個詞貌似很貶義；拜土地公這種現象就叫 geolatry【大地崇拜】，而土地神被稱為 gnome【地居者】。在地裡工作的人就是 george【在地裡工作】，喬治 George 這個名字的本意就是【在地裡工作的人，農夫】。當然，「農夫」們很久以前就不種地了，有的當上了大將軍，例如美國國父喬治・華盛頓 George Washington；有的當上了總統，例如喬治・布希 George W. Bush；有的成為了音樂家，例如喬治・溫斯頓 George Winston；還有的成為了明星，例如喬治・克魯尼 George Clooney。這世界已經發生了翻天覆地的變化，史密斯 Smith【鐵匠】不打鐵了，卡彭特 Carpenter【木匠】不修木頭了，柴契爾 Thatcher【蓋屋匠】也不蓋房子了。唉，真是白雲蒼狗，綠肥紅瘦啊！

蓋亞為大地女神，也是大地的化身。於是地理學中最古老的原始大陸被稱為【泛大陸】Pangaea，中文譯為盤古大陸。當盤古大陸經過分裂和板塊漂移以後，這早期陸地主要分為 4 個區域，分別是古界 Paleogaea【古大地】、新界 Neogaea【新大地】、北界 Arctogaea【北大地】、南界 Notogaea【南大地】，其中，後三個陸界為最早產生動物的三大地理區。另外，也有學者將早期陸地分為原界 Eogaea【古初大地】和新界 Caenogaea【新大地】兩塊。

4.5_11　土星的神話體系

我們已經知道，地母蓋亞和天神烏拉諾斯不斷結合，第一批生下了 12 位泰坦神，第二次結合又生下了 3 位獨眼巨人，第三次結合生下了 3 位百臂巨人。烏拉諾斯在第一次嘗到了甜頭之後，對性產生了極大的樂趣。他夜夜都來到大地女神的床第與其交合。大地女神對這個只知性交的暴虐丈夫極為不滿，便慫恿自己的孩子們反對這個暴君。泰坦神中最小的一位克洛諾斯勇敢地接受了這一項任務，在一個夜幕降臨時分將父王閹割，從天王烏拉諾斯陽具上落出的精血落在大地上，使得大地女神再次受孕，從而又生下了十多位蛇足巨人。

土星因泰坦神族之主神克洛諾斯命名，該星的名字 Saturn 即克洛諾斯對應的羅馬名。目前已經發現的土星衛星有 61 顆，其中正式命名的有 53 顆。這 53 顆命名衛星中，有 23 顆以古希臘神話人物命名，20 顆以北歐神話人物命名，5 顆以因紐特神話命名，剩下 5 顆以羅馬神話（1 顆）、高盧神話（4 顆）命名。

土星的 23 顆以希臘神話人物命名的衛星中，用泰坦神命名的有：

土衛三 海洋女神特提斯 Tethys

土衛五 流逝女神瑞亞 Rhea

土衛七 高空之神許珀里翁 Hyperion

土衛八 衝擊之神伊阿珀托斯 Iapetus

土衛九 光明女神菲比 Phoebe

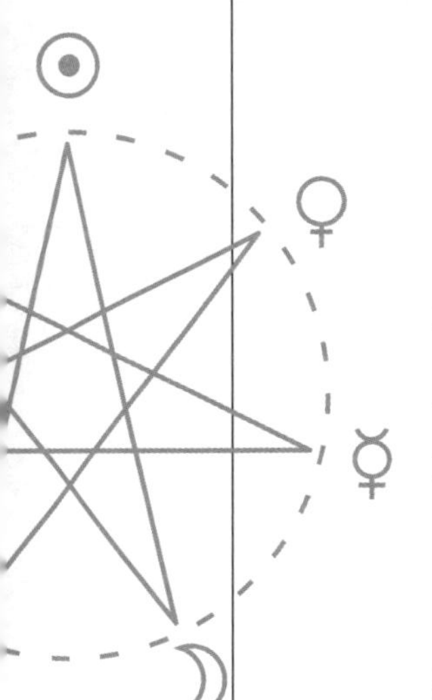

應該說由 12 位泰坦神組成的 6 組泰坦世家裡面，除了一向很「給力」的克利俄斯與女海神歐律比亞家庭沒有派代表為首領克洛諾斯（即土星之神）執勤以外，其他家庭皆委派一些成員保衛首領（從中文的意思來看，衛星不就是保衛行星的星麼！）。看來克利俄斯一家不但給力也很厲害，連老大都不給面子。土衛六 Titan 大概也應該算到泰坦神裡，因為他是單數概念的泰坦神，也可以指任何一位泰坦巨神。

以泰坦神族的後裔命名的衛星也有不少，其中有來自大洋之神俄刻阿諾斯家庭的 3 位大洋仙女和來自衝擊之神伊阿珀托斯家庭的 3 個兒子和一個兒媳。其中，來自於「大洋之家」，即俄刻阿諾斯與特提斯的女兒有：

土衛四 大洋仙女狄俄涅 Dione

土衛十三 大洋仙女忒勒斯托 Telesto

土衛十四 大洋仙女卡呂普索 Calypso

來自於衝擊之神伊阿珀托斯家庭，即伊阿珀托斯與克呂墨涅的兒子和兒媳有：

土衛十一 厄庇墨透斯 Epimetheus

土衛十五 阿特拉斯 Atlas

土衛十六 普羅米修斯 Prometheus

土衛十七 潘朵拉 Pandora

蛇足巨人吉甘特斯家族中，也有3位成員被用來命名土衛，他們分別是：

土衛一 仿效者彌瑪斯 Mimas

土衛二 衝鋒號恩刻拉多斯 Enceladus

土衛五十三 風暴巨人埃該翁 Aegaeon

蛇足巨人之一的阿爾庫俄紐斯在巨靈之戰中被海克力士殺死後，他的7個女兒紛紛投海自盡，後來變成了一群翠鳥。七姐妹中有3位被用來命名土衛：

土衛三十二 仙女墨托涅 Methone

土衛三十三 仙女帕勒涅 Pallene

土衛四十九 仙女安忒 Anthe

除此之外，還有一些與克洛諾斯關係相對疏遠的：

土衛十二 Helene，美女海倫，克洛諾斯之孫女

土衛三十四 Polydeuces，海倫之兄，克洛諾斯之孫

當然，這樣說似乎有些牽強了，我們或許能在一些衛星上找到更多的訊息。克洛諾斯的另外兩個後代：

土衛十八 牧神潘 Pan

土衛三十五 達佛尼斯 Daphnis

之所以如此命名這兩個衛星，主要是因為一個現象，在類似於土星這種有光環的行星上，一些比較大的衛星透過其重力場「看管住」行星的光環，就好像牧人看管住羊群一樣，這種衛星被稱為 shepherd moon，可以意譯為「牧羊人衛星」(118)。土衛十八和土衛三十五都屬於這類牧羊人衛星，因此以兩位牧者的名字命名。

（118）新世紀音樂天后恩雅的專輯 *Shepherd Moons* 說的就是這類衛星，中文一般譯為《牧羊人之月》。從意境的層面上，這樣的翻譯很到位，不過從含義上看，似乎有些偏頗了。

至此，23 位希臘神話人物命名的土衛全部分析完畢。其餘的 30 顆衛星中，軌道傾角在 90° ～ 180° 的逆行衛星被命名為北歐群，這個群裡的 21 顆衛星除了早期發現的土衛九外，其餘 20 顆都以北歐神話中的神命名；軌道傾角在 36° 左右的順行衛星被命名為高盧群，共 4 顆衛星，皆以高盧古神話故事人物命名；軌道傾角在 48° 左右的順行衛星歸為因紐特群，共 5 顆衛星，都以因紐特神話傳說命名。

因為土星之神克洛諾斯屬於泰坦神族，為希臘神話中的巨神族，土星的衛星都以傳說中的巨神或巨人命名，或者與之密切相關的人物。

北歐群 Norse group

北歐群中以北歐神話中的巨神命名的土衛有 20 位，他們是北歐神話中霜巨人族中的各位成員。

土衛十九 太初巨人伊密爾 Ymir

土衛二十三 靈酒巨人蘇圖恩 Suttungr

土衛二十五 巨人蒙迪爾法利 Mundilfari

土衛二十七 雪獵女神斯卡蒂 Skathi

土衛三十 風巨人索列姆 Thymr

土衛三十一 巨人那維 Narvi

土衛三十六 海巨人埃吉爾 Aegir

土衛三十八 霜巨人勃爾格爾密爾 Bergelmir

土衛三十九 女巨人貝絲特拉 Bestla

土衛四十 閃電巨人法布提 Farbauti

土衛四十二 始源巨人佛恩尤特 Fornjot

土衛四十四 火煙女巨人希爾羅金 Hyrrokkin

土衛四十五 空氣巨人卡利 Kari

土衛四十六 火巨人洛格 Loge

土衛四十八 焚世巨人蘇爾特爾 Surtur

土衛五十 鐵刀女巨人雅恩莎撒 Jarnsaxa

土衛五十一 女巨人格蕾普 Greip

另外，傳說中的邪惡巨狼 Fenrir ，以及巨狼所生的兩隻惡狼 Hati 和 Skoll 也被用來命名土衛。

土衛四十一 巨狼芬利爾 Fenrir

土衛四十三 逐月惡狼哈梯 Hati

土衛四十七 逐日惡狼斯庫爾 Skoll

因紐特群 Inuit group

土星衛星由因紐特神話命名的衛星有 5 顆，這些人物都是因紐特神話中的巨神。

土衛二十 巨神帕利阿克 Paaliaq

土衛二十二 變形怪伊耶拉克 Ijiraq

土衛二十四 巨神基維尤克 Kiviuq

土衛二十九 巨神西阿爾那克 Siarnaq

土衛五十二 月神塔爾科克 Tarqeq

高盧群 Gallic group

土星衛星由因高盧神話命名的衛星有 4 顆，這些人物都是神話中的巨神。

土衛二十一 牛神塔沃斯 Tarvos

土衛二十六 世界之王阿爾比俄里克斯 Albiorix

土衛二十八 巨神厄里阿波 Erriapus

土衛三十七 美女巨人貝芬 Bebhionn

4.6 天王星 莎士比亞紀念館

天王星 Uranus 以希臘神話中的天神烏拉諾斯命名。這顆星與之前的 5 顆行星（水星 Mercury、金星 Venus、火星 Mars、木星 Jupiter、土星 Saturn）不同，水星、金星、火星、木星、土星五大行星遠在古代就為人們所熟知，

圖 4-52　天王星

而天王星是到了近代才發現的。它的發現者是英國天文學家赫瑟爾[119]爵士。1781 年赫瑟爾為表示對國王喬治三世[120]的敬意，將該星命名為 George Sidus【喬治之星】，此舉遭到了一向以希臘羅馬神話命名星體的歐洲天文學界的強烈反對，德國天文學家波得[121]提議將其以希臘神話中的天神烏拉諾斯命名為 Uranus，後被學界採用。因此讓天王星發現者赫瑟爾大為光火，並再次將自己發現的天王星衛星以莎士比亞戲劇中的人物命名，於是開創了以莎翁戲劇人物命名天王星衛星的傳統。直到現在，已知的天王星 27 顆衛星中，有 25 顆以莎翁作品中的人物命名。另外還有兩顆衛星，則以與莎翁同時代的著名詩人波普的作品《秀髮劫》中的人物命名。

為了敘述上的簡潔，先將所涉及的作品原名與譯名對應如下：

As You Like It《皆大歡喜》

A Midsummer Night' s Dream《仲夏夜之夢》

Hamlet《哈姆雷特》

King Lear《李爾王》

Romeo and Juliet《羅密歐與茱麗葉》

Much Ado About Nothing《無事生非》

Othello《奧賽羅》

Timon of Athens《雅典人泰門》

The Tempest《暴風雨》

The Merchant of Venice《威尼斯商人》

Taming of the Shrew《馴悍記》

The Winter' s Tale《冬天的故事》

Troilus and Cressida《特洛伊洛斯與克瑞西達》

（119）赫瑟爾（William Herschel, 1738～1822），英國天文學家，英國皇家天文學會第一任會長。恆星天文學的創始人，被譽為恆星天文學之父。天王星的發現者。

（120）喬治三世（George III, 1738～1820），英國及愛爾蘭的國王，英國漢諾威王朝的第三任君主。

（121）波得（Johann Elert Bode, 1747～1826），德國天文學家。他最早計算出天王星的軌道，並使用天神烏拉諾斯的名字 Uranus 命名天王星。

The Rape of the Lock《秀髮劫》

天衛一 Ariel

《暴風雨》中的精靈愛麗兒 Ariel，為普洛斯帕羅之奴僕。

天衛二 Umbriel

《秀髮劫》惡毒精靈烏姆伯里厄爾 Umbriel。

天衛三 Titania

《仲夏夜之夢》中的精靈王后泰坦尼亞 Titania。

天衛四 Oberon

《仲夏夜之夢》中的精靈之王奧伯龍 Oberon。

天衛五 Miranda

《暴風雨》前米蘭公爵普洛斯帕羅之女米蘭達 Miranda。

天衛六 Cordelia

《李爾王》李爾王的小女兒寇蒂莉亞 Cordelia。

天衛七 Ophelia

《哈姆雷特》中大臣波洛涅斯之女奧菲利亞 Ophelia，哈姆雷特的愛戀對象，後來他意識到自己對奧菲利亞不是真正的愛情。奧菲利亞在森林中的小河不慎溺水而亡。

圖 4-53　羅密歐與茱麗葉

天衛八 Bianca

《馴悍記》溫順美麗的富家少女比安卡 Bianca。

天衛九 Cressida

《特洛伊洛斯與克瑞西達》輕浮的少女克瑞西達 Cressida。

天衛十 Desdemona

《奧賽羅》奧賽羅將軍之妻黛絲德蒙娜 Desdemona。

天衛十一 Juliet

《羅密歐與茱麗葉》中的少女茱麗葉 Juliet。

天衛十二 Portia

《威尼斯商人》富商安東尼奧美麗聰明的妻子波西亞 Portia。

天衛十三 Rosalind

《皆大歡喜》被篡位的大公爵之女羅瑟琳 Rosalind。

天衛十四 Belinda

《秀髮劫》擁有迷人金髮的女主角貝琳達 Belinda。

天衛十五 Puck

《仲夏夜之夢》精靈帕克 Puck，奧伯龍之僕人。

天衛十六 Caliban

《暴風雨》被普洛斯帕羅所役使的僕人卡列班 Caliban。

天衛十七 Sycorax

《暴風雨》女巫西考拉克斯 Sycorax，卡列班之母。

天衛十八 Prospero

《暴風雨》被流放的米蘭公爵普洛斯帕羅 Prospero。

天衛十九 Setebos

《暴風雨》女巫西考拉克斯信奉之神明塞特波斯 Setebos。

天衛二十 Stephano

《暴風雨》那不勒斯王之膳夫斯丹法諾 Stephano，愛酗酒。

天衛二十一 Trinculo

《暴風雨》那不勒斯王之弄臣特林庫羅 Trinculo。

天衛二十二 Francisco

《暴風雨》那不勒斯大臣弗朗西斯科 Francisco。

天衛二十三 Margaret

《無事生非》希羅的女侍從瑪格麗特 Margaret。

天衛二十四 Ferdinand

《暴風雨》那不勒斯王子斐迪南 Ferdinand，與米蘭達相戀。

天衛二十五 Perdita

《冬天的故事》被國王拋棄的西西里公主珀迪塔 Perdita。

天衛二十六 Mab

《羅密歐與茱麗葉》中提到精靈女王瑪柏 Mab。

天衛二十七 Cupid

《雅典的泰門》中的愛神丘比特 Cupid。

4.6_1 被遺忘的遠古神祇

天王星的名字 Uranus 來自神話中的天神烏拉諾斯，uranus 一詞意思也為【天空】。我們已經知道，整個第二代神系裡的泰坦神族、獨眼巨人族、百臂巨人族、蛇足巨人族等都是天神烏拉諾斯的後裔。那麼，天神烏拉諾斯又是如何出生，有著什麼樣的家世呢？

根據《神譜》記載，天神烏拉諾斯是大地女神蓋亞的長子，女神在未經交歡的情況下，獨自生育出了天神烏拉諾斯 Uranus。之後女神還生下了叢山之神烏瑞亞 Ourea 和遠古海神蓬托斯 Pontos。赫西奧德這樣講道：

> 大地女神最先孕育出與她一樣大的
> 繁星無數的天神，他整個兒罩住大地，
> 是極樂神們永遠牢靠的居所。
> 大地又生下高聳的叢山烏瑞亞，
> 那是山居的寧芙仙子們喜愛的棲處。
> 她又生下荒蕪而怒濤不盡的大海
> 蓬托斯，她未經交歡生下這些後代。
>
> ——赫西奧德《神譜》126~132

天神烏拉諾斯為大地女神的長子，他建立了神界的最初統治。他帶領山神烏瑞亞、海神蓬托斯與同時代的神祇一起統治著世間萬物。我們可以將這一代神稱為遠古神祇。遠古神祇是最早建立世間統治的神明，因此這個時代的神祇被認為構成了第一代神系。這一代神系的主要神明有：天神烏拉諾斯 Uranus、群山之神烏瑞亞 Ourea、遠古海神蓬托斯 Pontos、天光之神埃忒耳 Aether、白晝女神赫墨拉 Hemera，5 位老海神即象徵「海之友善」的涅柔斯 Nereus、象徵

（122）化學元素鈾 Uranium 命名於 1789 年，為了紀念當時被命名為天王星 Uranus 的行星。對比錼 Neptunium，1940 年為了紀念新發現的行星海王星 Neptune 而命名。鈽 Plutonium，1942 年為了紀念新發現的行星冥王星 Pluto 而命名。

「海之奇觀」的陶瑪斯 Thaumas、象徵「海之憤怒」的福耳庫斯 Phorcys、象徵「海之危險」的刻托 Ceto、象徵「海之力量」的歐律比亞 Eurybia，以及創世五神，即地母蓋亞 Gaia、地獄深淵之神塔爾塔洛斯 Tartarus、愛欲之神厄洛斯 Eros、昏暗之神厄瑞波斯 Erebus 、黑夜女神尼克斯 Nyx。

天神 Uranus

天神烏拉諾斯是大地女神蓋亞的長子，天空與大地一樣巨大無邊。每到夜裡，天神就來到大地女神的床第，與之結合，並生育出了後來的 12 位泰坦神、獨眼三巨人、百臂三巨人、蛇足巨人族。

早期的神多是自然力或者自然元素的象徵，因此，神名往往即其神職，例如海神蓬托斯的名字 pontos 一詞意思即‘大海’、群山之神烏瑞亞的名字 ourea 一詞意思即‘群山’，還有我們之前講過的太陽神赫利奧斯 helios‘太陽’、月亮女神塞勒涅 selene‘月亮’、黎明女神厄俄斯 eos‘黎明’等。同樣的，天神的名字 Uranus 一詞意為‘天空’，於是就有了：繆斯女神中的天文女神 Urania【天文】、隕石 uranolite【天上飛來的石頭】、天體學 uranology【關於天體的研究】、天象圖學 uranography【天圖的描繪】、天體觀察 uranoscopy【天空觀察】、鈾 uranium【天王星元素】(122)。

一些學者認為，‘天空’之所以稱為 uranus，因為它帶來降雨，該詞源自古老的印歐語詞根 *ur- ‘降水’。天空的降水和人的撒尿有異曲同工之處，因此拉丁語中 urina 就有了‘尿’之意，後者衍生出了英語中：小便 urine【降水的、排泄水的】、尿道 urethra【排尿器官】、小便池 urinal【排尿的】、尿素 urea【尿】、尿毒症 uremia【尿血症】、無尿 anuria【無尿症】、尿過少 oliguria【少尿症】、尿酸 uric acid【尿之酸】、利尿劑 diuretic【通尿的】、蛋白尿 proteinuria【蛋白尿症】、驗尿 urinalysis【尿分析】、膿尿 pyuria【尿膿】、排尿 urinate【尿】、輸尿管 ureter【排尿物】、遺尿 enuresis【尿出】。

群山之神 Ourea

烏瑞亞被認為是群山之神，其名 Ourea 為希臘語 ouros‘山’的複數形式，因此烏瑞亞代表著群山。還有一種說法認為，烏瑞亞並不只是一位神祇，而是由數位不同的山神組成的總名稱，包括奧林匹斯山 Olympos、赫利孔山 Helicon、帕納塞斯山 Parnassus、埃特納山 Aitna、阿索斯山或聖山 Athos、基塞龍山 Kithairon 、尼薩山 Nysa、伊達山 Ida 等。

人們認為，每座山上都寓居著很多美麗動人的寧芙仙子 Nymph。《奧菲斯教禱歌》中有一首專門獻給她們：

> 寧芙仙子，如此靈巧，露水為衣，步態輕盈，
> 溪谷與花叢裡你們若隱若現，
> 高山上你們和潘共舞歡呼，
> 岩石邊你們奔跑呢喃，山裡的流浪女仙哦！
> 野生少女，泉水與山林的精靈，
> 芬芳的白衣處女，清鮮如細風
>
> ——《奧菲斯教禱歌》篇 51　6~11

比較著名的有基塞龍山上的寧芙仙子厄科 Echo，她愛上了一個自戀的美男子納西瑟斯 Narcissus，少年陷於對自己俊俏樣貌的愛戀，對仙女置若罔聞；後來厄科在失意中因冒犯希拉而被其變為只會複述別人話的回聲，英語中的 echo 即由此而來。還有伊達山上的北極仙女 Cynosura 和柳樹仙女 Helike，姐妹兩個曾經在宙斯年幼的時候哺育過他，為了表示感謝，宙斯將北極仙女的形象置於小熊星座中，英語中的北極星 Cynosure 即來自於此；柳樹仙女的名字 Helike 被用來命名木星的一顆衛星，即木衛四十五。

圖 4-54　寧芙仙子和薩堤洛斯

希臘語的 ouros ‘山’ 衍生出了英語中的：造山運動 orogeny 字面意為【山的形成】、山岳學 orography【山的描繪】、山理學 orology【關於山的研究】、山岳高度計 orometer【山上用的儀錶】；草本植物「牛至」因為多生於山上而被稱為 oregano【生長於山】。山岳仙女被稱為 Oreads【山岳的後裔】；阿伽門農的小兒子俄瑞斯忒斯 Orestes 名字意為【山居者】，阿伽門農的妻子及其姦夫設

計殺死了丈夫，俄瑞斯忒斯後來替父報仇，親手將母親殺死；獵戶俄里翁 Orion 是一個居住【在山裡】的獵人，他的帥氣使得月亮與狩獵女神阿提密斯為之傾倒，一直誓守貞潔的妹妹開始談戀愛了，她的哥哥阿波羅很擔心，後果很嚴重，哥哥借妹妹之手將俄里翁殺死，後來俄里翁的形象被置於夜空，成為了我們所熟知的獵戶座 Orion。

遠古海神 Pontos

蓬托斯是最早的海神，他是海洋的化身，Pontos 即‘大海’。達達尼爾海峽也被稱為 Hellespont【赫勒之海】，傳說這個叫赫勒 Helle 的小姑娘騎著金毛羊飛過大海時，因眩暈墜海而死。這頭羊後來成為白羊座 Aries，並由此開啟了著名的阿爾戈號取金羊毛的故事。後來君士坦丁大帝又將該海命名為 Diospontus【宙斯之海】。而黑海在古代就被稱為 Pontos Euxeinos‘好客的海’，這也是如今黑海經常被人們稱為 Euxine 或 euxine sea 的原因。

遠古海神和大地女神結合，生下了 5 位後輩海神，他們分別是：象徵「海之友善」的涅柔斯 Nereus、象徵「海之奇觀」的陶瑪斯 Thaumas、象徵「海之憤怒」的福耳庫斯 Phorcys、象徵「海之危險」的刻托 Ceto、象徵「海之力量」的歐律比亞 Eurybia。

女海神歐律比亞嫁給了泰坦神中的力量之神克利俄斯，並為他生下了一個「給力家族」，我們已在《泰坦神族 之給力》中講過，不再贅述。其他 4 位後輩海神也繁衍出眾多的後代，涅柔斯生下了 50 位海中仙女，福耳庫斯和刻托結合生下了眾多可怕的怪獸，陶瑪斯生下了彩虹女神、怪鳥哈耳庇厄等一群飛行迅疾的後裔。

在以天神烏拉諾斯為首的第一代神系中，一共有 15 位主神，其中有 6 位是海洋神祇，這似乎告訴我們海洋在古希臘文化中重要的地位。事實上，對於古希臘人來說，潮濕的海水要比貧瘠的土地更有魅力。與中國這種相對封建保守的內陸文明相比，古希臘提供了一個開放的、富於冒險精神的海洋文明，並影響和塑造了整個歐洲的文化性格。

4.6_2 創世五神

在希臘神話中，天神烏拉諾斯、山神烏瑞亞、海神蓬托斯都由大地女神所生，而大地女神則生自太初的混沌卡俄斯 Chaos。從太初的混沌之中還生出了地獄深淵之神塔爾塔洛斯 Tartarus、愛欲之神厄洛斯 Eros、昏暗之神厄瑞波斯 Erebus 和黑夜女神尼克斯 Nyx。這些神靈都從太初的混沌中誕生，並且都是各種自然現象的化身神，因此他們的名字同時也正是事物本身的名稱。蓋亞 Gaia 既代表大地也是大地女神的名字、塔爾塔洛斯 Tartarus 既代表地獄深淵也是地獄深淵之神的名字、厄洛斯 Eros 既代表愛戀也是愛欲之神的名字、尼克斯 Nyx 既代表黑夜也是黑夜女神的名字。

> 最早出生的是卡俄斯，接著便是
> 幅員遼闊的大地蓋亞，永生者牢靠的根基
> ——永生者們住在積雪的奧林匹斯山頂。
> 道路寬敞的大地之下幽暗的塔爾塔洛斯，
> 還有厄洛斯，永生神中數他最美，
> 他使全身酥軟，讓所有神和人
> 思謀和才智盡失在心懷深處。
> 厄瑞波斯和尼克斯從卡俄斯中出生。
> ——赫西奧德《神譜》116~123[123]

（123）對於這段詩文還有一種解釋，認為混沌之神、大地女神、地獄深淵之神是最初的 3 位神靈。而只有黑夜女神尼克斯和黃昏之神厄瑞波斯才是從混沌中生出的。

從太初混沌中誕生的這 5 位神祇是創世之初的 5 位神靈，世間所有神靈都是他們的後代。這些遠古神靈在創世之初就開始出現，他們一共有 5 位，我們不妨稱之為「創世五神」。

太初混沌 Chaos

太初，世界尚未形成，一切都出於混沌無序之中，這片混沌被稱作卡俄斯。這是一片廣闊無垠的虛空，不包含任何事物，也不包含秩序。很久以後，從混沌中誕生了陸地，她同時也是大地女神。大地為萬物的出現和存在提供了必要的平台。在大地之下出現了無底的地獄深淵塔爾塔洛斯，他是一個無形的深淵，

位於世界的最底端，地獄深淵陰森恐怖，很多的怪物、惡魔等後來都被關在了這裡。接著從混沌中產生了愛欲和繁殖之化身的厄洛斯，他促使事物相愛繁殖，世間萬物因此繁衍並生生不息。在他誕生之前世上只有孤雌繁殖，例如蓋亞獨自生下的 3 個孩子。混沌中還產生了昏暗與無盡的黑夜。

太初混沌卡俄斯的名字 Chaos 一詞意為‘混沌’，這個詞衍生出了英語中：混亂 chaos【無序】、混沌的 chaotic【無序的】、裂隙 chasm【空無】。

17 世紀初，比利時化學家海爾蒙特[124]發現一種與空氣不同的氣體，可以用作燃料，便借用古希臘詞 chaos 構造出 gas 一詞，因此也有了英語中的燃氣 gas。

（124）海爾蒙特（J. B. von Helmont, 1580～1644），比利時化學家、生物學家和醫生。

大地女神 Gaia

大地在混沌中形成，並為創生的世界提供了平台。大地女神生下了眾神，亦滋養著世間萬物。她獨自生下了天空之神、山神還有海神，並和天神結合生下了巨神族，包括泰坦神族、獨眼三巨人、百臂三巨人、蛇足巨人等，泰坦神族則孕育出了奧林帕斯神族和第三代神系的眾多其他神靈。大地女神和海神結合生下了 5 位後輩海神，這 5 位後輩海神繁衍出了各種各樣的次神和怪物。

地獄深淵 Tartarus

早期古希臘人認為，世界由 3 個層次構成，人類所居住的大地位於第二層，在這之上的穹頂處覆蓋著天空，大地與海洋同為一層，並且大地漂浮於海洋之上，而大地和海洋之下，則是無底的地獄深淵塔爾塔洛斯。據說當一個銅砧從天空中墜落，需要 9 天 9 夜才能到達地面，而從大地上落進塔爾塔洛斯中也同樣需要 9 天 9 夜。這說明塔爾塔洛斯非常之深，幾乎是無底之深淵。後來大地之下被統稱為冥界，而塔爾塔洛斯則成為了冥界的最底層。這裡關押著戰敗的泰坦諸神以及一些犯下滔天罪惡的世人，例如在陡峭的高山上無止境推動巨石的西西弗斯 Sisyphus，永無休止地忍受三重折磨的坦塔洛斯 Tantalus，被綁在一個永遠燃燒和轉動的輪子上的伊克西翁 Ixion......

蓋亞與地獄深淵之神結合，生下了怪物堤豐 Typhon。堤豐是神話中最恐怖的怪物之一，他與半人半蛇的女妖結合，生下了地獄看門犬卡爾柏洛斯

Cerberus、九頭水蛇許德拉 Hydra、怪物喀邁拉 Chimera 等諸多怪獸。

堤豐曾經偷襲奧林帕斯眾神，眾神在毫無防備的情況下紛紛潰逃，潰逃時愛神阿芙蘿黛蒂與其子小愛神很默契地變成一對魚兒跳入水中，後來這個形象變成了夜空中的雙魚座 Pisces；而牧神潘急急忙忙想變成一條魚，結果上身還沒有脫離羊的形象時就跳入水中，後來被眾神傳為笑料，這個形象也成為了夜空中的魔羯座 Capricornus。

愛欲之神 Eros

在愛欲之神厄洛斯出生之前，神祇都是透過孤雌繁殖來創生後代的。後來厄洛斯出生，在他的催動下，萬物因愛交合，生出了眾多的後代。這些後代神靈們又因愛結合，便有了世間眾多的神靈和次神。

厄洛斯是性和愛欲的象徵。他的名字 Eros（所有格 erotos，詞基 erot-）衍生出了英語中：情色 erotic 是【關於愛欲的】，情色作品則為 erotica，色欲則是 erotism；喚起情欲的 erogenous【產生性欲的】，而性欲發作就是 erotogenesis。還有性愛學 erotology【關於性的學問】、色情狂 erotomania【性愛狂熱】、性欲恐懼症 erotophobia【性畏懼】。

昏暗之神 Erebus

厄瑞波斯為昏暗之神，他和黑夜女神尼克斯生下了天光之神埃忒耳 Aether 和白晝女神赫墨拉 Hemera。昏暗之神和黑夜之神生下了白晝女神和天光之神，似乎在暗示著一個普遍的自然現象，即光明生於黑暗，白晝自黑夜中誕生。這兩位神子亦成為了第一代神系的主要神明，是天神烏拉諾斯的主要幕僚。

希臘語的 Erebus 意為‘昏暗’，這似乎是一個外來詞彙，可能來自閃米特中的 ereb‘黃昏’。閃米特人認為，一天開始於黃昏。黃昏之後就是夜晚，夜晚之後誕生了白晝，天光照耀著大地。這似乎是對神話中「昏暗之神與黑夜女神生下白晝女神和天光之神」最合理的解說了。

黑夜女神 Nyx

尼克斯為黑夜女神，同時也代表著無盡的黑夜。在愛欲的驅使下，她和昏暗之神結合，生下了白晝女神和天光之神。除此之外，黑夜女神還獨自受孕，繁衍出如漆黑夜晚般的諸類可怕神靈。他們代表著人間的各種悲苦不幸，就如同可怕的黑夜一樣，帶給人們無盡的恐怖和災難。

黑夜女神生下了厄運神、黑色的毀滅神
和死神，她還生下了睡神和夢囈神族，
接著又生下了誹謗神、痛苦的苦難神，
黑暗的夜神未經交合生下他們。
還有赫斯珀里得斯姐妹，在顯赫大洋的彼岸
看守美麗的金蘋果和蘋果樹林。
她還生下命運女神和冷酷無情的死亡女神。
她們追蹤神們和人類犯下的罪惡。
這些女神絕不會停息可怕的憤怒，
直到有罪者受到應得的嚴酷處罰。
她還生下報應神，那有死凡人的禍星，
可怕的夜神啊，還有欺騙女神、淫亂神
要命的衰老神和固執的不和女神。

——赫西奧德《神譜》211~225

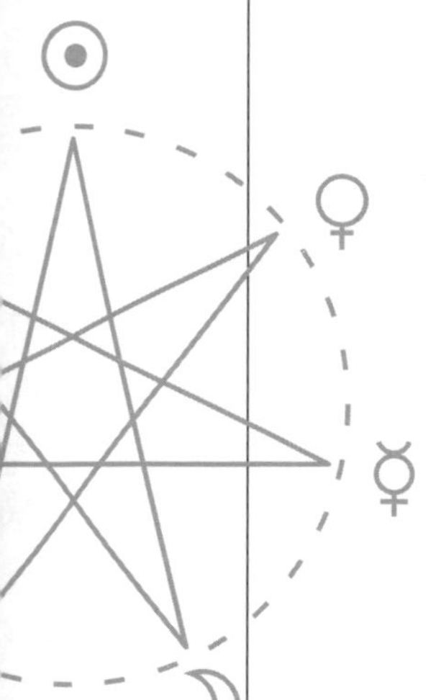

黑夜女神的名字 Nyx（所有格 nyctos，詞基 nyct-）一詞意為‘黑夜’。相傳列斯伏斯島的一位國王姦污了自己的女兒尼克蒂墨涅 Nyctimene【夜之魅力】，後者逃進森林之中，雅典娜同情她的遭遇並將她變成了貓頭鷹，現代動物學中卻陰差陽錯地用 nyctimene 指稱一種叫做東印度果蝠的蝙蝠。nyx‘黑夜’一詞還衍生出了英語中：夜盲症 nyctalopia 為【夜晚盲目之症狀】、夜尿症 nycturia 為【夜晚撒尿病症】、黑夜恐怖症 nyctophobia【害怕黑夜】、夜花屬 Nyctanthes【夜晚之花】、貉屬 Nyctereutes【夜裡狩獵者】、夜鷺屬 Nycticorax【夜間的烏鴉】等。

圖 4-55　黑夜女神尼克斯

4.6_3　海神世家

大地女神蓋亞和遠古海神蓬托斯結合，生下了5個孩子，他們分別是：海中老人涅柔斯 Nereus、眾怪之父福耳庫斯 Phorcys、眾怪之母刻托 Ceto、老輩的海神陶瑪斯 Thaumas 和女海神歐律比亞 Eurybia。這5位海神與其父蓬托斯一起，成為第一代神系統治的中堅力量，統治著世界和早期的眾神。海神家族在第一代神系中占三分之一以上的主神席位，由此可見其勢力之大。關於這個家族，赫西奧德說：

蓬托斯生下了涅柔斯，誠實有信，
在所有的孩子中最年長。人稱「老者」，
因為他可靠又善良，從不忘
正義法則，只想公正善良的事。
他和蓋亞相愛還生下高大的陶瑪斯、
勇猛的福耳庫斯、美顏的刻托，
還有心硬如石的歐律比亞。

——赫西奧德《神譜》233~239

海中老人 Nereus

涅柔斯是遠古海神蓬托斯的長子，因為是非常老的神靈，故被稱為「海中老人」。人們認為，白色的浪花就是他蒼白的髮鬚。海中老人通曉一切事物，並且有著很強的預言能力，另外，他還如同所有海神一樣可以變身為各種形狀。當大英雄海克力士受命尋找金蘋果時，曾經費了很大力氣將他捉住，並從他那裡詢問到了關於金蘋果園的位置。涅柔斯娶大洋仙女多里斯 Doris 為妻，生下了50位美麗的海中仙女 Nereids，這些仙女個個可愛迷人，無憂無慮地生活在地中海裡。這50位女兒中，比較出名的有：

仙女忒提斯 Thetis，她有著迷人的秀髮，並有一對銀白色的美足，是宙斯最愛的女神之一，後來她嫁給了英雄珀琉斯，並為之生下了著名的大英雄阿基里斯；仙女安菲特里忒 Amphitrite，她嫁給了海王波塞頓，並為其生下了神子特里同；沙灘仙女普薩瑪忒 Psamathe，她和國王埃阿科斯相愛，生下了福科斯；仙女伽拉希亞 Galatea，獨眼巨人波呂斐摩斯[125]愛上了她，殘忍的波呂斐摩斯曾將仙女愛戀的牧羊少年用巨石砸死。

（125）希臘神話中有兩種獨眼巨人 Cyclops，一種是巨神族的獨眼三巨人，是天神烏拉諾斯的後代。另一種是波塞頓的後代，雖然形象相似，兩者在實力上卻有著很大的差別。

涅柔斯之名 Nereus 意為【流動者】，由希臘語動詞 nao‘流動’和人稱後綴 -eus 組成，海神即流動眾水之神，從這個角度看，此名的確貼切。他的女兒們被稱為 Nereids 即【涅柔斯的女兒】，對比大洋之神俄刻阿諾斯 Oceanus 所生的女兒 Oceanids【俄刻阿諾斯之女兒】、河神的女兒 Naiads【河流之女兒】、太陽神赫利奧斯 Helios 的女兒 Heliades【赫利奧斯之女兒】。希臘語的 nao‘流動’與拉丁語的 no‘游泳’同源，後者的反覆形式為 natao，其衍生出了英語中：漂浮的 natant【游泳的】、浮在表面的 supernatant【浮於之上】、游泳池 natatorium【游泳之地】。

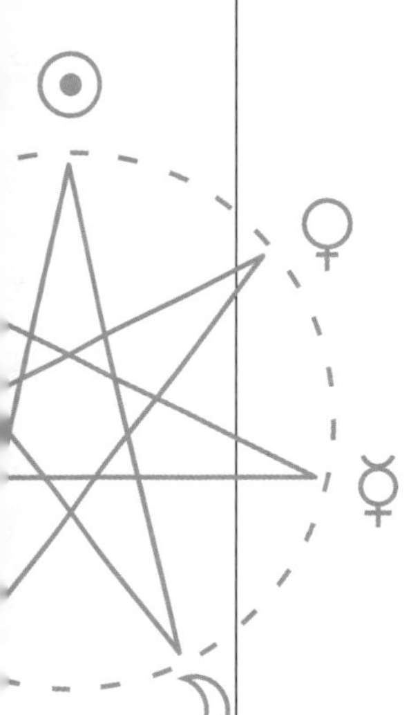

多里斯之名 Doris 意為【恩賜、禮物】，源自希臘語的 doron‘禮物’，-is 後綴一般用來構成女性人稱，對比女神名：法律女神 Themis、海中仙女 Thetis、月亮女神 Artemis、不和女神 Eris、彩虹女神 Iris、智慧女神 Metis。doron 一詞意為‘禮物’，於是就有了潘朵拉 Pandora【所有的恩賜】、桃樂西 Dorothy【神之贈禮】等。

眾怪之父 Phorcys

海神福耳庫斯娶他的妹妹刻托為妻，他們生下了一群可怕的怪物，分別是：灰衣三婦人格賴埃 Graiai（這三位婦人是佩佛瑞多 Pemphredo 、厄尼俄 Enyo 、得諾 Deino）、蛇髮三女妖戈耳工 Gorgon（這 3 位女妖是絲西娜 Stheno、歐律阿勒 Euryale、美杜莎 Medusa）、半人半蛇的厄喀德娜 Echidna、百首巨龍拉冬 Ladon，這些怪物後來又生下眾多的其他怪物，禍害人間。人間從此進入了怪獸橫行的年代，急需勇敢強大的英雄為世間除滅這些怪物。於是，英雄的時代拉開帷幕，湧現出一大批像珀修斯、海克力士、忒修斯一類的大英雄，留下了眾多偉大的英雄故事與傳說。

刻托為福耳庫斯生下嬌顏的灰衣婦人，
一出生就白髮蒼蒼：她們被稱為格賴埃，
在永生神和行走在大地上的人類之間：
美袍的佩佛瑞多和緋紅紗衣的厄尼俄。
她還生下戈耳工姐妹，住在顯赫大洋彼岸
夜的邊緣，歌聲清亮的黃昏仙女之家。
她們是絲西娜、歐律阿勒和命運悲慘的美杜莎。
......
她還生下一個難以制服的怪物，
既不像有死的人也不像永生的神，
在洞穴深處：神聖無情的厄喀德娜。
一半是嬌顏而炯目的少女，
一半是怪誕的蛇，龐大而可怕，
斑駁多變，吞食生肉，住在神聖大地的深處。
......
刻托與福耳庫斯交歡生下最後的孩子，
一條可怖的蛇，在黑色大地的深處，
世界的盡頭，看守著金蘋果。

——赫西奧德《神譜》270~335

這些怪物以及他們所生下的後輩怪物，被稱為 Phorcydes【福耳庫斯之後裔】。福耳庫斯也因此被稱為「眾怪之父」。

眾怪之母 Ceto

既然福耳庫斯被尊為「眾怪之父」，那他的妻子刻托無疑就是「眾怪之母」了。刻托的形象是一隻大海怪，是令水手們無比恐懼的海中怪物。她的名字來自希臘語的 cetos‘海怪’。大海中最龐大的怪物莫過於鯨魚了，於是 cetos 也被用來表示鯨魚，故也有了英語中：鯨蠟烯 cetene【鯨之烯】、鯨蠟基 cetyl【鯨之基】，其

圖 4-56　珀修斯和灰衣婦人

（126）這一點明顯可以從《加勒比海盜》中看出來。另外，科幻片《北海巨妖》（*Kraken*）、神話電影《超世紀封神榜》（*Clash of the Titans*）等電影中，都大段涉及海妖的故事。

（127）希臘語的 thaomai 中，-omai為動詞第一人稱單數標誌，該詞詞幹 tha-。

（128）大洋仙女厄勒克特拉之名 Electra 意為【琥珀】，神話中有很多少女都與其同名。

中 -ene 為化學中表示「烯」的後綴，而 -yl 則為表示「基」的後綴。鯨魚座的名稱 Cetus 也來自該詞。

在神話中，刻托有時也被稱為 Krataiis【強力的】，這似乎與挪威神話中的北海巨妖 Kraken 有著相同的源起。對於海妖 Kraken 的恐懼，可以說是 15 世紀到 17 世紀航海大發現時代，那些航行在陌生水域的水手們最難平息的夢魘之一，甚至當代不少影視作品都非常熱衷於這個怪物[126]。

海神 Thaumas

海神陶瑪斯象徵著海之奇觀，他的名字 Thaumas 一詞源於希臘語的 thauma‘景觀、奇觀’，後者是動詞 thaomai‘to see’衍生出的抽象名詞形式[127]，thauma‘景觀、奇觀’衍生出了英語中的西洋鏡 thaumatrope 即【旋轉的景觀】，而魔術師 thaumaturge 則是【製造奇觀】的人，這種奇觀被稱為 thaumaturgy。動詞 thaomai‘看’與 theaomai‘看’同源，後者詞幹為 thea-，希臘人將【觀看戲劇的地方】稱為 theatron，其演變為了英語的 theater；希臘人將【思考、見解】稱為 theoria，英語中的 theory 即由此而來。

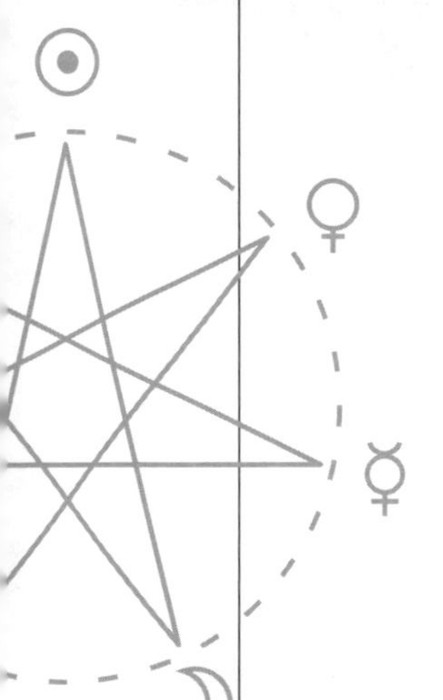

海神陶瑪斯娶大洋仙女厄勒克特拉 Electra[128]為妻，他們生下了彩虹女神伊里斯 Iris 和怪鳥哈耳庇厄 Harpy。哈耳庇厄一共有 3 隻，赫西奧德提到了 2 隻，分別是埃羅 Aello【暴雨】和俄克皮特 Ocypete【疾飛】。

> 陶瑪斯娶水流深遠的大洋仙女
> 厄勒克特拉，生下快速的伊里斯、
> 長髮的哈耳庇厄姐妹：埃羅和俄克皮特。
> 她們可比飛鳥，更似馳風，
> 快速的翅膀，後來也居上。
>
> ——赫西奧德《神譜》265~269

女海神 Eurybia

女海神歐律比亞嫁給了下代的泰坦神克利俄斯，並與其生下了一個「給力家族」。

（一）海神世家 之灰衣婦人

海神福耳庫斯和刻托結合，第一胎生下3個女兒，這些孩子出生時就已經蒼老，頭髮花白。她們身著灰衣，因此被稱為「灰衣婦人」。3位灰衣婦人有著美麗的臉頰、天鵝的身體，並且長命不死。她們居住在遙遠的大洋彼岸，在一個陰森的山洞之中，那裡無論是太陽或月亮的光芒都無法照進來。她們年復一年地居住在這個山洞之中，不和外人來往。她們有一個非常奇怪的特點：3個人一共只有一隻眼睛，一顆牙齒，交替輪流使用，每人輪流使用一天。赫西奧德說：

刻托為福耳庫斯生下嬌顏的灰衣婦人，
一出生就白髮蒼蒼：她們被稱為格賴埃，
在永生神和行走在大地上的人類之間：
美袍的佩佛瑞多和緋紅紗衣的厄尼俄。

——赫西奧德《神譜》270~273

赫西奧德只提到了2位，但一般認為，灰衣婦人一共有3位，分別是佩佛瑞多 Pemphredo 、厄尼俄 Enyo 、得諾 Deino。關於三位灰衣婦人的故事，要從大英雄珀修斯說起。

英雄珀修斯年少時，和母親達妮一起漂泊在外，不得不寄人籬下。收留他們母子的國王垂涎達妮的美貌，但又怕遭到少年的反對，便設計圈套想要除掉少年。他指派珀修斯去進行一趟異常艱難的冒險，企圖讓他在冒險的途中死去。這是一趟九死一生的冒險，少年必須前往世界盡頭，找到蛇髮三女妖戈耳工居住的地方，殺死女妖中唯一一位會死的美杜莎，並將她那蛇髮的頭顱帶回來。

珀修斯為此到處尋找打聽，但一直都無法得知女妖們的下落。沒有任何人知道這些女妖們的住處，凡是看到過她們的人皆已中了魔法變成石頭。當然，除了灰衣婦人們以外，因為她們是戈耳工的姐妹。神使荷米斯向珀修斯透露了這個訊息，並帶他到灰衣婦人所居住的洞穴。珀修斯在洞穴中隱藏起來，伺機等三姐妹輪換使用唯一的一顆眼睛時，便「像一頭兇暴的野豬」一樣衝上前去，

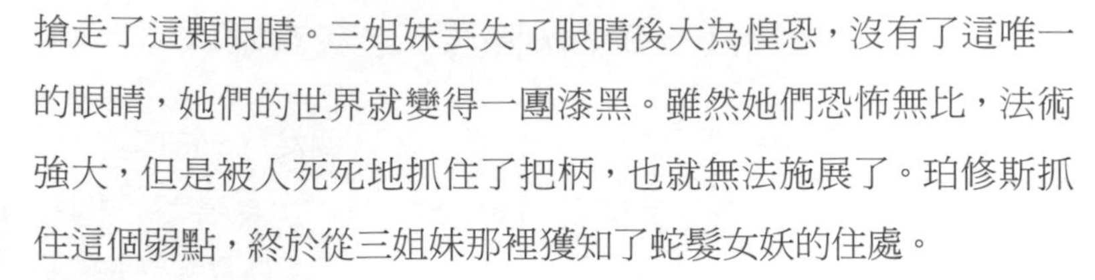

搶走了這顆眼睛。三姐妹丟失了眼睛後大為惶恐，沒有了這唯一的眼睛，她們的世界就變得一團漆黑。雖然她們恐怖無比，法術強大，但是被人死死地抓住了把柄，也就無法施展了。珀修斯抓住這個弱點，終於從三姐妹那裡獲知了蛇髮女妖的住處。

(129) 需要注意的是，雖然灰衣婦人個個白髮蒼蒼、身著灰衣，但其名字 Graiai 卻與英語中表示灰色的 gray 沒有同源關係。

(130) Enyo 作為戰爭女神，對應羅馬神話中的戰爭女神 Bellona，後者為戰爭的象徵，該名源自拉丁語的‘戰爭’bellum。

灰衣婦人 Graiai(129)

灰衣婦人的名字 Graiai 一詞是希臘語中 graia‘老婦’的複數形式，而 graia 是形容詞 graios‘年老的’的陰性形式。因此 Graiai 字面意思即【年老的婦人們】。形容詞 graios‘年老的’來自名詞 geron‘老年’（所有格 gerontos，詞基 geront-），該詞衍生出了英語中的：老年的 gerontal【老的】、早衰症 progeria【蒼老之前】、養老院 gerocomium【收留老年人的地方】、容顏不老 agerasia【不見衰老的狀況】、老年保健 gerocomy【照料老人】、老年醫學 geratology【變老學】、老年病學專家 geriatrician【老年醫生】、老人牙醫學 gerodontics【老年牙齒學】、老人政治 gerontocracy【老人統治】、戀老 gerontophile【愛老人】、勝紅薊屬 Ageratum【不老的】。

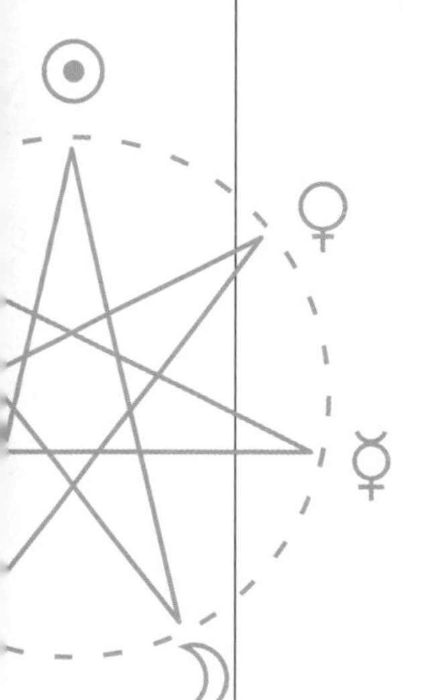

人類的變老和作物的成熟具有相似的道理，因此就不難理解希臘語的 geron‘變老’與拉丁語的 granum‘穀粒’、英語中的“穀物”corn 同源。拉丁語的 granum 演變為了英語中的穀粒 grain，其還衍生出了英語中：百香果 granadilla【小實】、澱粉粒質 granulose【小穀粒】、穀倉 granary【放置穀物之處】、農莊 grange【穀物之地】。穀子多粒，因此一種多粒的水果被命名為 pomme grenate【多籽的水果】，石榴 pomegranate 一詞就是這麼來的，石榴石 garnet 由其演變而來，手榴彈 grenade 如此稱呼，據說最初造型很像石榴；而花崗岩 granite 則為【多籽的石頭】。

由此，我們似乎可以將 Graiai 這個名字理解為【三位老婦人】。

3 位灰衣婦人的名字分別為：佩佛瑞多 Pemphredo【黃蜂】、厄尼俄 Enyo【戰鬥】、得諾 Deino【恐怖】。其中佩佛瑞多之名 Pemphredo 源自希臘語的 pemphredon‘黃蜂’，短柄泥蜂的學名 pemphredon 即由此而來。厄尼俄 Enyo 同時也是戰爭女神的名字，後者是阿瑞斯的伴侶之一(130)。得諾的名字 Deino 源自希臘語的 deinos‘可怖的’，後者衍生出了英語中：恐龍 dinosaur【恐怖的蜥蜴】、恐角獸 Dinoceras【恐怖的角獸】、恐鳥 Dinornis【恐怖的鳥】、恐獸 Dinotherium【恐怖的野獸】。deinos‘恐怖的’與拉丁語的 dirus‘可怕的’同源，其衍生出了英語中：可怕的 dire【恐怖的】、悲慘的 direful【布滿恐懼的】。

（二）海神世家 之蛇髮女妖

蛇髮女妖戈耳工 Gorgon 是「眾怪之父」福耳庫斯和「眾怪之母」刻托所生的第二胎。她們一共有 3 位，分別是絲西娜 Stheno、歐律阿勒 Euryale、美杜莎 Medusa。這些女妖居住在遙遠的世界盡頭，在大地和海洋的外沿。她們個個樣貌恐怖無比，脖頸上布滿鱗甲，頭髮是一條條蠕動的毒蛇，口中有著尖利的獠牙，還長有一雙鐵手和金翅膀。最讓人不寒而慄的是，任何親眼看到她們的人都會立刻變成一尊石頭。不只是人，就連普通的神靈、各種各樣的怪獸看了她們也都會被奪走呼吸，變成石頭而死。因此，人們對其聞風色變，都希望自己永遠不會看到這些可怕的妖魔。

她還生下戈耳工姐妹，住在顯赫大洋彼岸
夜的邊緣，歌聲清亮的黃昏仙女之家。
她們是絲西娜、歐律阿勒和命運悲慘的美杜莎。

——赫西奧德《神譜》274~276

這 3 位蛇髮女妖中，唯有美杜莎是會死的肉體凡胎，其餘兩位則是永生的女妖。當英雄珀修斯長大之後，急於建功立業，以解救自己寄人籬下的母親，於是他冒著生命危險去刺殺女妖美杜莎，並誓言要將女妖的頭顱帶回來。在神使荷米斯的幫助下，英雄歷盡千辛萬苦，找到戈耳工三姐妹居住的地方。他藏在附近直至深夜到來，待到女妖們個個都已陷入沉睡，他在智慧女神雅典娜的指引下，用明亮的盾牌作鏡子，循著鏡子裡的影像找到了正在熟睡的美杜莎，並迅速舉刀砍下了她的頭裝進背囊之中，飛也似地逃出這個可怖之地。

圖 4-57　珀修斯手拿美杜莎的頭顱

（131）這句話是說，飛馬珀伽索斯生於大洋之水，而其名 Pegasus 一名來自希臘語的 pegai‘泉水’，而泉水乃是大洋之水的分支；克律薩俄耳手握金劍，而 Chrysaor 一詞也正由 chrysos‘金’和 aor‘劍’組成。

美杜莎被砍下頭顱之後，從她的軀幹中生出了飛馬珀伽索斯 Pegasus 和手持金劍的克律薩俄耳 Chrysaor。赫西奧德說：

> 當珀修斯砍下美杜莎的頭顱時，
> 高大的克律薩俄耳和飛馬珀伽索斯跳將出來。
> 說起他倆名字的由來，一個生於大洋
> 水濤的邊緣，另一個手握金劍出世[131]。
>
> ——赫西奧德《神譜》280~283

從美杜莎的軀體裡跳出了飛馬珀伽索斯和克律薩俄耳時，驚醒了沉睡中的另兩位姐妹。她們發現妹妹被人殺死了，這兩位蛇髮女妖頓時因悲痛而變得狂怒起來，對這個殺死自己妹妹的人緊追不捨。珀修斯若不是穿戴著荷米斯的飛鞋和黑帝斯的隱身頭盔，估計早就被兩個憤怒的女妖抓到並大卸八塊了。為了躲避兩位女妖的追殺，珀修斯一路飛速逃奔，在飛行中被狂風吹得左右搖晃，裝著女妖腦袋的布囊在晃動中滲出滴滴血液，掉落在利比亞沙漠裡，沙漠中立刻生出大量的毒蛇，據說利比亞沙漠中眾多的毒蛇就是因此而來的。飛馬珀伽索斯因為充滿了靈性而成為繆斯女神們的夥伴，並且還經常被主神宙斯徵用去為他馱運武器。珀伽索斯的形象更是被人們置於夜空之中，成為了飛馬座 Pegasus。

話說回來，美杜莎的身體中為什麼會突然生出這兩個怪物呢？

一切要從她的身世說起。起初，美杜莎並不像她的兩個姐妹那樣生得猙獰恐怖，恰恰相反，她是一位有著美麗臉頰、迷人長髮的少女。她的美貌惹得海神波塞頓按捺不住，對她展開了猛烈的追求，但是美人兒卻一直無動於衷。終於有一次，波塞頓在雅典娜神廟前對她來個「霸王硬上弓」。後來他們屢屢在神廟附近的青草地和繁花間幽會，終於有一次被女神雅典娜發現。女神見美杜莎居然敢在自己的神廟前如此放蕩，

圖 4-58　美杜莎

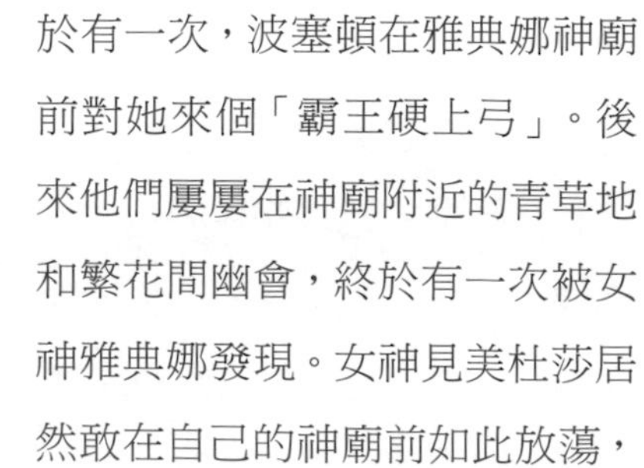

怒不可遏，將她變為妖形，並將美杜莎一直引以為傲的美髮變為條條毒蛇。從此美杜莎就和她的兩個姐姐一樣恐怖猙獰了。後來珀修斯將美杜莎的頭獻給了雅典娜，女神把這個布滿蛇髮的頭鑲於自己的盾牌之上，好不威風。

戈耳工 Gorgon

至於戈耳工女妖，沒有人知道她們的真正面目，因為凡是膽敢看她們一眼的人都已經變成石雕了。你可以發揮自己的想像力，畢竟她們是如此的讓人“毛骨悚然”gruesome，並且有著“可怕的”grisly 的“鬼容”grimace，怒則“咆哮”growl、恨則“嘟囔”grumble、語若“吞咽”grunt、舉止“粗魯”gruff、脾氣“暴躁”grumpy、令人“厭惡”gross。她們大概就是類似的形象吧！戈耳工女妖的名字 Gorgon 一詞源自希臘語中的 gorgon‘讓人恐懼的’。一些學者指出，印歐語系中不少以 gor- 或變體 gr- 音開頭的詞彙，都有著類似的讓人厭惡或恐懼的感覺，其或許來自於人們對厭惡聲音的模仿。16 世紀俄國著名的暴君伊凡・瓦西爾葉維奇[132]，後人稱他為 Ivan Grozny 即【恐怖的伊凡】，其中 grozny 亦表示可惡、可憎。

柳珊瑚屬被稱為 Gorgonia【戈耳工般的】，因為其樣子像極了一個長滿蛇髮的頭。

絲西娜 Stheno

絲西娜的名字 Stheno 一詞源自希臘語的 sthenos‘力量’，因此 Stheno 的字面意思為【強壯有力】。她的確是一位強壯到可怕的女妖，是 3 姐妹中殺人最多的一位。希臘語的 sthenos‘力量’衍生出了英語中：強壯 sthenia【力量之病症】，對比虛弱 asthenia【無力的症狀】；還有肌無力 amyosthenia【肌肉無力】、眼睛疲勞 asthenopia【眼睛無力】、心衰弱 cardiasthenia【心臟無力】、神經衰弱 neurasthenia【神經無力】；健美體操 calisthenics 乃是【關於力之優美的技巧】，對比書法 calligraphy【優美的書寫】。當阿伽門農率領希臘聯軍進攻特洛伊時，他的妻子卻和一位名叫埃癸斯托斯 Aegisthus【山羊之力】的人勾搭成姦，並在丈夫回鄉時將之害死；由於希拉的詭計，英雄海克力士的表兄歐律斯透斯 Eurystheus【無邊力量】成為邁錫尼國王，並成這位英雄的主人，海克力士不得不為他效命，冒著生命危險完成了 12 件異常艱巨的任務。

（132）伊凡・瓦西爾葉維奇（Ivan IV Vasilyevich, 1530～1584），俄國歷史上的第一位沙皇。以暴政聞名，人稱「恐怖的伊凡」。

歐律阿勒 Euryale

女妖歐律阿勒的名字 Euryale 由希臘語的 eurys‘寬廣的’和 hals‘海、鹽’組成，字面意思為【廣闊海域】，畢竟她是海神世家的後代，而海洋之廣無邊無際。eurys 意為‘寬廣的’，於是就不難理解神話中的人名：奧德修斯的先行官名叫歐律巴忒斯 Eurybates，當先行官他倒是很有資格，看看他這個名字，意思為【大步流星】，走在前面是必然的；奧德修斯在特洛伊戰爭後漂泊在外時，他老婆常常被一群貴族追求，其中最無恥的一位追求者名叫 Eurymachus，明顯這廝人品不怎麼好，看看其名字，意思是【到處打架】；阿伽門農王的御者名為歐律墨冬 Eurymedon【廣泛統治】，特洛伊戰爭結束後他和主人一同被王后及王后的姦夫殺害；還有我們已經講過的女海神歐律比亞 Eurybia【廣力】、泰坦女神歐律諾墨 Eurynome【廣泛秩序】、歐羅巴 Europa【大眼睛】等。

希臘語 hals（所有格 halos，詞基 hal-）意為‘海、海水’，食鹽產自海水，故也有了‘鹽’之意。岩鹽 halite 字面意思是【鹽石】，而鹵族元素統稱為 halogen，即【從鹽類中產生】；還有海洋生物 halobios【海中生命】、好鹽菌 halophile【愛鹽的】、鹽土植物 halophyte【鹽植物】、浮游生物 haloplankton【鹹水生物】。希臘語的 hals 與拉丁語中 salum‘海洋’和 sal‘鹽’同源。古代羅馬早期給士兵發的軍餉稱為‘鹽錢’salarium，英語中的薪酬 salary 即源於此；海島因為位於海中而被稱為 insula‘在海中’(133)，其衍生出了英語中的半島 peninsula【幾乎是一座島】、隔離 isolate【使成為孤島】、胰島素 insulin【胰島素】、島 isle【島嶼】、小島 islet【小島嶼】；還有小蘇打 saleratus【含鹽的】、產鹽的 saliferous【帶來鹽】、使成鹽 salify【鹽化】；試想一下，臘腸 salami、醬汁 sauce、香腸 sausage、沙拉 salad，還有義大利人稱為 salmagundi 的菜，哪樣能少得了鹽呢？「含鹽的」被叫做 saline 或 haline【鹽的】，於是也有了廣鹽性的 euryhaline 或 eurysaline【廣鹽的】，相反的窄鹽性的就是 stenohaline 或 stenosaline【窄鹽的】。英語中的鹽 salt 亦與拉丁語的 sal、希臘語的 hals 同源，因此也有了鹽罐 saltcellar【鹽瓶子】、鹽場 saltery【曬鹽之處】。

(133) 一些學者指出，拉丁語中的 insula 可能來自 terra in salo【水中之陸】。相似地，英語中的島嶼 island 來自古英語中的 ēaland，意思也為【水中之陸】；而希臘語中的島嶼 nesos 似乎也有著相似的來源，後者則與希臘語的 nao‘游動’同源。

美杜莎 Medusa

美杜莎一名 Medusa 本意為【女王】，其為希臘語 medon‘統治者’對應的陰性形式[134]，字面意思為「女王」，這真是一個霸氣的名字。類似的霸氣名字在神話中並不少見，特洛伊戰場上希臘英雄 Medon 是埃阿斯的兄弟，其名字即【統治者】之意。阿基里斯的御手 Automedon 一名意為【自己統治】，而阿伽門農的御手歐律墨冬 Eurymedon 一名則意為【廣泛統治】。很有意思的是，從這兩個御手名字就能看出來他們主人的身分和性格：阿伽門農是希臘聯軍的首領，統治著遼闊的疆域，所有的國王都必須聽從於他；而阿基里斯則不同，阿基里斯只允許自己統治自己，並不屈從於阿伽門農的淫威。整部史詩《伊里亞德》不是通篇都在言說這一點麼！

（三）海神世家 之美女蛇厄喀德娜

福耳庫斯和刻托還生下了著名的美女蛇厄喀德娜 Echidna，她半人半蛇，上身為面容姣好的少女，身體和尾巴卻為一條長蛇。她和怪物堤豐 Typhon 結合，生下了一堆形形色色的怪物，這些怪物分別為：雙頭犬俄耳托斯 Orthus、地獄看門犬卡爾柏洛斯 Cerberus、九頭水蛇許德拉 Hydra、怪物喀邁拉 Chimera。她還和雙頭犬俄耳托斯一起，生下了著名的奈邁阿食人獅 Nemean lion、女妖斯芬克斯 Sphinx。赫西奧德講到：

> 她[135]還生下一個難以制服的怪物，
> 既不像有死的人也不像永生的神，
> 在洞穴深處：神聖無情的厄喀德娜。
> 一半是嬌顏而炯目的少女，
> 一半是怪誕的蛇，龐大可怕，
> 斑駁多變，吞食生肉，住在神聖大地的深處。
> 在那裡，她居住在一個岩洞中，
> 遠離永生的神們和有死的凡人。
> 神們分配給她這個華美的棲處。
> 可怕的厄喀德娜住在阿里摩人的地下國度，

（134）medon 一詞本為動詞 medeo‘統治’的分詞陽性形式，而 medousa 則為該分詞的陰性形式，美杜莎 Medusa 即由此而來，兩者字面意思都相當於【統治者】。

（135）這裡的「她」指的是海神刻托，她和丈夫福耳庫斯生下了美女蛇妖厄喀德娜。

這個自然仙女不知死亡也永不衰老。
傳說可怕恣肆無法無天的堤豐
愛上這炯目的少女，與她結合，
她受孕生下無所畏懼的後代。

——赫西奧德《神譜》295~308

雙頭犬 Orthus

最先是俄耳托斯，革律翁的牧犬。

——赫西奧德《神譜》 309

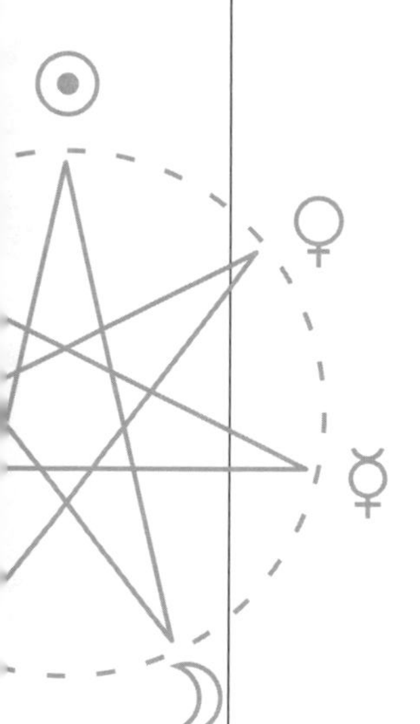

俄耳托斯是一隻非常殘忍可怕的惡犬，牠有兩個腦袋。主人是一位長著三個身子的強壯巨人革律翁 Geryon，俄耳托斯負責為他看守一群有著紫紅色毛皮的牛。後來海克力士受命（即海克力士的第十項任務）盜取這群牛，在盜牛的過程中被雙頭犬和牠的主人發現，因此大打出手，大英雄海克力士很快就制服了他們。

俄耳托斯之名 Orthus 來自希臘語的 orthos 'straight、true'，或許可以認為這隻牧牛犬對主子非常忠誠（也就是 true），要不牠怎麼會在發現偷牛賊後毫不猶豫地就撲了過去呢？希臘語的 orthos 'straight、true' 衍生出英語中：當基督教隨著羅馬帝國一分為二時，東方教會堅持認為自己擁有著最正統的教義，因此自稱為 Orthodox 即【正統的教義】，相對於中心位於西都羅馬的天主教，它的信仰中心位於東都君士坦丁堡，所以一般稱為 Eastern Orthodox【東方的正統教義】，即東正教；字寫得好就叫 calligraphy【漂亮的書寫】，而寫得差或錯字滿篇就是 cacography【拙劣的書寫】，寫的太差就需要對其指導糾正，這在英語中稱作 orthography【糾正書寫】；正牙術 orthodontics 就是【矯正牙齒畸形】，而整形術 orthopaedics 的字面意思是【矯正孩童】，大概是說「矯正身體後天缺陷」的意思吧！

地獄看門犬 Cerberus

接著是難以制服，不可名狀的怪物，

食生肉的卡爾柏洛斯，聲如銅鐘的冥府之犬，

長有五十個腦袋，強大而兇殘。

——赫西奧德《神譜》310~312

地獄看門犬卡爾柏洛斯是一隻可怕的惡犬，赫西奧德說牠有 50 個腦袋，但一般說法多認為牠有 3 個腦袋。這隻惡犬聲如青銅、嘴滴毒涎、眼睛血紅、性情殘暴，負責看守冥府的入口。因為牠很可怕，幾乎從沒有活人敢越過邊境進入亡靈的領域，也從來沒有亡靈敢從冥界中逃回陽間。相傳大英雄海克力士的第十二項任務就是來到冥界，將這頭惡犬活捉並帶入陽間。

關於卡爾柏洛斯名字 Cerberus 的來源，一些學者認為其由 creoboros‘食肉者’變來，正如赫西奧德在詩中所說的那樣。不過更有可能的是，牠或許延續自更早的印歐人的神話內容，印歐人的另一個古老分支——印度神話中，陰曹地府之王閻魔王[136]有兩條看門狗，其中一條名叫 Karbaras。這與卡爾柏洛斯何其之像啊！並且閻魔是地獄之王，與冥王黑帝斯相應，而 Karbaras 又是其看門狗，簡直與卡爾柏洛斯同出一轍。梵語的 karbaras 字面意思為【有斑點的】。

九頭水蛇 Hydra

第三個出生的是只知作惡的許德拉，

那勒納的蛇妖，白臂女神希拉撫養牠，

只因她對勇敢的海克力士憤怒難抑。

但宙斯之子用無情的劍殺了牠，

安菲特律翁之子有善戰的伊俄拉俄斯相助，

海克力士聽從帶來戰利品的雅典娜的吩咐。

——赫西奧德《神譜》313~318

水蛇許德拉有 9 個頭，因此被稱為九頭蛇。這條九頭蛇兇猛異常，牠身體龐大、隻軀九首，這 9 個頭中，8 個頭可以被殺死，而最中間的一個卻是不死的。九頭蛇的可怕之處

（136）閻魔王即 Yamaraja【king Yama】，我們常說的閻魔就是由其音譯而來，一般也稱為閻羅王。其中 Yama 是印度神話中第一位死去的人，他死後成為陰間的主宰。

圖 4-59　海克力士屠殺許德拉

在於，即使牠睡著了，嘴裡也會噴出毒氣，每個吸入毒氣的人都會氣絕而亡。更可怕的是，中間的腦袋是不死的，而其他的蛇頭即使被砍掉也會重新長出新的來。大英雄海克力士的第二個任務就是殺死為害一方的九頭蛇，然而這件事非常棘手，英雄在戰鬥中險些喪命，後來在善戰的伊俄拉俄斯的幫助下，終於除掉了這隻可怕的怪物。

傳說夜空中的水蛇座 Hydra 即源於此。

九頭水蛇許德拉的名字 Hydra 是希臘語中 hydor‘水’一詞對應的陰性形式，這說明許德拉是一隻雌性水怪。hydor‘水’一詞衍生出了英語中：狂犬病患者畏懼水聲，故此病被稱為 hydrophobia【畏水症】；繡球花被命名為 hydrangea，因為其果莢若【水杯】；1783 年化學家拉瓦節將一種新發現的燃燒後產生水的氣體命名為 hydrogen【生成水】，中文翻譯為氫，化學符號為 H；汞又稱為水銀，這和古希臘人對此物質的命名完全相符，古希臘人稱其為 hydrargyros【水銀】，英語中轉寫為 hydrargyrum，對比阿根廷 Argentina【白銀帝國】、化學元素銀 Argentum【銀】；消防栓 hydrant 就是【供水者】，對比會計師 accountant【計算者】、助手 assistant【站在一邊幫忙的人】、僕人 servant【提供服務的人】；還有腦積水 hydrocephalus【腦袋進水了】、水上飛機 hydrofoil【水翼】、水生生物 hydrobiont【生活在水中的生命體】、流體力學 hydrodynamics【水動力學】、水解 hydrolysis（對比電解 electrolysis、分解 analysis）。另外，水螅有很多觸角，並能分裂衍生，就好像傳說中的水怪許德拉能生出新的腦袋一樣，因此水螅也被稱為 hydra。而由於傳說中怪物許德拉很難殺死，英語中常借用此典故以 hydra 一詞來指難以根除之禍害。

怪物喀邁拉 Chimera

她還生下口吐兇暴火焰的喀邁拉，
龐大而可怕，強猛又飛快。
牠有三個腦袋，一個眈眈注目的獅頭、
一個山羊頭和一個蛇頭或惡龍頭。
英勇的柏勒洛豐和珀伽索斯殺了牠。

——赫西奧德《神譜》319~323

喀邁拉是一隻可怕的會噴火的怪獸，牠有 3 個腦袋，分別為獅子、山羊和蟒蛇。牠呼吸出的都是火焰，無論在何處出現，喀邁拉都會摧毀那個地方，牠既吞噬其他動物，也吃掉人類。凡是接近牠的人，一般都必死無疑。後來英雄柏勒洛豐受命除掉這隻可怕的怪物，他騎著飛馬珀伽索斯勇敢地挑戰喀邁拉，並將其殺死(137)。

喀邁拉的名字來自希臘語的 cheimera‘母山羊’，這暗示著喀邁拉身體中山羊的那一部分。cheimera 最初表示經歷了一個冬天的一歲的母羊，其源於古希臘語中的 cheima‘冬天’，英語中的恐冷症 cheimaphobia 就是【畏懼冬天】，愛冬葉屬 Chimaphila 因為【偏好冬寒】而得名，地理中的冬季等溫線為 isocheim【一樣的冷】。另外，喜馬拉雅山的名字出自梵語 Himalaya【雪域】，其中 hima- 部分就與希臘語的 cheima 同源，都表示‘冬季、雪’之意。

(137) 關於怪物喀邁拉，玩《魔獸》等遊戲的朋友對其肯定很熟了，這個名字在遊戲中被譯為奇美拉。因為喀邁拉是將獅子、山羊、蛇等動物形象嵌合在一起的生物，借此典故，遺傳學中將不同基因型的細胞所構成的生物體也稱為 chimera。

奈邁阿獅 Nemean lion

她受迫於俄耳托斯，生下毀滅
卡德摩斯人的斯芬克斯和奈邁阿的獅子，
宙斯的高貴的妻子希拉養大這頭獅子，
讓這人類的災禍住在奈邁阿的山林。
牠在那兒殺戮本地人的宗族，

稱霸奈邁阿的特瑞托斯山和阿佩桑托斯山，
最終卻被大力士海克力士所征服。

——赫西奧德《神譜》326~332

這頭獅子生活在阿爾戈斯奈邁阿地區的一個山谷中，因此被稱為奈邁阿獅子 Nemean lion。牠皮堅似鐵，刀槍不入，爪牙鋒利，食人無數。為了除掉這個人間禍患，很多英雄都進入奈邁阿山區，卻沒有一個活著出來，直到大英雄海克力士奉命將其剿滅。海克力士第一個任務就是殺死這頭獅子，這是件非常棘手的差事。他放箭、棒擊，用盡各種工具都不能傷牠分毫。無奈之下，英雄只好與其肉搏，並費盡九牛二虎之力，將這隻猛獸活活勒死。這頭獅子的形象後來被放入夜空中，成為了獅子座 Leo。

希臘語的 leon、拉丁語的 leo 都表示‘獅子’之意，英語中的 lion 亦源於此。對好戰的日耳曼部族來說，獅子無疑是勇猛的象徵，於是有不少猛士借此來取名。萊昂 Leon 就是一個很好的名字，西班牙的萊昂王曾經建立了萊昂王國(138)，當時的都城至今仍被稱為 Leon，今為萊昂省 Provence Leon 的首府。或許我們應該提一下電影《終極追殺令》中的殺手 Léon，這部電影的法語名就叫作 Léon，人如其名，裡面 Léon 的形象確實如一頭猛獅。人名李奧納多 Leonardo 意思是【像獅子一樣猛】，《鐵達尼號》的男主角真名叫李奧納多・狄卡皮歐 Leonardo DiCaprio，不過我更推薦我們親愛的文藝復興三傑之首李奧納多・達文西 Leonardo Da Vinci，這個名字字面意思為【來自 Vinci 鎮的李奧納多】。名聲更響的我們應該提到拿破崙 Napoleon，這個名字我們可以翻譯為【那不勒斯的猛人】，很明顯最早取這個名字的人應該就是從義大利那不勒斯 Naples 來的；當然，這並不能說明拿破崙就來自那不勒斯，就好像不能因為齊白石姓齊就說他來自山東一樣(139)。還有一個很厲害的人叫利奧・托爾斯泰 Leo Tolstoy【胖獅子】。1462 年葡萄牙探險家在西非北緯 7 度附近地方登陸時，發現這段海岸形似獅背，便將其命名為 Sierra Leone，意思是【獅子山】，即現在的獅子山共和國 Republic of Sierra Leone。在英語中，豹子被稱為 leopard【獅虎】，大概因為古人認為牠是獅子和老虎的

(138) 萊昂王國存在的時間為 910～1301 年，該王國位於伊比利亞半島的西北部，為中世紀伊比利亞半島上 4 個主要基督教國家之一。後來萊昂王國與卡斯提爾王國合併，成為統一的西班牙的一部分。

(139) 齊國位於山東，至今山東仍自稱為齊魯大地，齊姓也是由此地名而來。

混合品種，所以得此名。變色龍 chameleon 這個名稱的意思是【地上的獅子】，這個詞有時也寫作 cameleon。蒲公英 dandelion 則是從法語 dent de lion【獅子之牙】演變而來。

圖 4-60　伊底帕斯和斯芬克斯

斯芬克斯 Sphinx

女妖斯芬克斯有美女的頭、獅子的身體、鳥類的翅膀。她從繆斯女神那裡學來一些深奧的字謎後，守在通往底比斯城的一個重要路口，向過路人提出各種各樣的謎語，猜不出來的人就要被她撕碎吃掉。後來伊底帕斯為躲避神諭，逃亡至底比斯，在那裡他成功答對了女妖的問題，從而解救了苦難的底比斯人民。

埃及著名的獅身人面像斯芬克斯也源於古希臘人對其的稱呼，因為這個獅身人面像形象和傳說中的斯芬克斯相似，於是冠以此名。或許更加合理的解釋應該是，斯芬克斯原形來自於埃及神話。倘若如此，斯芬克斯一名 Sphinx 可能源於古埃及語言對這種怪物的稱呼，希臘名稱或許只是一種相似音節的傳訛。當然，不少學者認為這個名字來自希臘語的 sphingo‘緊束’，引申為‘勒死、殺害’，畢竟她借用出難題的幌子殺害了如此多的人，而英語中的括約肌 sphincter 字面意思是【縛緊之物】。

4.6_4　黑夜傳說

創世五神中，黑夜女神尼克斯 Nyx 和其兄昏暗之神厄瑞波斯 Erebus 結合，生下了白晝女神赫墨拉 Hemera、天光之神埃忒耳 Aether。黑夜女神還獨自分娩，生下一群可怕的恐怖神靈。

昏暗之神 Erebus

一般認為，厄瑞波斯是昏暗之神，是黑夜無光的象徵。如果我們追根溯源，似乎能夠看到，其名 Erebus 最早可能表示‘黃昏’，因此，厄瑞波斯更應該被認為黃昏之神。究其原因，主要有如下三點：

1. 厄瑞波斯的名字 erebus 一詞可能是由外來語中引進的。從這一點上我們找到了早期對古希臘文化有較多影響的閃米特民族，在閃米特民族之一的腓尼基語言中，黃昏被稱為 ereb。而 erebus 可以看作是從腓尼基語 ereb 借鑑而來。

2. 在一些神話版本中，守衛極西園的黃昏三仙女 Hesperides 被認為是厄瑞波斯的女兒，而 Hesperides 一名意思即【黃昏的女兒】。從這個角度來看，這些「黃昏的女兒」，其父自然應該是「黃昏」了。

3. 在神話中，特別是最初的神祇或者同代的神祇之中，不應該出現兩個相同職能的神。而古老的創世五神中，居然出現了兩個象徵黑夜之神：厄瑞波斯和尼克斯。尼克斯身為希臘神話中的黑夜女神當然是無可厚非的，因為她的名字 Nyx 即希臘語中表示‘黑夜’的基本詞彙。而 Erebus 卻不能給出更合理的解釋。

如果拋棄古希臘語語源，這個問題的出路似乎就在眼前。對古希臘語有著頗多影響的腓尼基語似乎可以很輕易地解決這個問題。事實上，腓尼基和希臘都是地中海中最早的航海民族，他們之間有著很多的交流，希臘字母就是由腓尼基字母借鑑改造而來的。Erebus 在希臘語中寫作 erebos，去掉希臘語的陽性後綴 -os 後得到了 ereb，而 ereb 一詞對古代腓尼基人來說相當重要。這個詞在腓尼基語中表示‘日落、黃昏’之意，而當我們用腓尼基語中的‘日落、黃昏’對應厄瑞波斯時，很多問題就迎刃而解。

在希臘神話中，厄瑞波斯和其妹妹尼克斯結合生下了白晝之神赫墨拉，通常的解釋很讓人費解，因為這意味著在兩個黑夜之神的結合下誕生了白天。實際上早期的神話往往暗藏著自然規律或古代先民樸素的自然觀。於是，當我們用黃昏之神稱呼厄瑞波斯時，我們看到了這樣的現象：太陽落山之後便是黑夜，在黑夜的子宮中誕生了白晝，而黎明時紅色的朝霞則被認為是太陽出生時黑夜女神分娩的象徵。用神話的語言來說就是黃昏之神與黑夜女神結合然後誕生了白晝之神。雄性在前雌性在後這一點正好符合古人的觀念。更重要的一點是：古代閃米特人認為，一天開始於‘黃昏’ereb。

一天開始於黃昏。閃米特人的這個觀點被基督教所保留下來。《聖經 · 創世記》第一章中，上帝創世每一天結束時都有這樣的描述「於是有了夜晚，有了白天，第＊天」。注意到《聖經》中說「有了夜晚，有了白天」，而不是說「有了白天，有了夜晚」，這正是來自閃米特人對於一天始於黃昏的認識。另一方面，耶穌生於12月25日，而聖誕節卻真正開始於平安夜，整個節日的主體基本是從12月24日黃昏開始到次日黃昏，很明顯也是受到閃族風俗的影響[140]。

古代腓尼基人頻繁在海上活動，他們是地中海最早的霸主，茫茫大海上航行要求他們必須有明確的方位觀念。他們將本土以東的地區泛稱為日出之地Asu'升起'；而將本土以西的地方則泛稱為日沒地Ereb'日落'。希臘人從腓尼基人那裡借來了這一套，將愛琴海以東的地區稱為Asia，於是便有了我們的小亞細亞Asia Minor【小東方】和亞洲Asia【東方】。希臘語的Asia一詞是由腓尼基語Asu借鑑來的。他們將愛琴海以西命名為歐洲Europa，一般認為這是由傳說中的腓尼基公主歐羅巴Europa而命名的，該故事告訴我們這樣的訊息:西方europe一名與腓尼基有關。如果我們將ereb和europe進行對比的話，這個問題似乎很明瞭了：希臘人在接受了腓尼基人對於地理位置的命名之後，借鑑腓尼基語的ereb而創造了希臘語的europa，並為了這個名稱添加了一段動人的傳說，一個關於宙斯騙走腓尼基公主歐羅巴的故事。

至此，我們或許應該看到：身為古希臘神話中的創世神之一的厄瑞波斯，他的名字起初並不是昏暗之神，而是黃昏之神。換句話說，erebus本意並不是'昏暗、黑暗'，而腓尼基語中的ereb'黃昏'更接近這個神本身。

黑夜女神Nyx

黑夜女神尼克斯是神話中非常重要的一個人物。她和昏暗之神厄瑞波斯生下了白晝女神和天光之神，還透過獨自分娩生下了死神、睡神、厄運之神、命運女神、復仇女神、衰老之神、不和女神等可怕的神靈。奧菲斯教認為，在創世五神的時代，黑夜女神掌握著世界的統治權，後來她將強大的權杖交給了天神烏拉諾斯，從而開啟了第一代神系的統治。

強大的權杖，在尼克斯手裡
放下，以使他得王的尊榮。

——普羅克洛斯[141]《克拉底魯篇》注疏

(140)基督教脫胎於古老的猶太教，猶太人的祖先希伯來人屬於閃米特人，而腓尼基人也是閃米特人的一支。他們保持著共同的閃族風俗和認識。

(141)普羅克洛斯(Proclus，410～485)，希臘哲學家、天文學家、數學家、數學史家。普羅克洛斯注釋書頗多，有柏拉圖的《巴門尼德篇》、《提麥奧斯篇》、《克拉底魯篇》、《亞西比德篇》、《理想國》，托勒密的《天文學》，亞里斯多德的《物理學》等。

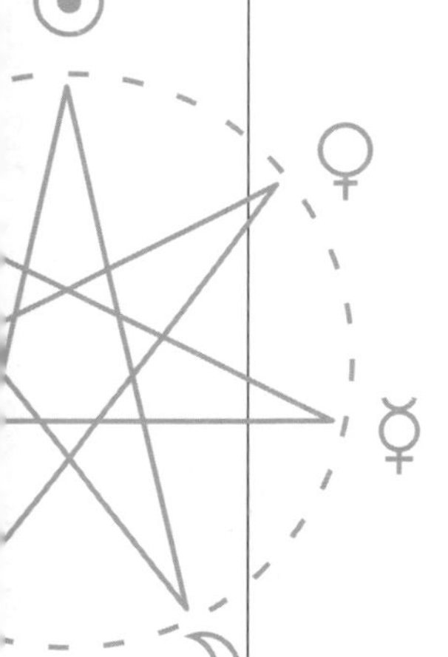

圖 4-61　在夢之屋裡的朱諾女神

因此，即使後來驕橫跋扈的主神宙斯，還要對其禮讓三分。話說有一次睡神許普諾斯尊希拉之命令，使主神宙斯陷入睡眠之中，希拉則趁機迫害主神心愛的兒子海克力士。宙斯醒後怒不可遏，誓言要好好懲罰睡神。後來睡神逃到母親黑夜女神那裡，宙斯才不得不息怒。黑夜女神的地位可見一斑。在《伊里亞德》中，睡神許普諾斯曾經親口說道：

當時宙斯那個心高志大的兒子，
摧毀了特洛伊人的城市，離開伊利昂。
我去甜美地擁抱擲雷神宙斯的心智，
使他沉沉酣睡，你便策劃禍殃，
讓海上掀起狂風巨瀾，把他那兒子
送到人煙稠密的科斯島，遠離同伴。
宙斯醒來後震怒異常，在宮中把眾神
到處拋擲，尤其想找到作惡的我。
我也許早被他從空中拋進大海無蹤影，
若不是能制服天神和凡人的黑夜救了我。
我逃到她那裡躲避，宙斯不得不息怒，
因為他不想得罪行動迅疾的黑暗。

——荷馬《伊里亞德》卷 14　250~261

黑夜女神尼克斯的名字 nyx（所有格 nyctos，詞基 nyct-）一詞意為‘黑夜’，該詞與拉丁語中的 nox‘夜晚’（所有格 noctis，詞基 noct-）同源。它們衍生出了英語中：夜曲 nocturne【晚上的】、夜禱 nocturn【夜晚的】；不敢半夜起來上廁所的人的就屬於黑暗恐懼症 nyctophobia【害怕夜晚】，而像小偷這樣在夜裡大發橫財的人就屬於 nyctophilia【喜歡夜晚】了；螢火蟲這種能【在夜裡發光】的為夜光蟲 noctiluca，這種【夜光性】就是 noctilucence 了，還有夜蛾科 Noctuidae【夜裡的物種】；夜間走動例如夢遊什麼的我們稱之為 noctambulate【夜間行走】或者 noctivagant【夜間遊蕩】，也有的傢伙一出去就徹夜不歸 pernoctate【整個夜晚】了。春分、秋分被稱為分點 equinox，因為在春分和秋分點時白天【與黑夜等長】，春分為 the Spring Equinox 或 Vernal Equinox，而秋分則為 the Autumnal Equinox；相應地，夏至和冬至時太陽幾乎停下來不走了，故稱為至點 solstice【太陽停留】，夏至為 the Summer Solstice，而冬至則為 the Winter Solstice。而從中文來看，我們明顯看到，之所以稱為春分，因為此時春天正好過半，秋分類同；之所以稱為夏至，因為這正是夏天至極的時候，此時夏季亦正好過半，冬至類同。

希臘語的 nyx（詞基 nyct-）‘夜晚’、拉丁語的 nox（詞基 noct-）‘夜晚’都與古英語的 niht‘夜晚’同源[142]，後者演變出現代英語的 night[143]。噩夢 nightmare 源於一種被稱為 mare 的惡魔的傳說，據說做噩夢是由於這種惡魔壓在做夢者的胸口上造成的，說起來像中國文化中的鬼壓床；子夜 midnight 字面意思是【夜晚的中間】，對比正午 midday【白天的中間】；tonight 意思是【to the night】，對比今天 today【to the day】即可知道，而 tomorrow 就是 to the morrow【明天】；還有夜鶯 nightingale【在夜裡歌唱】、茄類植物 nightshade【夜之陰影】、夜總會 nightclub【夜生活俱樂部】等。

（142）注意到希臘語、拉丁語中的 /k/ 音，往往對應英語中的 /h/ 音，對比下列拉丁語和英語的同源詞彙：

心臟 cor/heart，
角 cornu /horn，
百 centum /hundred，
八 octo /eight。
拉丁語中的 c 即表示 /k/ 音。

（143）從古英語的 niht 到現代英語的 night 變化中，我們可以看到，古英語的 -ht 結構進入現代英語中多變為 -ght，對比古英語詞彙與其衍生出的現代英語詞彙：

正確 riht/right，
光亮 leht /light，
能力 miht /might，
彎曲 byht /bight，
生命 wiht/wight，
零 nawiht/ naught，
明亮的 bryht / bright，
女兒 dohtor /daughter，
裝飾 dihtan/dight，
勇敢的 dohtig/doughty，
八 ehte/ eight，
飛行 flyht/ flight，
騎士 cniht/knight，
思想 oht/thought。

（一）夜神世家 之在黑夜中誕生的孩子

根據《神譜》中的記載，在太初的一片巨大混沌之中，誕生了 5 位創世之神。在這 5 位創世之神中，黑夜女神尼克斯和昏暗之神厄瑞波斯結合，生下了天光之神埃忒耳 Aether 和白晝女神赫墨拉 Hemera。

昏暗神和黑夜女神從混沌中出生。
天光之神和白晝女神又從黑夜中生，
黑夜與昏暗結合，生下他倆。

——赫西奧德《神譜》123~125

兩個孩子中，最早降生的是天光之神埃忒耳，他是天上光芒的自然屬性神。之後黑夜女神又生下來了白晝女神赫墨拉，她是白晝的自然屬性神，並和其母尼克斯一同主宰著晝夜交替。也有說法認為，黑夜女神和昏暗之神還生下了後來的冥河渡夫卡戎 Charon。卡戎是他們最小的孩子，他與哥哥埃忒耳、姐姐赫墨拉這種比較陽光活潑的神祇不同，而是充分繼承了母親尼克斯那種恐怖陰暗的氣息，讓人有不寒而慄的感覺。

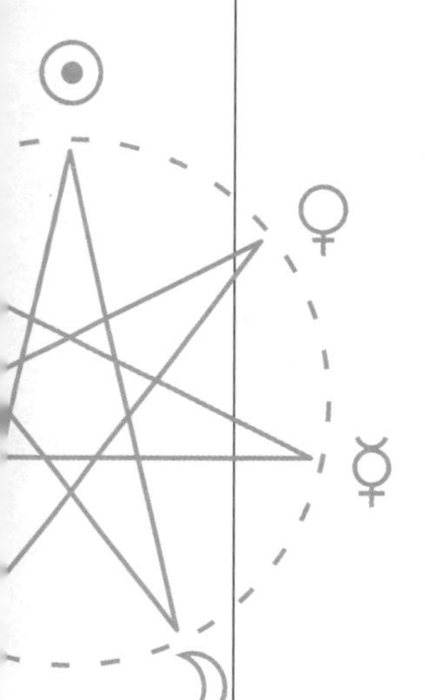

天光之神 Aether

你述說宙斯永恆絕對的權利，
你是星辰和日月的花園，
你征服萬物，點燃生命之花！
高處閃光的埃忒耳，宇宙最美的元素，
光的孩子，亮彩四射，星火燦爛

——《奧菲斯教禱歌》篇 5 1~5

埃忒耳一名 Aether 源自希臘語的 aitho‘燃燒、發光’，因此埃忒耳被認為是天光之神。當古希臘人的殖民探險活動觸及非洲時，他們驚奇地發現這裡的人由於常年被灼熱的日光炙烤皮膚黝黑不堪，便將這些人稱為 Aithiops【灼焦的臉】，並將此地稱為 Aithiopia【灼焦臉人之地】，英語中的 Ethiopia 一詞便源於此，中文音譯為衣索比亞。歐洲最大的活火山位於義大利南部的西西里島，這座火山在古希臘時代就經常爆發，希臘人將其稱為 Aitna【燃燒的】，這個詞在英語中轉寫為 Etna，也就是現在的埃特納火山 Mount Etna。

埃忒耳是天光之神，因此他的名字 aether 一詞也被用來表示'蒼天'之意。古希臘早期哲學家提出了四元素說，認為我們身邊的一切都是由水、火、氣、土 4 種元素組成。後來大哲人亞里斯多德發展了這一學說，他認為高空中的天體與我們身邊多變的世界不同，天體圍繞大地做著完美的圓周運動，並且它們永恆地處於這種狀態。亞里斯多德認為組成神聖天體上的元素與大地上的易於衰變的元素不同，前者乃是由一種永恆而完美的新元素構成，他將這個元素稱為 aether，一般翻譯為「乙太」，並稱其為 pempte ousia'第五元素'，拉丁語中意譯為 quinta essentia【第五元素】，英語中的"精華、完美"quintessence 即由此而來。17 世紀末，物理學家認識到，聲波透過空氣介質傳播而形成我們所熟知的聲音，同樣的道理，他們相信光和引力等物質也是透過一定的介質傳播的，繼而他們推導出這種介質同時也充滿了真空的外層宇宙空間，並沿用了亞里斯多德的論述，將這種太空介質稱為 aether，英語中一般轉寫為 ether，中文譯為「乙太」。他們認為乙太雖然不能為人的感官所覺察，但卻能傳遞力的作用，如磁場和月球對潮汐的作用力。這個學說在兩個多世紀中成為了被普遍認可的主流學說，直到 20 世紀初人們普遍接受狹義相對論後，大多數物理學家才拋棄了這個學說。而現在的乙太網 Ethernet 就是由 ether"乙太"和 net"網"組成，大概因為乙太曾是大家心中的一種主要傳播介質吧！

ether 在英語中還被用來表示「乙醚」。乙醚的發現和命名是 1730 年的事，它的命名者認識到這種物質可以作燃料燃燒，而且無色透明，於是用當時流行的物理學中的乙太來命名它，因為 ether 一詞詞源本意亦為'燃燒'，而且乙太介質也是無色透明的。而乙基 ethyl 則是由 ether'乙醚'與 -yl'基質'組成，對比甲基 methyl（甲基為構成甲酸的主要成分，甲酸提取自酒，酒在希臘語中稱為 methu）、丁基 butyl（丁基是構成丁酸的主要成分，而丁酸最初是從奶油 butter 中提取的）、乙醯基 acetyl（乙醯基是構成乙酸的主要成分，乙酸最早由醋中提取，而醋的拉丁語詞彙為 acetum）、苯基 phenyl（苯基是構成苯酚的主要成分，苯酚最早提取自用於‘照明’phaino 的煤焦油），除此之外，還有羰基 carbonyl、芬太尼 fentanyl[144] 等。

白晝女神 Hemera

現代希臘人日常的問候方式是：

Kalemera. 早上好！ Kale hemera. 的口語變體

Kalespera. 下午好！ Kale hespera. 的口語變體[145]

Kalenychta. 晚安！ Kale nychta. 的口語變體

其中 kale 一詞為希臘語中表示‘good、beautiful’的 calos 的陰性形式。如果你還記得被宙斯坑騙的小美女 Callisto 或 9 位繆斯女神中的首領 Calliope，你應該對該詞並不陌生。如果的確記不清楚了，請回想一下英語中的書法 calligraphy【優美的書寫】以及健美體操 calisthenics【優美之力】。

而 Kalemera 中的 hemera 就是我們要講的 hemera 了，這個詞是古希臘語中的‘白天’。薄伽丘的大作《十日談》義大利語原名為 Decamerone，就是由 deca‘十’（例如十年 decade【十個】、十進位 decimal【十個的】、摩西十誡 Decalog【十言】）和 hemera‘天’組成，書中的 10 位主人翁為了逃避瘟疫一起來到鄉間避難，並每人每天講一個故事，度過了難熬的 10 天時光，他們講了 10 天的故事，所以將書名命名為 Decameron【十日】。蜉蝣 ephemeron 即【一天之間】，因為人們觀察到蜉蝣朝生暮死，壽命不過一天，故名[146]；萱草屬植物因為花期僅僅一天而被稱為 Hemerocallis【一日之美】，其花在日出時開放，在日落時凋謝，這是多麼合適的名字啊；還有晝盲症 hemeralopia【白天盲目之症狀】，對比夜盲症 nyctalopia【夜晚盲目之症狀】。

冥界渡夫 Charon

卡戎是冥界的船夫，負責將亡靈擺渡過冥界的辛酸之河。這條河與世界上其他河流不同，它的水質非常之輕，就連一枚輕飄飄的羽毛也會迅速沉入水底。

（144）-yl 後綴源自希臘語的 hyle‘木頭、木材’，亞里斯多德在自己的哲學體系中用該詞來指‘基質、材質’，因此後來的化學中常用 -yl 後綴表示各種相關基質。

（145）Kale hespera 中的 hespera‘黃昏’為 hesperos 對應的陰性形式；相似地，Kalenychta 中的 nychta 意為‘夜晚’對比古希臘語 nyx‘黑夜’的詞基 nyct-。

（146）亞里斯多德在《動物誌》一書中曾經寫道：

博斯普魯斯海峽間，庫班河上，在夏至前後跟著河流直向海中淌下，一些比葡萄稍大的小包囊，這些小囊開裂，各飛出一隻有翅的四腳生物。這些蟲生活著，飛行著，直到傍晚日落而消失，牠的壽命恰夠一整天長，因此牠被稱為 ephemeron‘一日蟲’。

這蟲在中文中對應「蜉蝣」。中文裡提及蜉蝣往往寄寓著一種渺小的情感，對比蘇軾在《前赤壁賦》所提到蜉蝣的句子：寄蜉蝣於天地，渺滄海之一粟。

在這裡，除非登上卡戎的船隻，否則任何人也無法通過。古希臘有一個習俗，人們在死者的嘴巴裡放一枚錢，就是為了讓其靈魂安全渡過辛酸河進入冥界，否則靈魂就得在世界上遊蕩漂泊百年之久。當然，中國以前也有在死者身上放一枚錢的風俗，不同的是希臘人帶錢是為了坐船，而中國人帶錢是為了喝湯。

關於冥河船夫卡戎，西尼加在悲劇《伊底帕斯》中敘述道：

那在湧動的水面上
看守著他的大船的——
是一個船夫，年高老邁

——西尼加《伊底帕斯》166~168

而維吉爾則在《埃涅阿斯紀》中說道：

有一位可怕的渡口主人守望著這些骯髒不堪的
溪流河水：卡戎，他的鬚髮大多灰白，
凌亂地圍在下巴上面

——維吉爾《埃涅阿斯紀》卷 6 298~300

注意到在希臘神話與羅馬神話的相關詩文中，每每提到這位擺渡亡靈的船夫時，無不出現關於這位艄公年老、年邁的描述。這暗示我們，冥河渡夫的名字卡戎 Charon 正與希臘語中的 geron‘老年’同源。這位艄公擺渡著亡魂，將亡魂帶入黑暗而冷寂的冥土之中。這個神話的隱喻很明顯：卡戎是老年的化身，而正是老年本身無情地將我們引向死亡。

geron 意為‘老年’，因此灰衣三婦人被稱為 Graiai【年老的婦人】；而勝紅薊之所以稱為 Ageratum【不老的】，是因為植物學家發現其花朵經久不衰，故名。

另外，在命名了冥王星 Pluto 之後，人們用冥界船夫卡戎的名字 Charon 來命名其衛星，也就是冥衛一 Charon。

圖 4-62　冥河渡夫卡戎

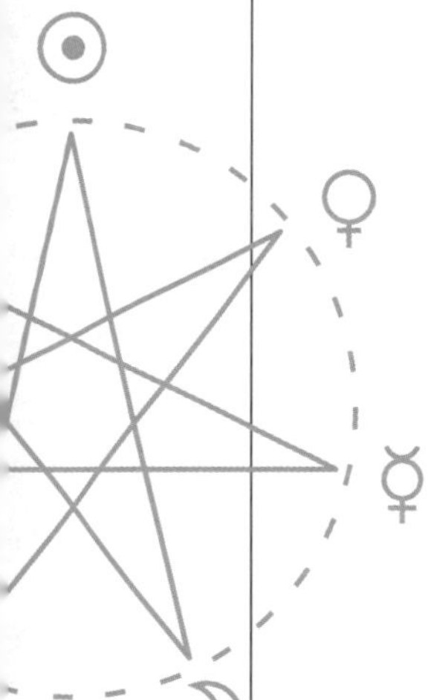

（二）夜神世家 之死亡與夢境

黑夜女神未經相愛交合，獨自分娩出了一群可怕的後輩神明。包括可怕的厄運之神摩洛斯 Moros、毀滅女神卡爾 Ker、死神塔那托斯 Thanatos、睡神許普諾斯 Hypnos、夢囈神族俄涅洛伊 Oneiroi、誹謗之神摩墨斯 Momus、苦難之神俄匊斯 Oizys、黃昏仙女赫斯珀里得斯姐妹 Hesperides、命運三女神莫伊萊 Moerae、死亡女神凱瑞斯 Keres、報應女神涅墨西斯 Nemesis、欺騙女神阿帕忒 Apate、淫亂之神菲羅忒斯 Philotes、衰老之神格拉斯 Geras、不和女神厄里斯 Eris。他們代表著人間的各種悲苦不幸，就如同可怕的黑夜一樣，帶給人們無盡的恐怖和災難。 其中，最著名的莫過於死神塔那托斯和睡神許普諾斯兩位兄弟了。睡神許普諾斯手下還有一群次神，名曰夢囈神族俄涅洛伊 Oneiroi。關於死神和睡神，赫西奧德說：

在那裡還住著幽深的夜的兒子們，
睡眠和死亡，讓人害怕的神。
太陽神亦從未用陽光看照他們，
無論日升中天，還是日落歸西。
他們一個漫遊在大地和無邊海上，

往來不息對人類平和而友好；
另一個卻心如鐵石性似青銅，
毫無憐憫。人類落入他手裡
就逃脫不了，連永生神們也惱恨他。

——赫西奧德《神譜》758~766

死神 Thanatos

死神無疑是位讓人聞之色變的神靈。在後來的傳說中，死神常常披著黑色斗篷，手持鐮刀，像農人收割麥田一樣收割人們的靈魂。歐里庇得斯[147]稱他是「死亡的王子，黑衣的塔那托斯」。 人們出於畏懼，都不敢談論他的故事，因此流傳下來的傳說就很少了。死神負責將陽壽已盡者的靈魂帶回冥界，尤其是那些拒絕進入冥界的陰魂。當然，死神也不是每次都能將這些負隅頑抗的傢伙制服，據說他曾被一個名叫西西弗斯的傢伙所欺騙並綁架，而西西弗斯也為此罪行付出了沉重的代價——後來他被打入了冥界最底層的塔爾塔洛斯深淵。

死神塔那托斯的名字 Thanatos 意為‘死亡’，其衍生出了英語中：慘死叫做 cacothanasia【不好的死亡方式】，對比字跡潦草 cacography【差的書寫】、刺耳的聲音 cacophony【難聽的聲音】、惡魔 cacodemon【壞的靈魂】；相對於這種不好的死亡方式，安樂死 euthanasia 無疑是一種【好的死亡方式】，對比頌揚 eulogy【好的言辭】、優生學 eugenics【優良基因技術】、悅耳 euphony【美好的聲音】；當然，死法有很多種，用水淹死叫 hydrothanasia【死於水】、用電擊死叫 electrothanasia【死於電】；還有致命的 thanatoid【死亡的】、死亡觀 thanatopsis【對死亡的看法】，死亡收容所 thanatorium【放置死屍的地方】；而永生 athanasia 就是【不會死去】，這種事現在看來只是一種傳說，人總有一死，Memento mori[148]。

(147) 歐里庇得斯（Euripides, 西元前 485～前 406 年），與埃斯庫羅斯和索福克勒斯並稱希臘三大悲劇大師，他一生共創作了 90 多部作品，保留至今的有 18 部。

(148) 這是一個拉丁語名言，意思為：Remember you will die。

睡神 Hypnos

人們常將死神塔那托斯和睡神許普諾斯相提並論，大概是因為死亡和睡眠有不少相似點，畢竟死亡就如同永遠睡去一般。在神話中，睡神是死神的孿生兄弟。睡神居住於黑海北岸的一個山洞中，在那裡，陽光終年無法照進，只有昏暗迷離的晨光與夕影。山洞底部流淌著冥界忘川的一段支流，而山洞的入口處則長滿了罌粟花與一些草藥，這些草藥和睡神一樣，大都具有催眠的功能。

睡神的妻子是美惠女神中最年輕的帕西希亞 Pasithea。這牽扯一段故事：在特洛伊戰爭時期，天后希拉謀劃要把支持特洛伊的宙斯催眠，以便趁機幫助正處在被動一方的希臘聯軍。她找到了睡神許普諾斯，請其出山幫忙催眠宙斯。睡神曾經得罪過宙斯，怕宙斯再遷怒於自己，就斷然拒絕了希拉。無奈之下，希拉只好用美人誘惑他，說事成之後答應將美惠女神帕西希亞嫁與他。許普諾斯對這位美惠女神暗戀已久，苦於不敢直接向她表白。得到了希拉的許諾，睡神欣喜若狂，立刻答應了希拉的請求。儘管事發後宙斯氣得到處追殺許普諾斯，並重重地處罰了他，不過當他刑滿獲釋以後，如願以償地娶到了心愛的大美人做老婆，這也算很值得了。荷馬講到：

> 牛眼睛的天后希拉重又對睡神這樣說：
> 「睡神啊，你現在為什麼要回憶這一切？
> 你以為鳴雷的宙斯正幫助特洛伊人，
> 會像當年為兒子海克力士那樣生氣？
> 你就去吧，我將把一個最年輕的美惠女神
> 送給你成婚，她將被稱為你的妻子，
> 帕西希亞，就是你一直戀慕的那個。」

——荷馬《伊里亞德》卷 14 263~269

圖 4-63　許普諾斯和他的兄弟塔那托斯

睡神許普諾斯的名字 Hypnos 意為‘睡眠’，其衍生出了英語中的：催眠術 hypnosis 本意為使人陷入【睡眠的狀態】，催眠一般多用於對有精神疾病的患者進行精神治療 hypnotherapy【睡眠療法】的場合，很少有像電影《武狀元蘇乞兒》中傳授睡夢羅漢拳那樣把你催眠了然後教你武功的，順便提一下這種催眠狀態下的學習方式被稱為 hypnopedia【睡眠學習】；除此之外，還有英語中：睡眠的 hypnotic【睡覺的】、催眠的 hypnagogic【促使進入睡眠的】、睡眠良好 euhypnia【好睡眠】、睡眠不佳 dyshypnia【不好的睡眠】、催眠學 hypnology【催眠學】、睡眠恐怖 hypnophobia【害怕睡眠】。

希臘語的 hypnos‘睡眠’與拉丁語的 somnus‘睡眠’同源，後者衍生出了英語中：夢遊 somnambulance【睡夢中行走】、想睡的 somnolent【睡眠的】、催眠藥 somnifacient【產生睡眠的】、催眠的 somniferous【帶來睡眠的】、囈語 somniloquence【說夢話】、夢話 somniloquy【說夢話】、失眠 insomnia【無法入睡】。

夢囈神族 Oneiroi

夢囈神族被認為是睡神麾下的 3 位次神，他們主管著各種各樣的夢境。這 3 位夢神分別為睡夢之神摩耳甫斯 Morpheus、噩夢之神佛貝托爾 Phobetor、幻象之神樊塔薩斯 Phantasos。這無疑是古希臘人對在睡眠中產生夢境的一種神話學解釋。古希臘人認為，夢中會有各種各樣的‘幻象’phantasos，各種‘影像’morpheus，抑或‘驚懼’phobetor。在神話中，當諸神要將某種預言傳遞給一些凡人的時候，他們就派這 3 位夢神變幻成不同的形象托夢給人，摩耳甫斯化身為人托夢，佛貝托爾化身為鳥獸托夢，樊塔薩斯則化身為無生命之物托夢。根據荷馬的說法，這些夢囈神居住在大洋的盡頭，在那裡他們擁有兩座門，一座門為牛角製成，一座門由象牙製成。穿過牛角門的夢提供真實，不管哪個凡人夢見它都會看到真實。而穿越象牙門的夢卻常常欺騙人，為人送來不可實現的話語(149)。

夢囈神族的名字 Oneiroi 是希臘語名詞 oneiros‘夢境’的複數形式，字面意思是【眾夢】，作為神靈可以理解為‘眾夢神’。oneiros‘夢境’一詞衍生出了英語中：

(149) 至今人們仍用象牙寓意「虛幻、脫離實際的事物」，於是就有了英語中的 ivory tower【象牙塔】，喻指脫離實際的小天地。

（150）這是詩人品達爾的一句著名箴言，意思是：人是一個影子的夢。

夢一般的 oneiric【夢的】、解夢人 oneirocrite【辨析夢境的人】、解夢術 oneirocritic【解夢之技藝】、夢卜 oneiromancy【夢的預測】。或許我們應該提一下著名詩人品達爾的那句話：

Σκιᾶς ὄναρ ἄνθρωπος.（150）

睡夢之神 Morpheus

摩耳甫斯是睡夢之神，他代表夢中的人物影像。摩耳甫斯的名字 Morpheus 由希臘語的 morphe‘形態、影像’和 -eus‘...... 者’組成，人們認為夢是各種各樣的影像出現在人腦中的結果，因此將摩耳甫斯尊為夢神。電影《駭客任務》中「尼布甲尼撒號」的船長 Morpheus。在《駭客任務：重裝上陣》中，Neo 和 Trinity 兩人在公路上駕車，他們的車牌是“DA203”，於是我們可以查閱《聖經 · 但以理書》第 2 章第 3 節：

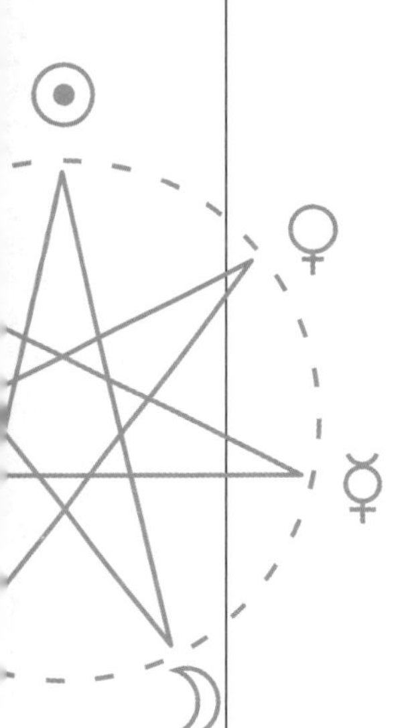

尼布甲尼撒王對臣子們說：我作了一夢，心裡煩亂，想知道這是什麼夢。

根據《聖經》記載，尼布甲尼撒是巴比倫國王，他做了一個夢，醒來時心情煩亂，卻忘記了夢見什麼，於是他找遍全國，尋求一個能知道自己夢的內容的人。而在電影中，Morpheus 等人乘坐「尼布甲尼撒號」飛船去找先知詮釋什麼是真實，自己是不是生活在充滿幻象的夢中。這無疑說明，《駭客任務》是一部值得深入思考探究的影視作品。

morpheus 代表夢境，於是一種讓人能產生夢境般幻覺的藥品被稱為嗎啡 morphine【讓人輕飄飄如夢的藥品】，從而也有了嗎啡上癮 morphinomania【嗎啡迷戀】；希臘語的 morphe ‘形態’則衍生出了：形態形成 morphosis【形態形成的過程】、畸形 anamorphosis【形態形成錯誤】。古羅馬詩人奧維德的著名神話作品《變形記》取名為 Metamorphoses，字面意思是【變形故事集】，是 metamorphosis‘形態變化’的複數；metamorphosis 這個詞也被用來指生物中的變態發育，像蝌蚪發育成青蛙，因為在這個過程中，生物的基本【形態發生了改變】；還有英語中的形態學 morphology、地貌 geomorph、多形的 polymorphic、同形的 isomorphic 等。

噩夢之神 Phobetor

佛貝托爾是噩夢之神，他代表夢中令人恐懼的景象。其名字 phobetor 一詞即由表示‘使恐懼’的 phobeo 和 -tor‘...... 者’組成，字面意思是【使人恐懼者】，這是對噩夢在做夢者心中影響的一種詮釋。phobeo‘使恐懼’的名詞形式為 phobos‘恐懼’，我們在《火星 戰神和他的兒子們》中講解火衛一 Phobos 時已經分析過該詞彙，此處再略作補充：得了狂犬病的人怕喝水，所以狂犬病被稱作 hydrophobia【畏水症】，一般是由於被瘋狗咬傷所致，這種人以後通常都會很【怕狗】cynophobia 的；當然，害怕什麼動物 zoophobia【害怕動物】的人都有，例如對蜘蛛恐懼 arachnophobia【害怕蜘蛛】、恐貓症 ailurophobia【害怕貓】、恐蛇症 ophidiophobia【害怕蛇】等。

幻象之神 Phantasos

樊塔薩斯是幻象之神，他代表著夢中所出現的各種離奇古怪的影像。他的名字 Phantasos 一詞對應英語中的 fantasy。這個詞來自於希臘語的 phano‘使顯現’。喜歡 fancy 的人，大腦裡都是各種各樣的幻象，而所謂的幻想曲 fantasia，就給人類似的各種幻象的感覺。

（三）夜神世家 之命運與懲罰

夜神尼克斯還獨自生下了可怕的命運三女神莫伊萊 Moerae、死亡女神凱瑞斯 Keres 和報應女神涅墨西斯 Nemesis。赫西奧德說：

> 她還生下命運女神和冷酷無情的死亡女神。
> 她們追蹤神們和人類犯下的罪惡。
> 這些女神絕不會停息可怕的憤怒，
> 直到有罪者受到應得的嚴酷處罰。
> 她還生下報應女神，那有死凡人的禍星
>
> ——赫西奧德《神譜》217~222

命運三女神 Moerae

莫伊萊是命運三女神的合稱，她們掌管著世間萬物的命運。這 3 位女神分別是克羅托 Clotho、拉刻西斯 Lachesis 和阿特洛波斯 Atropos。根據神話記載，每個人在出生後的第三個夜晚，他的生命長度就已經確定了。命運女神依據上天的旨意，紡織每個人的命運之線。其中，克羅托負責紡織生命之線，拉刻西斯負責丈量生命之線長度，阿特洛波斯則負責切斷生命之線。她們執行天命，即使宙斯也不能強行違抗她們的安排。

命運三女神的名字 Moerae 在希臘文中寫作 moirai，是 moira‘所分配’的複數形式。在古代希臘，人們認為命運是在冥冥之中被分配和註定的，凡人或神祇皆不可逾越。因此當神王宙斯想要拯救瀕死的兒子薩耳珀冬時，希拉指責他說：

> 可怕的克洛諾斯之子，你說什麼話？
> 一個早就公正註定要死的凡人，
> 你卻想要讓他免除悲慘的死亡？
> 你這麼幹吧，其他神明不會同意。
>
> ——荷馬《伊里亞德》卷 16 440~443

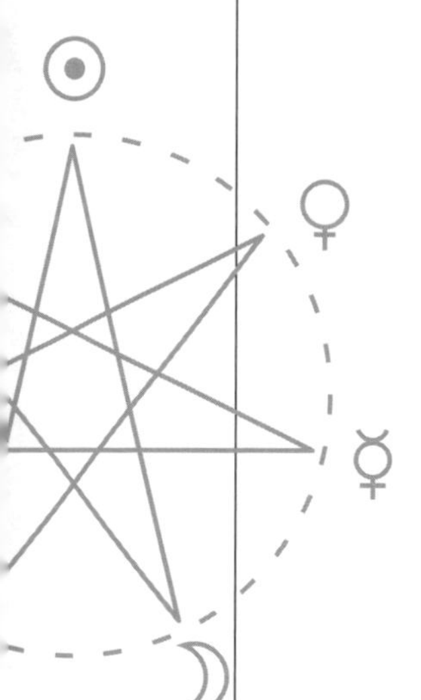

可見命運被稱為 moira‘所分配’的原因，乃是已經分配好、不能更改的定數。moira 意為‘所分配’，因此也代表整體中分出的一小部分。當希臘人細分一個圓周時，將其分為 360 等分並把其中的每個等分稱為 moira【所分配的一部分】，後者被翻譯為拉丁文 *degradus【逐級】，從而衍生出英語的 degree；希臘人稱一度的 1/60 稱為「moira 的第一次細分」，後者的 1/60 稱為「moira 的第二次細分」；這兩個概念被翻譯為拉丁語的 pars minuta prima【部分的第一次細分】、pars minuta secunda【部分的第二次細分】，英語中的 minute“分”和 second“秒”便由此而來。希臘語的 moira 與拉丁語的 mereo‘份額’同源，後者衍生出了英語中：所謂的榮譽 merit 其實就是你【應該得到的那份】，即將結束時候的榮譽例如名譽退休 emeritus【最後的份額】，剝奪榮譽即處分 demerit【去掉份額】；而化學中同分異構體 isomer 本意為【相同的部分】，聚合物 polymer 就是【由很多部分組成】之意。

紡織者 Clotho

克羅托負責紡織生命之線，她的名字 clotho 意為‘紡織’，希臘語中將紡織用的梭子稱為 closter【紡織的工具】，後者衍生出了英語中的梭菌 clostridium【梭狀的（細菌）】[151]。

丈量者 Lachesis

拉刻西斯負責丈量生命之線的長度，每個人生命的長短就是由她裁定的。她的名字 Lachesis 源自希臘語的 lachein‘抓鬮分配’，其中 -sis 後綴構成表示動作過程的名詞，對比英語中的 analysis、diagnosis、photosynthesis，這些詞彙中都還保存了動作過程的概念。

斷線者 Atropos

阿特洛波斯負責切斷生命之線，使人歸於天命，她被認為是三姐妹中最可怕的一位。她的名字 Atropos 由希臘語的 a-‘否定前綴’[152] 和 tropos‘turn’構成，意思是說命運的輪子【不轉了】，說白了就是死了。希臘人發現，顛茄內含有致命的毒素，少量的顛茄就能致人於死地，因此將這種植物稱為 atropa，後來人們從該植物中提取出一種藥劑，便稱其為阿托品 Atropine【源自顛茄的藥劑】，該藥一般用於有機磷中毒解毒藥，這大概就是所謂的以毒攻毒了。相似的可以對比嗎啡 morphine【讓人輕飄飄如夢的藥品】，因為吸食嗎啡會讓人產生幻覺，就如做夢一般；而吸食海洛因 heroin 大概會讓你爽得感覺自己跟個大俠一樣，即 feel like a hero，不過請千萬不要試，一旦成為大俠就難再退出江湖了。

tropos 意為‘turn’，於是就有了英語中：熱帶 tropic 一詞本指回歸線，即太陽每年夏至和冬至時直射點所在的兩條緯線，太陽直射點至回歸線處【轉向往回走】；又因為兩回歸線間為低緯度地區，從地理上看就是以赤道為中心的熱帶地區，所以 tropic 就有了「熱帶」之意，而副熱帶就是 subtropic【次於熱帶】了。對流層之所以被稱為 troposphere【the turning sphere】，因為這裡的空氣由於溫度不同而下冷上熱，產生對流，當冷空氣下沉到地面時會因為被加熱而「轉向」上升，熱空氣上升時因為失去溫度變冷而「轉向」下沉[153]。避邪

(151) 要提醒一點的是，這個名字與英語中的 cloth 並無關係。

(152) 前綴 a- 表示否定，對比原子 atomos【不可分割的】，英語中的 atom 便由此而來；惰性氣體氬 argon 源自希臘語的 aergon【不工作的】；無神論 atheismos【沒有神的學問】，英語中的 atheism 由此而來。

(153) 當然，這只是簡單的縱向對流，還有橫向溫度不均引起的對流，它形成了我們所說的風。

物 apotropaion 就是能讓人【turn away from evil spirit】之物了，而天芥菜因為喜陽光而被稱為 heliotrope【朝向太陽】。還有向地性 geotropism【朝向地】、趨光性 phototropism【朝向光】、熵 entropy【a turning toward】等。

死亡女神 Keres

凱瑞斯被認為是死亡女神，這個名字是複數形式，並且是毀滅女神卡爾 Ker 之名字的複數。荷馬史詩中，凱瑞斯是死亡的化身，她們一般在戰鬥或者殘暴的場面出現，掌握著每位英雄的命運。她們渾身漆黑、背有雙翅、獠牙外露，異常可怕。細讀赫西奧德的《神譜》，會發現這裡的死亡女神凱瑞斯似乎和命運三女神一樣，指的都是克羅托、拉刻西斯、阿特洛波斯三位女神。這一點似乎也在他的《海克力士之盾》一詩中反映了出來。

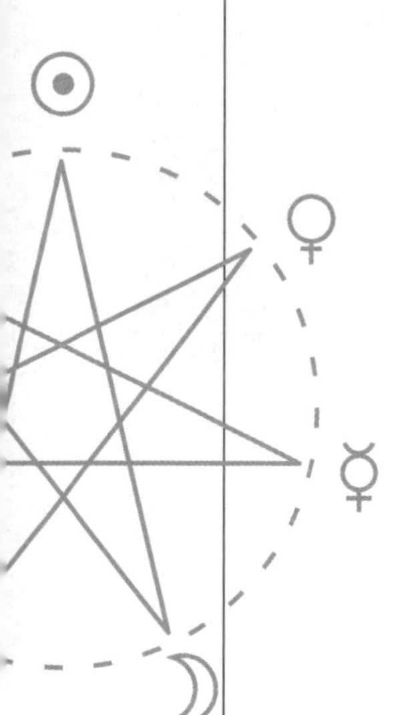

而那些已經被老齡抓住的年邁的男子們，
全都聚集在城牆外，他們為自己的孩子們擔憂，
伸出雙手向天國眾神祈禱，但這些年輕人
卻再次殺入敵陣。昏黑色的死亡之神們
緊隨其後，緊咬著白森森的利齒，
目光兇狠、毛髮粗黑、通體呈黃褐色，極其可怖，
她們爭奪著死者，只因渴望喝下那黑色的血。
盾上還刻著：只要她們找到一個受傷倒下的人，
其中一個會伸出強大的利爪抓住他，
他的靈魂就下降到冥國中，進入寒冷的
地獄深淵。當她們心滿意足地
喝完人血之後，就把這一具屍體扔在身後，
再次衝回廝殺和喧囂的戰鬥中。
只見克羅托和拉刻西斯挨得很近，而
阿特洛波斯雖然沒有諸神高大，
卻比其他神更為古老。

——赫西奧德《海克力士之盾》245~260

報應女神 Nemesis

涅墨西斯被認為是懲罰和報應之女神，她專門懲罰犯罪和過於傲慢的人，並滿世界追緝各種兇手，使其喪失理智，遭到不義的報應。特洛伊戰爭結束後，阿伽門農的妻子就因為弒夫而被報應女神追殺。而美少年納西瑟斯因為過分自戀，無情地拒絕了仙女厄科，也遭到了報應女神的懲罰，變成了水仙花。

關於涅墨西斯的傳說，流傳最廣的莫過於美女海倫的出生。相傳，主神宙斯愛上了涅墨西斯，但卻遭到了女神母親尼克斯的拒絕。宙斯則想盡一切辦法想占有她，又羞又怒的女神一直躲避著窮追不捨的宙斯。當她變成一條魚跳進海裡，宙斯攪起了海水，涅墨西斯就逃到陸地上，變成各種各樣的動物。最後，她變成一隻鵝，宙斯也變成一隻天鵝來與其交配。後來，女神生下了一顆蛋，並把它藏了起來，也許就被斯巴達王后麗達無意中發現。正如女詩人莎孚在一頁殘篇中所言：

據說，麗達曾經在風信子底下發現了一顆蛋。

圖 4-64　麗達和天鵝

後面的情節我們不難想像。從這顆蛋中誕生了美女海倫，而麗達則被認為是海倫的親生母親，於是就有了後來宙斯變成天鵝和王后麗達結合的故事。這個故事似乎暗含著這樣一個伏筆：從懲罰女神涅墨西斯的蛋中誕生了海倫，而正是海倫引發了降臨在人類身上的巨大懲罰，也就是為期十年、死傷眾多的特洛伊戰爭。

涅墨西斯最初司掌分配獎懲，因此被認為是正義和禮制的化身。善良的、有功的人她會給予獎賞，而對於邪惡的、殺人兇手等她則會追究這些人的刑責。大概是純潔的女神遭到了宙斯的姦污，她開始心灰意冷，心中充滿了懲罰的念頭，於是她只顧懲罰，每一個犯下大錯的人都會遭到她的追究。於是我們就不難理解，報應女神的名字 Nemesis 源自希臘語的 nemo‘分配’，後者衍生出了希臘語的 nomos‘法則、規章’，從而有了英語中的 astronomy【星體運行法則】、gastronomy【養胃的法則】、agronomy【事田之法】等詞彙。話說回來，表示‘分配’的 nemo 怎麼能產生‘法則、規章’nomos 的概念呢？

（154）所以雅典城市名為 Athens【雅典娜之城】。雅典出過很多偉大的哲學家，不得不說是繼承了智慧女神雅典娜的種種優秀品質啊！

（155）因此斯巴達好戰，全國都窮兵黷武，完全軍事化。

（156）阿芙蘿黛蒂的出生地即在塞普勒斯，人們也稱其為 Cyprian【塞普勒斯人】，該詞也因為阿芙蘿黛蒂而有了「淫蕩者」之意。

（157）羅得島人非常崇拜太陽神，被譽為七大奇觀之一的太陽神塑像就立於羅得島上。

或許我們應該從早期的哲人那裡找到答案。柏拉圖在《克拉底魯篇》中講到雅典城邦的起源時，敘述了這樣一個傳說：

從前，神把整個世界劃分成若干區域，然後按抽籤方式分配。各個神如此公平地分得了自己所屬的地域後，就在各自的地域安置居民，像牧羊人飼養羊群那樣飼養他們，按照自己的意向用勸導的舵來掌管人們的靈魂。赫菲斯托斯和雅典娜得到了雅典這塊土地，作為共同掌握的地域，在這裡培養了許多土生土長的有美德的人，給他們的心靈灌輸治理國家的方法，形成了典章制度 ......

順便提一下，在這一場抽籤中，雅典娜抽到了雅典城(154)，戰神阿瑞斯抽到了斯巴達(155)、愛與美之女神阿芙蘿黛蒂抽到了塞普勒斯(156)、遲到的太陽神赫利奧斯抽到了羅得島(157) ...... 眾神在自己分得的地盤上為子民立法，因此 nomos 便有了‘法則、規章’之意。

nomos 意為‘法則、規章’，其衍生出了英語中：制定法律的 nomothetic 本意為【安排法規的】；所謂經濟 economy，本來指【持家之法】，持家以節儉實用為主，故稱為 economic【經濟的】；經濟學又分為宏觀經濟學 macroeconomics【宏觀經濟學】、微觀經濟學 microeconomics【微觀經濟學】、社會經濟學 socioeconomics【社會經濟學】；他律 heteronomy 其實就是【相異的法則】，矛盾 antinomy 意思是【兩種相反的法則】；《申命記》*Deuteronomy* 本意為【第二律法】，根據聖經記載，摩西對以色列人民作了 3 次訓勉，這些勸勉都是以色列人要遵守的律法；還有自治 autonomy【自主治理】、工效學 ergonomics【工效的法則】、烹飪法 gastronomy【養胃之法】、分類法 taxonomy【分類法則】等。

（四）夜神世家 之苦難的起源

黑夜女神未經相愛交合，獨自分娩出了一群可怕的後輩神明。這些神明中，我們尚有厄運之神摩洛斯 Moros、誹謗之神摩墨斯 Momus、毀滅女神卡爾 Ker、苦難之神俄匊斯 Oizys、黃昏仙女赫斯珀里得斯姐妹 Hesperides、欺騙女神阿帕忒 Apate、淫亂之神菲羅忒斯 Philotes、衰老之神格拉斯 Geras，以及不和女神厄里斯 Eris 尚未講解。這些神說白了都不是什麼善類，他們給人間帶來了眾多的災難和痛苦。

厄運之神 Moros

摩洛斯的名字 Moros 一詞為命運三女神 Moerae 對應的陽性單數形式，所以其也被認為是男性的命運之神。相似的道理，死亡女神 Keres 乃是毀滅女神 Ker 的複數形式。

毀滅女神 Ker

毀滅女神卡爾的名字 Ker 是死亡女神 Keres 的陰性單數形式。Ker 一詞在古希臘語意為‘死亡、毀滅’，與此同源的英文詞彙不多，例如英語中的骨潰瘍 caries【骨頭的潰壞、死亡】。

誹謗之神 Momus

摩墨斯被認為是誹謗之神。據說人類的快速繁衍使得大地沉重不堪，於是摩墨斯便惡意誹謗人類，他建言宙斯減少人類種族的數目。宙斯本打算用雷電和洪水消滅人類，但摩墨斯阻止了這種方式，他建議在希臘人和野蠻人之間發動可怕的特洛伊戰爭。在他的建議下，宙斯將仙女忒提斯下嫁於凡人，仙女生下了偉大的英雄阿基里斯，後者成為特洛伊戰爭中最可怕的英雄；宙斯還遵從摩墨斯的建議，生下了一個無比動人的女兒，也就是引發特洛伊戰爭的美女海倫。於是規模空前的戰爭在摩墨斯的計謀下逐步展開，英雄和平民紛紛遭到屠戮，宙斯的計畫就實現了。

現代英語中，人們也將喜歡挑剔責難的人稱為 momus。

苦難之神 Oizys

苦難之神俄匊斯代表所有的悲慘和苦難，她的名字 Oizys 意思即為‘悲慘、苦難’。她對應對應羅馬神話中的 Miseria，後者衍生出了英語單字 misery。

黃昏仙女 Hesperides

黃昏仙女赫斯珀里得斯姐妹一共有 3 位，分別是赫斯珀拉 Hespera、厄律忒斯 Erytheis 和埃格勒 Aegle 三姐妹。三姐妹住在大地極西，那裡有一個神聖

圖 4-65　黃昏仙女的園林

的果園，栽種著天神宙斯和天后希拉婚禮上大地女神送給新娘的一顆金蘋果樹，樹上的金蘋果可以使任何人長生不老。赫斯珀里得斯姐妹受命看管著這片蘋果林。和她們一同看守這裡的，還有可怕的巨龍拉冬。大英雄海克力士的第十一項任務就是去取回極西園的金蘋果。他歷盡艱險，滿世界搜尋，終於在大地盡頭找到了這傳說中的園林，並借助扛天巨神阿特拉斯的力量，終於成功地盜得了金蘋果。後來當阿爾戈英雄們漂泊至此的時候，他們看到金蘋果被盜之後的場景：

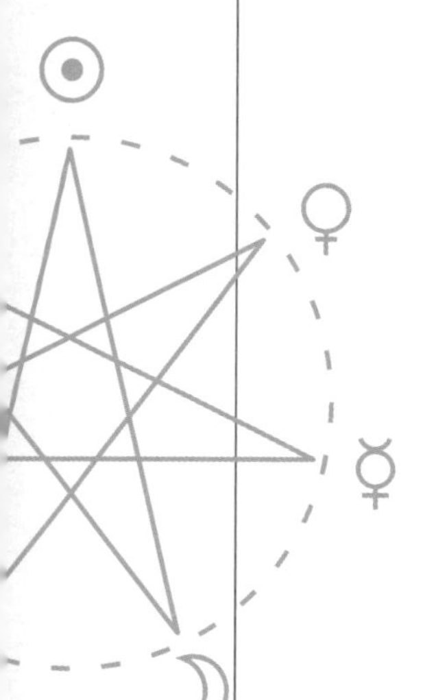

......英雄們並不是隨意遊蕩，
而是來到了一片神聖的原野，僅僅一天之前，
巨龍拉冬還在這裡守衛著極西園
中的金蘋果，赫斯珀里得斯仙女們
還在園中到處奔忙，唱著優美的歌。

——阿波羅尼奧斯《阿爾戈英雄紀》卷 4　1395~1399

赫斯珀里得斯姐妹的名字 Hesperides 字面意思即【黃昏之女兒】，因此她們被稱為黃昏仙女。這個名字也可以理解為‘西方之女’，這也暗示了她們居住在世界最西方。3 位仙女的名字似乎也都與黃昏息息相關，Hespera 意為‘黃昏’、Erytheis 意為‘羞怯的’、Aegle 意為‘光芒’。黃昏時陽光開始變得昏暗，恰如羞怯少女的臉龐。

欺騙女神 Apate

阿帕忒是欺騙女神，世間所有的虛假的欺瞞詐騙都因她而起。與她對立的是真理女神阿勒希亞 Alethea，後者由‘否定前綴’a- 和 lethe‘遺忘’構成，字面意思為【不會遺忘、永恆銘記】，對比冥界忘川 Lethe【遺忘】。相應地，阿帕忒的名字 Apate 在希臘語中意為‘欺騙’。磷灰石曾經多次被誤認為其他礦物，因此人們將其命名為 apatite【欺騙之石】。

淫亂之神 Philotes

菲羅忒斯被認為是淫亂之神，她的名字 Philotes 一詞意思即為‘愛戀’，由動詞 phileo‘愛、喜歡’衍生而來。phileo‘愛’衍生出了英語中：哲學 philosophy 字面意思為【愛智慧】，據說蘇格拉底將哲學探討稱為對智慧的愛，以區別於那些自認為已經掌握了知識的智者派 sophist【智慧的人】；大二的學生被稱為 sophomore【聰明的傻瓜】，這個年級的孩子往往因為一年的大學閱歷覺得自己已經學到很多了不起的知識了，開始夜郎自大，便得此綽號；費城 Philadelphia 字面意思為【兄弟之愛】，這座城市也被稱為 city of brotherly love（158）；飛利浦 Philips 一名本意為【愛馬者】，而飛利浦品牌則取自其創始人希拉德·飛利浦的姓名，現在已經成為世界知名的大型跨國公司（159）；還有愛樂的 philharmonic【喜歡樂音】、喜新成癖 neophilia【喜歡新的】、博愛 philanthropy【愛人類的】、愛護動物的 zoophilous【愛動物的】、愛書者 bibliophilist【愛書的人】等。

（158）Philadelphia 一詞由 phileo‘愛’和 adelphos‘兄弟’構成。其中 adelphos 由表示前綴 a-‘相同’和 delphos‘子宮’組成，表示【源於同一子宮的人】，故為兄弟。海豚是一種具有子宮的魚類，因此被稱為 dolphin【具子宮的魚】。

（159）源於創辦者人名的知名品牌還有很多：香奈兒 Chanel 以其創始人 Gabrielle Chanel 名字命名、愛迪達 Adidas 以其創辦人 Adolf Dassler 名稱命名、迪士尼 Disney 的創辦者為 Walter Elias Disney、亞曼尼 Armani 由設計大師 Giorgio Armani 創建於米蘭、凡賽斯 Versace 由義大利設計師 Gianni Versace 創建、卡地亞 Cartier 的創始人為 Louis-Francois Cartier、路易威登 Louis Vuitton 的創始人為 Louis Vuitton（即ＬＶ）、皮爾卡登 Pierre Cardin 創始人為 Pierre Cardin、普拉達 Prada 的創始人 Mario Prada……

夜鶯也被稱為 Philomela，這牽扯一個神話故事：雅典國王有個小女兒叫菲羅墨拉 Philomela，生得可愛迷人，而且歌聲甜美。菲羅墨拉的姐姐名叫普洛克涅，姐妹關係一直

圖 4-66　忒柔斯的宴會

很好。後來普洛克涅遠嫁給了色雷斯國王忒柔斯，並生下了一個兒子。過了數年，姐姐很想念妹妹，便讓丈夫去雅典接妹妹過來一段時間。誰知忒柔斯竟對少女起了邪心，在歸國的途中姦污了菲羅墨拉，並割去了她的舌頭，將她囚禁在一片樹林裡。後來姐姐得知此事，憤怒異常，她救出了妹妹，並設計使丈夫吃了自己的親生兒子。發現真相後的忒柔斯又氣憤又悲痛，便追著要殺死這兩個姐妹，在逃跑中菲羅墨拉變為了一隻夜鶯，而普洛克涅化身為一隻燕子。菲羅墨拉的名字Philomela字面意思是‘愛唱歌’，這點不但符合這位少女的習性，而且也是夜鶯的一大特點。對比表示夜鶯的另一詞彙nightingale【夜晚歌唱】。

衰老之神 Geras

格拉斯是衰老之神，他的形象為一個身材矮小，堆滿皺紋的老人。與他對立的是青春女神赫柏。格拉斯的名字geras意為‘蒼老’，源自希臘語的geron‘老年’，我們在《海神家族 之灰衣婦人》一文中已經分析，此處不再贅述。

（五）夜神世家 之是是非非

黑夜女神尼克斯生下的最後一個孩子厄里斯 Eris 大概是諸神中最缺心眼、最愛搬弄是非、挑撥離間的一個了。也正是如此，這位愛挑撥離間、引發紛爭的不和女神以其旗幟鮮明的缺心眼個性而「名垂青史」。

根據希臘神話傳說，大英雄珀琉斯愛上了海中仙女忒提斯，經過不懈追求終與之成為眷屬。海中仙女忒提斯在仙界人緣奇好，並且也是主神宙斯所鍾愛的女神，眾神於是紛紛應邀參加他們的婚禮，並送上了各自的禮物和祝福。婚禮上到處都是神界的大人物，好不熱鬧。但是一說起神界大人物都出席的宴會，有一個自認為屬於大人物的傢伙就超級不爽了，因為她沒有接到邀請函。這位自認為是「大人物」的神靈就是不和女神厄里斯。厄里斯臉上一副不恙衝進婚禮中，把一顆金蘋果扔到宴會餐桌上，並大聲喊著說要將這顆蘋果獻給「世界上最美的一位女神」。

於是宴席上的眾女神都坐不住了，紛紛想得到這顆金蘋果，特別是要得到「最美女神」這一特殊榮譽。眾神們紛紛陷入誰有資格享有「最美女神」之殊榮的激辯之中，經過層層比選，有3個女神成為了公眾都認可的候選神，她們分別是天后希拉、智慧女神雅典娜和愛與美之女神阿芙蘿黛蒂。3 個女神為了最美的榮譽爭執不下，吵得面紅耳赤，幾乎都要動手廝打起來了，因為每一位都認為自己才是這世上最美的女神。既然各不相讓，她們去找天神宙斯裁決，天神心裡也發怵，因為把這個榮譽給任何一個都會得罪其他兩個。宙斯此時大概想起他的貼身侍童伽倪墨得斯常常在他面前誇起的特洛伊王子帕里斯[160]，就搪塞她們說：我相信人類中有賢者能夠判斷出你們誰最完美，特洛伊王普里阿摩斯有個兒子叫帕里斯，你們請他做裁判最好了。於是三女神又來到伊達山找到正在放牧羊群的美少年帕里斯，並拿出各種好處來利誘這個小夥子。帕里斯經過一番斟酌，裁定說阿芙蘿黛蒂是諸神中最美的一位，因為女神答應讓他得到世間最美的女子。

（160）帕里斯是宙斯的酒童伽倪墨得斯的親戚，其兄長的後代。

這個最美的女人就是美女海倫，帕里斯在出訪斯巴達時公然搶走了美女海倫，從而引發了著名的特洛伊戰爭。由此看來，這場浩劫的最終元兇就是熱愛挑撥離間的不和女神了。而英語中將衝突的起因稱為 Apple of discord，也正是源於她扔下的那顆金蘋果。

自從 1930 年冥王星被發現以來，學界一致認為太陽系有九大行星，直到 2006 年天文學家發現了比冥王星還要遠的一顆行星。因為這顆星比第九大行星冥王星的體積還大，一些學者認為應將這顆星列為太陽系的第十大行星，其他學者則認為這顆星和冥王星的體積都太小，應歸入矮行星之列，這兩派因此產生了極大的爭論。經過商討，國際天文學會於 2006 年 8 月 24 日決議：將冥王星開除大行星行列，降為矮行星，同時將新發現的行星定為矮行星。由於這顆新行星曾引起了學者激烈的爭論，並最終導致冥王星的身價淪落，學者們便將其以引起紛爭的不和女神厄里斯之名命名為 Eris，並用她女兒的名字 Dysnomia 命名了其衛星。

圖 4-67　帕里斯的裁決

不和女神還生下一堆能給人類帶來各種不幸的次神，分別是勞役之神 Ponos、遺忘之神 Lethe、饑荒之神 Limos、痛苦之神 Algea、混戰之神 Hysminai、戰爭之神 Machai、殺戮之神 Phonoi、屠殺之神 Androctasiai、爭端之神 Neikea、謊言之神 Pseudologoi、爭論之神 Amphilogiai、混亂之神 Dysnomia、蠱惑之神 Ate、誓言之神 Horkos。這些人物既是神話中的次神，又是該事物的化身，他們給人類帶來了無盡的災難。赫西奧德說：

可怕的不和女神生下了痛苦的勞役神、
遺忘神、饑荒神、哀泣的痛苦神、
混戰神、戰爭神、殺戮神、屠殺神、
爭端神、謊言神、爭論神、
相近相隨的混亂神和蠱惑神，
還有誓言之神，他能給大地上的人類
帶來最大災禍，只要有誰存心發假誓。

——赫西奧德《神譜》226~232

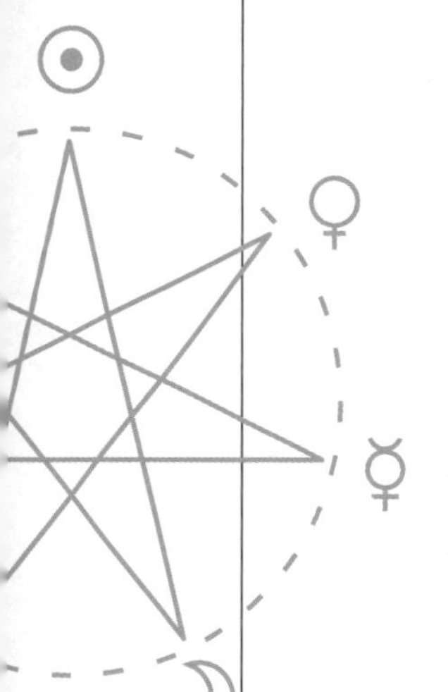

注意到這些孩子大致可以分為 3 批，第一批代表著悲傷和痛苦，他們分別為勞役之神、遺忘之神、饑荒之神、痛苦之神；第二批孩子代表著戰爭和屠殺，他們分別為混戰之神、戰爭之神、殺戮之神、屠殺之神、爭端之神；第三批孩子代表著言語衝突和不敬，他們分別為謊言之神、爭論之神、混亂之神、蠱惑之神、誓言之神。

悲傷痛苦類

不和女神生下的第一批的四個孩子分別有勞役之神、遺忘之神、饑荒之神、痛苦之神，他們是各種悲傷痛苦的象徵。

勞役之神 Ponos

勞役之神的名字 Ponos 一詞意為‘勞作’，一般引申為‘痛苦、折磨’，因為辛苦的勞作給人們帶來了苦難和折磨。其衍生出了英語中：土耕 geoponics【土地上耕作】、水耕 hydroponics【水中耕作】、無土耕種 aeroponics【空中耕作】。麥蜂因為辛勤勞作而被人們稱為 Melipona【勞作的蜜蜂】；針蟻有厲害的尾刺，被其叮咬會非常疼痛，因此該蟻種被命名為

Ponera【讓人疼痛的螞蟻】。當然，ponos‘勞作’一詞的魅力似乎在索福克勒斯[161]的一句名言中展現無遺：

Πόνος πόνω πόνον φέρει.[162]

遺忘之神 Lethe

遺忘之神 Lethe 同時也是冥界五大河流之一的忘川的名字。忘川即遺忘之河，根據神話傳說，亡靈需飲此水以忘卻生前之事。lethe 一詞意為‘遺忘’，其衍生出了英語中：死亡的 lethal【忘川的】、致命的 lethiferous【帶來死亡的】、沒有生氣 lethargy【如亡靈般不動】，對比氬氣 Argon【不活躍】。lethe 衍生出了希臘語的真理 aletheia【不會被遺忘的、永恆的】，後者又衍生出了英語中：人名阿萊西亞 Alethea【真知】、真羊齒 Alethopteris【具真翅的植物】。

(161)索福克勒斯(Sophocles，約西元前 496～前 406 年)，古希臘三大悲劇作家之一，著有《伊底帕斯王》、《安提戈涅》、《復仇女神》等。

(162)這句話的意思為：苦上加苦。

(163)瓦羅(Marcus Terentias Varro，西元前 116～前 27 年)，古羅馬著名學者，著有《論農業》、《拉丁語》等。

(164)不僅如此，至今我們仍能看到在英語中，一種比較大的青蛙被稱為牛蛙 bullfrog【牛般的蛙】。

饑荒之神 Limos

饑荒之神的名字 Limos 一詞意為‘饑餓’，我們至今仍可以從英語的“貪食”bulimia 一詞中看出來，這個詞字面意思為【饑餓如牛】，或許我們可以參考古羅馬作家瓦羅[163]在《論農業》一書中所說：

> 我們清楚牛的高貴，有很多大東西都是以‘公牛’bous 為名的，如 busycos（大無花果）、bupaida（身軀高大的孩子）、bulimos（極餓的）、boopis（牛一般大眼的），還有一種大葡萄叫做 bumamma（母牛的乳頭）[164]。
>
> ——瓦羅《論農業》第 2 卷 第 5 章

希臘語的 limos‘饑餓’一詞還衍生出了英語中：善饑症 limosis【饑餓之病】、貪食 bulimia【饑餓如牛】。

痛苦之神 Algea

痛苦之神的名字在希臘語中作 Algia，意思為‘痛苦’，其衍生出了英語中：痛覺 algesthesis 就是【感知疼痛】，而【感知不到疼痛】alganesthesia 就是痛覺缺失了；除痛藥就是 algiocide【殺死痛楚】，比較常用的一種除痛藥是安乃近 Analgin【去除疼痛的藥劑】；還有各種各樣的疼痛，例如心痛 cardialgia【心臟痛】、頭痛 cephalalgia【頭痛】、頸痛 cervicalgia【脖子痛】、腸胃痛 gastralgia【腸痛】、牙疼 dentalgia【牙痛】，還有傳說中的蛋疼 orchidalgia【睪丸痛】；鄉愁 nostalgia 則本意為【渴望還鄉之痛】。

戰爭屠殺類

厄里斯的第二批孩子分別有混戰之神、戰爭之神、殺戮之神和屠殺之神，他們是各種戰爭屠殺的象徵。他們的名字都以複數的形式出現，大概是因為世間這樣的事情發生得太多。不和女神生下了一群象徵戰爭和屠殺的神靈，或許因為戰爭和屠殺等都建立在人與人、群體與群體的不和與衝突之上。赫西奧德曾經這樣描繪過戰爭：

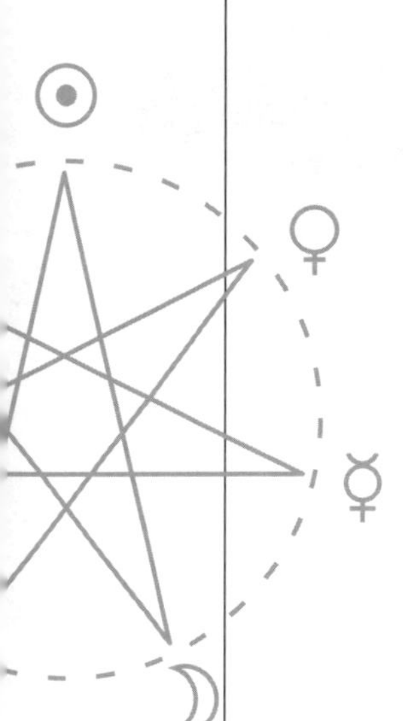

> 兇惡的戰爭和可怕的廝殺讓他們
> 喪生在七門的底比斯城，卡德摩斯人的土地，
> 為了伊底帕斯的牧群發生衝突；
> 或讓他們乘船遠渡無邊的深海，
> 為了髮辮嫵媚的海倫進發特洛伊。
>
> ——赫西奧德《工作與時日》161~165

混戰之神 Hysminai

混戰之神的名字 Hysminai 是希臘語 hysmine‘戰鬥’的複數形式。

戰爭之神 Machai

戰爭之神是各種各樣的戰爭的化身神。她的名字 Machai 一詞為希臘語 mache‘戰爭’的複數。神話中奧林帕斯神族取代泰坦神族的戰爭被稱為泰坦之戰 Titanomachia【對泰坦神的戰爭】，而蛇足巨神們反抗奧林帕斯神族的戰爭則稱為巨靈之戰 Gigantomachia【對蛇足巨人的戰爭】。奧德修斯參加特洛伊戰爭的時候，妻子生下了一個兒子，因為孩子的父親去很遠很遠的地方打仗，因此為孩子取名為忒勒馬科斯 Telemachus【遠方作戰】，而英雄阿基里斯很年輕就成為戰場上的王者，因此他的孩子取名為涅俄普托勒摩斯 Neoptolemus【年輕上戰場】。

殺戮之神 Phonoi

殺戮之神的名字 Phonoi 一詞是 phonos‘殺害’的複數形式。英雄珀修斯因為殺死了戈耳工 Gorgon 三姐妹之一的美杜莎而被稱為 Gorgophone【殺死戈耳工者】，荷米斯因為殺死了百目衛士阿爾戈斯 Argos 而被稱為 Argeiphontes【殺死阿爾戈斯者】；而冥后的名字 Persephone【所有的死亡】也正暗示著其作為冥界主宰者的身分，在成為冥后之前人們稱她為科瑞 Kore【少女】。

圖 4-68　奧德修斯和涅俄普托勒摩斯從菲羅克忒忒斯那裡取得海克力士的箭

屠殺之神 Androctasiai

屠戮之神的名字 Androctasiai 一詞字面意思為【殺死人者】，由 andros‘男人、人’和 ctasis‘殺滅’構成。珀修斯的妻子名叫 Andromeda【統治男人】，因為她是位美麗動人的公主，得到眾多男人的青睞；亞歷山大的名字 Alexander 即【保護人】；安卓系統的名字 android【像人一樣】意為「智慧型機器人」，因此商標上總會出現一個機器人圖案。

爭端之神 Neikia

爭端之神 Neikia 的名字來自希臘語的 neikos‘爭吵、鬥爭’。neikos‘爭吵、鬥爭’的反面為 philotes‘愛欲、結合’。早期希臘哲學家認為，世間萬物都由氣、火、水、土四種元素構成，這些元素以不同的比例混合起來，便產生了我們所見的各種各樣的物質。四個基本元素之間由兩種力來支配，它們相愛（philotes）結合，又鬥爭（neikos）分離。當元素在力的作用下分裂並以新的排列重新結合時，物質就發生了質的變化。

西元前 4 世紀，被尊為「西方醫學之父」的希波克拉底從「四元素」學說出發，提出了著名的“體液學說”Humorism，並成為西方傳統醫學的奠基理論，深刻影響到了古希臘、羅馬、阿拉伯世界、歐洲的傳統醫學。體液學說認為，人體有 4 種重要的體液 humor，分別是‘血液’sanguis、‘黏液’phlegma、‘黃膽汁’chole、‘黑膽汁’melanchole，這些體液在體內自然形成，對健康和性格有著很大的作用。四體液之間的平衡是相對的，並且在不同人之間形成不同的平衡模式，這導致了每個人不同的性格。血液 sanguis 偏多的人樂觀開朗，於是「樂觀、開朗的」性格在英語中也稱作 sanguine【血液質的】；黃膽汁 chole 過多的人暴躁易怒，所以「性格暴躁、易怒的」在英語中也稱為 choleric【黃膽汁質的】；黑膽汁 melanchole 偏多的人生性憂鬱、善感，於是「憂鬱、感傷的」在英語中也稱為 melancholic【黑膽汁質的】；黏液 phlegma 偏多的人生性冷淡、遲鈍，於是「冷淡、遲鈍的」在英語中也稱為 phlegmatic【黏液質的】。這 4 種體液的組合 complexion 決定了一個人的氣質、膚色，因此英語中的 complexion【摻和】也有了「膚色、面色」之意。

言語衝突和不敬類

此外，不和女神還生下了謊言之神、爭論之神、混亂之神、蠱惑之神、誓言之神等給人間帶來言語衝突和不敬等的神明。

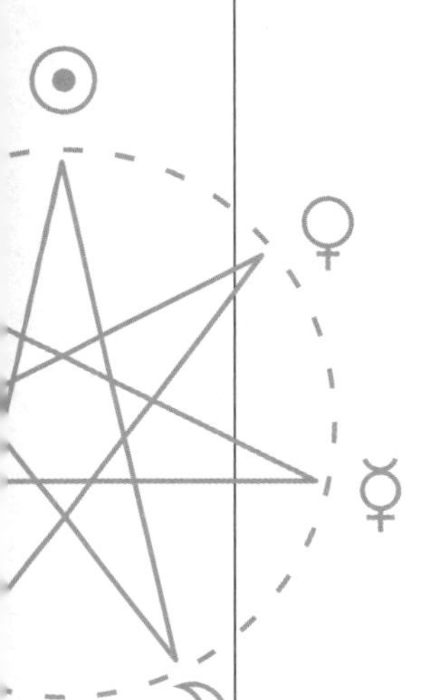

謊言之神 Pseudologoi

謊言之神 Pseudologoi 一名為希臘語 pseudologos‘謊言’的複數形式，後者由 pseudes‘假的’和 logos‘言辭’構成，字面意思即【假話】。pseudes‘假的’一詞衍生出了英語中：偽科學 pseudoscience【假科學】、偽足 pseudopod【假足】、幻聽 pseudacusis【假的聽覺現象】、錯誤的見解 pseudodox【錯誤觀點】、假話 pseudologia【假話】、假名 pseudonym【假名字】。logos‘言辭’一詞衍生出了英語中：語文 philology 本意為【愛語言】、讚頌 eulogy 本意為【說好話】、道歉 apology 本意為【說推脫（責任）的話】、獨白 monologue 就是【一個人說話】、前言 prologue 就是【說在開始時的話】、後記 epilogue 就是【附帶說的】、對話 dialogue 就是【兩個人你一言我一語】。

爭論之神 Amphilogiai

爭論之神的名字 Amphilogiai 一詞由希臘語 amphilogos‘爭吵’衍生而來，後者由 amphi-‘two、around’和 logos‘說話’構成，字面意思是【兩種意見】。amphi‘two、around’衍生出了英語中：兩棲動物 amphibian 意為【能在（水陸）兩種環境下生活者】、兩棲植物則稱為 amphiphyte【兩棲植物】；而古羅馬的露天圓形劇場被稱為 amphitheater，因為這是個能【從任何角度觀看的劇場】。

混亂之神 Dysnomia

混亂之神的名字Dysnomia意思即為‘混亂’，其由希臘語的dys-‘不良’和nomos‘秩序’組成，字面意思為【不良秩序】，也就是混亂。dys-‘不良’衍生出了英語中：機能失調dysfunction【機能錯誤】、讀寫困難dyslexia【不能閱讀的症狀】、消化不良dyspepsia【不能消化的症狀】、異位dystopia【位置不正】。nomos‘秩序’一詞我們已經多次講過，此處不再贅述。

蠱惑之神 Ate

阿特為蠱惑之神，她的名字Ate意思即為‘蠱惑’。阿伽門農在與阿基里斯握手言和時，曾經辯解說自己之所以惹怒大英雄阿基里斯，乃是因為阿特蠱惑自己做出愚蠢的行為。阿伽門農說道，阿特曾經是陪伴著眾神的，並經常蒙蔽神靈的心智，她曾使宙斯在不知情中將自己最愛的兒子海克力士變為別人的僕人；自那以後，宙斯非常生氣，他抓住阿特梳著美髮的腦袋，從繁星閃爍的高空拋下，從此阿特來到人間，蠱惑著人們的心智。

誓言之神 Horkos

誓言之神荷耳科斯的名字Horkos意思即為‘誓言’。誓言之神被認為是發假誓者的災禍，他嚴厲懲罰違背自己誓言的人。《伊索寓言》中有一則關於誓言之神的故事，就是最佳的例證。

有個人代保管朋友寄存的錢財，不想歸還對方，企圖占為己有。朋友請法院發出傳票，要他出庭起誓。他忐忑不安地向郊外走去，在城門口看見一個跛子也準備出城，便問其姓甚名誰？意欲何往？那人回答說，他是荷耳科斯神，去搜索那些不敬神的人。他又問道：「你通常要多久再回城裡來呢？」

要隔四十年，有時也許只隔三十年。荷耳科斯神回答說。

聽他這麼一說，第二天，那代管錢財的人就毫不猶豫地前去起誓，說他從來也沒有收存過任何人的錢財。不料，荷耳科斯神迎面而來，把他帶往懸崖絕壁，準備把他推下去。代管錢財的人哀歎道：「你明明告訴我說要隔三十年才回來，現在卻連一天也不肯寬容。」

荷耳科斯神回答說：「你應該明白，誰要是存心招惹我，我會一如既往地當天就趕回來。」

4.6_5　堤豐 諸神的夢魘

創世五神中，地獄深淵之神塔爾塔洛斯也是一位非常重要的神明，和大地女神蓋亞、夜神尼克斯、昏暗之神厄瑞波斯、愛欲之神厄洛斯一樣，塔爾塔洛斯既是神靈同時也是地獄深淵本身。地獄深淵位於大地和海洋之下，幾乎是一個可怕的無底深淵。赫西奧德說：

一個銅砧要經過九天九夜，
第十天才能從天落到地上。
從大地到幽暗的塔爾塔洛斯也一樣遠。
一個銅砧也要經過九天九夜，
第十天才能從大地落到塔爾塔洛斯。
塔爾塔洛斯四周環繞著銅壘，三重黑幕
蔓延圈著它的細頸，從那上面
生出了大地和荒涼大海之根。

——赫西奧德《神譜》722~728

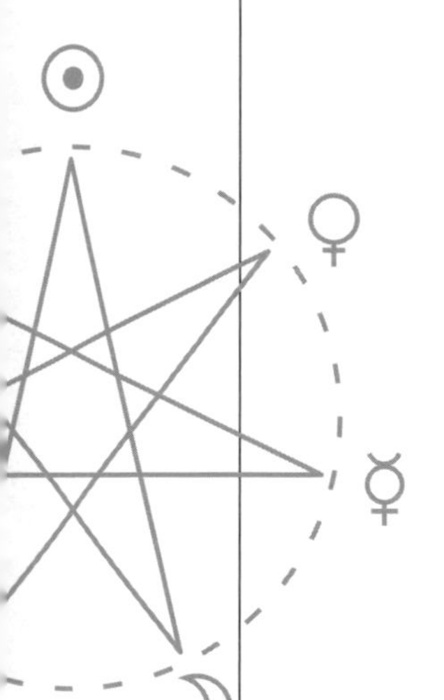

在古希臘人看來，這裡就如同第十八層地獄，但凡被打入者將永世不得超生。如此幽深荒涼的地方，即使對眾神來說都是非常可怕的。當泰坦神族戰敗後，克洛諾斯、伊阿珀托斯等泰坦首領們就被囚禁在陰暗的塔爾塔洛斯，可怕的百臂巨神守衛著唯一的出口。

在那裡，幽暗的陰間深處，泰坦神們
被囚困住，聚雲神宙斯的意願如此，
在那發霉的所在，廣袤大地的邊緣。
他們再也不能出來：波塞頓裝好
青銅大門，還有一座高牆環繞四周。
在那裡，住著古厄斯、科托斯和大膽的
布里阿瑞俄斯，持神盾宙斯的忠實護衛。
在那裡，無論迷濛大地還是幽暗的塔爾塔洛斯，

無論荒涼大海還是繁星無數的天空，
萬物的源頭和盡頭並排連在一起。
可怕而發霉的所在，連神們也憎惡。
無邊的渾淵，哪怕走上一整年，
從跨進重重大門算起，也走不到頭。
狂風陣陣不絕，把一切吹來吹去，
多麼可怕，連永生神們也吃不消。

——赫西奧德《神譜》729~743

後來，塔爾塔洛斯被納入冥界的勢力範圍，成為冥界內部的一個深淵，各種罪大惡極的人物都被關押在這裡，忍受永恆的悲慘和折磨。例如在一座陡峭高山上無止境推動巨石的西西弗斯，浸泡在湖水中忍受三重折磨的坦塔洛斯以及被綁在一個永遠燃燒和轉動的輪子上的伊克西翁。當然，還有一隻可怕的怪物，他的名字叫堤豐 Typhon。

傳說大地女神和地獄深淵之神結合，生下了怪物堤豐。堤豐是最後一個巨神族成員，他出生時，奧林帕斯神族剛戰勝了強大的泰坦神族，並將他們囚禁在了地獄深淵之中。很多年後，泰坦神族的兄弟——蛇足巨人們為了恢復巨神族的榮譽，向奧林帕斯神族挑起了著名的巨靈之戰，最終卻以失敗告終。自此，堤豐便成為巨神族的最後一線希望了。堤豐長大後，大地女神將他叫到面前說：堤豐，你的巨神族同胞們都在被奧林帕斯神族殘害著，看看被囚禁在地獄深淵中的泰坦神們、遊蕩在火山口的獨眼巨人們的靈魂、慘遭屠戮的蛇足巨人，你的這些兄弟姐們都在奧林帕斯那些暴君的殘害下痛苦地呻吟著啊！孩子，你是巨神族唯一的希望了，能不能恢復巨神族的光輝時代，這一切都要靠你了。

堤豐是個龐大而恐怖的怪物，無論形體還是力量上他都遠遠超過了其他的巨神。他比大山高一頭，伸手可以碰到星座，展開雙臂一肢夠著東方，另一肢可以達到西方。他有 100 個龍頭，每張口中都有劇毒的舌信伸縮吞吐，百雙駭人的眼中還不時噴出可怕的烈焰。

他有幹起活來使不完勁的雙手和
不倦的雙腳：這強大的神。他肩上

長著一百個蛇頭或可怕的龍頭，
口裡吐著黝黑舌頭。一雙雙眼睛映亮
那些怪異腦袋，在眉毛下閃著火花。
每個可怕的腦袋發出聲音，
說著各種無法形容的言語，
時而像是在對神說話，時而又
如難以征服的公牛大聲咆哮，
時而如兇猛無忌的獅子怒吼，
時而如一片犬吠：聽上去奇妙無比，
時而如迴盪於高高群山的嗚咽。

——赫西奧德《神譜》823~835

儘管如此，堤豐卻是個十分聰明的傢伙，他深知自己雖然強大，上能遮掩蒼天、下能撼動大地，但奧林帕斯神族正如日中天，實力不可小覷，更何況自己孤軍作戰，必然寡不敵眾。於是，他用自己聰明的 100 個大腦想出了一個好辦法：偷襲。

巨靈之戰結束後，宙斯認為天下已經太平，不會再有人敢反對自己領導的奧林帕斯神的統治，就漸漸放鬆了戰爭的戒備。一次，眾神在尼羅河畔舉辦一場華麗的盛宴，宴席上觥籌交錯，文藝女神們載歌載舞，潘神奏著美妙的笛聲，一片太平盛世景象。眾神們紛紛陶醉在如此融洽和諧的氛圍之中，卻不知危險將至，因為強大的怪物堤豐正從東方趕來，準備襲擊毫無防備的眾神。醉意融融的眾神們只見狂風大作、黃沙遍起，頓時風雲突變、黑雲遮天蔽日，一隻恐怖的怪物瞬間出現在他們面前，那可怕的笑聲中夾雜著颶風和閃電。

圖 4-69　堤豐

眾神產生了極大的恐慌，彷彿是世界末日就在眼前一般，霎時宴會一片狼藉，大家紛紛變成各種形象逃跑。天后希拉變成了一頭母牛，太陽神阿波羅變成了一隻渡鴉，酒神帝奧尼索斯變成了一隻山羊，月亮女神阿提密斯變成了一隻貓，神使荷米斯變成了一隻鷺鷥 ...... 當時牧神潘正沉迷於自己的音樂之中，並沒有意識到危險將至。等他回過神頓覺我的媽呀，世界瞬間變得如同地獄一般，剛才還在宴會上紙醉金迷的眾神一溜煙地都跑光了，一個無比可怕的怪物正伸出巨大的手掌要將自己撕碎。潘神被嚇得半死，在這生死關頭他連忙變作一條魚兒跳進水中，怎料驚慌中他的變身並不成功，雖然下半身變成了魚，上半身卻仍保留著他自身的動物形象——山羊。後來這個形象被眾神置於夜空，就有了我們所熟知的羊身魚尾的魔羯座 Capricorn。在這場混亂中，愛與美之女神阿芙蘿黛蒂和她的兒子小愛神變成兩條魚跳進水中，為了防止和兒子失散，女神用一條繩子將自己和孩子的腳綁在了一起，於是這兩隻魚尾部由一根繩子連著。後來這個形象也被置於夜空中，成為了夜空中的雙魚座 Pisces。

話說宴席上眾神紛紛逃竄，只有天王宙斯和女神雅典娜臨危不懼，穩住陣腳要與這個怪物決一雌雄，雖然明知肯定不是這傢伙的對手。宙斯尋思自己身為眾神的首領，如果這時臨陣脫逃，以後的面子和身為頭領的威嚴可往哪擱啊？決定抵抗堤豐不久，兩位神就後悔莫及了，因為發現他們實在不是這個怪物的對手，幾個回合下來就支撐不住了。堤豐俘虜了宙斯，並將他手上和腳上的筋抽掉，然後把殘廢了的宙斯扔進西利西亞的一個山洞中，命自己的妻子厄喀德娜看守。

不久堤豐開始對天界眾神展開攻擊，夜空中眾星紛紛錯位，有的隕落海中。日月同時逃到了天空，堤豐先擊中日神的馬車，又將月神打得滿身傷痕。四方風神也難逃劫數。堤豐又衝入大海中，這水還不及堤豐的腰部，他攪動海水，激起滔天的巨浪，又劈波斬濤，將波塞頓的戰車拽出水面 ...... 眾神紛紛潰敗，眼看整個神界都要淪為怪物的屠宰場了。而且如果他再殺進冥界，將塔爾塔洛斯中囚禁的泰坦神解救出來的話，一切將不堪設想。

為了救出首領宙斯，從而帶領眾神與邪惡的堤豐對抗，神使荷米斯和牧神潘來到西利西亞，用花言巧語引誘蛇妖厄喀德娜出洞，並偷偷解救出宙斯。他們還把主神的四根筋找了回來，讓火神給重新接上，並為主神重新鍛造了霹靂。休整一些時日之後，宙斯重整旗鼓，開始對怪物進行反攻。因為曾經敗給強大的堤豐，宙斯心知硬拼可能玉石俱焚，便和命運三女神密謀給堤豐獻上一種毒果子，騙他說這個能增強法力。結果堤豐吃後上吐下瀉，法力大不如前。宙斯趁機率眾神向堤豐發動進攻，虛弱的怪物一路奔逃，逃到了色雷斯。他擎起整座山岳想扔向宙斯，卻被霹靂擊中，受傷後逃往西西里，準備遁海逃脫。但天神怎會輕易地放過他，宙斯一路窮追猛打，並將戰敗的堤豐丟進塔爾塔洛斯。

宙斯連連把他鞭打得再無還手之力，
遍身殘疾，寬廣的大地為之呻吟。
這渾王受雷電重創，渾身噴火
倒在陰暗多石的山谷裡，
潰敗不起。無邊大地整個兒起火，
彌漫著可怕的濃煙，好比錫塊
被棒小伙兒有技巧地丟進熔甕裡
加熱，又好比金屬中最硬的鐵塊
埋在山谷中經由炙熱的火焰錘煉，
在赫菲斯托斯巧手操作下熔於神聖土地。
大地也是這麼在耀焰中熔化。
宙斯盛怒之中把他丟進廣闊的塔爾塔洛斯。

——赫西奧德《神譜》857~868

堤豐的名字 Typhon 源於希臘語的 typho‘冒煙’，也表示‘颶風’之意，從神話的敘述來看，堤豐的形象確實類似颶風或龍捲風之狀(165)。希臘人將引發斑疹的熱症稱為 typhos，大概是說熱的都感覺冒煙了，其衍生出了英語中：斑疹傷寒 typhus【傷寒】、傷寒症 typhoid【類似斑疹之症】。

(165) 一些學者認為，表示颱風的 typhoon 源自希臘語的 Typhon，因為堤豐被認為是颶風或颱風等暴風的神話象徵。但該詞更可能音譯自中文的「颱風」，後者古已有之，清朝王士禎在《香祖筆記》中言「台灣風信與他海殊異，風大而烈者為颶，又甚者為颱。」

（一）坦塔洛斯 煎熬

如果將來有一天，有人有機會下地獄，而且能下到最底層的地獄深淵塔爾塔洛斯中，一定會發現那裡有 3 個正在承受可怕痛苦和絕望懲罰的人：被泡在深水中受盡折磨的坦塔洛斯、無休止將巨石推向山峰的西西弗斯、被綁在一個永遠燃燒和轉動火輪上的伊克西翁。當然，這不太好實現，畢竟塔爾塔洛斯這樣陰森恐怖的地方，並不是一般的惡人就有資格去的地方，除非你惡貫滿盈、罪孽深重，當然這還要冥界三判官點了頭才行。

坦塔洛斯 Tantalus

坦塔洛斯是宙斯和一位大洋仙女所生的兒子，他統治著佛里吉亞地區的兩個城邦。坦塔洛斯富甲一方，又是主神宙斯的兒子，所以得到了人神的敬重。宙斯一開始也挺喜歡這個孩子，有大的神界聚會就順便帶上這個傢伙，讓他也跟著見見世面。誰知坦塔洛斯這廝有點缺心眼，一回到凡間就四處說他又和神界的大人物共進晚餐了，看見了哪個美麗迷人的仙女，哪個神又和別人家老婆偷情了。一開始大家都不相信他，心想你真能吹，編故事編得有鼻子有眼的，真有本事你拿點證據給我們看看啊！據說神仙吃的都是仙食、喝的都是瓊漿，你要是真的和眾神一起共進晚餐，就弄點仙食瓊漿給我們來嘗嘗，要不就別在這兒瞎吹。為了證明自己確實是被眾神禮遇的人，坦塔洛斯在眾神宴會上悄悄偷了些仙食和瓊漿，不少神都看在眼裡，但鑒於這傢伙是官二代，不好當面指責。後來坦塔洛斯越來越放肆，每每趁宙斯泡妞心不在焉之際，光明正大地拿起桌上的仙食往口袋裡塞，並帶回人間，同時也帶回了不少諸神的祕密，愛神阿芙蘿黛蒂和戰神阿瑞斯的性醜聞、牧神潘醉酒時的醜態、波塞頓的小情人被海后安菲特里忒變成了妖怪 ...... 如不是礙於主神宙斯的面子，眾神早就把這個腦殘給滅了。

然而坦塔洛斯卻愈來愈得寸進尺，完全忘記了自己的凡人身分，居然想試探眾神是否真的無所不知。為了達到這個目的，他將自己的小兒子珀羅普斯 Pelops 殺死，剁成一節一節，然後放在一口大鍋裡燉，用燉熟的童子肉用來款待諸神。諸神都看在眼裡，不去動自己盤中的人肉。只有豐收女神得墨忒耳因為丟失了心愛的女兒，心不在焉，沒有識破這壞人邪惡的計謀，拿起盤中的肉

圖 4-70　坦塔洛斯遭受的懲罰

吃了幾口[166]。宙斯一看這個孽種實在是太沒有人性了，再不懲罰這廝自己豈不成了眾神眼中包庇和縱容的主神。宙斯當場怒不可遏，派眾神把這個孽種給拿下。

鑒於坦塔洛斯犯下了褻瀆神靈、弒嬰、食人肉諸罪名，經過裁決，他被罰入地獄深淵之中，永無休止地忍受三重折磨。他被囚禁在一池深水中間，波浪就在他的下巴底下翻滾。可是他卻要忍受著烈火般的乾渴，喝不上一滴涼水，雖然涼水就在嘴邊。當他彎下腰去，想要喝水時，池水立即就從身旁流走，留下他孤身一人空空地站在一塊平地上，就像有人作法把池水抽乾似的。同時他一直饑餓難忍，雖然池邊上長著一排果樹，結滿了累累果實，樹枝被果實壓彎了，吊在他的額前。他只要抬頭朝上張望，就能看到樹上黃澄澄的生梨，鮮紅的蘋果，火紅的石榴，香甜的無花果和綠油油的橄欖。這些水果似乎都在微笑著向他招呼，可是等他踮起腳來想要摘取時，就會刮來一陣大風，把樹枝吹向空中。除了忍受這些折磨外，還有一個可怕的痛苦是對死亡的恐懼，他的頭頂上方懸著一塊大石頭，隨時都可能會掉下來，將他壓個粉碎。

坦塔洛斯 Tantalus 在地獄深淵中遭受著如此欲而不得的煎熬和痛苦，因此人們將這種讓別人欲求而不得的誘惑稱為 tantalise【使如坦塔洛斯般】[167]。

坦塔洛斯的名字 Tantalus 一詞，可能由 tal-talos 演變而來，後者是 tlenai 'to bear' 的重疊形式，因此坦塔洛斯一名可以解讀為【忍受】極大折磨的人。相似的忍受，我們在扛天巨神 Atlas 身上也看得到，他是天穹重量的【承受者】。而所

(166) 那時她的女兒剛被被冥王黑帝斯拐走，去冥界當壓寨夫人了。

(167) 例如 He tantalized the dog with a bone. 意思就是說他拿個骨頭一直在逗狗，但是就是不給小狗吃。

謂的吹捧 extol 就是【把一個人擎得老高】，所謂的懷才 talent 說土點就是【bear wisdom】，忍耐 tolerance 更是一種【容忍承受】。希臘人將稅收稱為 telos，因為每個城邦公民都必須【承擔】稅務，由此而產生了英語中的費用 toll，而收費站就是 tollbooth。古人們將稅收單等稱為 ateleia，有時也用來指郵票，於是就有了對集郵的興趣 philately【愛收集郵票】。

珀羅普斯 Pelops

在懲處了坦塔洛斯以後，諸神憐憫被父親殺死並烹為肉食的珀羅普斯，神使荷米斯將這些肉收集到一起，由命運三女神的克羅托施作法術，將這孩子救活。由於女神得墨忒耳在無心之中將孩子肩胛部分的一塊肉吃掉了，荷米斯就用一塊象牙給孩子補上了。珀羅普斯長大之後英勇善戰、足智多謀，並透過自己的努力，統一了希臘南部的大部分半島地區，這片地方便以珀羅普斯的名字 Pelops 命名，叫伯羅奔尼撒 Peloponnesos【珀羅普斯的島嶼】，後來著名的伯羅奔尼撒戰爭就發生在該地區。伯羅奔尼撒是英雄時代希臘最繁華的地方，而後來這裡的國王阿伽門農就成為了領導希臘聯軍的主帥。阿伽門農是阿特柔斯之子，而阿特柔斯則是珀羅普斯之子。

珀羅普斯的名字 Pelops 一詞由 pelos‘灰色’和 ops‘臉龐’組成，這個名字的字面意思為【灰臉】，因為神話中沒有對他相貌的特寫，對於這個實在沒什麼可細究的。原鴿因為呈灰色而被希臘人稱為 peleia。傳說獵戶俄里翁曾經瘋狂地愛上七個仙女，而七個仙女為了躲避獵戶的追求而變成七隻原鴿，她們飛到了夜空，於是便有了七仙女星普勒阿得斯 Pleiades，這七個仙女分別對應著七個星星，她們的名字分別為： Sterope、Merope、Electra、Maia、Taygeta、Celaeno、 Alcyone。七仙女星相當於中國的昴宿七星。女詩人莎孚在一首殘篇中這樣寫道：

Δέδυκε μὲν ἀ σελάννα	月光啊，已沉睡
καὶ Πληΐαδες, μέσαι δέ	七姐妹也已離去；這子夜的滴滴
νύκτες, πάρα δ' ἔρχετ' ὤρα,	時分呵，歲月如梭
ἔγω δὲ μόνα κατεύδω.	我孤單難眠

圖 4-71　尼俄柏的兒女

尼俄柏 Niobe

坦塔洛斯還有一個女兒，名叫尼俄柏。尼俄柏嫁給了底比斯國王安菲翁 Amphion，他們恩愛並過著美滿的生活。尼俄柏生有七兒七女，個個可愛聰明伶俐。尼俄柏常常引以為傲，甚至自比為神。有一次，當她看到全國的女人都去敬拜女神勒托時，就擋住她們說，勒托有啥好崇拜的啊！她才生了阿波羅一個兒子和阿提密斯一個女兒，你們還不如來敬拜我，我比那女人強多了，生了七男七女，而且我的孩子們個個聰明伶俐、能文能武。女神勒托知道此事後極為憤怒，命令自己的兒子和女兒好好懲罰這個傲慢的女人。於是阿波羅用箭射死尼俄柏所有的兒子，阿提密斯則射死尼俄柏的全部女兒。

安菲翁得知自己所有的孩子都已經死了，這位悲傷的國王立即拔出匕首自殺。眼見著親人們一個個地死在自己的面前，尼俄柏頓時由全世界最幸福的人變為最痛苦的人。極度悲傷的尼俄柏滿眼淚水，哭成了一座石像，靜靜地站在山峰上，在她眼中至今還淌著悲傷的淚水。

正是因為這個原因，Niobe 一詞在英語中常用來形容喪失親人或者眼淚汪汪的母親。

當哈姆雷特抱怨母親時，曾經用了這樣的詩句：

—Frailty, thy name is woman! —
A little month; or e' er those shoes were old
With which she followed my poor father' s body,
Like Niobe, all in tears;

——莎士比亞《哈姆雷特》

考慮到尼俄柏曾經是佛里吉亞地區的一位公主，後來又成為了底比斯王后，我們應該更加偏向於有貴族內涵的姓名解說。她的名字 Niobe 或許是由希臘語 nipha‘雪’演變而來，nipha‘雪’與拉丁語的 nivis‘雪’同源。也許尼俄柏曾經美麗動人，如雪一般白皙美麗。她大概可以當護膚品妮維雅 Nivea 的代言人，順便說一下該品牌暗含著【如雪一般美白】之意。俄羅斯西北部的涅瓦河 Neva River 本意為【雪河】。美國內華達州 Nevada【雪之地】氣候較為寒冷，西部山區常年被雪覆蓋，故得名。

1802 年瑞典化學家埃克貝里[168]發現了一種新的化學元素，因為這種元素不受酸侵蝕，就像神話中的坦塔洛斯 Tantalus 即使乾渴萬分也喝不上嘴邊的水一樣，便將這種元素命名為 Tantalum【坦塔洛斯元素】，之後有研究者證明埃克貝里所研究的物質中除了 Tantalum 以外，還包含有兩種新的元素，於是以坦塔洛斯的兒女珀羅普斯 Pelops 和尼俄柏 Niobe 分別命名這兩種新元素為 Pelopium【珀羅普斯元素】和 Niobium【尼俄柏元素】，因為它們源於 Tantalum。後來經證實，Pelopium 其實是 Tantalum 與 Niobium 的混合物。其中 Tantalum 元素中文譯為鉭，化學符號為 Ta；Niobium 元素中文譯作鈮，化學符號為 Nb。

（168）埃克貝里（Anders Gustaf Ekeberg, 1767 ～ 1813），瑞典化學家，金屬元素鉭的發現者。

（169）西西弗斯的父親埃俄羅斯王 Aeolus 被認為是埃俄利亞人的祖先，而埃俄利亞 Aeolia 一名即【來自埃俄羅斯】。在風靡亞洲的動漫《聖鬥士星矢》中，射手座聖鬥士為埃俄羅斯 Aeolus，他的弟弟為獅子座黃金聖鬥士艾奧里亞 Aeolia。更有趣的是，上代的射手座黃金聖鬥士是西西弗斯 Sisyphus。這樣的設計明顯暗示著希臘神話中的內容。

（二）西西弗斯 永無休止的勞役

色薩利王埃俄羅斯 Aeolus[169]有 4 個兒子，分別是薩爾摩紐斯 Salmoneus、西西弗斯 Sisyphus、阿塔瑪斯 Athamas 和克瑞透斯 Cretheus。這些孩子中，西西弗斯無疑是最聰明機靈或奸詐狡猾的一位了。據說希臘第一大盜奧托呂科斯 Autolycus 曾經偷了他的牛群，他尋索了很久終於找到了偷牛者，後者對於偷牛的事矢口否認，聰明的西西弗斯告訴這個大盜每一頭牛蹄下面都刻有自己的名字。大盜只好承認。當年奧托呂科斯的愛女安提克勒亞 Anticlea 剛與拉厄耳忒斯 Laertes 訂婚，為了懲罰這位偷牛賊，西西弗斯扮作拉厄耳忒斯在夜間潛入少女安提克勒亞的床笫。少女懷孕後生下了詭計多端的大英雄奧德修斯，後者充分繼承了西西弗斯的聰明和奸詐，著

（170）後來堤羅和海神波塞頓結合，生下了兩個兒子，分別是珀利阿斯和涅琉斯。堤羅的繼母經常虐待她，堤羅遭到迫害，並不得不把兩個孩子拋棄在荒野中。孩子們長大後找到了母親，並尋找堤羅的繼母復仇。這個繼母為了活命，逃到天后希拉的神廟中。珀利阿斯不惜觸犯天后而衝進神廟中殺死了這位惡婦，但也因此得罪了天后希拉。後來伊阿宋向珀利阿斯索要王位時，希拉為了消滅珀利阿斯而幫助伊阿宋獲取金羊毛，並最終殺死了國王珀利阿斯。

名的木馬計就是他出謀劃策的。因此奧德修斯也被人們稱作Sisyphid【西西弗斯的後人】。

西西弗斯建立了著名的科林斯城，並成為科林斯第一任國王，在執政期間他大力發展商業和海運，因此科林斯城開始人丁興旺、國富民強。然而這個國王似乎總是心術不正，當他看到有錢的商家來到本地做生意時，總會邪心陡起，密謀將這些異邦客人殺死，從而獲取別人的錢財。很多年前，他的哥哥薩爾摩紐斯早就發現弟弟心術不正，因此曾多次勸導他，但是這卻引起他對哥哥更加深刻的仇恨。為了除掉自己的兄長，並且不讓自己背上任何惡名，他去德爾菲求取神諭。神諭暗示說，西西弗斯如果娶了哥哥的女兒，他們生下的兒子註定會殺死薩爾摩紐斯。於是狡猾的西西弗斯便開始勾引自己的侄女堤羅Tyro，並和她生下了一個兒子。堤羅知道真相後悔恨不堪，為了避免父親受到傷害，不得不親手殺死了自己的骨肉(170)。

這一切，天上的神靈都看在眼裡。宙斯是客人的保護神，卻發現這個惡人不斷地謀害來到科林斯的異鄉客人。西西弗斯謀殺兄長的手段更是沒有人性，這更讓宙斯感到怒髮衝冠。然而，最終讓宙斯下決心除掉這個人的，卻是另一個原因。

有一次，西西弗斯站在城頭看風景，無意間看到一隻巨鷹擾走一位樣貌動人的姑娘，棲落在附近的一個山岩上。西西弗斯一眼就看出來，肯定是好色的宙斯在幹壞事了。果然，當天下午，河神阿索波斯來向這位國王打聽自己失蹤女兒的下落。西西弗斯說自己知道少女的下落，但是不能告訴他，怕會得罪天神，同時勸河神還是不要找了。河神早就聽說西西弗斯的人品，知道這位國王是那種唯利是圖的人，便再三懇求，並答應獻給科林斯城一道永不乾涸的清泉，西西弗斯這才告訴河神說，主神宙斯拐走了你的女兒。宙斯得知自己被凡人出賣了很不爽，當他知道這個凡人就是一直令自己厭惡的、奸詐的西西弗斯時，更是怒不可遏。他派死神塔那托斯前往科林斯去結束西西弗斯的生命，並把他帶到冥界。

西西弗斯見到死神一點都不驚慌，而且向死神表示自己一直都很崇拜他，這些讚美的話說得塔那托斯心花怒放。想著把這位兄弟帶到冥界去，以後有事沒事叫過來逗逗樂挺好的，就給西西弗斯上鐐銬。西西弗斯說這鐐銬戴上去後是不是人和神都無法逃脫啊！死神說那是必須的，不信我給你示範看看，示範完了卻發現自己被鎖住了。狡猾的西西弗斯見連死神都上了自己的當，開心到不行，就把死神囚禁在了自己家地窖裡，有事沒事就去地窖裡折磨他一下。死神不能正常上班了，於是很長一段時間世界上沒有了死亡，冥王黑帝斯天天無聊地在椅子上打哈欠，冥河渡夫好幾個月也沒有接到一筆生意。最痛苦的是戰神阿瑞斯，他費盡心血在戰爭中不斷廝殺，完事後發現敵我兩方怎麼都沒有傷亡啊！這戰爭越玩越不給力了。戰神終於快抓狂了，滿世界尋找死神，最後在西西弗斯家的地窖裡找到了被囚禁和虐待的塔那托斯。塔那托斯又氣又羞，將西西弗斯五花大綁，拖回了冥界。

圖 4-72　西西弗斯遭受的懲罰

狡猾的西西弗斯早就預見會有這天，他吩咐妻子在他死後不要舉行安葬和祭奠儀式，把他的屍體扔在廣場上不管。到了冥界入口，因為付不起船費，他的陰魂就一直在冥河畔飄蕩。冥王生氣地問他說，你這麼十惡不赦的人怎麼還不過河。西西弗斯卻假惺惺地抱怨說，我沒有錢付船費啊！都怪我老婆不夠虔誠，沒有給我舉行體面的葬禮。最後他徵得了冥王的同意，回到陽間去訓斥自己「 道德敗壞」的妻子。西西弗斯一回到陽間就不願意回去冥界了，一直在陽間待了很久。宙斯派死神再去捉拿，死神上次差點沒被他折磨死，一想起這傢伙就心裡發怵，打死都不願意執行這差使了。後來諸神中最善攻心計的荷米斯出馬，與其鬥智鬥勇，終於把西西弗斯帶到了冥界。

由於西西弗斯生平狂妄狡猾，其所作所為極大地褻瀆了諸神的權威。他一死，眾神都迫不及待地想報復他，眾神把他打入塔爾塔洛斯的地獄深淵之中，罰他做無盡的苦役：西西弗斯必須把一個巨大的圓石推到山頂去，而每每即將到達山頂時，巨石就會自動滾落下來，墜而復推，推而復墜，永無盡期。

（171）蘇菲是一個很常見的女孩名，著名哲學科普小說《蘇菲的世界》中的蘇菲無疑就是這類女孩的代表。也許你也會想起著名的法國女星蘇菲．瑪索，那可是法國人心中最讓人著迷的姑娘呢！

就是因為這個原因，人們將繁重而徒勞無益的工作稱為 labour of Sisyphus【西西弗斯的勞役】。

西西弗斯的名字 Sisyphus，可能是 Sesophos 的變體，後者是希臘語 sophos'智慧'的重疊形式，因此 Sisyphus 可以理解為【非常聰明】或【異常狡猾】。這個名字無疑是對西西弗斯特點的貼切概括形容。sophos'智慧'衍生出了英語中：哲學 philosophy 字面意思是【愛智慧】，對比語文 philology【愛語言】；大二生被稱為 sophomore，字面意思即【聰明的笨蛋】；智慧 sophia 為 sophos 的名詞形式，該詞經常被用作女名，常見的人名蘇菲亞 Sophia、蘇菲 Sophie(171) 都源於此，保加利亞首都索非亞 Sofia 一名也是相似的意思，這座城市得名於該城裡的聖索菲亞大教堂 St. Sophia Church。還有古希臘三大悲劇家的索福克勒斯 Sophocles，他的確是【聲名遠揚的智者】，對比雅典的締造者伯里克利 Pericles【遠近知名】、雅典的著名政治家地米斯托克利 Themistocles【榮耀的立法者】、希臘第一大勇士海克力士 Heracles【希拉的榮耀】、被頭頂寶劍威嚇著的達摩克里斯 Damocles【出名的人物】。

（三）伊克西翁 萬劫不復之輪

在地域幽冥塔爾塔洛斯的深處，還有位著名的惡人，他的名字叫伊克西翁 Ixion。伊克西翁是戰神阿瑞斯的兒子，他統治著色薩利地區一個叫做拉庇泰的國家。伊克西翁為人陰險狡猾、恃強淩弱，並且好色貪財、不守信用。他得知鄰邦小國有位美貌的公主，便以武力威逼鄰國國王戴奧紐斯 Deioneus 將這位公主嫁給他。這國王並不願意把女兒嫁給他，但又懼怕伊克西翁的淫威，因此久久沒有答應，並要求用豐厚的婚禮聘金來證明伊克西翁的誠意。為了盡快得到這個漂亮的公主，伊克西翁口頭答應了國王，事後卻耍賴不兌現。國王戴奧紐斯發現把女兒嫁給了一個居然吝嗇到連婚禮聘金都不願意出的臭流氓，心中又氣又恨，卻又不敢與這流氓發生正面衝突。憤恨之際，這國王趁夜深人靜時偷走了伊克西翁的一些馬匹。為了這幾匹馬，伊克西翁開始暴露出自己鐵公雞的本性，他表面上裝作沒什麼事情的樣子，假意邀請老岳父一起參加一個宴會，卻在宴會中將其推入火坑中燒死。後來此事敗露，引發了當時社會各界的廣泛關注。在此之前，任何希臘人都從來沒有聽說過有人居然會為了這麼一些雞毛蒜皮的事情殘害自己的親人，社會各界紛紛對伊克西翁的惡行表示強烈譴責，拉庇泰國民憤然要求處死這位沒人性的不義之王。面對眾叛親離和所有人的鄙視、仇恨，伊克西翁終於精神崩潰，發瘋了。

伊克西翁發瘋之後就從國王變成庶民了，大家都把他當作世上最醜惡的東西一樣躲避著，連街上的乞丐都鄙視他。當乞丐看到伊克西翁衣衫襤褸地在街上乞討時，一氣之下扔下自己手中的破碗說連這種人渣都出來討飯，我不當乞丐了。總之，全世界沒有一個人看得起這位曾經不可一世的國王。

這時，一向沒有什麼憐憫心的天神宙斯突然大發慈悲，向可憐的伊克西翁伸出了援手。這位天神不但治癒了他的瘋病，還幫他洗淨了罪行。在很長一段時間裡，宙斯為了拯救這個墮落的靈魂，每天都會給伊克西翁腦補大量的思想品德課，向他灌輸人生哲學和世間的大道理。天神有生以來第一次覺得自己是那麼的偉大和包容。為了宣傳自己高尚和包容的品德，宙斯將這位被自己救贖的「迷途羔羊」帶到諸神的宴會上，企圖讓眾神好好讚美一番自己的高尚品德和博大胸懷。結果還沒來得及接受大家的讚美，宙斯就被這位迷途羔羊深深地打擊了——伊克西翁居然在宴會上一直目不轉睛地盯著天后希拉的胸部和大腿！俗話說得好，狗改不了那個啥？從來沒有任何人使宙斯如此震驚過，這個傢伙赤裸裸地越過了天神心中的道德底線。宙斯內心無比震驚，雖然他能明顯看出伊克西翁那齷齪的想法，但他還是不相信這個混蛋膽敢做出猥褻天后的行為。為了驗明這一點，宙斯將雲之仙女涅斐勒 Nephele 變作希拉的樣子帶到伊克西翁面前，伊克西翁居然還真的對這個「天后」下了毒手。伊克西翁在與「希拉」翻雲覆雨時，道德底線崩潰的宙斯終於看不下去了，一道閃電就將這個忘恩負義的傢伙劈死了。

伊克西翁的卑劣人格徹底地摧毀了宙斯的道德底線，宙斯怒不可遏，將他打入地獄的最底層的塔爾塔洛斯，把他縛在一個永遠燃燒和轉動的輪子上，讓這急速旋轉的火輪永無止境地折磨、撕扯著他的軀體。

英語中，“伊克西翁之輪”Ixionian wheel 被用來表示萬劫不復、永不休

(172) 哈代（Thomas Hardy, 1840～1928），英國詩人、小說家。著有《黛絲姑娘》、《遠離塵囂》、《韋塞克斯詩集》等作品。

止的折磨。哈代[172]在《黛絲姑娘》中形容黛絲在再次淪為亞雷爾的玩物後的痛苦時就用了這個典故：

All that she could at first distinguish of them was one syllable, continually repeated in a low note of moaning, as if it came from a soul bound to some Ixionian Wheel —— "O,O,O ！"

——哈代《黛絲姑娘》

伊克西翁的名字 Ixion 似乎與那個綁著他的火輪有關，輪子一詞在古希臘語中作 axon，後者衍生出了英語中的軸 axis，因為它是輪形的中心。輪軸 axle 字面意思即【旋轉部分】；腋窩被稱為 axilla，因為它是胳膊的【旋轉關節】。

雲之仙女 Nephele

雲之仙女涅斐勒與伊克西翁結合後，生下了半人半馬的怪物肯陶洛斯 Centaur，肯陶洛斯的後人組成了半人馬家族，所以半人馬家族也被稱為肯陶洛斯家族。半人馬族上身為人，長著兩個胳膊，而下身則是馬的形象，有4個馬蹄，這些怪物們個個性情暴躁、野蠻好色、嗜酒如命，完全繼承了伊克西翁的惡劣本性。這些半人馬們與拉庇泰人為鄰（他們的老祖先伊克西翁就曾經是拉庇泰國王），並且經常和拉庇泰人發生衝突。最後一次衝突發生在英雄皮里托俄斯 Pirithous 的婚禮上，出於禮貌，皮里托俄斯邀請了作為鄰居的一些半人馬參加婚禮，結果這些半人馬們在婚宴上喝醉了，紛紛露出了自己淫蕩邪惡的本性。有一個傢伙居然試圖猥褻新娘，其他的人馬企圖搶劫宴會上的女賓。於是爆發了一場惡戰，雙方都死傷慘重。後來在大英雄忒修斯 Theseus 的幫助下，拉庇泰英雄們大敗肯陶洛斯人，並將這些怪物們趕出了色薩利地區。

圖 4-73　伊克西翁遭受的懲罰

雲之仙女涅斐勒後來嫁給了維奧蒂亞國王阿塔瑪斯 Athamas，並生下了兒子弗里克索斯 Phrixus 和女兒赫勒 Helle。阿塔瑪斯喜新厭舊，拋棄了仙女又娶伊諾 Ino 為妻。伊諾是個惡毒的女人，她想盡辦法陷害這兩個孩子。她蠱惑全國女人把穀物種子烤熟，然後讓男人們去播種，結果年底顆粒無收。國王對這種現象迷惑不解，便派人去德爾菲祈求神諭。怎料伊諾早就賄賂好了那個求神諭的使者，回來假傳神諭說要免除災害必須用國王的兩個孩子向宙斯獻祭。

圖 4-74　拉庇泰人大戰肯陶洛斯

雲之仙女得知自己孩子有危險後在神界四處求情，她的真情感動了主神宙斯(173)。在獻祭當天，突然間刮起了大風，烏雲遮住了所有的光芒，一隻會飛的金毛牡羊馱著這兩個孩子逃離刑場，飛過大海抵達了科爾基斯國。在那裡，國王埃厄忒斯 Aeetes 收留了落難的弗里克索斯，並將自己的女兒許配給他。而弗里克索斯的姐姐赫勒 Helle 在飛越大海上空時頭暈目眩，一不小心墜海而死，至今希臘人還將這一片海域稱之為 Hellespont【赫勒之海】。

這隻拯救他們的牡羊，全身長滿了金色的羊毛。按照神使荷米斯的指示，弗里克索斯宰殺牡羊祭獻宙斯，感謝天神保佑自己逃脫。他把金羊毛作為禮物獻給科爾基斯國王埃厄忒斯。國王又將它轉獻給戰神阿瑞斯，並吩咐人把它釘在紀念戰神的聖林裡，還派一條可怕的毒龍看守著（也就是 Draco Colchi【科爾基龍】）。國王得到一個神諭，說他的生命跟金羊毛緊密聯繫在一起，金羊毛存則他存，金羊毛失則他亡。後來大英雄伊阿宋 Iason 向叔父珀利阿斯 Pelias 索要本來屬於自己的伊奧爾科斯王位時，珀利阿斯為了除掉他，便吩咐給他探取金羊毛的任務。急於建功立業的英雄伊阿宋號召了一大批希臘勇士，一起乘坐阿爾戈號航船歷經重重驚險的旅程來到了位於遙遠東方的科爾基斯國，於是就有了家喻戶曉的金羊毛的故事。這隻羊的形象被升到夜空中，成為白羊座 Aries。那頭看守金

（173）話說回來，宙斯心裡也對她有一絲虧欠，就是因為當年他不相信伊克西翁邪惡到敢對天后希拉動手，最終導致仙女涅斐勒失去貞潔。

（174）氣象學中各種雲類的概念，如層雲 stratus、積雲 cumulus、層積雲 stratocumulus、高積雲 altocumulus、高層雲 altostratus、捲雲 cirrus、捲層雲 cirrostratus、卷積雲 cirrocumulus 等，其實都源於修飾 nimbus‘雲朵’的對應形容詞。

（175）阿普列烏斯（Apuleius, 125～180），羅馬作家、修辭學家。著有《金驢記》一書，對後世影響深遠。

羊毛的毒龍則成為了夜空中的天龍座 Draco。而載著眾英雄的阿爾戈號船形象則成為南船座 Argo Navis【阿爾戈號船】。

雲之仙女的名字 nephele 意為‘雲’，該詞為陰性形式，所以一般譯為雲之仙女。希臘語的 nephele‘雲’與拉丁語的 nebula‘雲’同源，後者衍生出了英語中：星雲 nebula【雲】、多雲的 nebulous【多雲朵的】、噴霧器 nebulizer【製造雲霧的儀器】；雨雲 nimbus 也由 nebula 演變而來，在氣象學中，雨層雲為 nimbostratus，而積雨雲為 cumulonimbus(174)。

4.6_6　失戀的「菠蘿」

在創世五神中，愛欲之神厄洛斯 Eros 是一位重要的神明，他是愛欲和生殖的本體神，厄洛斯使世界萬物相愛結合，萬物因此繁衍並生生不息。因為他，這個世界變得年輕、朝氣、活潑、動人，世間生靈開始欣欣向榮，靈動而美妙。遠古眾神因他而彼此相愛，生出了眾多的後輩神明。到了後來，人們將他與小愛神的神權和傳說混為一談。小愛神的名字也叫厄洛斯，是愛神阿芙蘿黛蒂和戰神阿瑞斯的私生子。

小愛神厄洛斯的羅馬名即大家熟悉的丘比特 Cupid。關於小愛神的傳說，古希臘神話和羅馬神話內容幾乎全然一致，最為著名的莫過於羅馬作家奧維德在《變形記》中，與阿普列烏斯(175)在《金驢記》中所講述的內容。後文為方便起見，使用小愛神的羅馬名丘比特，同時使用愛與美之女神的羅馬名維納斯。

丘比特是個背上長著雙翼的小男孩，長著一張可愛的臉蛋，有著一雙無比純潔的眼睛。他身上背著一把小弓和愛情之箭，這愛情之箭有金箭和鉛箭兩種，被一對金箭射中的人會彼此油然產生愛慕心理，他們在一起時即使再平凡的瞬間也會互相感到甜蜜、快樂；而被鉛箭射中的人則會厭倦愛情，再美的緣分在這些人眼中都會一文不值，他們會把愛情看作是比背單字更無聊的事情。

據說丘比特常常矇著眼睛射箭，這告訴了我們愛情是盲目的。當然，一個很不好的影響是，有時被同時射中的是兩個男的或兩個女的，於是人間就有了男同性戀和女同性戀了。

丘比特雖然只是一個頑皮的小孩子，但絕對小瞧不得，他伯父太陽神阿波羅曾經嘲笑他說：你天天玩這破玩具弓箭有什麼意思啊！不好好學學有用的東西將來成為像我一樣的偉大人物，看看你伯父我，不但普照大地給世界帶來光明和溫暖，還司管文學和藝術；我文武雙全，用這把神弓殺死了世間不知道多少怪物呢！而且話說我這個英俊偉岸瀟灑挺拔的大帥哥，不知道迷倒了多少世間的美麗女子......

丘比特不說話，心想這個大人是不是自戀狂啊！覺得他很無聊就想走開。結果阿波羅又拉著他滔滔不絕地說著，還聲情並茂地脫下掛在身上的布匹故意誇耀一下他堅實健美的肌肉。丘比特越看越不爽，便趁他不注意時用熱戀之金箭射中了他，並用另一支厭惡之鉛箭射中了正在林中漫步的水澤仙女達佛涅 Daphne。阿波羅一看，哇！那邊有個美女哎，仔細一看，哇！這姑娘長得實在是太正點了。於是他來到女孩面前，撕下搭在身上的衣布露出一身性感的肌肉，然後自報姓名說我就是那個傳說中英俊偉岸、器宇不凡、學識廣博、文武雙全的美男子阿波羅。達佛涅連忙捂住自己的眼睛說，大叔你真下流，居然在人家面前脫得光光的。阿波羅驚訝得臉都快掉到地上了，慌忙邊穿衣服邊說，我是太陽神阿波羅啊！這麼大的名氣你居然沒有聽過！這個女孩連忙解釋道，大叔真對不起啊！我不是故意的，我們家窮，我從小沒吃過「菠蘿」（鳳梨）..... 自戀的太陽神受到了沉重的打擊。但是另一方面，他發現世界上居然有如此清純動人的女孩，不禁怦然心動，雖然他一生閱女無數，但是直到現在才恍惚有了初戀般的感覺。阿波羅越來越覺得這個少女渾身上下都異常清純脫俗、讓人著迷了，少女星星一樣明亮的眼睛、紅寶石一樣的雙唇、象牙般的肌膚更讓他心跳加速。阿波羅向達佛涅表白說：親愛的姑娘，我已經不可自拔地喜歡上你了，被你的每一個舉動所深深吸引，無法自拔了，我中了愛情之毒，只有你才是我的解藥。少女心裡琢磨著，這什麼文藝之神，作個比喻是俗氣，看看人家葉慈，愛情詩寫得那麼婉轉動人，那才是我心中的白馬王子，才不喜歡你這種隨隨便便的猥瑣大叔呢！達佛涅說，菠蘿大叔，求求你放過我吧！我對你一點感覺都沒有，又怎麼可能和你相愛呢！阿波羅忽然間覺得一種無言的傷心湧上心頭，因為自己如此喜愛的

圖 4-75　阿波羅和達佛涅

女孩卻一點都不在乎自己。他抓住達佛涅的手瘋狂地親吻著說，我真的很喜歡你，給我一次機會吧！你一定會慢慢地喜歡上我的。達佛涅見這個猥瑣大叔怎麼甩也甩不掉，心裡頓時非常害怕，害怕在這荒郊野林被這個猥瑣男欺負，這樣想來，越想越怕，便趁這個阿波羅還沒有回過神來轉身拔腿就跑。達佛涅越躲避，阿波羅就越覺得她迷人無比（戀愛中的男人都這樣），一邊追她，一邊呼喊著達佛涅的名字叫她停下來。奔跑中的達佛涅變得更美了，她的衣襟隨風起舞，長長的秀髮飄在身後，菠蘿大叔看到了更是動心。達佛涅跑了半天都沒有甩開阿波羅，深知無法徹底甩掉這個無聊的猥瑣男了，便向父親河神珀涅俄斯 Peneus 求救。河神自知惹不起飛揚跋扈的阿波羅，便將女兒變成了一株月桂樹。

男人對自己無法得到的愛總是充滿懷念的，阿波羅自然也不例外。即使達佛涅這麼躲避著他，他依然深深地愛著這個少女。他將月桂立為自己的聖樹[176]。因為阿波羅是司文藝之神，後世便用桂冠來加冕文藝方面最傑出的人，特別是在詩歌比賽中，於是就有了桂冠詩人 poet laureate【戴桂冠的詩人】。而月桂自然成為了榮譽的象徵，英語中一些常用的俗語也由此而來，諸如:獲得聲譽 win laurels、確保名聲 look to laurels、不求進步 rest on laurels 等。

小愛神丘比特之名 Cupid 在拉丁語中作 Cupido，後者由拉丁語中的 cupio‘想要’演變而來，該名可以意譯為【欲求、愛欲】，這也是用愛情之箭讓人們相愛甜蜜的丘比特的概括形容吧！拉丁語的 cupio‘想要’一詞衍生出了英語中：貪心 cupidity【欲念】，另外還有強烈的愛欲 concupiscence【迫切想要】、垂涎 covet【非常想要】等。

在希臘語中，愛神厄洛斯的名字 eros 一詞意為‘愛情、情欲’，因此厄洛斯乃是愛情和情欲之神。創世五神中的愛

（176）順便提一下，女鞋品牌達芙妮 Daphne 就是借用這位水澤仙女典故而命名的。也許這個品牌給予了如此的暗示：連英俊的阿波羅都無限迷戀的女孩。

欲之神厄洛斯使得萬物相愛結合，讓這個世界得以繁衍；而小愛神厄洛斯之箭也無疑使得神明、世人相愛結合，享受甜美的戀愛或者遭受痛苦的戀情。人名伊拉斯謨斯 Erasmus 本意為【被喜愛者】，埃拉斯都 Erastus 意為【可愛的】，還有繆斯九仙女中的愛情詩女神為埃拉托 Erato【愛戀】。

4.6_7　戀愛中的丘比特

一開始，丘比特一直是一個調皮搗蛋長不大的孩子，用愛情之箭成就了一對又一對的戀人。對丘比特來說，看著別人陷入戀愛狂熱之中實在是一件好玩的事情。不僅如此，他還經常捉弄諸位神靈，使不可一世的阿波羅愛上了仙女達佛涅，讓天神宙斯不斷地愛上人間各種少女或少婦；他甚至捉弄自己的母親愛神維納斯，還為她的情人戰神阿瑞斯不斷提供豔遇的機會。然而小愛神自己並不知道愛情究竟什麼滋味，直到後來他長大了，有一天突然發現，自己也已墜入愛河。

那時人間有一位名叫賽姬 Psyche 的少女，她有著沉魚落雁之容、閉月羞花之貌，附近國家的少年們從四面八方跋山涉水前來，就是為了一睹她的芳容。人們個個被少女那極致的美麗所驚呆，他們把右手放在自己的嘴唇上，同時將食指和大拇指合攏，以這種敬神的方式虔誠地崇拜著這位無比美麗純潔的少女。凡人對這個美麗少女的崇拜，甚至超過了對愛與美之女神維納斯的敬崇。這讓天上的維納斯特別不爽，她不高興一個凡間女子居然擁有只有她自己才配得上的榮譽。於是女神喚來兒子丘比特，說現在人間有一個女子居然敢跟你老媽挑戰，你速去使用你的弓箭，讓她不可自拔愛上這世間最醜惡的怪物吧！

丘比特謹遵母命，趁夜深悄悄來到賽姬的房間。為了不被發現，他將自己徹底隱形起來。月光輕輕掀開微風中的幕帳，穿過丘比特透明的身體，灑在少女恬靜的臉上。丘比特輕輕取出弓箭準備上弦，屏住呼吸俯身想仔細觀察一下少女的面容。這時少女忽然間醒了，一雙

圖 4-76　丘比特搭箭時賽姬醒了

清澈的眼睛靜靜地望著丘比特的眼睛，眼神是那麼的清純和無邪。丘比特一下子被這個眼神看得心裡慌亂起來，雖然他明知道少女是看不到自己的。但是一種奇怪的東西，像靜謐月光下舞蹈的天鵝一般，在他心頭一直都平靜的那潭湖水中，漾起層層細波。這時的他並沒有注意到，剛才的一陣緊張使得手中的箭頭深深地嵌入自己的指頭中。他已經被這純潔無辜的眼神奪走了呼吸！丘比特知道自己不可能完成母親交給的任務了，便沒有回去覆命。女神隱約知道兒子的任務搞砸了，便更加生氣，她詛咒賽姬一輩子也找不到合適的新郎。後來當她知道自己的兒子愛上了這個女人後更是怒不可遏。

因為這件事，丘比特和自己的母親鬧翻了，他為自己愛慕的女孩感到心疼。他發誓只要維納斯一天不收回詛咒，自己就不再射出愛情之箭，如果世間不再有人談戀愛，就不會再有人供奉愛神維納斯，那麼她的神廟就會坍塌毀棄。結果第一個受不了的人是大地女神蓋亞，她忿忿地找到維納斯說你兒子最近怎麼搞的，不好好發射愛情之箭了，都大半年了世間沒有任何人談戀愛、沒有任何動物交配、植物也不長出新的枝葉了，弄得我最近蒼老了好多，我警告你要是再這樣下去的話，我不會饒了你的。維納斯畢竟知道蓋亞的厲害，趕緊找到兒子和他議和，並收回了自己的詛咒。

被愛神詛咒了之後，雖然大家都稱讚賽姬的美貌，卻從未有一個國王或王子向這美麗的少女求婚表白，父母派人去德爾菲求神諭，得到的答覆卻是：賽姬註定在人間找不到情郎，她的丈夫，一個兇惡的蛇妖，正在山上等著她。在那時的希臘人看來，來自德爾菲的神諭是至高無上的。父母按照婚禮的要求為女兒做了一切準備，把女兒送到山崖下獨自等候。這時西風之神吹拂著她翻山越嶺，到了一個鮮花盛開的山谷，山谷中溪流涓涓、鶯飛草長、古樹參天，路的盡頭處矗立著一棟宏偉的宮殿。這一切都是丘比特為她準備的。

每到夜裡，他就悄悄來到她的床前，向賽姬吐露戀慕之情，到了破曉時就要離開。賽姬看不到他，只能夜夜聽他溫柔的聲音，打心裡覺得他並不像是神諭中所說的妖魔。當時愛神的詛咒還在賽姬身上，而且丘比特和母親翻臉了，為了不讓母親發現自己偷偷地和少女在一起，他叮囑賽姬不要打聽自己是誰，不要看他的相貌，否則兩個人就不能在一起了。

就這樣相戀了一段時間，有一天賽姬想家了，整日悶悶不樂。為了讓她再開心起來，丘比特命西風之神將賽姬的兩個姐姐接到山谷中，陪她解悶。兩個姐姐來了好幾次後，漸漸開始嫉妒起妹妹的幸福生活。那時賽姬已經懷上了丘比特的孩子，兩個缺心眼的姐姐卻帶著毒如蛇蠍的陰謀來謀害自己的妹妹。她們告訴賽姬當年德爾菲神諭說，你命中註定要嫁給一個窮凶極惡的怪物，你現在的丈夫肯定就是那個怪物了，那麼你所懷下的孩子肯定也是一隻可怕的怪物；聽我們的話，等晚上他熟睡之後，你悄悄下床看個仔細；如果是妖怪，就拿刀砍下牠的頭，這樣你就可以恢復自由了。夜裡，待丈夫熟睡後，她懷著好奇和緊張的心情，抄起姐姐給的匕首，點著油燈好奇地偷看熟睡中的丈夫。

當她看到熟睡中的丈夫是那麼的優雅、英俊、可愛時，心中充滿了激動和歡喜。而床邊橫七豎八地扔著弓、箭和箭袋，丈夫的背部還長著潔白的羽翼。於是她恍然大悟，自己的丈夫原來正是翩翩的小愛神丘比特本人！小愛神此刻優雅地安睡著，賽姬則不禁欣賞起戀人那美麗的聖容，並越來越情不自禁地對他著迷。她禁不住深情地凝望著他，進而急不可耐地想親吻他，卻又唯恐把他驚醒。處在這種巨大幸福的激動之中，賽姬手中一滑，一滴燈油散落下來，滴在丘比特肩上。丘比特痛醒後，發現愛妻背叛了諾言，立刻從窗口飛走了。走時留下一句話：沒有忠誠就沒有愛情，我永遠都不再回來了！

賽姬意識到自己做了錯事，非常傷心難過，在絕望中投水自盡，卻被河神救起，河水把她沖到蘆葦灘上。牧神潘用音樂安慰她，並指點她不要輕生，要尋找解決問題的方法。於是賽姬四處遊蕩，想找回自己心愛的人。她來到一座山頂的神廟中，看見廟宇內物什雜亂橫陳，虔誠的賽姬就動手將各種物品整理得井井有條。這時豐收女神得墨忒耳走了出來跟她說，到你女主人維納斯那裡去請罪吧！

賽姬照著女神的指示來到維納斯的神廟，祈求她的寬恕。她跪在女神面前，淚如雨下，打濕了女神的腳。然而維納斯卻滿面怒容，把麥種、穀子和罌粟花混為一堆，命令她在天黑以前分揀出來。就在賽姬絕望之際，一群螞蟻從四面八方跑來幫她完成了任務。維納斯回來看到她居然完成了任務後，更加惱怒，又命令她第二天從一群兇猛的山羊身上各拔一些羊毛拿回來。在河邊蘆葦的提示下，賽姬完成了任務並將羊毛帶到女神面前。女神還不甘休，給她一個水晶雕成的水罐，讓她去險象環生的懸崖澗取水，結果天上的雄鷹幫助少女汲到了泉水。女神依然不依不饒，給了她一個木盒，並讓她將這個盒子交給冥后珀耳塞福涅。

美麗善良的賽姬決定為了愛情犧牲自己，她知道只有亡靈才能達到陰間，便來到一座高塔中想要跳塔自盡。這時高塔中傳來一個聲音，告訴了她進入地府的祕密通道，並讓她準備兩枚錢幣和兩個蜜麵包，把錢幣付給冥界的渡夫卡戎，將蜜麵包餵給三頭犬卡爾柏洛斯，途中不要和任何人搭話。賽姬按照高塔告知的路途，來到地獄的入口，沿著一條彎彎曲曲的小路一直走。走了很遠，來到一條河邊，那河水像墨汁一般漆黑。河邊停著一條船，她認出這個老船夫就是傳說中的渡夫卡戎，便上了船。老人立刻開船，在死一般的寂靜中向對岸划去，上岸後她張開嘴吐出一枚錢幣給了船夫。

之後繼續走了很遠，來到一個大理石宮殿前，門口是兇惡無比的三頭犬卡爾柏洛斯。少女扔給牠一塊蜜麵包，趁其吞食的時候走進宮殿中。在宮殿裡她遇見了冥后珀耳塞福涅，並將愛神的盒子交給了她。冥后往盒子中裝了一件寶貴的禮物，交還給她，並叮囑她千萬不要打開。跟冥后道別後，少女沿原路返回，將另一塊蜜麵包扔給地獄看門犬，並順利地走出了宮殿。在渡河時將口中另一塊錢幣吐出給了老船夫，然後毫髮無傷地沿著那條幽暗的小徑走出了冥界。危險的任務終於完成了，此時強烈的好奇心驅使著她，使她偷偷地打開了那個盒子。盒子裡面裝的是一隻地獄中的睡眠鬼，一經獲得自由便附在賽姬身上，於是少女陷入了永久的睡眠。

圖 4-77　丘比特吻醒了賽姬

一開始的時候，丘比特對愛妻的不信守諾言很是失望，心裡想著這也許不是自己想要的完美愛情。在離開賽姬的日子裡，對她的想念卻益加深重，並開始為自己的做法感到悔恨。當他決定去尋找賽姬並打算與她重歸於好的時候，妻子已經踏上了進入冥界的那條路了，那時他才聽說這個少女為了找回失去的愛情，在人間四處遊蕩，不知道吃了多少苦，在這麼多的苦難面前她卻不曾有過絲毫的退縮，即使是進入冥界，可能永遠都不能再回來了。丘比特便在冥界出口地方四處尋找，終於找到被睡眠鬼附身的妻子。他把睡眠鬼抓了出來，賽姬就醒了。久別的戀人重逢，有著說不清的激動和欣喜，他們緊緊地擁抱著對方，害怕會再度失去彼此。

(177) 當然，主神宙斯做這件事可是有好處可撈的，他私下裡跟丘比特說：若是今後大地上還存在著某位確實如花似玉的少女，那你可要記住我施與你的恩惠，你有義務將她的愛奉獻給我。

賽姬歷盡千難萬險後，終於在主神宙斯的調停下，得到了愛神的寬恕(177)，而且丘比特也表示再也不願意離開心愛的女孩了。他們來到眾神面前，祈求諸神為他們當愛的證人。宙斯被他們的故事感動，親自將賽姬許配給丘比特，並賜給她長生不老的瓊漿仙食，賽姬也成為了奧林帕斯中的一員，並和丘比特一直相愛。

圖 4-78　丘比特和賽姬成婚

賽姬的名字 Psyche 一詞意為【靈魂】，而丘比特乃是愛的化身，這個故事或許告訴了我們：一個人只有在尋求真愛的過程中，才能找回自己的靈魂。

賽姬是如此美麗清純的一個姑娘，所以人們用 pure as Psyche 來形容一個女孩美麗無邪、清純脫俗。賽姬則成為了漂亮女孩的代名詞。三頭犬卡爾柏洛斯雖然嚴厲盡職，但是還是因為一兩塊蜜麵包放任賽姬出入冥界了，借此典故便有了 throw a sop to Cerberus【給卡爾柏洛斯扔蜜麵包】，表示「向看守人行賄」。

賽姬的名字來自希臘語的 psyche '心靈、靈魂'(178)，於是有了英語中：心理學 psychology【關於心靈的研究】、精神病學 psychiatry【醫治心靈的學問】、精神錯亂 psychopathy【心靈之病】、精神分析 psychoanalysis【對心理、心靈解析】、精神病 psychoneurosis【心理和神經之病】、迷幻藥 psychedelic【揭示心靈的藥劑】、心靈論 psychism【關於靈魂的學說】、精神起因 psychogenesis【精神產生】、精神病 psychosis【精神疾病】、精神病患者 psycho【精神病人】等。

(178) 希臘語的 psyche 用來表示'靈魂'之意，最初的意思為'氣息、呼吸'，因為古人認為，呼吸乃是生命的基本特徵，有氣息者才有生命，有生命者乃有靈魂。於是希臘語中用表示'氣息'的 psyche 來指'生命、靈魂'，同樣的道理，拉丁語中的'靈魂' spiritus 源自動詞 spirare '呼吸'，前者演變出了英語中的 spirit；拉丁語中的 anima '呼吸'也衍生出了'靈魂、生命'的意思，該詞衍生出了英語中：動物 animal【有生命的】、活的 animate【生命的】、泛靈論 animism【靈魂的學說】。

(179) 伽勒（Johann Gottfried Galle, 1812～1910），德國天文學家，海王星的發現者。

4.7 海王星 遠離塵囂的蔚藍

繼天王星發現之後，1846 年 9 月 23 日，柏林天文台的伽勒(179)發現天王星軌道還有另一顆行星。該行星呈現出海水般的藍色，故以羅馬神話中的海王尼普頓 Neptune 命名了此行星，尼普頓相當於希臘神話中的海王波塞頓。中文譯作海王星。海王星一共有 13 顆衛星，這些衛星多以希臘神話中海王波塞頓的隨從、情人或子女為名。

海衛一 Triton

魚尾海神特里同 Triton，海王波塞頓與海后安菲特里忒之子。

海衛二 Nereid

海中仙女 Nereids 的單數形式，後者為海神涅柔斯與大洋仙女多里斯的 50 個女兒。

海衛三 Naiada

水澤仙女 Naiads 的單數形式。

海衛四 Thalassa

泛海女神塔拉薩 Thalassa，天光之神埃忒耳與白晝女神赫墨拉之女。

海衛五 Despina

祕儀仙女得斯波娜 Despoina，海王波塞頓與豐收女神得墨忒耳之女，司掌埃勒夫西斯祕儀。

海衛六 Galatea

仙女伽拉希亞 Galatea，海中仙女之一。

海衛七 Larissa

寧芙仙子拉里薩 Larissa，海王波塞頓的情人，傳說色薩利的拉里薩地區就因她而得名。

海衛八 Proteus

海神普洛透斯 Proteus，一說為海王波塞頓的長子。

海衛九 Halimede

仙女哈利墨德 Halimede，海中仙女之一。

海衛十 Psamathe

圖 4-79　海王星

海沙仙女普薩瑪忒 Psamathe，海中仙女之一，海神普洛透斯之妻。

海衛十一 Sao

海安仙女薩俄 Sao，海中仙女之一。

海衛十二 Laomedeia

仙女拉俄墨得亞 Laomedeia ，海中仙女之一。

海衛十三 Neso

海島仙女涅索 Neso，海中仙女之一。

4.7_1　海神 狂風巨浪中的王者

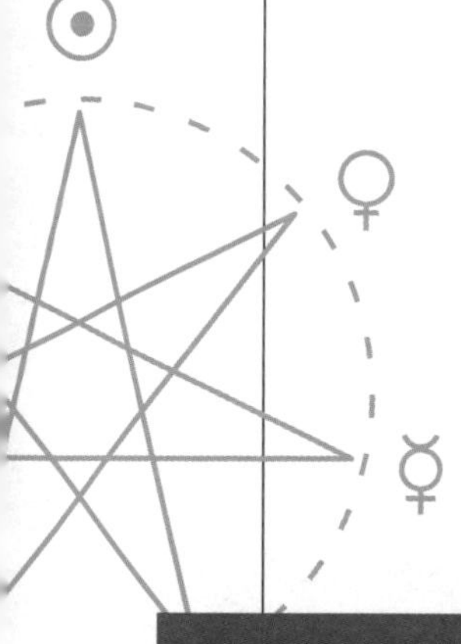

泰坦之戰結束後，奧林帕斯神波塞頓取代了環河之神俄刻阿諾斯，成為了海洋世界新的主宰。他統治管理著大海、大洋、河流、泉水以及司掌這些水域的眾神們，包括環河之神俄刻阿諾斯生下的 3000 位大洋仙女，以及海神涅柔斯的 50 位女兒海中仙女們。這些仙女們分散於世界各地的海域，她們各自掌控著海洋中的一片地盤，海后安菲特里忒 Amphitrite 就是其中的一位。像所有強大的統治者一樣，海王波塞頓也風流成性、四處尋花問柳。他的情人眾多，有戈耳工三姐妹之一的美杜莎 Medusa、雅典王后埃特拉 Aethra、少女阿密摩涅 Amymone、出軌少婦堤羅 Tyro、仙女斯庫拉 Scylla、仙女托奧薩 Thoosa 等。她們為波塞頓生下了不少後裔。其中，美杜莎為波塞頓生下了飛馬珀伽索斯和金劍巨人的克律薩俄耳；埃特拉則生下了後來的大英雄忒修斯，忒修斯成為了雅典著名的英雄和君主[180]；阿密摩涅生下了英雄瑙普利俄斯 Nauplius，這個孩子後來建造了瑙普里翁城 Nauplion【瑙普利俄斯之城】；堤羅生下了珀利阿斯和涅琉斯，珀利阿斯迫使伊阿宋遠航探險奪取金羊毛，而英雄涅琉斯也參加了此次探險；仙女斯庫拉為海后所害，變成了可怕的水怪；仙女托奧薩為海神生下了獨眼巨人波呂斐摩斯 Polyphemus，這個孩子後來被英雄奧德修斯刺瞎了眼睛；海后安菲特里忒則為波塞頓生下了魚尾海神特里同 Triton。

（180）特洛曾國王庇透斯曾經得到神諭說女兒不會有公開的婚姻，卻會生下一個有名望的孩子。當雅典國王埃勾斯路過特洛曾時，國王庇透斯讓女兒埃特拉和埃勾斯悄悄結婚。婚後埃勾斯便返回雅典，臨行前把寶劍和鞋放在海邊巨石下，並跟妻子交代說，如果生下了兒子，長大後便讓他拿著寶劍和鞋去雅典找父親。後來埃特拉果然生下了一個兒子，即後來的大英雄忒修斯。

傳說海王最初暗戀的是海中仙女忒提斯，她是一位非常迷人的仙女，聰明伶俐，並討人喜愛，忒提斯也是為主神宙斯所鍾愛的一位仙女。波塞頓一開始就對這個仙女深深迷戀，天天想著怎麼樣能贏得她的芳心，但當海神獲知一則預言說忒提斯生下的孩子將遠遠超過其父親時，因為懼怕被自己強大的後代取代，波塞頓連忙懸崖勒馬、另覓新歡了(181)。後來波塞頓愛情轉移，迷戀上了忒提斯的妹妹安菲特里忒，並對她展開了猛烈地追求。仙女起初並不喜歡這個滿面鬍鬚、性格粗魯的小夥子，並試圖逃脫他的追求，藏在很隱蔽的海域中，結果被波塞頓的寵物海豚給發現了。仙女數次躲避都不成功，也就只好認命，嫁給了波塞頓成為海后。這隻海豚因為幫助主人泡妞有功，被升至夜空中，成為了海豚座 Delphinus。

圖 4-80　戀愛中的波塞頓

海后安菲特里忒為波塞頓生下了海神特里同。他上身是人，下身是魚(182)。他有一個海螺做成的號角，據說大海中狂風惡浪的聲音就是他用這支號角吹出來的。

海王波塞頓常常手持三叉戟，駕著四匹白馬拉著的戰車，在海中巡邏。古希臘人認為海神脾氣暴躁，易於發怒，海洋的驚濤巨浪便是海神性格的象徵。當他發脾氣時，海面一片昏暗，巨浪滔滔，船隻的命運就岌岌可危了。他盛怒時甚至會揮舞三叉戟，使得山崩地裂、洪水氾濫。傳說中的古老文明亞特蘭提斯就是因為惹怒了海神，而被憤怒的波塞頓摧毀，一夜間沉入了茫茫大西洋中。

在奧林帕斯神族取代泰坦神族成為世界新的統治者時，諸神內部掀起了瓜分大陸的狂潮，各路神仙紛紛占領地盤，擴大自己在人間的信仰勢力。當時智慧女神雅典娜和海王波塞頓同時看中阿提卡地區，並為此大打出手、各不相讓，爭執不下便請來主神宙斯裁決。一個是

（181）宙斯也知道了這個預言，之後毅然和自己的戀人分手，後來忒提斯在英雄珀琉斯的不懈追求下，嫁給了他，並為他生下了遠比父親強大的大英雄阿基里斯。

（182）特里同這種人魚形象被稱為 Merman【man in the sea】，也就是男性人魚；女性人魚則被稱為 mermaid 即【maiden in the sea】，也就是我們常說的美人魚。

（183）後來希臘人馳騁地中海東岸，在古埃及和兩河流域兩大文明之間做生意，賣出橄欖油並用換來的錢在海岸進行貿易和殖民，至今我們仍然能從出土的陶器中看到那些生動的畫面。

自己的親哥哥，一個是自己的愛女，宙斯自己也不好下裁定，便讓他們各自施展本領，誰能獲得人民的青睞，這片土地就判給誰。於是波塞頓用三叉戟敲擊岩石，石頭中立刻湧出一股海泉來，泉中不斷地流出海水，象徵海神意欲占領這個地方。雅典娜隨後施法，她用長槍敲擊岩石，這岩石中立即長出一株橄欖樹來。希臘境內土地貧瘠，也沒有多少自然資源，橄欖的出現無疑給他們帶來了非常多的利益：橄欖榨的油很營養，還可以用來護膚和點燈；最重要的一點是，橄欖油可以為當地人帶來商機和財富[183]，因此更受到人們的青睞。經過商議，人們決定還是橄欖對他們來說實惠，便將勝利的榮譽獻給了雅典娜，還用女神的名字 Athena 命名了阿提卡的中心城市，也就是雅典 Athens。他們在市中心為女神建立神廟，取名為帕台農 Parthenon【處女】神廟，來紀念這位偉大的童貞女神。

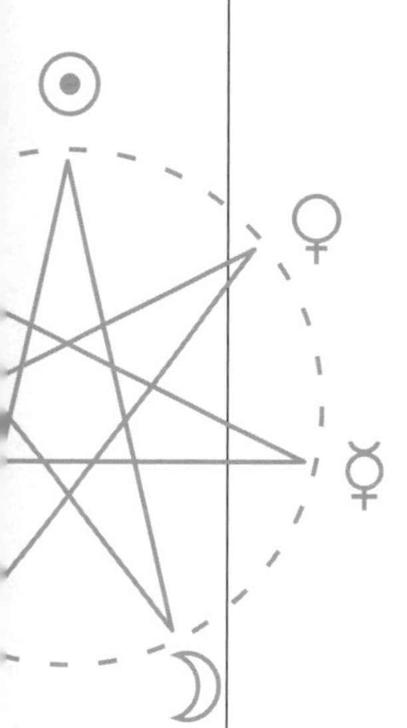

另外，雅典市民也感恩於海神賜予的泉水，將他視為雅典娜之外最重要的神靈。

海王 Poseidon

海王波塞頓的名字 Poseidon 一詞，很難找到既合乎詞源學又合乎神話的解釋，或許這個名字來自更早期的希臘本土語言，或者我們並不瞭解的某一個古老語言。柏拉圖在《克拉底魯篇》中對該名的解釋值得一提，雖然現在看來這並非真正的詞源學解釋。

> 海神之所以取名為 Poseidon，因為海洋限制著他的雙腳 posi-desmon【腳被束縛】，或者因為他見識甚廣 polle-eidon【見多識廣】。
>
> ——柏拉圖《克拉底魯篇》

posi-desmon 一詞由 pous‘足’和 desmon‘束縛’構成，即【腳被束縛】。pous‘足’衍生出了英語中：章魚 octopus【八隻腳】、水螅 polypus【多隻腳】、鴨嘴獸 platypus【扁足動物】；著名的伊底帕斯王之名為 Oedipus【腫脹的腳】，在他出生的時候，父親為了逃避被兒子殺害的命運，而將兒子雙腳刺穿，拋棄在荒野。desmon 為‘束縛、捆綁’，被希臘人用來表示‘韌帶’，因為它將不同的兩部分器官「束縛」到一塊，其衍生出了英語中的韌帶炎 desmitis【韌帶炎症】、韌帶切開術 desmotomy【韌帶切開】、繃帶學 desmology【關於韌帶的研究】。

polle-eidon 一詞由 polle‘多’和 eido‘知道’構成，即【見多識廣】。polle 是形容詞 polys‘多’的陰性形式，後者衍生出了英語中：多項式 polynomial【多個項】、玻里尼西亞 Polynesia【多島之國】、水螅 polypus【多足】、精通多國語言者 polyglot【多語言】。‘知道’eido 表示‘看見’之意，其衍生出了英語中：逼真 eidetic【親眼看見般】、幻影 eidolon【看到的形象】。

海后 Amphitrite

海后安菲特里忒之名 Amphitrite，由 amphi‘在周圍’和 *triton‘海’組成，可以理解為【在海周圍】，海王波塞頓是海洋的統治者與化身，而海后安菲特是海王波塞頓的貼身家眷，因此這個名字對她來說也非常合適了。*triton 一詞與古愛爾蘭語中的‘海’triath 同源。而海神之子特里同的名字 Triton 明顯也來自於此，即【海洋】之神。希臘語的介詞 amphi 與拉丁語的前綴 ambi- 同源，意思都是‘在周圍、兩個的’，後者衍生出了英語中：抱負 ambition【四處走動】、漫步 amble【到處走】、救護車 ambulance【到處走動】、使節 ambassador【到處走動者】、迂曲的 ambagious【從周圍走的】、環境 ambient【周圍的】、模棱兩可的 ambiguous【兩邊走的】、猶豫 ambivalence【兩個想法】、中向性格 ambivert【即外向又內向】等。

4.7_2　海中仙女

希臘神話中，生活在各種水域中的仙女一般分為 3 種，分別是環河之神俄刻阿諾斯與特提斯所生的大洋仙女 Oceanids【俄刻阿諾斯的女兒】、海中老人涅柔斯與大洋仙女多里斯所生的海中仙女 Nereids【涅柔斯的女兒】，以及諸河神或其他神靈生下的水澤仙女 Naiads【河流的女兒】[184]。通俗神話版本中經常將這些概念相互混淆，或一概說為是水澤仙女。事實上，這三

（184）因為這些仙女人數眾多，此處使用這些名稱的複數形式。

(185) 為了便於區分，全書中我們將俄刻阿諾斯的女兒們 Oceanids 統一譯為大洋仙女、將涅柔斯的女兒們 Nereids 統一譯為海中仙女，並將眾河神或其他神靈所生女兒們 Naiads 譯為水澤仙女。

(186) 宙斯的父親克洛諾斯、宙斯的爺爺天神烏拉諾斯都是被更加強大的兒子所推翻，從而失去自己的統治權。

類仙女是存在區別的，除了她們的來歷不同以外，很重要的一個區別是：水澤仙女生活在泉水、溪流等淡水水域之中，並且離開水太久就會迅速死去；海中仙女生活在地中海水域之中，而大洋仙女則生活在地中海以外的大洋水域中。這樣的分類基於一個古老的地理觀，古代希臘人認為陸地被環形的水域包圍著，而黑海和大西洋等外海海域是相連的，它們構成了包圍大陸的環形水域，這水域的周邊就是世界的盡頭了。這條大的環形水域被稱為俄刻阿諾斯河 Oceanus，英語中的海洋 ocean 一詞即由此演變而來。地中海被認為是與陸地密切相關的海域，而這之外的海域都為環河俄刻阿諾斯的一部分。因此他們將地中海中的諸仙女稱為海中仙女，而將大洋中的仙女稱為大洋仙女[185]。

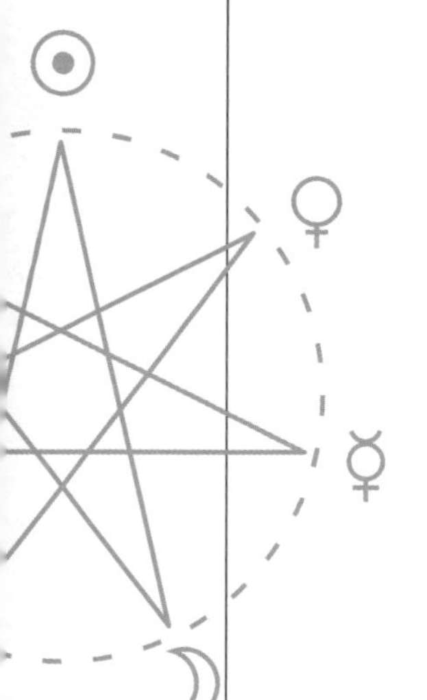

我們先來看看海中仙女們的故事。

海中仙女是海中老人涅柔斯與大洋仙女多里斯所生的 50 位女兒，這些仙女個個美麗迷人，無憂無慮地生活在愛琴海中。後來波塞頓繼承了海中霸權，這些仙女們大都變成了海王的家眷或隨從。50 位海中仙女裡面，比較著名的有忒提斯、安菲特里忒、伽拉希亞、普薩瑪忒。她們的父親涅柔斯是遠古海神蓬托斯的長子，他誠信正義、公平善良，並且是一個著名的預言者，因此備受人們尊重。他有隨意變成任何事物的本領，大英雄海克力士曾經費了很大力氣才抓住了他，迫使他使用預言能力幫助自己找到了極西世界的金蘋果園。

忒提斯 Thetis

忒提斯是眾多姊妹中最漂亮的一位，她活潑可愛，有著迷人的秀髮，並有一對銀白色的美足，是主神宙斯所鍾愛的戀人之一。一開始的時候，他們很是恩愛。所以很多年後當天后希拉、海神波塞頓、太陽神阿波羅等諸神造反，將宙斯捆綁起來準備重新推舉首領時，忒提斯擔心戀人的安危，迅速趕往地獄深淵之中請來了看守塔爾塔洛斯的百臂巨人，終使天神躲過一劫。當然，這是很久之後的事。當熱戀中的宙斯得到一個預言，說忒提斯生的孩子將遠比其父強大。宙斯心生畏懼，怕以後被自己的後代推翻[186]，便毅然同仙女分手。分手後的忒提斯在很長的時間內，還依然深深地愛著這個負心郎，要不然也不會對他的後人那麼熱心腸了——她曾經多次解救宙斯的兒子，當火神赫菲斯托斯被宙斯扔下天庭後，忒提斯收養了他 9 年；當酒神帝奧尼索斯被人陷害跳進大海時，忒提斯救活了他；當阿爾戈英雄遇到危險時[187]，忒提斯也動員自己的姐妹們一起救助過這些人間英雄 ......

圖 4-81　珀琉斯和忒提斯的婚禮

半人馬智者凱隆在得知這個神諭之後，趕忙告訴自己的愛徒珀琉斯，並策劃利用此機會讓愛徒娶這位仙女為妻。珀琉斯自從在海岸遠處窺見仙女的那一瞬間，便被她的美貌所深深吸引。後來忒提斯為了逃避珀琉斯的追求而變成各種各樣的怪物，海怪、水、火、獅子、巨蛇等，珀琉斯一直緊緊地抱著她，打死都不肯鬆手。仙女遂被這個小夥子的執著所感動，同意做他的妻子。

珀琉斯和忒提斯的婚宴舉辦得好不熱鬧。仙界的大人物統統到場，畢竟女神曾經是主神宙斯的情人，海神波塞頓也曾經深深地暗戀著她，暗戀過她的其他神祇肯定還有不少，只是很多神明一直未曾表露心意罷了。婚宴上一位自認是大人物的「非主流」神仙不請自來，並在婚宴上扔下一顆金蘋果，從而埋下了後來特洛伊戰爭的種子。這位「非主流」神仙的此次自我炒作顯然很成功，不久她便聲名鵲起，她就是不和女神厄里斯 Eris。

忒提斯和珀琉斯結合後，生下了大英雄阿基里斯。正如預言所說，他遠比自己的父親強大很多倍，並成為後來特洛伊戰爭中最勇敢的大英雄。在特洛伊戰爭中，阿基里斯的行為幾乎主宰了整個戰爭的局勢。

忒提斯的名字 Thetis 一詞，由動詞 tithemi‘放置’的詞根 the- 與表示‘女性行為者’的 -tis 構成，字面意思為【處置者】。tithemi‘放置’一詞衍生出了

（187）阿爾戈號裡面的船員，海克力士、波呂丟刻斯、卡斯托耳等很多重要的英雄都是宙斯的兒子。

英語中：合成 synthesis 就是【放在一起】，而光合作用 photosynthesis 就是【光的合成】；假設之所以被稱為 hypothesis，因為假設的內容是被【放在下面】墊底的，從這個基礎出發才往上做推論，假定 suppose 一詞也是類似的道理。

安菲特里忒 Amphitrite

安菲特里忒嫁給了波塞頓以後，並沒有過上多麼幸福美滿的生活。相反，她還得經常忍受丈夫的出軌，畢竟波塞頓的情人多得像連鎖店一樣。一次海后實在是忍無可忍，便偷偷往丈夫的小情人仙女斯庫拉洗澡的海水中下毒，使她變成了一隻可怕的海妖。這隻海妖就是傳說中有 6 個頭 12 隻手，腰間纏繞著一條由許多惡狗圍成的腰環，守護著墨西拿海峽一側的海妖斯庫拉。

前文已經說過，安菲特里忒的名字 Amphitrite 一詞由 amphi 'around' 與 *triton '海洋' 兩部分組成。其中，希臘語介詞 amphi 'around' 衍生出了英語中：兩棲動物 amphibian【在兩種環境下生活者】、露天劇場 amphitheater【幾面都可以觀看的劇場】等。

伽拉希亞 Galatea

伽拉希亞是西西里島附近海域中的一位仙女，她美麗清純、白皙動人，這使得波塞頓的一個兒子——獨眼巨人波呂斐摩斯深深地著迷。波呂斐摩斯是個體型碩大、長相醜陋的傢伙，他的臉部只有一隻眼睛，長在額頭的正中央。他為人粗暴、茹毛飲血，仙女對這個野蠻的傢伙特別反感，並且經常遠遠地躲著他。伽拉希亞與一位英俊善良的牧羊少年阿西斯 Acis 相愛，並且私定終身。波呂斐摩斯見此心生妒忌，當著仙女的面用巨石將阿西斯砸死。伽拉希亞抱著愛人的屍體，悲痛欲絕。鮮紅的血從少年的身體中流淌出來，不一會兒，紅色慢慢地變淡了，變成雨後渾濁的河水的顏色，之後慢慢變得清澈，這血液流到西西里島

圖 4-82　伽拉希亞和阿西斯

的一條河流中，從此人們將這條河命名為阿西斯河 Acis。傳說阿西斯的身體被分成了幾個部分，散落在西西里島各地，直到現在，西西里島不少城鎮的名字都以 aci- 開頭，據說就和這個少年有關，例如 Acireale、Aci Santa Lucia、Aci Sant Antonio、Aci Platani、Aci Bonaccorsi、Aci San Filippo、Aci Castello、Aci Catena，其中比較著名的阿西瑞爾 Acireale 被譽為狂歡節之鄉。

伽拉希亞的名字 Galactea 一詞，字面意思是【牛奶般的】，大概在說這個少女可愛甜美、純潔、白淨，就如同牛奶一樣。其源於希臘語中的 gala ‘乳汁’ 。銀河在古希臘語中稱作 cyclos galaxias【乳汁之環】，因為據說它由天后希拉的乳汁變成；英語將其意譯為 Milky Way【乳汁之路】，而 galaxias 則演變出英語中的 galaxy，後者被用來泛指所有的星系。除此之外，催乳藥 galactagogue【使產生奶之物】、催乳的 galactopoietic【產生奶的】等詞彙亦由此構成。

普薩瑪忒 Psamathe

普薩瑪忒也被稱為沙灘仙女。當她還是個少女的時候，曾經被愛琴娜島國王埃阿科斯追求。埃阿科斯在海灘上捉到了她。為了逃脫，她變成各種形狀，最後變成一隻海豹。但是埃阿科斯仍舊緊緊抱著不放手。普薩瑪忒無奈之下，只能任其擺布。事後仙女生下了一個兒子，取名叫福科斯 Phocus【海豹】，國王埃阿科斯非常喜歡這個孩子。國王還曾與少女恩得伊斯結合，生下了英雄珀琉斯和忒拉蒙。埃阿科斯偏愛福科斯，這使得珀琉斯和忒拉蒙無比嫉妒，他們在擲鐵餅比賽中將同父異母的兄弟殺死，並將屍體埋在的樹林裡。後來事情洩露，兩兄弟被父親逐出愛琴娜島。女仙普薩瑪忒更是怒氣難消，她派一隻兇狠的惡狼去騷擾珀琉斯的羊群。後來珀琉斯在妻子忒提斯的幫助下，才終於平息了普薩瑪忒的怒火[188]。

埃阿科斯生前因為公正、虔誠受到人們的尊敬，他死後被冥王重用，並成為了冥界三判官之一。其他兩位判官分別是歐羅巴的兩個兒子，彌諾斯和拉達曼迪斯。

（188）忒提斯是普薩瑪忒的姐妹，她們都是海中仙女。

後來普薩瑪忒嫁給了海神普洛透斯。普洛透斯是海王波塞頓的侍從，也有人說是波塞頓的兒子，他負責放牧波塞頓的一群海豹。普洛透斯如同眾多

（189）普洛透斯的名字 Proteus 字面意思是【最初者】。

的海神一樣，具有預言和變成各種事物的能力。我們從荷馬那裡知道，當墨涅拉俄斯從特洛伊戰場返航後，曾經在埃及附近迷航，無法找到回國的路。在那裡，英雄們抓住了海神普洛透斯，任憑他變為雄獅、長蛇、猛豹、野豬、流水等各種形狀，都沒有鬆手。

我們大叫一聲撲上去把他抱緊，
海神並未忘記狡猾的變幻伎倆，
他首先變為一頭鬚髯美麗的雄獅，
接著變成長蛇、猛豹和巨大的野豬，
然後又變成流水和枝葉繁茂的大樹，
但我們堅持不鬆手，把他牢牢抓住。
待他看到變幻徒然，心生憂傷，
這才開口說話，對我這樣詢問：
阿特柔斯之子，是哪位神靈出主意，
讓你用計謀強行抓住我，你有何要求？

——荷馬《奧德賽》卷 4 454~463

墨涅拉俄斯從普洛透斯那裡得知了眾英雄的顛沛流離、阿伽門農的死以及回家的路。並根據海神的指點，終於成功返回故鄉斯巴達。

因為普洛透斯善變幻，英語中借此典故，用 protean【普洛透斯一般】表示「變化無常」（189）。

普薩瑪忒是沙灘仙女，自然這個名字應該與沙灘有一定的關聯。Psamathe 一名源自希臘語的‘沙灘’ psammos，英語中的喜沙的 psammophilous【愛沙灘】即源於此。

4.7_3　大洋仙女

環河之神俄刻阿諾斯 Oceanus 和海洋女神特提斯結合，生下了 3000 位大洋仙女 Oceanids【俄刻阿諾斯之後裔】。這些仙女們個個美麗動人，她們為神明或人間的國王、英雄所愛，並為他們生下眾多聰穎的次神、英雄或君主：泰坦神主克洛諾斯變成一匹馬追求大洋仙女菲呂拉 Philyra，他們結合後生下了著名的人馬智者凱隆 Chiron；大洋仙女普勒俄涅 Pleione 與大力神阿特拉斯結合，生下了 7 個女兒，這 7 位女兒被稱為普勒阿得斯 Pleiades【普勒俄涅之女兒】，也就是希臘神話中的「七仙女」；大洋仙女斯提克斯 Styx 與戰爭之神帕拉斯結合，生下了強力之神克拉托斯 Cratos、暴力女神比亞 Bia、熱誠之神仄洛斯 Zelos 以及勝利女神耐吉 Nike；大洋仙女厄勒克特拉 Electra 和遠古海神陶瑪斯結合，生下了彩虹女神伊里斯 Iris 和怪鳥哈耳庇厄 Harpy......。當然，大洋仙女還有很多，實在難以一一述及，本文挑選部分大洋仙女進行解說。

克呂墨涅 Clymene

克呂墨涅最初嫁給了泰坦神伊阿珀托斯，並為其生下了狂暴的墨諾提俄斯、著名的扛天巨神阿特拉斯、盜火的先覺神普羅米修斯、因娶潘朵拉而給人類帶來災難的後覺神厄庇墨透斯。後來伊阿珀托斯作為鎮壓奧林帕斯神族的重要頭目，被打入地獄深淵中永世不得翻身，他的兒子們也逐一遭到奧林帕斯神族的迫害。後來，仙女克呂墨涅又嫁給了太陽神赫利奧斯，並為其生下法厄同 Phaeton 和赫利阿得斯 Heliades【赫利奧斯之後裔】三姐妹。

我們從奧維德那裡知道，法厄同的母親後來又嫁給一位人間的國王。當法厄同長大得知了自己的身世後，他來到世界極東找到了自己的生父赫利奧斯。太陽神很喜歡這個兒子，並答應為他實現任何一個願望。然而這個孩子的要求卻讓父親非常為難，因為法厄同想要駕駛連眾神都不敢駕駛的太陽車。但太陽神已經提前應允，誓言無法收回，只好再三叮囑自己心高志大的兒子，滿懷憂心地將太陽車交給了他。法厄同駕駛著太陽車脫離了軌道，在天空中橫衝直撞。眾星座紛紛躲避，各路神祇也都遠遠地逃離。失控的太陽車一會兒向上攀升，遠離地面，於是大地到處一片寒冷；一會兒又向下俯衝，觸臨地表，巨

圖 4-83　法厄同從太陽車上墜落下來

大的熱量使得附近的大地焦灼不堪，森林四處起火，利比亞的土地都被烤乾了，成為一片巨大的沙漠。後來少年從車上跌落，墜入厄里達努斯河中。

據說法厄同的形象後來變成了夜空中的御夫座 Auriga，而收容少年屍體的河流厄里達努斯則成為了夜空中的波江座 Eridanus。

克呂墨涅的名字 Clymene 字面意思為【著名力量】，由希臘語的 clytos‘著名的’和 menos‘力量’構成。她的後代中，大力神阿特拉斯和狂暴的墨諾提俄斯無疑繼承了母親名字中的‘力量’這一元素；而女神的後代們，例如扛天神阿特拉斯、巨力且狂暴的墨諾提俄斯、盜火神普羅米修斯、冒險精神十足的少年法厄同等，個個都是神話中著名的人物，這無疑是對其名中‘著名的’clytos 的最好解釋。clytos 意為‘著名的’，於是就不難理解希臘神話中：阿伽門農的妻子克呂泰涅斯特拉 Clytemnestra【著名的新娘】，變成向日葵的寧芙仙子克呂提厄 Clytie【著名者】。menos 意為‘力量’，因此海倫的丈夫墨涅拉俄斯 Menelaus 乃是【人民的力量】；美少年許拉斯的母親即仙女墨諾狄刻 Menodice 則是【公正的力量】之意；而克呂墨涅的兒子，泰坦神族中狂暴的墨諾提俄斯 Menoetius 則是【毀滅的力量】了。

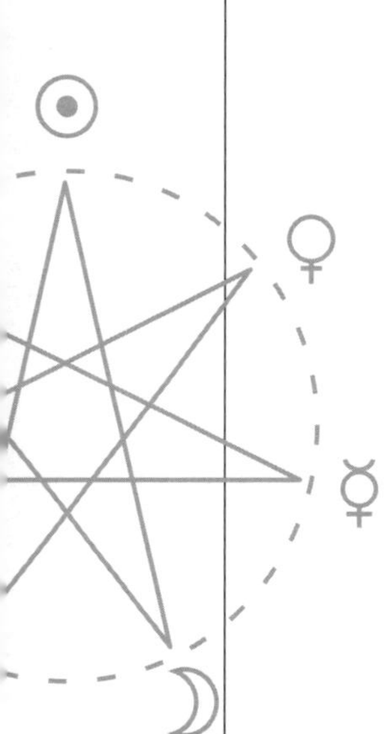

墨提斯 Metis

大洋仙女墨提斯被認為是智慧的化身，她是眾神中最聰穎的一位。在泰坦神統治的時代，墨提斯就同宙斯相愛，並替致力反抗父輩強權的奧林帕斯神族多次出謀劃策。當宙斯想要救出被吞進克洛諾斯腹中的兄弟姐妹時，他得到了智慧女神墨提斯的指點。女神想出一個非常好的計謀，他們在克洛諾斯的食物中放入一種催吐的藥物，後者吃後果然狂吐不止，吐出了自己多年前吞下的 5 位兒女。

後來，宙斯在智慧女神的幫助下終於戰勝了克洛諾斯，並成為第三代神主。他先娶墨提斯為妻，並深深地愛著她。然而神王宙斯卻要因此面臨一個困境，命中註定女神將生下一個女兒和一個兒子，這個兒子要比自己的父親更加強大，並且會推翻父族的統治，就如同宙斯推翻克洛諾斯的統治一樣。為了避免被長子推翻的命運，宙斯做了一項非常狡猾的舉動，他哄騙墨提斯，並將她吞進腹中。透過這種手段，宙斯不但消除了潛在的威脅，還得到了女神無與倫比的智慧。那時墨提斯已經懷上了一個女兒，這個女兒在宙斯的頭顱中漸漸長大。終於有一天，宙斯感到頭痛難忍，痛苦不堪，他命令工匠之神鑿開自己的頭顱。而頭顱裂開之時，一位女神從主神裂開的頭顱中一躍而出，這位女神身披盔甲、手持長矛，因此被尊為戰爭女神；同時她又是墨提斯所懷的孩子，擁有母親智慧的基因，因此她也被譽為智慧女神。這位女神就是著名的智慧與戰爭之女神雅典娜。

墨提斯的名字 Metis 一詞字面意思為【智慧、覺悟】，因此普羅米修斯 Prometheus 被認為是【先覺者】，而他的弟弟厄庇墨透斯 Epimetheus 則是不折不扣的【後覺者】。

墨提斯是宙斯的妻子，因此她的名字 Metis 也被用來命名木衛十六。

狄俄涅 Dione

在荷馬史詩《伊里亞德》中，仙女狄俄涅被認為是愛神阿芙蘿黛蒂的母親。因此，當阿芙蘿黛蒂為了拯救心愛的兒子埃涅阿斯而被狄俄墨得斯打傷時，她跑回天庭中向狄俄涅哭訴。

> 神聖的阿芙蘿黛蒂倒在她的母親
> 狄俄涅的膝頭上面；母親抱住女兒，
> 雙手撫摸她，呼喚她的名字對她說：
> 「孩子，天神中哪一位這樣魯莽地對待你，
> 把你作為當著大眾做壞事的女神？」
>
> ——荷馬《伊里亞德》卷 5 370~374

而奧維德在《變形記》中則講到，大洋仙女狄俄涅曾嫁給了佛里吉亞王坦塔洛斯，並為他生下了珀羅普斯和尼俄柏。坦塔洛斯王品行極差，因犯有瀆神和弒子之罪而被眾神打入地獄深淵中，忍受著無盡的懲罰。

坦塔洛斯的女兒尼俄柏也繼承了父親恣意瀆神的性格，並因褻瀆女神勒托而連累了全家，她的 7 個兒子被太陽神阿波羅射死，7 個女兒被月亮女神阿提密斯射死，她的丈夫拔刀自盡，只剩下尼俄柏一人獨自悲傷，並在悲傷中風化成一尊石像。

坦塔洛斯的兒子珀羅普斯統一了希臘半島的南部地區，即伯羅奔尼撒 Peloponnesos【珀羅普斯之島嶼】。珀羅普斯和妻子希波達米亞生下了阿特柔斯 Atreus 和塞厄斯提斯 Thyestes。阿特柔斯的妻子生下了阿伽門農 Agamemnon 和墨涅拉俄斯 Menelaus，他們統治著伯羅奔尼撒半島上強大的邁錫尼、阿爾戈斯和斯巴達。當阿特柔斯掌權成為國王時，發現弟弟塞厄斯提斯與王后偷情，他憤怒地將弟弟逐出城外。為了報復，阿特柔斯設計陷害塞厄斯提斯，讓塞厄斯提斯在不知情中娶自己的親生女兒為妻，並與女兒生下了一個孩子。這個孩子出生後即遭到遺棄，後幸得山羊哺乳，因此得名埃癸斯托斯 Aegisthus【山羊之力】。阿特柔斯收養了這個孩子，把他養大成人後，指使埃癸斯托斯去殺死自己的生父生母。埃癸斯托斯得知自己的身世後，在憤怒的驅使下殺死了使自己蒙受悲慘命運的叔父阿特柔斯。後來阿伽門農王出兵特洛伊時，埃癸斯托斯與王后克呂泰涅斯特拉通姦，並同王后合夥謀殺了凱旋歸來的阿伽門農。阿伽門農王的幼子俄瑞斯忒斯 Orestes 在父親遇害後的第八年回來，殺死了埃癸斯托斯和自己不貞的母親。

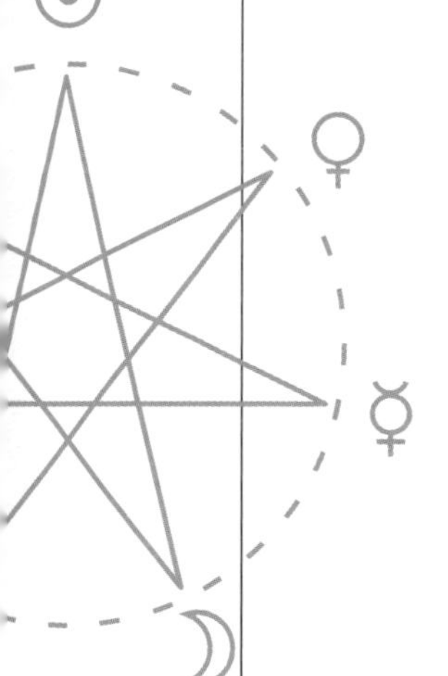

狄俄涅的名字 Dione 一詞字面意思為【女神】，該詞是希臘語 Dios‘宙斯的、神的’的一種陰性形式變體。Dios 與拉丁語的 divus、梵語的 deva 同源，這些詞都表示‘神靈’之意，它們衍生出了英語中：神 deity【神靈】、神聖的 divine【神的】、再見 adieu【願神保佑你】。

卡利羅厄 Callirrhoe

仙女卡利羅厄和特洛伊王特洛斯 Tros 相愛，並為他生下了 3 個兒子，分別為：伊洛斯 Ilus、阿薩拉科斯 Assaracus、伽倪墨得斯 Ganymede。國王特洛斯繼承了父親留下的王位，在他的統治下，國家變得強盛起來，人們便用國王特洛斯的名字 Tros 來命名了該城邦，取名為特洛伊 Troia【特洛斯之城】，英語中轉寫為 Troy(190)。特洛斯讓位給長子伊洛斯，因此特洛伊城也被稱為伊利昂 Ilion【伊洛斯之城】。著名的荷馬史詩《伊里亞德》原名 *Iliad* 即【伊利昂城（之歌）】，該史詩記述著希臘聯軍圍攻伊利昂城第十年時發生的英雄故事。那時特洛伊王為伊洛斯的孫子普里阿摩斯 Priam。

（190）特洛伊的形容詞形式為 Trojan，即來自 Troia 的形容詞 Troian 的變體。於是特洛伊戰爭在英語中也被稱為 trojan war。

圖 4-84　特洛伊城陷落之後，埃涅阿斯扛著老父安喀塞斯逃走

阿薩拉科斯之孫安喀塞斯與愛神阿芙蘿黛蒂結合，生下了英雄埃涅阿斯 Aeneas，埃涅阿斯參加了特洛伊戰爭，並為特洛伊方立下了卓越的戰功。當特洛伊城陷落之後，埃涅阿斯帶著妻兒和年老的父親逃往義大利南部，並在那裡安居下來。據說他的第十五代子孫羅慕路斯 Romulus 和雷穆斯 Remus 建立了羅馬城。羅馬城的名字 Rome 就來自羅慕路斯之名。

伽倪墨得斯是個有名的美少年，宙斯變成一隻鷹將其掠走，並將少年立為自己的酒童，負責在諸神的宴席上斟酒斟水。這個少年便是夜空中寶瓶座 Aquarius【斟水人】的原形。

卡利羅厄的名字 Callirrhoe 一詞字面意思為【優美的水流】，由希臘語的 calos‘優美的’和 rrhoe‘河流’組成。calos 一詞衍生出了英語中：書法 calligraphy【漂亮的書寫】、健美體操 calisthenics【優美之力】、美體 callimorph【優美的形體】。rrhoe 意為‘河流’，源自 rrheo‘流動’，後者衍生出了英語中：感冒 rheum【流（鼻涕）】、腹瀉 diarrhea【未經消化而直接流瀉】、鼻溢 rhinorrhea【流鼻涕】、淋病 gonorrhea【「種子」洩露】、閉經 amenorrhea【月經停流】、痔瘡 hemorrhoid【大便出血】。

卡呂普索 Calypso

特洛伊攻陷之後，希臘聯軍紛紛乘船踏上返航的路途。英雄奧德修斯帶著自己的士兵隨從也從伊利昂乘船返航。因為途中刺瞎了海王之子的眼睛，得罪了海神波塞頓，歸國的行程中充滿了苦難。在經歷了眾多苦難之後，船上的夥伴無一倖免，奧德修斯隻身一人漂泊到

圖 4-85　卡呂普索的島嶼

奧吉吉亞島上，被島上的仙女所救。這位美麗的仙女乃是大洋仙女卡呂普索，她愛上了英雄奧德修斯，並將英雄留藏在島上 7 年之久，還為英雄生下了兩個孩子。奧德修斯曾經回憶到：

> 我的所有傑出的同伴都喪失了性命，
> 只有我雙手牢牢抱住翹尾船的龍骨，
> 漂流九天，直到第十天黑夜降臨，
> 神明們把我送到俄古癸亞海島，
> 就是可畏的仙女，美髮的卡呂普索的居地；
> 她把我救起，溫存地照應我飲食起居，
> 答應讓我長生不老，永不衰朽，
> 但她始終改變不了我胸中的心意。
> 我在那裡淹留七年，時時流淚
> 沾濕卡呂普索贈我的件件神衣。

——荷馬《奧德賽》卷 7 251~260

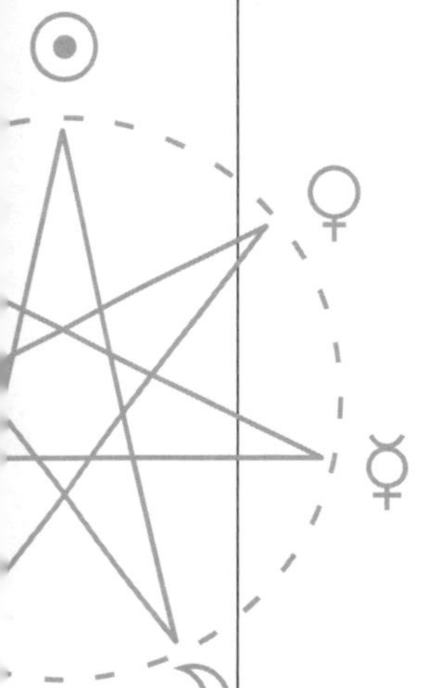

卡呂普索的名字 Calypso 一詞意為【掩藏】，來自希臘語的 calypto‘藏匿’。在神話中，仙女卡呂普索藏匿了英雄奧德修斯長達 7 年，讓他在 7 年之中過著與世隔離的生活。calypto‘藏匿’一詞衍生出了英語中：開啟 apocalypse【使不再掩藏】、桉樹 eucalyptus【花芽遮蓋很好的植物】。

4.7_4 水澤仙女

水澤仙女是一群生活在清泉、溪流等水域中的仙女，她們一般是一些大河之神的女兒(191)。這些仙女遍布人間，據說每一泉水、每一條小溪都生活著一位甚至多位美麗動人的水澤仙女。這些仙女多以清純動人而聞名，無憂無慮地生活在大自然的陪伴中，和游魚、野花、泉水、微風、細雨為伴，並被描述為天真無邪的少女(192)。

（191）水澤仙女的名字 Naiads 字面意思可以理解為【河流的後代】。

（192）我們已經講過的，河神伊那科斯的女兒伊俄 Io、河神珀涅俄斯的女兒達佛涅 Daphne 也都屬於水澤仙女。

阿索波斯之女 Asopides

（193）後來，人們用 Sinope 命名了木衛九、用 Thebe 命名了木衛十四。

水澤仙女們個個美麗動人，因此也成了眾神的獵物，尤其是像好色的宙斯、波塞頓、阿波羅這夥高高在上的男性神明。畢竟對他們來說，搶走這些美麗少女易如反掌，且絲毫不用有所顧忌，因為少女的父親大多只是小小的河神，芝麻粒大的官兒，沒有什麼背景後台。這些河神被搶走心愛的女兒，卻也只好忍氣吞聲。最慘的是河神阿索波斯 Asopus，仙女墨托珀為他生下 9 個女兒，分別是希柏 Thebe、普拉提亞 Plataea、科耳庫拉 Corcyra、薩拉米斯 Salamis、埃維亞 Euboea、希諾佩 Sinope、忒斯庇亞 Thespia、坦嘉拉 Tangara 、愛琴娜 Aegina。這 9 位女孩個個清純美麗、楚楚動人。但紅顏禍水，美麗動人的仙女卻成為了強權眾神手中的獵物，宙斯曾經搶走了希柏、希諾佩、普拉提亞 3 個少女[193]，海神波塞頓也搶走科耳庫拉、薩拉米斯、埃維亞三姐妹，太陽神阿波羅拐走了忒斯庇亞，信使神荷米斯偷走了仙女坦嘉拉。河神阿索波斯一直為有這麼多天真可愛的女兒而驕傲和快樂，因此他對女兒們更是憐愛有加。但是，女兒一個個地離奇失蹤讓他無比難過，他曾經尋找過很多地方，向路人或神祇詢問她們的下落，卻沒得到一絲消息。年老的河神心中充滿了憂慮。當 8 個女兒都莫名失蹤之後，只剩下了小女兒愛琴娜，老河神更是很小心地看護著她，不想再失去最後一個愛女了。但儘管如此，他仍沒防得住貪婪好色的宙斯，後者趁河神休息的時候變成一隻老鷹，迅速地將少女搶走，少女呼喊父親救命時老鷹已經飛得很遠了，河神已經聽不到了。老鷹將少女帶到科林斯山上歇息了一會兒，又飛往更遙遠的地方了。

圖 4-86　愛琴娜等待宙斯來臨

當時科林斯國王西西弗斯正在城頭的牆垛上看風景，無意間看到一隻巨鷹抓著一位身著白衣的少女，棲落在附近的一個山岩上。西西弗斯一眼就看出來，肯定是好色的宙斯在幹壞事了。果然，當天下午，失魂落魄的河神阿索波斯來到了科林斯，到處詢問路人有沒有看見自己的女兒。西西弗斯對河神說自己知道少女的下落，但是不能告訴他，否則就會得罪一位強大的天神，同時勸河神還是不要找了。河神一心只想找到自己的女兒，再三懇求，並答應給科林斯城一道永不乾涸的清泉。西西弗斯這才告訴河神，說主神宙斯拐走了你的女兒，並勸河神還是不要再尋找女兒了，有權有勢的天神得罪不起啊！河神並不死心，一路追著那隻老鷹的行跡，希望能夠要回自己的女兒。宙斯心想：這個老頭怎麼這麼執著啊！知道是老子搶了你女兒你還追，老子不是怕你，主要是怕事情洩露了，壞了我在仙界的名聲。宙斯帶著少女一路飛遠，老河神就一路追著他們。為了擺脫這個壞自己好事的老頭，宙斯差遣一位先知去勸誡河神不要追了，再追也不能挽回的。河神一想到自己就要失去最後一位女兒了，勸誡的話全然聽不進去。此時宙斯正是欲火中燒、心急如焚，不願意放棄如此美麗的少女，便擲下閃電，擊中了河神的一條腿，趁河神暈倒之際逃之夭夭。自此，河神阿索波斯瘸了一隻腿，不得不放棄尋找自己的女兒。河神瘸腿之後，阿索波斯河從此流速變得非常緩慢了。

後來，宙斯將愛琴娜拐到了阿提卡附近的一座島嶼上，在這裡建立了一座城市，並以仙女愛琴娜的名字 Aegina 命名了這個地方（194）。仙女為宙斯生下了埃阿科斯 Aeacus（195），宙斯將島上的螞蟻變成軍隊，然後立自己的兒子埃阿科斯為這裡的王。於是這個軍隊被稱為密爾米頓人 Myrmidons【螞蟻勇士】。在特洛伊戰爭中，大英雄阿基里斯所統帥的近乎無敵的軍隊就是密耳彌冬軍。阿基里斯是珀琉斯的兒子，珀琉斯則是國王埃阿科斯的兒子。

許拉斯與德律俄珀

海克力士的男童許拉斯 Hylas 是一個非常英俊的小夥子，海克力士非常喜歡他，無論去哪裡都帶他為伴。當伊阿宋號召全希臘英雄去遠航探險奪取

（194）類似地，被宙斯搶走的仙女希柏 Thebe，她的名字被用來命名底比斯城 Thebes。被宙斯搶走的希諾佩 Sinope，她的名字被用來命名了地名錫諾普 Sinop 和木衛九 Sinope。被宙斯搶走的普拉提亞 Plataea，她的名字被用來命名了普拉提亞城 Plataea。被海王波塞頓搶走的科耳庫拉 Corcyra，她的名字被用來命名克基拉島 Corcyra，現在也稱為科孚島 Corfu。被海王波塞頓搶走的薩拉米斯 Salamis，她的名字被用來命名了地名薩拉米斯 Salamis，後來著名的薩拉米斯戰役就發生在這裡。被海王波塞頓搶走的埃維亞 Euboea，她的名字被用來命名了尤比亞島 Euboea。

（195）埃阿科斯死後成為了冥界三判官之一。

圖 4-87　許拉斯和水澤仙女

金羊毛時，海克力士也和許拉斯一起報了名。歷險中途的一天晚上，他們在一個海島邊停船休息，許拉斯獨自一人來到島嶼深處一處清泉邊為夥伴們打水。月亮灑下落落清輝，年輕的許拉斯彎下腰對著泉水中皎潔的月光用陶罐舀水，水中的女仙被他美麗的身影迷住了，紛紛圍攏過來，水澤仙女德律俄珀 Dryope 悄悄伸出左臂，圍住了許拉斯的脖頸，同時右手拉住了他的肘部，悄無聲息地把他往水中央拖去 ......

許拉斯就這樣被留在了這座島上和美麗的仙女們一起生活。次日阿爾戈號起航的時候，海克力士才發現自己寵愛的男童不見了，便漫山遍野地尋找。這嚴重耽誤了阿爾戈英雄們的行程，大家決定扔下大英雄海克力士繼續前行。而海克力士也踏上了自己新的征程了。

水澤仙女德律俄珀的名字 Dryope 一詞由 drys‘橡樹、樹木’和 ops‘臉龐’構成，這或許表明了她身為自然仙女的身分。希臘語的 drys 意為‘樹木’，因此樹林仙女們就被稱為德律阿得斯 Dryades【樹林仙女】，英語中的 tree 即與其同源。

很有趣的一點是，美少年許拉斯 Hylas 的名字也很具有大自然的意味，這個名字源於古希臘語的 hyle‘樹’，後者衍生出了英語中：雨蛙屬 Hyla 因為多棲息於樹而名，字面可以解釋為【樹蛙】；樹木早先是用來蓋房、做工具、做柴火等的常用材料，因此亞里斯多德將抽象的‘物質、基質’稱為 hyle，於是有了化學中表示‘...... 基’的後綴 -yl，意思是【構成 ...... 的材料】，如甲基 methyl【構成酒的材料】、乙基 ethyl【構成乙醚的材料】、乙醯基 acetyl【構成乙酸的材料】、丁基 butyl【構成奶油的材料】、水楊基 salicyl【構成水楊酸的材料】等。

雖然拉丁語的 silva‘樹’與希臘語的 hyle‘樹’有著不同的詞源，然而在相當長的一段時間內，人們曾認為 silva 來自希臘語的 hyle，因此前者也被刻意得修正為 sylva。其衍生出了英語中的：森林的 sylvan【多樹木的】，人名席爾凡 Sylvan 亦由此而來；野蠻 savage 由拉丁語的 salvaticus【生活在森林中的】演變而來；還有人名西拉斯 Silas【林中人】、席薇亞 Sylvia【森林少女】、席維斯特 Sylvester【林居者】，最有名的一位「林居者」恐怕就是被譽為「猛男」的席維斯（特）・史特龍 Sylvester Stallone 了；美國的賓夕法尼亞州 Pennsylvania 則是【佩恩家的林地】之意，最早占領並開發這裡的是英國殖民者的威廉 ・ 佩恩 William Penn，故以歸屬於他之意來為此地取名。

諾彌亞與達佛尼斯

西西里一位老牧羊人在月桂樹下撿到一個被遺棄的嬰兒，於是他收養了這個孩子，並給孩子取名為達佛尼斯 Daphnis【月桂】。達佛尼斯慢慢地長成了一位美少年，他善良而又聰明，能用笛子吹奏優美動人的曲子，還能唱出讓人無比留戀的詩歌，據說牧歌就是這位美少年發明的。達佛尼斯一直無憂無慮地過著簡單快樂的生活。水澤仙女諾彌亞 Nomia 愛上了這個多才多藝的少年，並向他表露心跡。從此他們兩廂廝守，好不恩愛。但對少年熱烈的愛卻使得仙女諾彌亞疑神疑鬼，總是覺得達佛尼斯對自己不忠，最終猜疑釀成了悲劇。

哎，女人就是這樣，喜歡對感情猜忌和胡亂對號入座。仙女所言的達佛尼斯的不忠和牧神潘有關。牧神生性好色，但絕對是僅限於女色，要說牧神和這個小夥子有一腿，用腳想都覺得不可能，可是戀愛中的諾彌亞居然就全部當真了！這說明愛情是一件讓人智商倒退的事情。牧神潘最大的樂趣就是和山林仙女、水澤仙女調情，並對美女有著強烈的欲望[196]。除此以外，他唯一的愛好就是吹奏蘆葦做成的牧笛。想當年牧神潘追求寧芙仙子席琳克斯未果，便用仙子變成的蘆葦製成牧笛，吹奏出甜美憂傷而讓人無比感動的音樂。達佛尼斯同樣有著很深的音樂天賦，當他和牧神相識之後，便有了惺惺相惜的感覺，於是一有空就來相互切磋。諾彌亞卻以為達佛尼斯背叛了自己，和牧神潘相愛，於是弄瞎了少年的眼睛。可憐的達佛尼斯！

（196）在著名印象主義音樂家德布西的名作《牧神的午後》中，就描寫著類似的感情，整個音樂都在刻畫牧神午睡醒來，回憶夢中和仙女一同玩樂的那種飄忽若失的甜蜜和孤單，這正是對潘神一個很好的寫照。

水澤仙女諾彌亞的名字 Nomia 一詞，源於希臘語中的‘秩序’nomos。而達佛尼斯的名字 Daphnis 源自希臘語的 daphne‘月桂’，因為牧羊人在月桂樹下撿到他。

4.7_5 寧芙仙子

在希臘神話中，有一種特殊的仙女群體，她們通常為大自然的人格化身，是生活在自然界的次級神靈。這些仙女被稱為寧芙仙子 Nymphs（單數為 Nymph），包括自然界各種各樣的次級仙女，她們住在山澗、溪泉、湖海、島嶼、樹林中，作為大自然的精靈依附在各種自然事物中。例如生活在溪泉中的水澤仙女 Naiads【河流的女兒】、生活在林中的樹林仙女 Dryades【樹之女兒】、生活在山澗的山岳仙女 Oreads【山之女兒】。她們的形象一般是美麗的少女，性格善良，為眾神、國王或英雄所愛，並為之生育出著名的神靈、詩人、國王或者英雄。一些寧芙仙子還被有的重要神明選為侍女，例如月亮女神阿提密斯的侍女、酒神帝奧尼索斯的侍女、愛神阿芙蘿黛蒂的侍女等。

在神話中，寧芙仙子一般是美麗動人的少女，她們是水泉等自然事物的化身。而寧芙仙子的名字則來自於希臘語的 nymphe‘新娘’，因為新娘

圖 4-88　寧芙仙子和薩堤洛斯

（197）該詞一般是用來指性欲旺盛、渴望男性的女人，就像寧芙仙子薩爾瑪喀斯一樣。

（198）後來少女科瑞的母親懲罰這些仙子們失職，嫌她們未能保護好自己的女兒，也沒能及時向自己報告女兒被掠走的消息。便將她們變成可怕的海妖，人們稱之為海妖塞壬。少女科瑞在嫁給冥王後改名為珀耳塞福涅，也就是著名的冥后。

是女人最美的時候，而寧芙仙子無疑都是美麗動人的少女了。nymphe 本意為‘新娘’，於是就有了英語中的伴娘 paranymph【伴隨新娘】。在神話中，寧芙仙子往往是主神欲望的犧牲品，因此經常也成為性或性欲的象徵，於是有了英語中：小陰唇 nympha、女性色情狂 nymphomania【仙女癡狂】(197)。傳說中的寧芙仙子多是生活在水中的水澤仙女，這兩者也經常被混為一談，因此產生了英語中的 lymph，本來指清澈的流水，後來用來表示人體內一種如水般清澈的體液，即淋巴液，中文的「淋巴」即由此音譯而來。

事實上，寧芙仙子包含的範圍之廣，幾乎囊括所有次級神靈中的仙女。我們講過的水澤仙女、海中仙女、大洋仙女、看守極西園的黃昏三仙女、化身為昴星團的七仙女、海妖塞壬等都屬於寧芙仙子。關於寧芙仙子的故事我們也已講過不少，例如宙斯的情人卡利斯托、阿波羅鍾情的達佛涅、普勒阿得斯七仙女等。像水澤仙女一樣，寧芙仙子們也因美貌而成為了眾神獵取的對象，例如宙斯的情人伊俄、瑪雅、愛琴娜、希柏、希諾佩、普拉提亞；海神波塞頓的情人科耳庫拉、薩拉米斯、埃維亞、斯庫拉；太陽神阿波羅的情人達佛涅、克呂提厄等。關於寧芙仙子的傳說還有很多很多，實在難以一一詳述。

庫阿涅 Cyane

豐收女神得墨忒耳的女兒名叫科瑞，這個女孩生得清純美麗，即使眾神見了都無比傾心。然而邪惡的欲念卻在冥王黑帝斯心中滋生。一天，少女科瑞和她的女伴們在溪畔遊玩，花籃裡採滿了芳香的百合和水仙，林間彌漫著香氣和少女們的笑語。但大地卻忽然開裂，可怕的冥界之王穿著漆黑的斗篷駕著陰冷的黑色駿馬從幽暗的大地深處一躍而出，少女在驚慌中怔怔地定在原地，被迎面沖來的可怕的冥王掠走。籃子裡的花朵落了一地，驚恐的少女掙扎著喊著救命，喊著母親得墨忒耳的名字。然而一切徒然，女伴們都嚇傻了，眼睜睜地看著冥王搶走了她，無能為力，卻又不敢聲張(198)。

那時西西里有一片清澈的湖，這湖中生活著一位善良的寧芙仙子，名叫庫阿涅 Cyane。她站在湖中，露出半截身體，認出騎馬而來的是可怕的冥王黑帝斯，而被冥王脅迫的少女乃是美麗的科瑞。這位仙女不畏強權，張開雙手阻攔住冥王的去路，並對黑帝斯喊道：「 你不准再向前走了！你怎麼可以強搶這位少女呢？她明明不願意。你雖然貴為冥王，卻也應該先向姑娘求愛，怎麼倒搶起來了？搶來的愛情怎麼可能甜美呢？假如你允許我以小比大，我嫁給我的丈夫也是因為他先向我求愛，我才答應他的懇求，豈是像這位姑娘因為害怕強暴而嫁人呢？」冥王聽了卻滿是怒火，揮舞著權杖威逼這位無權無勢的寧芙仙子，他將權杖向庫阿涅的湖水中心打去，湖底的泥土隨即向兩邊開裂，湖中出現了一條直通冥府的道路。冥王駕著黑色的馬車直衝下去，消失在深邃的地穴中了。

善良的庫阿涅一身委屈，因為自己未能救出那可憐的少女，也因為冥王肆意踐踏了自己對於這個湖的權利。她越想越覺得委屈，卻沒有地方訴說，便站在湖中大哭了起來，哭著哭著自己也化為這湖中之水了，她的身體融化在水裡，變成這水的一部分。從此人們用仙女的名字稱呼這個湖，便是庫阿涅湖 Lake Cyane。

寧芙仙子庫阿涅的名字 Cyane 一詞意為‘深藍’，或許由於庫阿涅湖的湖水是深藍色的。希臘語的 cyane‘深藍’一詞衍生出了英語中：青色 cyan【藍綠色】、青紫症 cyanosis【變青症】、藍晶石 cyanite【藍色石頭】、藍松鴉 Cyanocitta【藍色松鴉】;化學物質氰因呈青色而被命名為 cyanogen【產生青色】，因此也有了氰化物 cyanide【含氰的】。

歐里狄克 Eurydice

歐里狄克是皮埃里亞地區的一位橡樹仙子，她活潑可愛，和眾姐妹一起過著無憂無慮的生活。那時奧菲斯從父親阿波羅那裡繼承了七弦琴，並能用這把琴奏出無比優美的音樂。奧菲斯坐在石頭上彈奏起美妙的音樂，身後就長起一片青綠，琴聲之美，連山間高枝的橡樹、河畔纖細的綠柳、柔美的月桂都邁開步子紛紛走來。野獸聽到曲子後也都變得柔和溫順，安坐在撫琴人的周圍。

圖 4-89　奧菲斯和歐里狄克

林中的寧芙仙子們亦紛紛前來，沉醉在這美妙的音樂中，忘卻時間和煩擾。少女歐里狄克第一次透過人群看到這位優雅的撫琴者，便迷上他那俊美的面容和他那征服一切的才華。奧菲斯也愛這位清純可愛的少女，雖然有那麼多仙子都愛著他。歐里狄克在眾姐妹的祝福下嫁給了這位才華橫溢的樂師，本應該從此過上幸福美滿的生活，然而悲慘的命運卻等著他們。

結婚不久後的一天，這位美麗的新娘在林中漫步，卻意外地遇到了好色的薩堤洛斯 Satyrus。這怪物半人半山羊，相貌醜陋無比，內心卻非常淫蕩，經常追逐各種美麗的仙子。薩堤洛斯想征服這位美麗的仙子，便一路追趕。歐里狄克則倉皇逃奔，在逃跑中無意間踩到一條毒蛇，受驚的毒蛇咬了她的腳踝。可憐的新娘當場殞命。

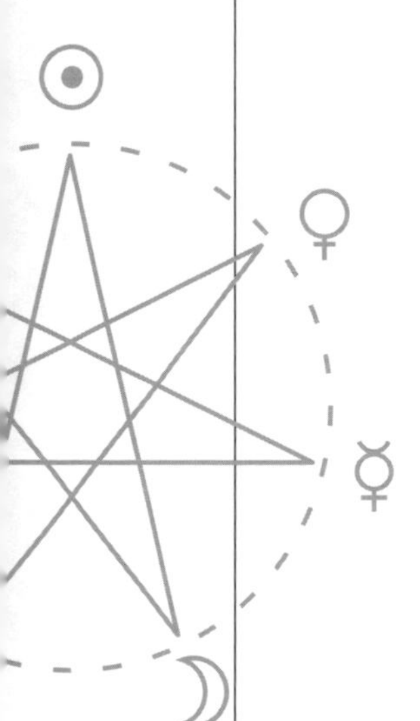

歐里狄克雖然到了陰間，她的靈魂卻放心不下自己的夫君，她知道奧菲斯也肯定無法忘卻死去的自己。果然數日之後，奧菲斯為了救她闖入冥府，用優美的琴聲和對妻子深深的愛打動了冷酷無情的復仇女神，也打動了鐵石心腸的冥王冥后。冥王答應願意釋放歐里狄克的靈魂，但要求樂師在出冥界之前不許回頭看自己的妻子。冥界很大，回到出口的路途非常遙遠，歐里狄克心中充滿了幸福和對丈夫的憐愛，跟隨著丈夫的身影一路前行。她的靈魂卻不能說一句話，奧菲斯甚至無法感覺到她，只能相信妻子就在自己的身後尾隨著。也許是刻骨銘心的思念之情，也許是怕妻子並沒有跟上自己，奧菲斯還是忍不住回頭看了一眼。可是就在這一瞬間，他們卻永遠地失去了彼此。歐里狄克的靈魂墜入了永恆的黑暗之中，她甚至沒來得及安慰自己那悔恨欲絕的丈夫。

薩爾瑪喀斯 Salmacis

呂西亞地方有一處溪泉，名叫薩爾瑪喀斯，該名得自這溪泉中的仙女薩爾瑪喀斯 Salmacis。其他的仙女們都追隨狩獵女神阿提密斯，經常帶著五彩的羽箭一起去林中打獵，而薩爾瑪喀斯卻與眾姐妹們絲毫不像，她一點都不喜歡在森林中到處奔跑，她只喜歡在池塘中沐浴她那美麗的身體，或者坐在岸上梳理她長長的頭髮。陽光明媚的時候，她就躺在軟綿綿的草地上休息，摘著身邊的野花打發時間。

風流的愛神阿芙蘿黛蒂和火神離婚後，曾與信使之神荷米斯有染，並為他生了一個兒子。這個兒子繼承了父母的美貌，因此被稱為赫爾馬佛洛狄托斯 Hermaphroditus【荷米斯 - 阿芙蘿黛蒂】。少年 15 歲的時候，離開了撫養自己的伊達山，遊覽各地的山川。有一天他來到呂西亞，看到清澈的薩爾瑪喀斯泉。是時仙女薩爾瑪喀斯正在池塘近處的蘆葦叢中休憩，她看到這位俊美的少年，心中充滿了愛欲。仙女跑去和少年搭訕，並熱情地摟抱著少年。少年被這位仙女嚇壞了，便一把推開她說：「住手，不然我就離開這地方了。」薩爾瑪喀斯害怕少年離開自己的領域，便假裝走開，卻躲進附近的灌木林中，從林中偷偷窺視著他。

赫爾馬佛洛狄托斯見四下無人，便脫了衣服跳進清澈的水中沐浴。在一旁偷窺的仙女卻渾身著了魔似地燃燒著欲火。她簡直迫不及待，恨不得馬上快活一番，瘋狂的欲火驅使她褪去自己的衣衫，跳進水中緊緊地抱著這位美少年。儘管他不情願並奮力掙扎，仙女始終像一條蛇似地纏著他，黏住他不放，她吻著他，緊緊地貼著他的身體卻仍不滿足，她祈求眾神不要讓她和這位少年分開。天神答應了她的請求，將她和這位少年合而為一。於是他們合為一體，既男又女卻又不男不女。

因為這個原因，英語中也將同時擁有兩性性徵的人稱為 herma-phrodite，即陰陽人。

厄科 Echo

厄科是一名山岳仙女，喜歡搗蛋和惡作劇。天神宙斯風流好色，因此常常下凡尋花問柳，和美麗的寧芙仙子們發生各種風流故事。希拉不堪丈夫頻繁外遇，便也偷偷下凡偵查。希拉在山間遇到仙女厄科，後者卻總是拉著天后絮絮叨叨，唐僧般地說個沒完沒了。天神宙斯便趁這段時間逃離作案現場，未曾被希拉抓姦。於是天后氣衝衝地對仙女厄科說：你這條舌頭騙得我好苦，我一定不能讓它再長篇大論絮絮叨叨，我要讓你只能重複別人說過的話。果然，厄科從此無法正常說話，只能在別人說話以後重複最後的幾個字。

有一天，她看到了俊美的少年納西瑟斯 Narcissus，愛情之火不覺在她心中燃起。但這少年一點都不愛她，卻愛上了他自己的在水中的倒影。仙女厄科遠遠地望著自己心愛的少年，少年卻只顧著沉迷於自己在河水中的倒影。

圖 4-90 厄科和納西瑟斯

少年對著河裡的倒影說出愛戀的話，厄科就重複那話語的最後幾個字。然而仙女的心中卻充滿了悲傷，她天天輾轉不寐，身體逐日消瘦，漸漸地連身體和皮膚都失去了，只剩下那繞著山林的聲音。至今當你在山間呼喊的時候，這聲音都會很快應答你的。

厄科的名字 Echo 即‘回聲’之意，英語中的回音 echo 即由此而來。很明顯，仙女厄科也正是回聲的象徵。而那位只迷戀自己的納西瑟斯也給我們留下了 narcissism“自戀”一詞。

「七仙女」普勒阿得斯 Pleiades

大洋仙女普勒俄涅 Pleione 與泰坦巨神阿特拉斯結合，生下了 7 個女兒，這 7 個女兒被稱為普勒阿得斯 Pleiades【普勒俄涅之女兒】，也就是希臘神話中的「七仙女」。這 7 位仙女分別為：墨洛珀 Merope【側面】、厄勒克特拉 Electra【琥珀】、瑪雅 Maia【母親】、泰萊塔 Taygeta、斯忒洛珀 Sterope【閃爍】、阿爾庫俄涅 Alcyone【翠鳥】和刻萊諾 Celaeno【昏暗】(199)。

這 7 位仙女被月亮女神阿提密斯選為侍女，獵人俄里翁卻愛上了這 7 位美麗優雅的少女，並追逐了她們 12 年。七仙女

（199）普勒阿得斯七仙女同父異母的許阿得斯姐妹 Hyades 則是阿特拉斯與雨之女神許阿斯 Hyas 所生，Hyades 字面意思為【許阿斯之女兒】。Hyades 同時也是畢宿的希臘語名。古希臘人觀察到這些星從 10 月到 4 月都與太陽同時出沒，正好這段時間為希臘的雨季，便稱這些星為雨星 Hyades。Hyades 對應二十八宿中的畢宿，很有意思的是畢宿在中國文化中似乎也是雨水的徵象。《詩・小雅・漸漸之石》即有言「月離於畢，俾滂沱兮」，意思是說，當月亮經過畢宿時，這會是大雨傾盆的徵兆。

實在走投無路，於是她們祈求主神宙斯幫助她們擺脫這個追求者。宙斯將她們變為一群灰色的鴿子，後來這些鴿子的形象被置於夜空中，就有了七仙女星 Pleiades。這個星團與中國星宿中的昴宿對應。古希臘人將昴宿的 7 顆亮星分別以七位仙女的名字命名，而近代天文觀測發現該星團中並非只有 7 顆星，便再添加了與之相關的一些新的星名，於是便有了：昴宿一 Electra、昴宿二 Taygeta、昴宿三 Sterope、昴宿四 Maia、昴宿五 Merope、昴宿六 Alcyone、昴宿七 Atlas、昴宿十二 Pleione、昴宿十六 Celaeno。

失去這 7 位可愛的侍女後，阿提密斯非常生氣，便取咎於獵戶俄里翁。她派出一隻毒蠍去克里特島將俄里翁蟄死。後來獵戶俄里翁與毒蠍形象都被置於夜空中，分別成為獵戶座 Orion 和天蠍座 Scorpius。在晴朗的冬夜，如果你仰望星空，就會發現俄里翁還在追逐著美麗的七仙女。獵戶座與昴宿星團相隔那麼近，似乎獵戶一直在追趕，而 7 位仙女則總在倉皇逃奔。而另一方面，獵戶俄里翁也在逃離著追殺自己的天蠍，每當天蠍座從東方夜空中升起時，獵戶座總是倉皇逃出西方地平線(200)。

（200）我們的古人也很早就認識到了這一現象，所以杜甫說「人生不相見，動如參與商」。參宿在獵戶座，商宿在天蠍座中。

（201）佛地魔的母親名叫 Merope Gaunt，這個名字事實上是非常耐人尋味的。其中 Gaunt 來自古北歐語的 gandr‘魔法棒’，這暗示著她的巫師身分。同樣的道理，《魔戒》中的甘道夫之名 Gandalf 則意為【擁有魔法棒的精靈】。而 Merope 一名，顯然暗示著佛地魔的母親與仙女墨洛珀的相似之處：她們都下嫁給一個凡人，她們都有一位想要擺脫死神的罪惡的至親。

1. 墨洛珀 Merope

古希臘人觀察到 Pleiades 有 7 顆星，認為她們分別代表著 7 位仙女。這 7 顆星中有一個星體較暗，有時即使在晴朗的夜空都觀測不到，人們將這顆消失的星稱為 Lost Pleiad【消失的仙女星】。據說這位消失的仙女星乃是普勒阿得斯七姐妹中的墨洛珀，因為她是仙女中唯一一個下嫁凡人的，這個凡人是人間著名的不法分子西西弗斯。當西西弗斯因為瀆神和狂妄而被繩之於法時，仙女墨洛珀無顏見人，便消失於夜空之中。這不禁讓人想起《哈利波特》中佛地魔的母親魔柔（墨洛珀）‧剛特 Merope Gaunt(201)，因為她也下嫁給了一位不懂魔法的凡人。像多次逃離死神追捕的西西弗斯一樣，佛地魔也一直在逃

圖 4-91　消失的仙女

脫死亡的束縛，看一下他的名字就知道：佛地魔 Voldemort 拆成法語就是 vol de mort【飛離死亡】。

2. 厄勒克特拉 Electra

也有說法認為這位消失的仙女星是厄勒克特拉。厄勒克特拉慘遭主神宙斯的侵犯，並為他生下了達耳達諾斯 Dardanus。達耳達諾斯開發了黑海入海口的一個海峽，並在海峽一側建立起了一座城市，這座城市因為控制著海峽要道而富裕繁華。這個海峽被稱為達達尼爾海峽 Dardanelles Strait【達耳達諾斯之海峽】。海峽邊的這座城市後來以達耳達諾斯之孫特洛斯的名字 Tros 命名為特洛伊 Troia【特洛斯之城】，英語中轉寫為 Troy。特洛斯把王位傳給了兒子伊洛斯 Ilus，因此特洛伊也被稱為伊利昂 Ilion【伊洛斯之城】。伊洛斯把王位讓給了兒子拉俄墨冬 Laomedon，拉俄墨冬將王位讓給了自己的兒子普里阿摩斯 Priam。在普里阿摩斯統治伊利昂的時代，希臘人集結大軍遠渡重洋圍攻特洛伊城 10 年，攻陷並毀滅了這座曾經無比光輝的城市。當特洛伊城陷落時，夜空中的仙女厄勒克特拉非常傷心，便消失於夜空而隕落人間，這就是傳說中的 Lost Pleiad。

希臘語的 electra 一詞意為‘琥珀’，作為女孩名一般寓意著純潔、透亮，就如同晶瑩剔透的琥珀一樣(202)。琥珀之所以被稱為 electra，來自希臘語中的‘發光的’elector。古人發現毛皮摩擦過的琥珀能夠在夜間發出小閃光，小小的琥珀正如同發光的太陽一樣。近代科學告訴我們，這其實是摩擦生電的現象。因為人們最早認識「電」的現象源自琥珀，所以近代科學家將「電」命名為 electric【來自琥珀的】。

(202) Electra 也是希臘女孩經常取的名字。希臘聯軍首領阿伽門農有一個女兒名叫 Electra，名字的意思大概是像琥珀般晶瑩剔透的小姑娘。阿伽門農之妻對丈夫不忠，並和情夫策劃計謀殺死了阿伽門農。Electra 一心替父報仇，後來借弟弟之手殺死了自己的母親。心理學中將類似這種愛父仇母的心理稱為 Electra Complex，也叫戀父情節；可以對比一下來自悲劇中伊底帕斯王 Odipus 的戀母情節 Odipus Complex。

3. 瑪雅 Maia

普勒阿得斯七仙女與大部分的寧芙仙子一樣，統統難逃大神們的魔爪，特別是好色的宙斯。宙斯先後占有了七姐妹中的仙女瑪雅、厄勒克特拉、泰萊塔。其中，仙女瑪雅為宙斯生下了後來的信使之神荷米斯。

荷米斯非常聰明懂事，雖然相比來說自己出身寒微，但卻以極高的聰明才智躋身於奧林帕斯十二大主神之列，給老媽爭了光。仙女瑪雅還養大了水澤仙女卡利斯托的兒子阿卡斯 Arcas，阿卡斯則成為了阿卡迪亞人 Arcadian 的祖先。

在羅馬，人們在 5 月的時候祭祀仙女瑪雅，因此該月被稱為 mensis Maius【瑪雅之月】，英語中的 5 月 May 即沿襲此概念而來[203]。

4. 泰萊塔 Taygeta

泰萊塔亦身陷天神宙斯的魔爪，並為宙斯生下了一個兒子，取名叫拉刻代蒙 Lacedaemon。拉刻代蒙長大後娶了一位名叫斯巴達 Sparta 的少女為妻，他們的後人建立了一個城邦，這個城邦因拉刻代蒙的妻子斯巴達而被稱為 Sparta，即著名的斯巴達城邦。斯巴達及其所在的地區古時也稱為 Lacedaemon，後者則以拉刻代蒙而命名。斯巴達境內有座山名為陶革托斯 Taygetos，據說就是以仙女泰萊塔命名的。

5. 斯忒洛珀 Sterope

仙女斯忒洛珀則被戰神阿瑞斯追求，並為其生下了比薩國王奧諾馬俄斯 Oenomaus。這個國王是個賽馬狂，看一下他給女兒取的名字就知道：希波達米亞 Hippodamia【馴馬妹】。少女希波達米亞的美貌吸引了很多的貴族少年紛紛來求愛，國王卻殘忍地提出一個可怕的要求：讓所有的求婚者壓上性命做賭注，和自己賽馬；只有在賽場上戰勝國王的人才有資格娶自己的女兒，否則他就得接受死亡的命運。即便如此，求婚者仍然絡繹不絕，先後有 13 位青年因輸給國王而被處死。坦塔洛斯的兒子珀羅普斯也愛上了這位美貌的公主，便冒死向國王挑戰，並在海神波塞頓的幫助下[204]，戰勝了這位暴虐的國王，並如願以償地抱得美人歸。國王則在賽馬場上因為馬車失控摔落而死。

後來，珀羅普斯統一了希臘南方地區，即伯羅奔尼撒。並在這裡舉辦了一場空前盛大的運動會，這就是奧運會最早的來歷。在古代，奧林匹克運動會在舉行時都會向珀羅普斯供奉。亞歷山大里亞的克雷芒[205]也曾聲稱：「奧林匹克運動會只是供奉珀羅普斯的獻祭活動」。

（203）事實上，在固定的月分拜祭某一特定神靈於古羅馬人來說極為普遍。同樣的道理我們看到，祭拜兩面神雅努斯 Janus 的一月也被許以該神之名，即 mensis Januarius【雅努斯之月】，於是有了英語中的一月 January；祭拜戰神馬爾斯 Mars 的三月也被許以該神之名，即 mensis Martius【馬爾斯之月】，於是有了英語中的三月 March；祭拜婚姻之神朱諾 Juno 的六月被許以女神之名，即 mensis Junius【朱諾之月】，於是有了英語中的六月 June。

（204）海王波塞頓之所以願意幫助英雄珀羅普斯，因為他曾和這位俊美的少年有過一段斷背戀情。

（205）亞歷山大里亞的克雷芒（Clement of Alexandria，約 150～220），是早期的基督教教父與哲學家，甚至被認為是獨一無二的基督教哲學家。

圖 4-92　阿爾庫俄涅

斯忒洛珀的名字 Sterope 來自希臘語的 asterope‘亮光、閃電’，「閃電」即「亮光」這一點也能從英語中的閃電 lightning【亮光】看出來。而 asterope 一詞則源自 aster‘星星’，字面意思為【星光樣的閃耀物】。因此斯忒洛珀之名 Sterope 我們可以理解為【耀眼的仙女】。

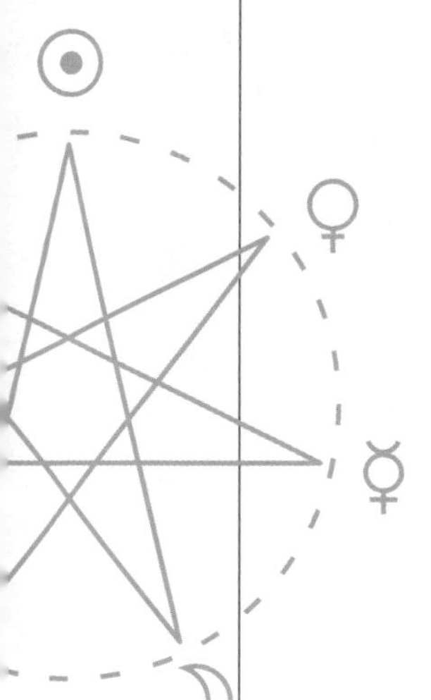

6. 阿爾庫俄涅 Alcyone

七姐妹中，阿爾庫俄涅與刻萊諾則被海王波塞頓追求，阿爾庫俄涅為海王生下了厄波珀宇斯 Epopeus。厄波珀宇斯後來成為萊斯沃斯國王。我們從奧維德那裡知道，這位國王不顧倫理道德，姦污了自己的女兒尼克蒂墨涅 Nyctimene。雅典娜可憐這位少女的遭遇，將她變成了一隻貓頭鷹。貓頭鷹為自己的身世而感到羞恥，便羞於白天被別人發現，因此只在夜間出沒。從此貓頭鷹便成為了夜行動物。希臘語中也將貓頭鷹稱為 nyctimene，後來這個名字卻被英語用來命名一種蝙蝠了。

阿爾庫俄涅的名字 Alcyone 一詞意為‘翠鳥’。這牽扯一個愛情故事。風神埃俄羅斯也有一個名叫阿爾庫俄涅 Alcyone 的女兒，嫁給了色薩利王子刻宇克斯 Ceyx，阿爾庫俄涅懷孕時，丈夫出海遠行，卻不幸死在一場海難中。阿爾庫俄涅痛苦無比，便跳海自盡。天神可憐她，將她變成一隻翠鳥。當翠鳥產卵時，她的父親風神埃俄羅斯便止住所有的海風，以保護女兒正常生育，於是這幾天風平浪靜。因此，人們用【翠鳥的日子】halcyon days 來表示「風平浪靜的日子」。

7. 刻萊諾 Celaeno

刻萊諾為波塞頓生下了呂科斯 Lycus 和歐律皮洛斯 Eurypylus。兄弟兩人後來統治著幸福島。凡是被眾神所愛的人，會被神靈從人間接至幸福島，在該島上經過一段時間的歷練，除去人類身上的劣根，便可從此地進入極樂園，享受神靈賜予的永恆的幸福。

七仙女之父阿特拉斯是有名的大力神，是象徵男性力量的最佳典範；她們的母親普勒俄涅則溫柔美麗，她的美由七個女兒所發揚光大，所以普勒俄涅乃是象徵美麗女性的最佳典範。很明顯，瑞士的護膚品牌艾普蕾妮 Atlas & Pleione 就借用了這樣的典故。阿特拉斯高大強壯，用雙肩為人類支起了一片天；而普勒俄涅溫柔美麗。因此，艾普蕾妮這個品牌無疑在暗示我們，它會讓男人像阿特拉斯般完美自信，讓女人像普勒俄涅般亮麗動人(206)。

（206）源於希臘神話典故的著名品牌很多，當然好的品牌都會取所寓意：特洛伊城 Trojan city 久攻不破，於是一種避孕套也取此名 Trojan，隱喻持久且不會洩露；卡爾柏洛斯 Cerberus 看守著地獄的入口，從不輕易讓活人進去，鬼魂也不敢出來，於是美國一個基金取名為 Cerberus，隱喻這個基金非常保險；奧德修斯漂泊流浪，去過很多地方，於是一個旅行社取名為 Odyssey Travel，有人將其翻譯為長城旅行社。

Pleiades 一名字面上可以理解為【普勒俄涅之後人】。關於這個名字的來歷還有其他的說法，考慮到故事中 Pleiades 後來變成了鴿子，這個名字或許源自希臘語中的‘鴿子’ peleia。這種鴿子不是我們常見的白鴿，希臘人所說的 peleia 是一種灰黑色的鴿子，中文則稱這種鴿子為原鴿。而 peleia 一詞無疑就是從 pelos‘灰色、黑色’衍生而來。英雄珀利阿斯 Pelias 在幼年時候曾經被馬蹄踢到臉，留下一片黑色的疤痕，這也是他之所以被稱為 Pelias【灰黑色】的原因。

4.7_6　海王星的神話體系

我們已經知道，海王星以海王波塞頓的羅馬名 Neptune 命名。而海王星的 13 顆衛星，都是以和海王波塞頓密切相關的神話人物來命名的，例如波塞頓的子女、隨從、情人等。其中，以波塞頓子女命名的有：

海衛一 Triton 波塞頓之子
海衛五 Despina 波塞頓之女
海衛八 Proteus 波塞頓之子

以海中仙女命名的有：

海衛二 Nereid

海衛六 Galatea

海衛九 Halimede

海衛十 Psamathe

海衛十一 Sao

海衛十二 Laomedeia

海衛十三 Neso

另外，

海衛三 Naiad 以水澤仙女命名；

海衛四 Thalassa 以遠古女海神命名；

海衛七 Larissa 以海神波塞頓的情人命名。

這些人物都居住在由海王波塞頓所統治的水域，都屬於廣義上的海神家眷。用她們的名字來命名海王星的衛星，正符合英文中衛星 satellite 一詞的本質意義，因為她們都【陪伴】著海神波塞頓。

被用來命名海衛的 13 個人物中，我們已經述及海衛一 Triton、海衛二 Nereid、海衛三 Naiad、海衛六 Galatea、海衛八 Proteus、海衛十 Psamathe。還剩下 7 位人物，在此補充簡要的分析。

海衛四 Thalassa

塔拉薩屬於遠古神族，是天光之神埃忒耳和白晝女神赫墨拉所生的女兒。塔拉薩與遠古海神蓬托斯結合，生下了眾多海域[207]。塔拉薩的名字 Thalassa 一詞意為‘大海’，古希臘人多用該詞表示地中海。在地理學中，將最初尚未分裂的整體大陸成為泛大陸 Pangaea【全部的陸地】，相應地，此時尚未被割裂的海洋叫做泛海 Panthalassa【全部的海洋】；還有海洋性貧血 thalassemia【海洋貧血】，對比白血病 leukemia、貧血症 anemia，制海權 thalassocracy 則是【對海的統治】。

（207）古希臘人將地中海稱為 thalassa，而將黑海叫做 pontos，這兩大海洋基本上覆蓋了古希臘人海洋活動的全部範圍。因此塔拉薩與遠古海神蓬托斯生下眾多海域，或許正是對「地中海和黑海組成全部的海」這一知識的神話表述。

海衛五 Despina

得斯波娜是海王波塞頓和豐收女神得墨忒耳的女兒。她的名字 Despina 來自希臘語的 despoina‘女士’，後者是 despotes‘君主、主人’的陰性形式，因此 Despina 一名可以理解為【女主人】。希臘語的 despotes 一衍生出了英語中的 despot “專制君主”。

(208) 在古希臘語中，動詞詞幹加 -ter 後綴表示動作的執行者。

(209) 母音緊縮是希臘語中的一種母音音變法則，原因 a 與 o 相鄰時一般緊縮為長音 o，例如 pha-os 緊縮為 phos‘光’。

海衛七 Larissa

拉里薩是色薩利地區的一位寧芙仙子，她和海神波塞頓相愛，並為其生下了 Achaeus、Pelasgus 和 Phthius。Pelasgus 後來成為佩拉斯基亞人 Pelasgians 的祖先。人們用仙女拉里薩的名字 Larissa 命名了色薩利地區的城市拉里薩 Larissa。larissa 一名本意為‘城堡’。

海衛九 Halimede

海衛十二 Laomedeia

海中仙女哈利墨德 Halimede 和拉俄墨得亞 Laomedeia 兩位仙女幾乎只是留下了一個名字，關於她們的神話傳說很少。注意到 Halimede 和 Laomedeia 名字中都有著共同的 med- 成分，其來自希臘語的 medon‘統治者’，畢竟她們各是管理某一片海域的仙女。Laomedeia 一名由 laos‘人民’和 medon‘統治者’組成，字面意思是【統治人民】，對比特洛伊國王拉俄墨冬 Laomedon【人民的統治者】、特洛伊預言家拉奧孔 Laocoon【人們的公正】、人名尼古拉斯 Nicolas【人民的勝利】。

哈利墨德的名字 Halimede 由希臘語的 hals‘海’和 medon‘統治者’構成，字面意思為【統治大海】，這一名稱正契合其海中仙女的身分。

海衛十一 Sao

女仙薩俄是拯救水手、保障水手安全的海中仙女。她的名字 Sao 一詞意為‘救難’，因此有了希臘語中的‘拯救者’saoter【救難的人】(208)，母音緊縮為 soter(209)。英語中血小板被稱為 soterocyte【救命的細胞】，因為它在流血的時候起到凝血的作用；自救主義 autosoterism 是一種【自我拯救】，而 creosote 字面看明顯是用來【保護肉】的，中文譯為雜酚油。

希臘語的sao‘救難’與拉丁語的salus‘安全、拯救’同源[210]，後者衍生出了英語中：拯救salvation【拯救】、援助salvage【救助】；藥膏salve乃是用來【救人】的，救世主Salvador則是【拯救者】；1492年10月12日，當哥倫布帶領的船隊經過兩個月的艱苦航行終於來到了中美洲，他們將最早看到的陸地稱為聖薩爾瓦多San Salvador【神聖的救主】，以感謝神在絕望中對他們伸出援手；見面打招呼salute其實就是說就相當於在說【祝您安好】，法國人至今見面打招呼時還說salut，而遠在羅馬帝國時代當角鬥士進入鬥獸場時會像羅馬皇帝致敬說：

Ave, Imperator, morituri te salutant.[211]

海衛十三 Neso

仙女涅索的名字Neso意為【在島上】，源自古希臘語的nesos‘島嶼’。後者衍生出了不少地名，例如太平洋的三大群島，即玻里尼西亞Polynesia【多島群島】、美拉尼西亞Melanesia【黑色群島】、密克羅尼西亞Micronesia【小島群島】。而印度尼西亞Indonesia則意為【印度群島】，當然，這跟印度並無直接的關係，之所以這樣稱呼是因為15世紀時歐洲人對東方不甚瞭解，在他們看來印度就是遠東的代名詞[212]，於是，歐洲人將亞洲東南部的一片群島取名為Indonesia。1492年哥倫布打算西行穿越大西洋抵達中國，意外到達了一片巨大的未知大陸，在有生之年他一直以為自己到了傳說中的大汗國（實際上是古巴納坎，也就是現在的古巴Cuba）和西潘戈（歐洲人對日本的稱呼）。他認為這就是東方的印度，從此美洲土著就被稱為印第安人Indian【印度人】。哥倫布將這片群島命名為印度群島，後來學者亞美利哥證明這是片新的大陸[213]，為了區分便將這片群島稱為西印度群島West Indies。著名的伯羅奔尼撒戰爭Peloponnesian War意思是【發生在伯羅奔尼撒地區的戰爭】，而伯羅奔尼撒則位於希臘半島南部，傳說中由英雄珀羅普斯征服統一故名為Peloponnesos【珀羅普斯之島】。至今，希臘東部貼近亞洲大陸的一個群島叫做Dodecanesos【十二島群島】，就因為群島由12座島嶼組成而名。

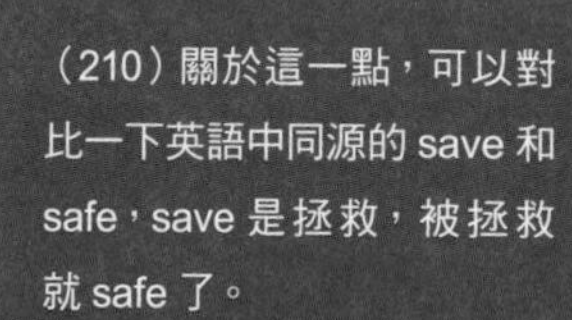

（210）關於這一點，可以對比一下英語中同源的save和safe，save是拯救，被拯救就safe了。

（211）吾皇萬歲，赴死者向您致敬。

（212）即使是在大航海時代，歐洲人為了尋找馬可・波羅筆下的大汗國，也就是元朝時代的中國，他們也說是為了通往印度，而不是說大汗國。

（213）美洲的名字America就是為了紀念亞美利哥Americus而得名的。

4.8 懷念遭剔除的冥王星

1930 年美國亞利桑那州羅威爾天文台的工作人員湯博[214]發現海王星軌道外的一顆行星。在當時太陽系所有已知的行星中，這顆行星距離太陽最遠，一直沉沒在無盡的黑暗之中。因為離太陽過遠，這個星球幾乎沉浸在一片黑暗中，就如同傳說中的冥界一般。於是天文學家以羅馬神話中的冥王普魯托 Pluto 命名，相當於希臘神話中的冥王黑帝斯。湊巧的是，冥王星 Pluto 一名中開頭的兩字母也正是羅威爾天文台之發起者帕西瓦爾．羅威爾[215]名字的首字母縮寫。後者根據海王星的運動軌跡，推算出冥王星的存在，並花了數年時間尋找這顆行星，甚至臨死時還在為找尋它而努力。

至此，我們已講完了太陽系各大行星的命名法則。除地球外[216]，其他行星都用希臘神話中的重要神明來命名，但是命名卻採用了這些神祇對應的羅馬名。這些行星的衛星則使用與行星對應神明有關的人物來命名。冥王星也不例外，冥衛一就是用冥河渡夫卡戎的名字 Charon 命名的，冥衛四以看守冥土入口的三頭犬卡爾柏洛斯命名，即冥衛四 Kerberos；冥衛五則以冥界五大河之一的恨河斯提克斯河命名，故冥衛五 Styx。另外，冥衛二以與冥界一樣漆黑昏暗的黑夜之女神尼克斯的名字命名，即冥衛二 Nix；冥衛三以可怕並能置人於死地的九頭水蛇許德拉之名命名，即冥衛三 Hydra；這兩顆衛星的命名也都以飛往冥王星的「新視野號」New Horizons 探測器首字母為概念。

發現冥王星之後，人們一直相信太陽系有九大行星，直到 2006 年天

圖 4-93　行星圖

(214) 湯　博（Clyde William Tombaugh, 1906 ～ 1997），美國天文學家，1930 年根據其他天文學家的預測，他發現了太陽系第九顆大行星冥王星。

(215) 羅威爾（Percival Lowell, 1855 ～ 1916）美國天文學家、商人、作家與數學家。羅威爾曾經將火星上的溝槽描述成運河，並且在美國亞利桑那州的弗拉格斯塔夫建立了羅威爾天文台，最終促使冥王星在他去世 14 年後被人們發現。

(216) 事實上，地球也可以算上，地球作為星球有時也被稱為 Tellus 或 Gaia，即用大地女神的名字來稱呼。

文學家發現了比冥王星還要遠的一顆行星。這顆星比身為太陽系第九大行星的冥王星體積還大，它的出現引起了天文學者的紛爭，爭論的結果是：2006 年 8 月 24 日，國際天文學會決議，將冥王星剔除大行星行列，降為矮行星，同時將新發現的行星也定為矮行星。由於這顆新星曾引起了學者激烈的爭論，並最終導致冥王星的身價淪落，天文學家便將這顆新發現的星體以神話中引起紛爭的不和女神厄里斯 Eris 命名。

在希臘神話中，冥王黑帝斯的名字為 Hades，字面意思為【看不見者】。冥王之所以得此名稱，可能與如下幾個原因有關：

1. 黑帝斯有一個隱身頭盔，戴上這頭盔的就會隱形，法力再高的人都無法看出。而這裡的隱形，無疑是對 Hades 的很好詮釋。

2. 古希臘人認為，活人是看不到冥王的，如果你不巧看到了，那很不幸，說明你已經不在活人之列。這個「看不見」也是對冥王 Hades 一名的詮釋。

3. 從神話的角度來講，「看不見」的黑暗乃是對死亡概念很好的隱喻。

4. Hades 一詞除了用來表示冥王外，還常用來表示冥界。在所有的神話中，冥界、黃泉、陰曹地府都被描述為暗淡無光、陰森恐怖的地方，所以這個「看不見」也是對冥界很好的解釋。

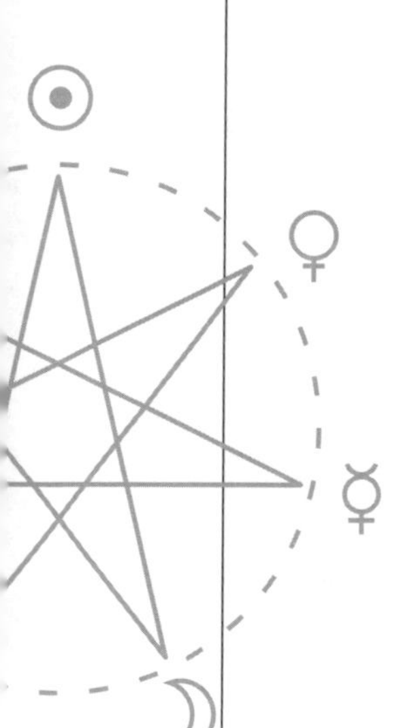

在希臘神話中，冥王也經常被稱為普路托斯 Ploutos。畢竟人們不敢直呼冥王的名字，怕提冥王時，說曹操曹操就到，「曹操」一到自己的小命就不保了。於是人們用其他的方式來稱呼冥王，比較常用的一個名字為 Ploutos。這個名字被羅馬人轉寫為普魯托 Pluto，後者也成為了冥王星的名字。希臘語的 ploutos 意為‘富有’，對統治著地下世界的冥王如此稱呼，大概是基於一個古老的觀念，即大地之下是一切財富的淵源：人們吃的糧食作物，都是從大地下長出，這說明這些財富源於大地；更重要的是，地下還有著豐富的礦產，青銅、黑鐵、黃金、白銀等都源自大地的深處，所以地下世界的統治者就應該統治管理著大批大批的財富，因此冥王被封以一個財神一般的別名。

希臘語的 ploutos‘財富’衍生出了英語中：財閥政治 plutocracy【富豪統治】，對比民主 democracy【人民統治】、貴族政治 aristocracy【貴族人統治】、獨裁政治 autocracy【一個人統治】（我想到法國的專制皇帝路易十四，他有句名言「朕即國家」，不過在中國這就不是什麼名言了，因為每個統治者都這麼認為）、聖賢統治 hagiocracy（如同中國堯舜禹時代）、暴君統治 despotocracy（夏桀商紂的暴君）、自然統治 physiocracy（類似老子的治國理念：無為）、暴民統治 mobocracy、兒童統治 pedocracy （西遊記紅孩兒）、官僚統治 bureaucracy 【官員統治】、僧侶統治 hierocracy、基督教統治 Christocracy、一族統治 ethnocracy、長老統治 gerontocracy、精英統治 meritocracy、律法統治 nomocracy、神權統治 theocracy 、男權統治 androcracy......（217）。拜金主義者 plutolater 就是【崇拜金錢的人】，對應的拜金現象為 plutolatry；世界之大，拜什麼的都有，例如崇拜神 theolatry（宗教的內容都是拜神）、崇拜太陽 heliolatry（例如古埃及人崇拜太陽神拉）、偶像崇拜 iconolatry（例如當今的追星族崇拜知名藝人）、拜石 litholatry（例如中國人崇拜玉石）、拜火 pyrolatry（古代波斯國教）、崇拜詞典 lexicographicolatry（如同台灣的填鴨式教學，強迫學生每天背英文單字書，從 A 開頭單字背到 Z 結束）、崇拜動物 zoolatry、崇拜野獸 theriolatry、崇拜狗 cynolatry、崇拜驢 onolatry、崇拜蛇 ophiolatry、崇拜牛 taurolatry、崇拜魚 ichthyolatry、崇拜水 hydrolatry、崇拜植物 phytolatry、崇拜樹 arborolatry、崇拜大自然 physiolatry、崇拜星體 astrolatry、崇拜月亮 lunolatry、崇拜魔鬼 demonolatry、崇拜聖人 hagiolatry、崇拜英雄 herolatry、崇拜自己 idiolatry、崇拜女性 gyneolatry 等。

（217）對應的統治者將 -cracy 改為 crat 即是，例如官僚 bureaucrat、貴族 aristocrat。

ploutos 表示‘富有’，與拉丁語中的 pluere‘下雨’、英語的 flow“水流”同源。所謂富有也可以字面解釋為【財物的 overflow】，即‘富足、富裕’。所謂的洪水 flood、艦艇 fleet、漂浮 float、飄蕩 flutter、小艦艇 flotilla，哪個和水流沒有關係呢？下雨也是一種流水，因此拉丁語中將雨水稱為 pluvia，後者衍生出了英語中：多雨的 pluvial【雨水的】、蓄水池 impluvium【儲雨水之器】、等雨量線 isopluvial【雨量相等的】、雨量計 pluviometer【雨表】。

冥界旅遊路線（單程）

下文系統講述一下傳說中的冥界，帶大家一同去遊歷那古代希臘人心中的陰曹地府——冥界。

根據神話記載，冥界位於大地的深處。大地上有一個通往冥府的入口，這入口是山谷中一個深邃而崎嶇的岩洞，洞內幽深寬闊，洞口大張，由一汪黑水湖和一片陰森的樹林保護著。這湖中散發出一種有毒的水氣，沒有任何禽鳥能飛躍它的上空而不受到傷害，因此希臘人稱這個地方為阿俄耳諾斯 Aornos，而羅馬人則稱其為阿維耳努斯 Avernus，意思都是【無鳥湖】。當一個人去世以後，他的亡靈會在神使荷米斯的帶領下，從這裡進入這亡靈的世界。就如同奧菲斯教的禱歌所唱誦的那樣：

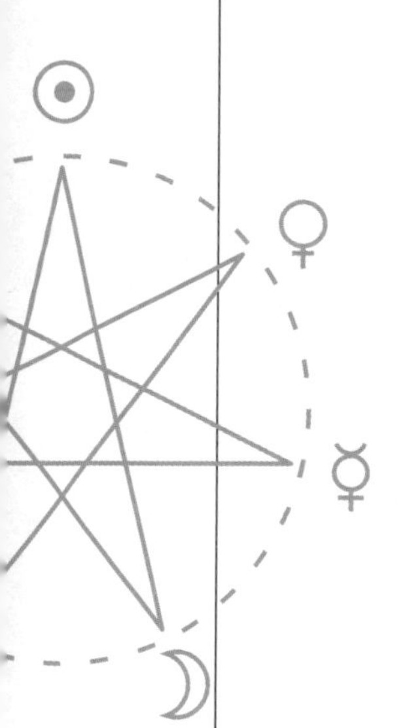

你穿越珀耳塞福涅的神聖住所，
在地下引領命運哀戚的靈魂，
當他們命中註定的時刻來臨。
你以神杖惑魅他們，賜他們
安眠，直到又將他們喚醒。因
珀耳塞福涅給你榮譽，只你在塔爾塔洛斯
深處開啟人類永恆靈魂的道路。
極樂神哦，請給你的信徒帶來勞作的豐收吧！

——《奧菲斯教禱歌》篇 57 5~12

人們相信靈魂會轉世，就如同眾多東方民族所信仰的那樣，但因為靈魂都在冥界飲用了忘川之水，已不再記得前生。於是現在你可能是可愛的少年或是少女，來生卻是灌木是鳥兒或是海裡靜默的魚。每個轉世的人都永久忘卻了前世的記憶和亡魂在冥府中經歷的事情，因此沒有人知道冥界到底是個什麼樣子。當然，例外也是有的，神話中確實有幾位活著走出冥界的人物：

傳說樂師奧菲斯為救回死去的妻子，懷抱著一把七弦琴一路彈唱著悲傷的歌謠進入冥府，他淒美的琴聲和對愛情的執著打動了冥王冥后，然而當他帶妻子靈魂走出冥界時卻忘記遵守冥王的囑咐回頭看了妻子一眼，從此永遠地失去了她；後來奧菲斯回到人間，將自己在冥界的見聞寫成禱歌，並創立了奧菲斯教。大英雄海克力士為完成最後一項任務，隻身來到冥界，他制服了冥界看門犬卡爾柏洛斯，並將其帶到陽間；海克力士還解救了多年前闖入冥府，卻被冥王扣留在忘憂椅上的雅典英雄忒修斯。特洛伊戰爭結束後，英雄奧德修斯為了結束漫長的漂泊，在女巫的指引下進入冥界，向先知提瑞西阿斯的靈魂請教歸家的路途。而戰敗的特洛伊聯軍中，英雄埃涅阿斯帶領殘餘的部下經歷種種苦難逃往義大利，並在女祭司西比爾的帶引下進入冥界，在冥界中聽取了亡父關於羅馬帝國的預言。丘比特的愛妻賽姬為了挽回被丈夫放棄的愛情，捧著愛神維納斯交付的盒子進入冥界拜訪冥后，並在各路神靈、自然精靈的幫助下活著走出了冥府。

(218) 即從奧菲斯教的教旨和禱歌內容、荷馬史詩《奧德賽》、維吉爾的《埃涅阿斯紀》，以及阿普列烏斯的《金驢記》諸作品中對冥界的描述而認識冥界。

我們對冥界的認識，也是從這些傳說中得知[218]。當亡靈在荷米斯的帶領下進入冥界之後，須乘坐艄公卡戎的船渡過冥河，進入冥界內越來越黑暗幽深的地方，那裡一片死寂，連一片細羽落在水面上也會產生很大的迴響。當亡靈

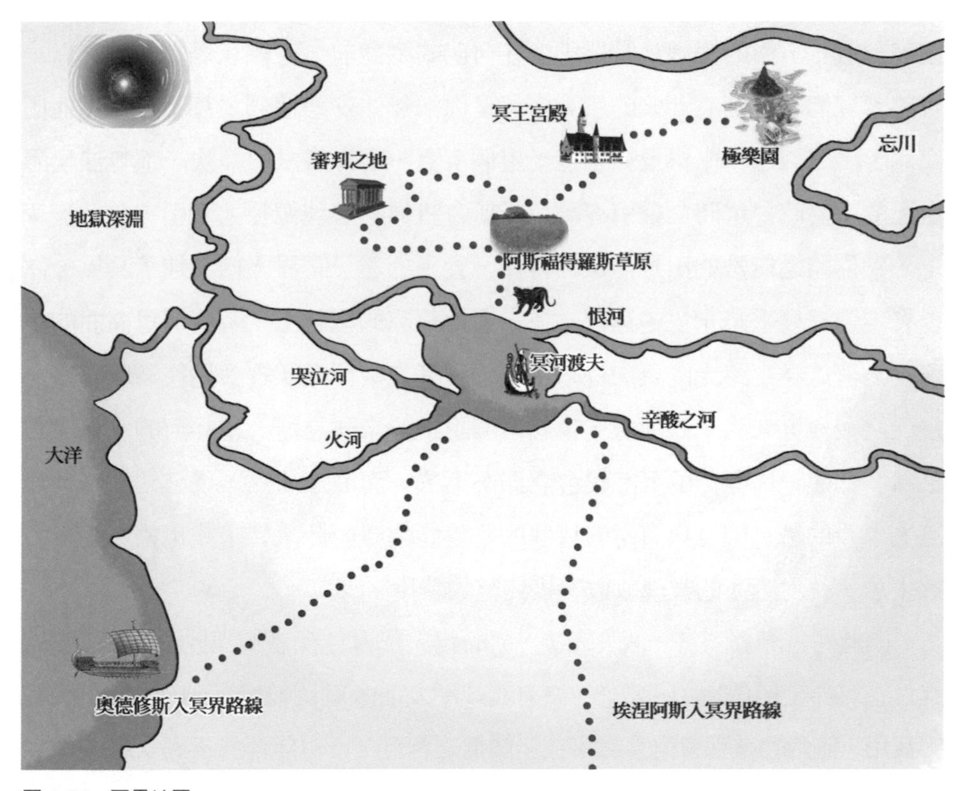

圖 4-94　冥界地圖

渡過冥河，踏上這片幽靈的國土之後，他們需穿過阿斯福得羅斯草原，在冥府宮殿內被正直的冥界三大判官審判。高尚者、大英雄、神子等可以進入極樂園埃律西昂 Elysium，享受死後的極樂世界；罪大惡極者則要被送入地獄深淵塔爾塔洛斯 Tartarus，在裡面忍受各種各樣的殘酷刑罰；介於兩者之間的大多數平庸人，則被留在阿斯福得羅斯草原 Asphodel Meadow。

關於冥界的構成，簡單地講，冥界的主體由 3 個區域和 5 大河流組成。組成冥界的 3 個區域分別是：阿斯福得羅斯草原、極樂園埃律西昂、地獄深淵塔爾塔洛斯。冥界的五大河為：辛酸之河 Acheron、忘川 Lethe、火河 Phlegethon、哭泣河 Cocytus、恨河 Styx。為了讓大家更加清楚地瞭解掌握這些區域和河流的位置關係，現將史詩《埃涅阿斯紀》中描述的冥界情況附上。

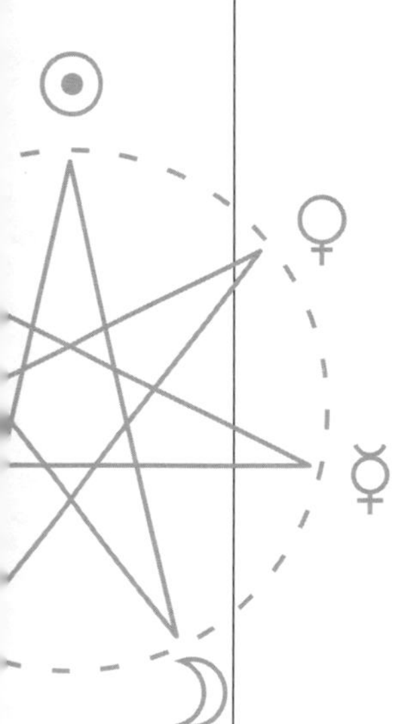

假設你生活在古希臘傳說中的一個時代，有一天你一不小心掛了。考慮到閣下可能不是一位勇猛無敵的大英雄，也不是才華橫溢的樂手，更沒有強大的神祇後台，你還是乖乖地按照普通亡魂的方式去冥界報到吧！

當你發現自己已經倒在地上死去，渾身冰冷、面色青白，這說明你已經靈魂出竅了。你的靈魂長時間徘徊在自己的軀體前，不願意離去。或許你一直望著屍體一旁傷心悲痛的親人，但是你卻無法安慰他們，甚至無法和他們交流了。或許還沒來得及完全接受這個事實，當你嘗試很多次，都無法喚醒自己的軀體時，這時亡靈引導神荷米斯會將你的靈魂像牧人牽引羊羔一樣牽走，帶你路過無數的田野無數的村莊，直到抵達了冥界入口。進了冥界，你會發現這裡幾乎是永恆的黑夜，在一大片荒涼的原野上，有些彎彎曲曲的小路，沿著這條小路走向更加昏暗深邃的幽冥之中。這樣緩緩地往深處游移，幾天之後你會來到一條河邊，也就是傳說中的辛酸之河，這條河的水質非常之清，即使一片輕巧的羽毛也會立即沉下去，而欲過此河，就必須乘坐冥河渡夫卡戎的船，因為只有這艘特殊的船隻能夠浮於此水。卡戎也獨家壟斷了該生意，並對渡河的靈魂收取一枚錢幣的費用。

因此在古希臘，當一個人死後，他的親人都會往死者嘴裡放一枚錢，用以支付在冥界坐船的費用。當然，沒有親戚朋友的人就比較慘了，因為沒有渡船的費用，他們的靈魂會一直飄蕩在辛酸河之河畔，一百年都得不到安息。

冥界五大河流的辛酸之河、忘川、火河、哭泣河、恨河都匯集成一處，這裡形成了一片沼澤，當船夫卡戎載著亡靈穿過辛酸之河後，還要穿過靜寂中布滿煙瘴的陰森沼澤。下船了你張開嘴巴，卡戎就會拿走你口中銜著的那枚錢幣。

現在你已經正式進入冥國了。離開河岸，往冥國的深處走，不久你會遇到看守冥府的三頭犬卡爾柏洛斯。現在我要正式聲明一下，這條線路是單程的，一個亡魂一旦進入冥國中就再也別想出來了，除非你能夠制服這隻兇惡的三頭惡犬。傳說中只有樂手奧菲斯用美麗的音樂、少女賽姬用蜜麵包、海克力士用武力、英雄奧德修斯和英雄埃涅阿斯因神靈相助才未被這惡犬吃掉，並且這些都是活人，逃逸的亡靈從來都只有被這隻惡犬吃掉的命運。不過現在你已經是一個在冥界深處遊蕩的鬼魂了，不用怕這隻怪物，因為牠只吃從冥府裡逃出來的幽魂，以及任何試圖進入冥國的活人。

現在你已經踏上了一片冥土中的大草原，也就是傳說中的阿斯福得羅斯草原。腳下無邊無際的漫草在昏暗的光線中搖曳，這裡永遠如同黃昏或夜晚一般。沒有燈盞。所有平庸的人死後，靈魂都被發配到這個地方，在這之前他們須飲用忘川之水，以忘記生前的一切。亡魂在草原上到處遊蕩，以阿福花[219]為食，這些阿福花生長在離河畔不遠的地方。因此當你的魂靈沿著那條草隙間的小徑漂游，路上會遇見很多漫無目的、漂泊游移的鬼魂，也許你還會遇到自己熟悉的人，但此時他們的記憶已經被忘川之水洗刷得空空蕩蕩，早已不認識你了。對他們來說，沒有回憶、沒有將來、沒有情感、沒有目的，只有餓的時候來到河畔，以河畔叢生的花朵充饑而已。

（219）阿斯福得羅斯草原 Asphodel Meadow 到處生長著阿福花，並被認為是亡靈們用來充饑的食物，因此阿福花也被稱為 asphodel。

遊蕩很久之後，你會來到一個有著三岔路口的大平原，這裡就是審判之地了。著名的冥界三大判官彌諾斯 Minos、拉達曼迪斯 Rhadamanthys、埃阿科斯 Aeacus 就守在這裡，判官們根據生前的善惡對每個亡靈進行審判，神靈的後代、大英雄、偉大的人死後被判往極樂園，他們穿過黑帝斯宮殿一路前行，進入傳說中的極樂園，在那裡享受著無憂無慮、不用勞作的天堂般日子；平庸人的靈魂則被留在阿斯福得羅斯草原，並須飲忘川之水，遺忘生前的一切；而生前那些褻瀆神靈、罪大惡極者，他們的魂靈則被打入地獄深淵塔爾塔洛斯中，

圖 4-95 卡戎的渡船和睡夢之神摩耳甫斯

承受無休無止的折磨，這深淵中有著3位罪大惡極的人物，分別是西西弗斯 Sisyphus、坦塔洛斯 Tantalus、伊克西翁 Ixion。

關於冥府的情況，不同的作品中的描述略有區別，上述內容我們以維吉爾的《埃涅阿斯紀》一書為藍本。根據詩人品達爾[220]所述，在奧林帕斯神系統治確立之後，宙斯將其父克洛諾斯從塔爾塔洛斯中釋放出來，並與其握手言和，讓克洛諾斯統治著冥界的極樂園。而赫西奧德等詩人則認為，克洛諾斯及幾位泰坦首領一直都被關押在地獄深淵塔爾塔洛斯中，百臂巨人在這個深淵的出口把手著。當然，關於冥界入口的說法也有不同。據說海克力士在執行最後一項任務時，是從伯羅奔尼撒半島南端的一處入口進入了冥界中。而根據荷馬史詩《奧德賽》中的描述，奧德修斯泊孤船於大洋西岸，在那裡上岸後並沿著一條昏暗的小徑到達冥界的入口。在《埃涅阿斯紀》中，埃涅阿斯從庫邁海岸的岩洞中進入了冥府。而在阿普列烏斯的《金驢記》中，少女賽姬則從拉刻代蒙地區的一處山洞進入冥界。

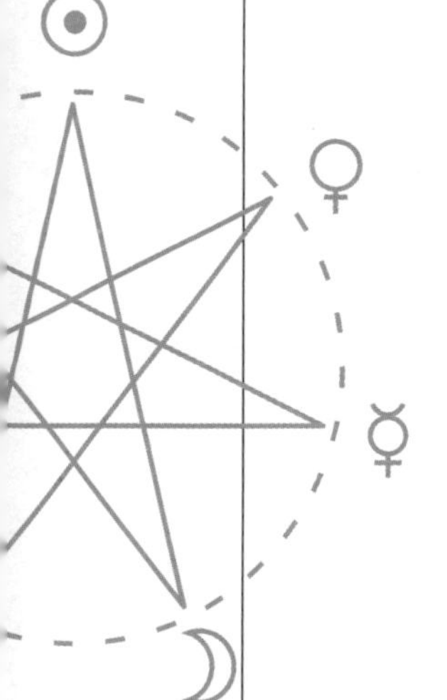

回到正題上來。我們離題的這一會兒，3判官肯定已經對你的生平審判完畢了，打發你去忘川飲忘卻之水，喝完這水之後你就會忘卻所有，以後就只能在阿斯福得羅斯草原飄蕩了。真不好意思，進入冥界只有單程路線，再也回去不了，畢竟你不是大英雄，也沒有強大的背景。對了，沿著這草原一直走到盡頭就是忘川，喝完忘川之水後你會連本文中所說的路線都忘得一乾二淨了。哎，就當我什麼都沒說。

（220）品達爾（Pindar, 約西元前 518 ～前 442 年），古希臘著名抒情詩詩人。

4.9 行星宇宙

至此，我們已經對太陽系諸大行星及各行星的衛星系統進行了系統的命名分析，本篇中將對太陽系的內容進行總結和概括，為大家提供一個較為全面、更為廣泛的認識。

從中文看，之所以稱為行星，乃因其與相對位置不變的恆星不同，它們在夜空中的相對位置一直在變動，而英語中的 planet 則源於古希臘語的 planetes，意思和中文相近，表示【漂泊者】。在地心說盛行的古代，行星的概念包括五行和日月，共有 7 顆。我們的祖先則稱之為七曜。從哥白尼的時代開始，人們逐漸接受了日心學說，並認識到行星（包括地球）都是繞著太陽運轉的。於是太陽被列入恆星，而繞著太陽運轉的則被稱為行星。2006 年國際天文學會將冥王星開除大行星行列，因此太陽系就只剩下八大行星，其分別是：水星 Mercury、金星 Venus、地球 Tellus、火星 Mars、木星 Jupiter、土星 Saturn、天王星 Uranus、海王星 Neptune。這些行星的命名都來自於希臘神話中的重要神祇，使用的卻是這些神祇對應的羅馬名稱。這些行星的命名簡要知識如表：

表 4-5　太陽系八大行星與對應神明

行星	羅馬神名	希臘神名	神職	行星取名原因
水星	Mercury	Hermes	信使之神	水星跑的最快，與信使之神相似
金星	Venus	Aphrodite	愛神	金星最耀眼，與光彩奪目的愛神相似
地球	Tellus	Gaia	大地女神	地球即腳下廣闊的大地
火星	Mars	Ares	戰神	火星呈紅色，與嗜血的戰神相似
木星	Jupiter	Zeus	神主	明亮耀眼
土星	Saturn	Cronos	農神	土星週期長，故命以時間之神
天王星	Uranus	Uranus	天神	天神為農神之父，而天王星緊臨土星
海王星	Neptune	Poseidon	海神	海水藍色，而海王星亦呈藍色

其中 Mercury、Venus、Mars、Saturn、Jupiter 五顆行星很早就已被古人掌握，天文學家還為其配上了相應的行星符號。這五星在中國古代稱為「五行」。天王星和海王星的發現都是 18 世紀以後的事，為了配合之前的「神

祇命名行星」法則，這些新發現的行星也同樣以神祇命名，並配以新的行星符號。於是，八大行星及其符號對應如下：

表 4-6　八大行星及其符號

行星名稱	羅馬神名	希臘神名	神職	行星符號	符號解釋
水星	Mercury	Hermes	信使之神	☿	神使的帶翼權杖
金星	Venus	Aphrodite	愛神	♀	維納斯的鏡子
地球	Tellus	Gaia	大地女神	⊕	畫有赤道和子午線的地球
火星	Mars	Ares	戰神	♂	戰神的盾牌和長矛
木星	Jupiter	Zeus	神主	♃	宙斯的閃電
土星	Saturn	Cronos	農神	♄	農神的鐮刀形象
天王星	Uranus	Uranus	天神	♅	繞字母 H 的球體，H 指其發現者 Herschel
海王星	Neptune	Poseidon	海神	♆	海王的三叉戟

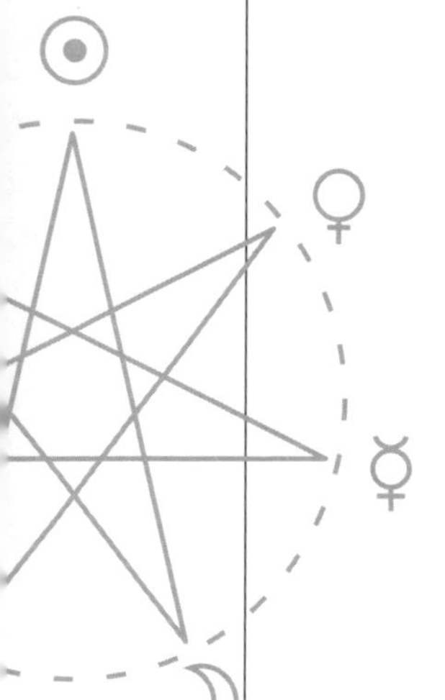

圍繞著行星轉動的是衛星，中文稱為衛星，寓意其如士兵一般守衛著作為中心天體的行星；然而英文的 satellite 則是另一個意思，這個詞源自拉丁語 satellites，意思是【侍者、陪從】。於是我們看到木星 Jupiter 的衛星其實都是些柔弱的女子，她們並不能保衛主神宙斯（即羅馬神話中的 Jupiter），而多是宙斯的情人妻妾，即其陪從者而已。相似地，海王星 Neptune 的衛星也都是海王 Neptune 的妻妾隨從，這更加印證了衛星 satellite 一概念的本意。八大行星的衛星分布及命名情況如表：

表 4-7　八大行星衛星命名

行星名稱	對應神祇	神職	已知衛星數	命名衛星數	命名衛星構成
水星	Hermes	信使之神	0	0	
金星	Aphrodite	愛神	0	0	
地球	Gaia	大地女神	1	1	月亮，古已知之
火星	Ares	戰神	2	2	戰神的兩個兒子
木星	Zeus	神主	66	50	神主的情人或女兒
土星	Cronos	農神	61	53	傳說中的巨神
天王星	Uranus	天神	27	27	莎士比亞和波普戲劇中人物
海王星	Poseidon	海神	13	13	海王的情人、隨從、子女

從近代天文學的觀點來看，我們生活的太陽系中，中心天體太陽屬恆星 fixed star【固定星】，因為它相對恆定不動；圍繞著恆星運動的是行星 planet【漂泊者】，它們繞著太陽「行走」；繞著行星運行的為衛星 satellite【陪從】，因為其「陪伴」著行星一起運行；有時我們還能看到彗星，中國人稱其為掃把星，因為它的尾巴像支掃把，而古希臘人認為其像長頭髮，故為其取名為 cometes【長髮者】，後者演變出英語中的 comet。這些天體構成了太陽系的主體。然而，古人的宇宙觀畢竟大不相同，至少一千年以前，人們認識中的宇宙與我們今天所瞭解的宇宙有著巨大區別，那時根本就沒有太陽系的概念，人們也不知道衛星，不知道地球圍著太陽轉，也不知道天上的星星個個都是巨大無比的天體，更不知道宇宙是多麼的浩無邊際......

那麼，他們心中的宇宙究竟是什麼樣的景象呢？

西元一世紀末，著名的天文學家托勒密在其巨著《天文學大成》中提出了當時最先進的、系統、嚴密的天文學理論。該理論中的宇宙模型是以大地為中心的，該理論認為：宇宙是個有限的球體，分為天地兩層，地球位於宇宙中心，所以日月圍繞地球運行，物體總是落向地面。地球之外有 7 個等距行星層，由裡到外的排列次序是月球天、水星天、金星天、太陽天、火星天、木星天、土星天。在行星層外面，是一個被稱為恆星天的天層，這個天層上鑲嵌著夜空中所有的星星，它們的位置是相對不動的，除此之外，其他的 7 個星體都是相對運動的，並繞著地球不停運轉，故稱為行星。因此，對於古希臘學者以及後世的眾多學者來說宇宙中一共有七大行星，它們由中心天體地球由內到外分別是：月球 Luna、水星 Mercury、金星 Venus、太陽 Sol、火星 Mars、木星 Jupiter、土星 Saturn。從當時的觀點看來，托勒密的宇宙模型是如此完美，不僅很好地滿足了後來的基督教教義，還繼承了巴比倫的星象文化，並深刻影響了西方文化的內容[221]。因此，這個理論統治了天文界長達 14 個世紀，直到 16 世紀初哥白尼第一次對其提出深刻的質疑。

起源於兩河流域巴比倫文明的拜星文化，在地心說體系中也得到了很好的繼承。在拜星文化中，每一個行星都被賦予一

(221) 基督教教義認為，地球是宇宙的中心，而各星體則環繞著地球運動，從這一點來看，托勒密的宇宙模型無疑非常符合基督教的宇宙模型。這也是為什麼他的學說長久以來被人們所接受並深信不疑的原因。當哥白尼、布魯諾、伽利略等人提出日心說的新見解時，無疑都受到教會極力的打壓。

個重要的神明並得到敬拜，後來，7 個行星和希伯來文化的上帝創世週期又完美地對應起來，於是一週 7 天都被許以相應諸神的名字，從各語言的星期命名中我們可以清楚看到這一點。對比一下英語、德語、日語、拉丁語、法語、義大利語、西班牙語等各語言中星期名稱的來歷就知道。

表 4-8　日語中的星期名稱對應

星期	對應神明	對應七大行星	日語名稱	日語含義
星期日	太陽神	太陽	日曜日	太陽日
星期一	月亮女神	月亮	月曜日	月亮日
星期二	戰神	火星	火曜日	火星日
星期三	智慧、神使	水星	水曜日	水星日
星期四	雷神	木星	木曜日	木星日
星期五	愛神	金星	金曜日	金星日
星期六	農神	土星	土曜日	土星日

表 4-9　英語中的星期名稱對應

星期	對應神明	英語名稱	英語名稱釋義	涉及神明
星期日	太陽神	Sunday	太陽日	太陽 Sunna
星期一	月亮女神	Monday	月亮日	月亮 Mani
星期二	戰神	Tuesday	戰神日	戰神 Tyr
星期三	智慧、神使	Wednesday	智慧神日	智慧神 Odin
星期四	雷神	Thursday	雷神日	雷神 Thor
星期五	愛神	Friday	愛神日	愛神 Frigg
星期六	農神	Saturday	農神日	農神 Sætern

表 4-10　德語中星期名稱對應

星期	對應神明	德語名稱	德語名稱釋義	涉及神明
星期日	太陽神	Sonntag	太陽日	太陽 Sunna
星期一	月亮女神	Montag	月亮日	月亮 Mani
星期二	戰神	Dienstag	戰神日	戰神 Tyr
星期三	智慧、神使	Mittowoch	一週的中間	星期三在一週的最中間
星期四	雷神	Donnerstag	雷神日	雷鳴 Thor
星期五	愛神	Freitag	愛神日	愛神 Frigg
星期六	農神	Samstag	安息日	希伯來語 shavat‘他歇息’

表 4-11　拉丁語、法語、義大利語、西班牙語中星期名稱的對應

星期	拉丁語名稱	法語	義大利語	西班牙語	名稱釋義
星期日	dies Solis	dimanche	domenica	domingo	主日
星期一	dies Lunæ	lundi	lunedi	lunes	月亮日
星期二	dies Martis	mardi	martedi	martes	戰神日
星期三	dies Mercurii	mercredì	mercoledì	miércoles	使神日
星期四	dies Jovis	jeudi	giovedì	jueves	雷神日
星期五	dies Veneris	vendredi	venerdi	viernes	愛神日
星期六	dies Saturni	samedi	sabato	sábado	農神日

正如五行學說對中國文化的深刻影響一樣，七大行星的概念對西方文化也產生了深遠的影響，例如西方的占星學和中世紀的煉金術。在煉金術方面，中世紀的煉金術士們將當時已知的七種金屬與七大行星聯繫起來，並與相應神明一一對應，同時也採用行星相同的金屬符號，從而為煉金術抹上一層更加神祕而玄奧的面紗。不懂得這些對應以及其相應的象徵、暗喻，一般讀者實在是很難讀懂這些術士們留下的著作和那些神祕的繪圖的。

表 4-12　金屬符號的行星起源

金屬名稱	金屬符號	符號解釋	對應神明	對應七大行星	對應星期
金	☉	太陽	太陽神	太陽	星期日
銀	☽	月亮	月亮女神	月亮	星期一
鐵	♂	戰神的盾甲和矛	戰神	火星	星期二
汞	☿	神使之權杖	智慧、神使	水星	星期三
錫	♃	閃電標誌	雷神	木星	星期四
銅	♀	愛神之鏡	愛神	金星	星期五
鉛	♄	農神鐮刀	農神	土星	星期六

附錄一　神話人物名索引

對於希臘神話人物名稱的翻譯，中國學者們大多採用著名古希臘文學翻譯專家羅念生老前輩所提出的「羅氏希臘文譯音表」。本書亦採用羅氏譯音表翻譯全書中的希臘神話人物名。（編按：部分改為台灣熟悉的譯名）

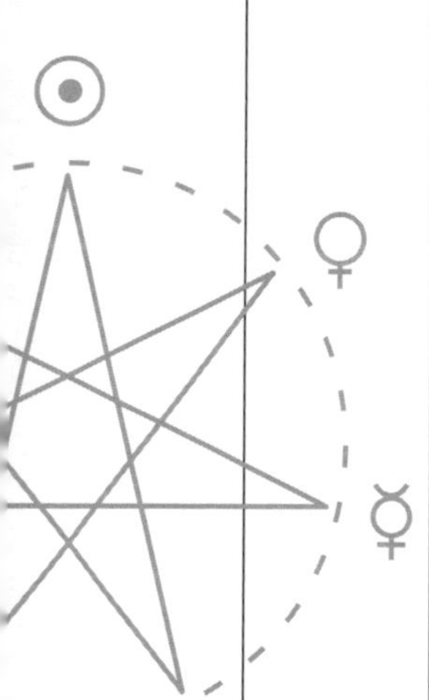

中文	英文	希臘文	說明
阿科洛厄斯	Achelous	Ἀχελῷος	河神
阿基里斯	Achilles	Ἀχιλλεύς	特洛伊戰爭中的著名英雄
埃阿科斯	Aeacus	Αἰακός	宙斯之子，死後成為冥界判官
埃厄忒斯	Aeetes	Αἰήτης	科爾基斯王
埃該翁	Aegaeon	Αἰγαίων	蛇足巨人之一，號稱「風暴」
埃癸斯托斯	Aegisthus	Αἴγισθος	克呂泰涅斯特拉的情夫
愛琴娜	Aegina	Αἴγινα	河神之女，為宙斯生下埃阿科斯
埃格勒	Aegle	Αἴγλη	黃昏三仙女之一
埃羅	Aello	Ἀελλώ	怪鳥哈耳庇厄之一
埃涅阿斯	Aeneas	Αἰνείας	愛神阿芙蘿黛蒂之子，特洛伊將領
埃俄羅斯	Aeolus	Αἴολος	①色薩利地區的一位國王；②風神
埃忒耳	Aether	Αἰθήρ	天光之神
埃特拉	Aethra	Αἴθρα	英雄忒修斯之母
阿伽門農	Agamemnon	Ἀγαμέμνων	特洛伊戰爭中希臘軍統帥
阿格萊亞	Aglaia	Ἀγλαΐα	美惠三女神之一，代表光輝
阿格里俄斯	Agrius	Ἄγριος	蛇足巨人，號稱「野蠻人」
埃阿斯	Aias	Αἴας	特洛伊戰爭中希臘方著名將領
阿爾克墨涅	Alcmene	Ἀλκμήνη	海克力士的母親
阿爾庫俄涅	Alcyone	Ἀλκυόνη	①普勒阿得斯七仙女之一 ②風神之女
阿爾庫俄紐斯	Alcyoneus	Ἀλκυονεύς	蛇足巨人，號稱「大力士」
痛苦之神	Algea	Ἄλγεα	不和女神厄里斯的後代
翠鳥七仙女	Alkyonides	Ἀλκυονίδες	翠鳥七仙女
阿瑪爾希亞	Amalthea	Ἀμάλθεια	山羊仙女
亞馬遜	Amazon	Ἀμαζών	傳說中的女戰士民族
爭論之神	Amphilogiai	Ἀμφιλογίαι	不和女神厄里斯的後代
安菲特里忒	Amphitrite	Ἀμφιτρίτη	海中仙女，海后
安菲特律翁	Amphitryon	Ἀμφιτρύων	海克力士名義上的父親
阿密摩涅	Amymone	Ἀμυμώνη	波塞頓的情人
安喀塞斯	Anchises	Ἀγχίσης	阿芙蘿黛蒂之情人，埃涅阿斯之父
屠殺之神	Androctasiai	Ἀνδροκτασίαι	不和女神厄里斯的後代
安德洛墨達	Andromeda	Ἀνδρομέδα	英雄珀修斯的妻子
安泰俄斯	Antaeus	Ἀνταῖος	大力巨人
安提克勒亞	Anticlea	Ἀντίκλεια	英雄奧德修斯的母親

中文	英文	希臘文	說明
阿俄伊得	Aoede	Ἀοιδή	繆斯三仙女之一，歌唱女神
阿帕忒	Apate	Ἀπάτη	欺騙女神
阿芙蘿黛蒂	Aphrodite	Ἀφροδίτη	愛與美之女神
阿波羅	Apollo	Ἀπόλλων	光明之神，文藝之神
阿卡斯	Arcas	Ἀρκάς	卡利斯托之子，阿卡迪亞人的祖先
阿瑞斯	Ares	Ἄρης	戰神
阿耳革斯	Arges	Ἄργης	獨眼三巨人之一，強光巨人
阿里翁	Arion	Ἀρίων	神駒
阿提密斯	Artemis	Ἄρτεμις	月亮女神，狩獵女神
阿斯克勒庇俄斯	Asclepius	Ἀσκληπιός	醫藥之祖，死後被尊為醫神
阿索波斯之女	Asopides	Ἀσωπίδες	河神阿索波斯的幾個女兒
阿索波斯	Asopus	Ἀσωπός	河神
阿薩拉科斯	Assaracus	Ἀσσάρακος	特洛伊王子
阿斯忒里亞	Asteria	Ἀστερία	星夜女神
阿斯特蕾亞	Astraea	Ἀστραῖα	正義女神
阿斯特拉伊歐斯	Astraeus	Ἀστραῖος	眾星之神
蠱惑之神	Ate	Ἄτη	不和女神厄里斯的後代
阿塔瑪斯	Athamas	Ἀθάμας	維奧蒂亞地區的一位國王
雅典娜	Athena	Ἀθηνᾶ	智慧女神
阿特拉斯	Atlas	Ἄτλας	扛天巨神
阿特柔斯	Atreus	Ἀτρεύς	阿伽門農和墨涅拉俄斯之父
阿特洛波斯	Atropos	Ἄτροπος	命運三女神之一
奧托呂科斯	Autolycus	Αὐτόλυκος	著名大盜
奧托墨冬	Automedon	Αὐτομέδων	阿基里斯的御手
奧克索	Auxo	Αὐξώ	時令三女神之一，象徵生長季
比亞	Bia	Βία	暴力女神
波瑞阿得斯	Boreades	Βορέαδες	北風神的兩個孿生子
波瑞阿斯	Boreas	Βορέας	北風之神
布里阿瑞俄斯	Briareus	Βριάρεως	百臂三巨人之一，強壯者
布戎忒斯	Brontes	Βρόντης	獨眼三巨人之一，雷鳴巨人
卡德摩斯	Cadmus	Κάδμος	腓尼基王子，底比斯城的建立者
卡利俄珀	Calliope	Καλλιόπη	史詩女神，繆斯九仙女之一
卡利羅厄	Callirrhoe	Καλλιρρόη	大洋仙女，特洛伊王特洛斯之妻
卡呂普索	Calypso	Καλυψώ	大洋仙女，奧德修斯的情人
卡耳波	Carpo	Καρπώ	時令三女神之一，象徵成熟季
卡西歐佩亞	Cassiopeia	Κασσιόπεια	衣索比亞王后
卡斯托耳	Castor	Κάστωρ	麗達之子，海倫之兄
刻萊諾	Celaeno	Κελαινώ	普勒阿得斯七仙女之一
刻甫斯	Cepheus	Κηφεύς	衣索比亞國王
卡爾柏洛斯	Cerberus	Κέρβερος	地獄看門犬
刻托	Ceto	Κητώ	遠古海神，象徵海之危險
刻托斯	Cetus	Κῆτος	被英雄珀修斯殺死的一隻海怪
刻宇克斯	Ceyx	Κήϋξ	阿爾庫俄涅的丈夫，死於海難

中文	英文	希臘文	說明
卡俄斯	Chaos	Χάος	創世之前的混沌
美惠三女神	Charites	Χάριτες	宙斯與歐律諾墨所生的三個女兒
卡戎	Charon	Χάρων	冥河渡夫
喀邁拉	Chimera	Χίμαιρα	具有獅、羊、蛇三個頭的怪物
凱隆	Chiron	Χείρων	著名的半人馬，眾多英雄的導師
克律薩俄耳	Chrysaor	Χρυσάωρ	美杜莎之子
克利俄	Clio	Κλειώ	歷史女神，繆斯九仙女之一
克羅托	Clotho	Κλωθώ	命運三女神之一
庫阿涅	Cyane	Κυανῆ	寧芙仙子，曾試圖拯救被冥王搶走的少女
克呂墨涅	Clymene	Κλυμένη	大洋仙女，普羅米修斯的母親
克呂泰涅斯特拉	Clytemnestra	Κλυταιμνήστρα	阿伽門農之妻，海倫的姐妹
克呂提厄	Clytie	Κλυτίη	太陽神的戀人，死後變為向日葵
克呂提俄斯	Clytius	Κλυτίος	蛇足巨人，號稱「顯赫者」
科俄斯	Coeus	Κοῖος	十二泰坦神之一，光明之神
科耳庫拉	Corcyra	Κόρκυρα	河神之女，波塞頓的情人之一
科托斯	Cottus	Κόττος	百臂三巨人之一，狂暴者
克拉托斯	Cratos	Κράτος	強力之神
克瑞透斯	Cretheus	Κρηθεύς	伊奧爾科斯國王
克利俄斯	Crius	Κρεῖος	十二泰坦神之一，力量之神
克洛諾斯	Cronos	Κρόνος	十二泰坦神之一，泰坦神王
獨眼巨人	Cyclops	Κύκλωψ	獨眼巨人
庫諾蘇拉	Cynosura	Κυνοσούρα	北極仙女
達妮	Danae	Δανάη	英雄珀修斯之母
達佛涅	Daphne	Δάφνη	阿波羅所愛戀的寧芙仙子
達佛尼斯	Daphnis	Δάφνις	牧羊少年，牧歌的發明者
達耳達諾斯	Dardanus	Δάρδανος	特洛伊人祖先，達耳達尼亞城之創建者
迪摩斯	Deimos	Δεῖμος	戰神阿瑞斯之子
得諾	Deino	Δεινώ	灰衣三婦人之一
戴奧紐斯	Deioneus	Δηιονεύς	伊克西翁的岳父，被伊克西翁害死
得墨忒耳	Demeter	Δημήτηρ	豐收女神
得斯波娜	Despoina	Δέσποινα	祕儀仙女
狄刻	Dike	Δίκη	秩序三女神之一，象徵公正
狄俄墨得斯	Diomedes	Διομήδης	特洛伊戰爭中希臘方著名將領
狄俄涅	Dione	Διώνη	大洋仙女，宙斯的妻子
帝奧尼索斯	Dionysus	Διόνυσος	酒神
狄俄斯庫里兄弟	Dioscuri	Διόσκουροι	宙斯與麗達生下的雙生子英雄
多里斯	Doris	Δωρίς	大洋仙女，50 位海中仙女的母親
德律阿得斯	Dryads	Δρυάδες	眾樹林仙女
德律俄珀	Dryope	Δρυόπη	水澤仙女，與許拉斯相愛
混亂之神	Dysnomia	Δυσνομία	不和女神厄里斯的後代
厄喀德娜	Echidna	Ἔχιδνα	女蛇妖，堤豐的妻子
厄科	Echo	Ἠχώ	寧芙仙子，回音的象徵
艾莉西亞	Eileithyia	Εἰλείθυια	助產女神

中文	英文	希臘文	說明
厄瑞涅	Eirene	Εἰρήνη	秩序三女神之一，象徵和平
厄勒克特拉	Electra	Ἠλέκτρα	①大洋仙女；②阿伽門農的女兒
恩刻拉多斯	Enceladus	Ἐγκέλαδος	蛇足巨人，號稱「衝鋒號」
恩得伊斯	Endeïs	Ἐνδεῖς	凱隆的女兒，埃阿科斯之妻
恩底彌翁	Endymion	Ἐνδυμίων	月亮女神愛戀著的美少年
厄尼俄	Enyo	Ἐνυώ	灰衣三婦人之一
厄俄斯	Eos	Ἠώς	黎明女神
厄俄斯福洛斯	Eosphoros	Ἑωσφόρος	啟明星
厄菲阿爾忒斯	Ephialtes	Ἐφιάλτης	蛇足巨人，號稱「夢魘」
厄庇墨透斯	Epimetheus	Ἐπιμηθεύς	後覺神，因娶潘朵拉而給人間帶來災難
厄波珀宇斯	Epopeus	Ἐπωπεύς	萊斯沃斯國王，姦污了自己的女兒
埃拉托	Erato	Ἐρατώ	愛情詩女神，繆斯九仙女之一
厄瑞波斯	Erebus	Ἔρεβος	昏暗之神，創世神之一
厄里達努斯河	Eridanus	Ἠριδανός	傳說中的大河，法厄同曾墜落於此
厄里斯	Eris	Ἔρις	紛爭女神
厄洛斯	Eros	Ἔρως	愛欲之神，創世神之一
厄律忒斯	Erytheis	Ἐρύθεις	黃昏三仙女之一
埃維亞	Euboea	Εὔβοια	河神之女，波塞頓的情人之一
歐諾彌亞	Eunomia	Εὐνομία	秩序三女神之一，象徵良好秩序
歐佛洛緒涅	Euphrosyne	Εὐφροσύνη	美惠三女神之一，代表快樂
歐洛斯	Eurus	Εὖρος	東風之神
歐律阿勒	Euryale	Εὐρυάλη	蛇髮三女妖之一
歐律巴忒斯	Eurybates	Εὐρυβάτης	奧德修斯的先行官
歐律比亞	Eurybia	Εὐρυβία	遠古海神，象徵海之力量
歐律克勒亞	Euryclea	Εὐρύκλεια	奧德修斯的乳母
歐律馬科斯	Eurymachus	Εὐρύμαχος	珀涅羅珀的追求者之一
歐律墨冬	Eurymedon	Εὐρυμέδων	阿伽門農王的御者
歐律諾墨	Eurynome	Εὐρυνόμη	大洋仙女
歐律皮洛斯	Eurypylus	Εὐρύπυλος	仙女刻萊諾之子，和哥哥呂科斯統治著幸福島
歐律斯透斯	Eurystheus	Εὐρυσθεύς	邁錫尼國王
歐律托斯	Eurytus	Εὔρυτος	蛇足巨人，號稱「泛流者」
歐忒耳珀	Euterpe	Εὐτέρπη	繆斯九仙女之一，音樂與抒情詩女神
蓋亞	Gaia	Γαῖα	大地女神，創世神之一
伽拉希亞	Galatea	Γαλάτεια	海中仙女
伽倪墨得斯	Ganymede	Γανυμήδης	美少年，特洛伊王子，宙斯的酒童
吉甘特斯	Gegantes	Γίγαντες	蛇足巨人族
格拉斯	Geras	Γῆρας	衰老之神
革律翁	Geryon	Γηρυών	三身巨人，為海克力士所殺
戈耳工	Gorgon	Γοργών	蛇髮三女妖
格賴埃	Graiai	Γραῖαι	灰衣三婦人
古厄斯	Gyes	Γύης	百臂三巨人之一，巨臂者
黑帝斯	Hades	Ἅιδης	冥王
哈利墨德	Halimede	Ἁλιμήδη	海中仙女

中文	英文	希臘文	說明
哈耳庇厄	Harpy	Ἅρπυια	怪鳥
黑卡蒂	Hecate	Ἑκάτη	幽靈女神
百臂巨人	Hecatonchires	Ἑκατόγχειρες	百臂巨人族
海倫	Helen	Ἑλένη	宙斯和麗達之女，最美貌的女人
赫利阿得斯	Heliades	Ἡλιαδες	陽光三仙女
赫里克	Helike	Ἑλίκη	柳樹仙女
赫利奧斯	Helios	Ἥλιος	泰坦神族中的太陽神
赫勒	Helle	Ἕλλη	阿塔瑪斯與雲之仙女的女兒，墜海而死
赫墨拉	Hemera	Ἡμέρα	白晝女神
赫菲斯托斯	Hephaestus	Ἥφαιστος	火神，鍛造之神
希拉	Hera	Ἥρα	天后
赫爾馬佛洛狄托斯	Hermaphroditus	Ἑρμαφρόδιτος	愛神和信使之神所生的兒子
荷米斯	Hermes	Ἑρμῆς	神使
赫斯珀拉	Hespera	Ἑσπέρα	黃昏三仙女之一
赫斯珀里得斯	Hesperides	Ἑσπερίδες	黃昏三仙女
赫斯珀洛斯	Hesperos	Ἕσπερος	黃昏之神
希波達米亞	Hippodamia	Ἱπποδάμεια	珀羅普斯的妻子
希波呂托斯	Hippolytus	Ἱππόλυτος	蛇足巨人，號稱「放馬者」
時序女神	Horae	Ὧραι	掌管時令和季節的幾位女神
誓言之神	Horkos	Ὅρκος	不和女神厄里斯的後代
海辛瑟斯	Hyacinthus	Ὑάκινθος	斯巴達美少年，阿波羅的戀人
許阿得斯	Hyades	Ὑάδες	七仙女同父異母的姐妹
許阿斯	Hyas	Ὑάς	雨之女神
許德拉	Hydra	Ὕδρα	九頭水蛇
許拉斯	Hylas	Ὕλας	美少年，被水澤仙女誘入池塘中
許珀里翁	Hyperion	Ὑπερίων	十二泰坦神之一，高空之神
許普諾斯	Hypnos	Ὕπνος	睡神
混戰之神	Hysminai	Ὑσμῖναι	不和女神厄里斯的後代
伊阿珀托斯	Iapetus	Ἰαπετός	十二泰坦神之一，衝擊之神
伊阿西翁	Iasion	Ἰασίων	因與得墨忒耳結合而遭宙斯所殺
伊洛斯	Ilus	Ἶλος	特洛伊王，該城因其名而被稱為伊利昂
伊那科斯	Inachus	Ἴναχος	河神，伊俄的父親
伊諾	Ino	Ἰνώ	卡德摩斯的女兒
伊俄	Io	Ἰώ	宙斯情婦，被宙斯變為母牛
伊俄拉俄斯	Iolaus	Ἰόλαος	海克力士的隨從和戰友
伊里斯	Iris	Ἶρις	彩虹女神
伊克西翁	Ixion	Ἰξίων	色薩利一國王，半人馬族之祖先
卡勒	Kale	Καλή	美惠女神之一
卡爾	Ker	Κήρ	毀滅女神
凱瑞斯	Keres	Κῆρες	死亡女神
科瑞	Kore	Κόρη	冥后珀耳塞福涅的原名
拉刻西斯	Lachesis	Λάχεσις	命運三女神之一
拉冬	Ladon	Λάδων	看守金蘋果的百首龍

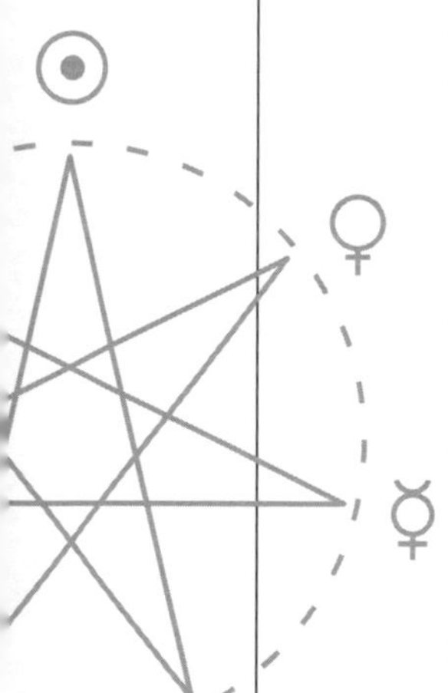

中文	英文	希臘文	說明
拉厄耳忒斯	Laertes	Λαέρτης	英雄奧德修斯的父親
拉奧孔	Laocoon	Λαοκόων	特洛伊祭司
拉俄墨得亞	Laomedeia	Λαομήδεια	海中仙女，守護女神
拉俄墨冬	Laomedon	Λαομέδων	特洛伊國王
拉里薩	Larissa	Λάρισσα	一位寧芙仙子
遺忘之神	Lethe	Λήθη	不和女神厄里斯的後代
勒托	Leto	Λητώ	暗夜女神
饑荒之神	Limos	Λιμός	不和女神厄里斯的後代
呂科斯	Lycus	Λύκος	仙女刻萊諾之子，和弟弟一起統治著幸福島
戰爭之神	Machai	Μάχαι	不和女神厄里斯的後代
瑪雅	Maia	Μαῖα	阿特拉斯之女，荷米斯之母
美狄亞	Medea	Μήδεια	科爾基斯國王的女兒，伊阿宋之妻
墨冬	Medon	Μέδων	埃阿斯的兄弟
美杜莎	Medusa	Μέδουσα	蛇髮三女妖之一
米雷特	Melete	Μελέτη	繆斯三仙女之一，實踐女神
梅麗莎	Melissa	Μέλισσα	蜜蜂仙女
梅爾波曼	Melpomene	Μελπομένη	悲劇女神
墨涅拉俄斯	Menelaus	Μενέλαος	阿伽門農的弟弟，海倫的丈夫
墨涅斯透斯	Menestheus	Μενεσθεύς	特洛伊戰爭時代的雅典國王
墨諾提俄斯	Menoetius	Μενοίτιος	泰坦巨神之一，被打入地獄深淵之中
墨洛珀	Merope	Μερόπη	普勒阿得斯七仙女之一
墨提斯	Metis	Μῆτις	大洋仙女，雅典娜的母親
彌瑪斯	Mimas	Μίμᾱς	蛇足巨人，號稱「仿效者」
謨涅墨	Mneme	Μνήμη	繆斯三仙女之一，記憶女神
摩涅莫緒涅	Mnemosyne	Μνημοσύνη	十二泰坦神之一，記憶女神
莫伊萊	Moerae	Μοῖραι	命運三女神
摩墨斯	Momus	Μῶμος	挑剔抬槓之神，誹謗之神
摩洛斯	Moros	Μόρος	厄運之神
摩耳甫斯	Morpheus	Μορφεύς	睡夢之神
密爾米頓人	Myrmidon	Μυρμιδόνες	傳說由螞蟻變來的種族
那伊阿得斯	Naiads	Ναϊάδες	水澤仙女
納西瑟斯	Narcissus	Νάρκισσος	河神之子，迷戀上自己美貌的人
瑙普利俄斯	Nauplius	Ναύπλιος	海王與阿密摩涅之子，阿爾戈英雄之一
爭端之神	Neikea	Νείκεα	不和女神厄里斯的後代
涅墨西斯	Nemesis	Νέμεσις	報應女神
涅俄普托勒摩斯	Neoptolemus	Νεοπτόλεμος	阿基里斯之子
涅斐勒	Nephele	Νεφέλη	雲之仙女
海中仙女	Nereids	Νηρηΐδες	海神涅柔斯的 50 個女兒
涅柔斯	Nereus	Νηρεύς	遠古海神，象徵海之友善
涅索	Neso	Νησώ	海中仙女，海島仙女
耐吉	Nike	Νίκη	勝利女神
諾彌亞	Nomia	Εὐνομία	寧芙仙子，與達佛尼斯相愛
諾特斯	Notus	Νότος	南風之神

中文	英文	希臘文	說明
尼克蒂墨涅	Nyctimene	Νυκτιμένη	萊斯沃斯公主，被自己的父親姦污
尼克斯	Nyx	Νύξ	黑夜女神，創世神之一
大洋仙女	Oceanids	Ὠκεανίδες	環河之神的 3000 個女兒
俄刻阿諾斯	Oceanus	Ὠκεανός	十二泰坦神之一，環河之神
俄克皮特	Ocypete	Ὠκυπέτη	怪鳥哈耳庇厄之一
奧德修斯	Odysseus	Ὀδυσσεύς	特洛伊戰爭中的著名英雄
伊底帕斯	Oedipus	Οἰδίπους	底比斯國王，在不知情中弒父娶母
奧諾馬俄斯	Oenomaus	Οἰνόμαος	希波達米亞的父親
俄糹斯	Oizys	Ὀϊζύς	苦難之神
俄涅洛伊	Oneiroi	Ὄνειροι	夢囈神族
歐麗	Oreads	Ὀρεάδες	山岳仙女
俄瑞斯忒斯	Orestes	Ὀρέστης	阿伽門農之子，為父報仇而殺死了母親
俄里翁	Orion	Ὠρίων	著名的獵戶
奧菲斯	Orpheus	Ὀρφεύς	著名樂手，曾經隻身進入冥府尋妻
俄耳托斯	Orthus	Ὄρθος	雙頭犬
烏瑞亞	Ourea	Οὔρεα	遠古山神
帕拉斯	Pallas	Πάλλας	①戰爭之神；②蛇足巨人之一
潘朵拉	Pandora	Πανδώρα	給人類帶來災難的女人
帕里斯	Paris	Πάρις	特洛伊王子，拐走了美女海倫
帕西希亞	Pasithea	Πασιθέα	美惠女神之一，火神的妻子
珀伽索斯	Pegasus	Πήγασος	飛馬
珀琉斯	Peleus	Πηλεύς	大英雄阿基里斯之父
佩佛瑞多	Pemphredo	Πεμφρηδώ	灰衣三婦人之一
珀涅羅珀	Penelope	Πηνελόπη	奧德修斯的妻子
珀涅俄斯	Peneus	Πηνειός	達佛涅的父親
珀塞斯	Perses	Πέρσης	破壞之神
珀修斯	Perseus	Περσεύς	著名英雄，邁錫尼的建立者
樊塔薩斯	Phantasus	Φάντασος	幻象之神
菲羅墨拉	Philomela	Φιλομήλα	變為夜鶯的少女
菲羅忒斯	Philotes	Φιλότης	淫亂之神
菲呂拉	Philyra	Φιλύρα	大洋仙女，凱隆的母親
佛貝托爾	Phobetor	Φοβήτωρ	噩夢之神
弗伯斯	Phobos	Φόβος	戰神阿瑞斯之子
福科斯	Phocus	Φῶκος	埃阿科斯之子
菲比	Phoebe	Φοίβη	十二泰坦神之一，光明女神
殺戮之神	Phonoi	Φόνοι	不和女神厄里斯的後代
福耳庫德斯	Phorcydes	Φόρκιδες	眾後輩怪物
福耳庫斯	Phorcys	Φόρκυς	遠古海神，象徵海之憤怒
弗里克索斯	Phrixus	Φρίξος	阿塔瑪斯與雲之女神的兒子
皮里托俄斯	Pirithous	Πειρίθοος	拉庇泰英雄
普拉提亞	Plataea	Πλάταια	河神之女，宙斯的情人之一
普勒阿得斯	Pleiades	Πλειάδε	普勒阿得斯七仙女
普勒俄涅	Pleione	Πληιόνη	大洋仙女，七仙女的母親

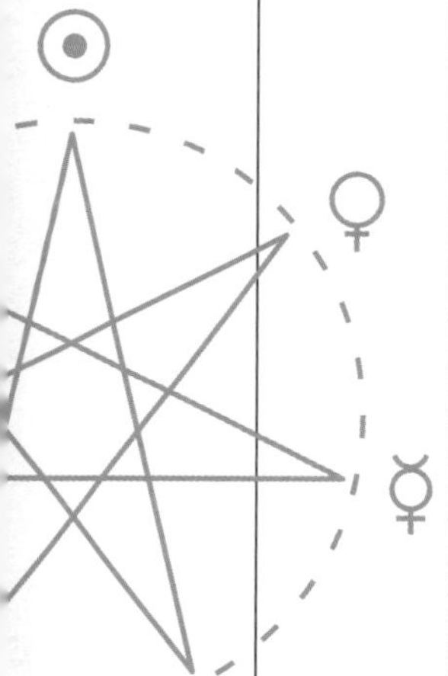

中文	英文	希臘文	說明
普路托斯	Ploutos	Πλοῦτος	財神
波呂玻忒斯	Polybotes	Πολυβώτης	蛇足巨人，號稱「饕餮者」
波呂丟刻斯	Polydeuces	Πολυδεύκης	麗達之子，卡斯托耳之兄弟
波呂許尼亞	Polyhymnia	Πολυύμνια	頌歌女神，繆斯九仙女之一
波呂斐摩斯	Polyphemus	Πολύφημος	獨眼巨人，波塞頓之後代
勞役之神	Ponos	Πόνος	不和女神厄里斯的後代
蓬托斯	Pontos	Πόντος	遠古海神
波耳費里翁	Porphyrion	Πορφυρίων	蛇足巨人，號稱「洶湧」
波塞頓	Poseidon	Ποσειδῶν	海王
眾河神	Potamoi	Ποταμόι	環河之神的 3000 個兒子
普里阿摩斯	Priam	Πρίαμος	特洛伊王
普羅米修斯	Prometheus	Προμηθεύς	先覺神，因替人類盜取火種而受宙斯懲罰
普洛透斯	Proteus	Πρωτεύς	波塞頓的長子
普薩瑪忒	Psamathe	Ψάμαθη	海中仙女，沙灘仙女
謊言之神	Pseudologoi	Ψευδολόγοι	不和女神厄里斯的後代
賽姬	Psyche	Ψυχή	小愛神丘比特之戀人
瑞亞	Rhea	Ῥέα	十二泰坦神之一，流逝女神
薩拉米斯	Salamis	Σαλαμίς	河神之女，波塞頓的情人之一
薩爾瑪喀斯	Salmacis	Σαλμακίς	寧芙仙子，和赫爾馬佛洛狄托斯合為一體
薩爾摩紐斯	Salmoneus	Σαλμωνεύς	埃俄羅斯王之子
薩俄	Sao	Σαώ	海中仙女，救助仙女
斯庫拉	Scylla	Σκύλλα	西西里島附近的海妖
塞勒涅	Selene	Σελήνη	泰坦神族中的月亮女神
塞墨勒	Semele	Σεμέλη	酒神帝奧尼索斯之母
希諾佩	Sinope	Σινώπη	河神之女，宙斯的情人之一
塞壬	Siren	Σειρήν	以歌聲引誘水手的女妖
西西弗斯	Sisyphus	Σίσυφος	科林斯王，死後被罰推巨石
斯芬克斯	Sphinx	Σφίγξ	人面獅身的怪物
斯忒洛珀	Sterope	Στερόπη	普勒阿得斯七仙女之一
斯忒洛珀斯	Steropes	Στερόπης	獨眼三巨人之一，閃電巨人
絲西娜	Stheno	Σθεννώ	蛇髮三女妖之一
斯提克斯	Styx	Στύξ	大洋仙女，冥河仙女
席琳克斯	Syrinx	Σύριγξ	寧芙仙子，為潘神所追求
坦嘉拉	Tangara	Τανάγρα	河神之女，荷米斯的情人之一
坦塔洛斯	Tantalus	Τάνταλος	宙斯之子，死後被打入地獄深淵之中
塔爾塔洛斯	Tartarus	Τάρταρος	地獄深淵之神，創世神之一
泰萊塔	Taygeta	Ταΰγέτη	普勒阿得斯七仙女之一
特拉蒙	Telamon	Τελαμών	英雄埃阿斯的父親
忒勒馬科斯	Telemachus	Τηλέμαχος	奧德修斯之子
特普可西兒	Terpsichore	Τερψιχόρη	歌舞女神，繆斯九仙女之一
特提斯	Tethys	Τηθύς	十二泰坦神之一，海洋女神
塔拉薩	Thalassa	Θάλασσα	泛海女神
塔利亞	Thalia	Θάλεια	①繆斯女神之一；②美惠女神之一

中文	英文	希臘文	說明
塔洛	Thallo	Θαλλώ	時令三女神之一，象徵萌芽季
塔那托斯	Thanatos	Θάνατος	死神
陶瑪斯	Thaumas	Θαῦμας	遠古海神，象徵海之奇觀
希柏	Thebe	Θήβη	河神之女，宙斯的情人之一
希亞	Theia	Θεία	十二泰坦神之一，光體女神
希彌斯	Themis	Θέμις	十二泰坦神之一，秩序女神
忒斯庇亞	Thespia	Θεσπία	河神之女，阿波羅的情人之一
忒提斯	Thetis	Θέτις	海中仙女，阿基里斯之母
托翁	Thoon	Θόων	蛇足巨人，號稱「飛毛腿」
托俄薩	Thoosa	Θόωσα	寧芙仙子之一
塞厄斯提斯	Thyestes	Θυέστης	珀羅普斯之子，阿特柔斯之兄弟
提瑞西阿斯	Tiresias	Τειρεσίας	底比斯城的著名先知
特里同	Triton	Τρίτων	海神波塞頓之子
特洛斯	Tros	Τρώς	特洛伊城的名祖
堤豐	Typhon	Τυφῶν	蓋亞與地獄深淵所生的巨大怪物
烏拉尼亞	Urania	Οὐρανία	天文女神，繆斯九仙女之一
烏拉諾斯	Uranus	Οὐρανός	天空之神，第一代神主
仄洛斯	Zelos	Ζῆλος	熱誠之神
仄費洛斯	Zephyrus	Ζέφυρος	西風之神
宙斯	Zeus	Ζεύς	奧林帕斯神族之神主

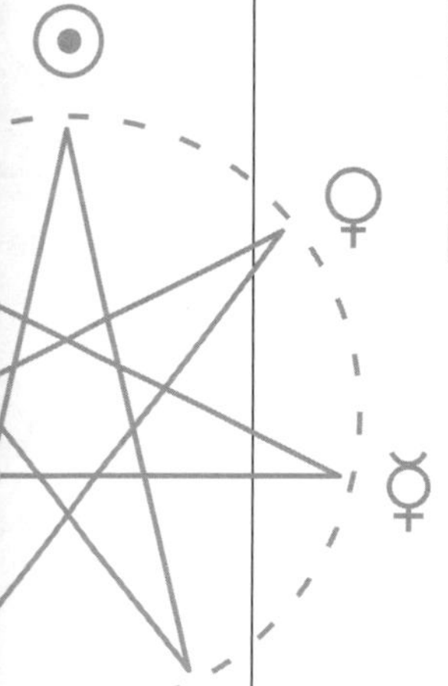

附錄二　全書地名索引

全書所涉及的地名，大多數為古希臘各地區及城邦，以及愛琴海、地中海周邊地區。因為地名的特殊性，翻譯時優先考慮已經廣為流傳的中文譯名，例如 Aegean Sea “愛琴海”；對於尚未有標準翻譯的，或翻譯名稱較多的，採用接近古希臘語音的羅氏希臘文譯音翻譯。（編按：部分改為台灣熟悉的譯名）

中文	英文	希臘文	說明
愛琴娜島	Aegina	Αἴγινα	希臘薩羅尼克灣中一島嶼
愛琴海	Aegean Sea	Αἰγαῖον πέλαγος	希臘半島東部的海域
埃俄利亞	Aeolia	Αἰολία	色薩利的別稱
雅典	Athens	Ἀθῆναι	阿提卡地區的中心城邦，希臘重要城邦
阿卡迪亞	Arcadia	Ἀρκαδία	伯羅奔尼撒中部一地區
阿爾戈斯	Argos	Ἄργος	伯羅奔尼撒地區的重要城邦
阿提卡	Attica	Ἀττική	中部希臘東南一地區，南與東瀕愛琴海
維奧蒂亞	Boeotia	Βοιωτία	中部希臘中間一地區
高加索	Caucasus	Καύκασος	位於黑海、亞速海和裏海之間的一個地區
庫邁	Cumae	Κύμαι	義大利那不勒斯西北的一個地區
西利西亞	Cilicia	Κιλικία	小亞細亞東南部的一個地區
科爾基斯	Colchis	Κολχίς	遙遠的東方國度，在黑海的東岸
科林斯	Corinth	Κόρινθος	希臘中部和伯羅奔尼撒半島連接點處的重要城邦
克基拉島	Corcyra	Κέρκυρα	愛奧尼亞海中的一座島嶼，今稱科孚島
克里特	Crete	Κρήτη	地中海東部一座大島
塞普勒斯	Cyprus	Κύπρος	地中海東部一座大島嶼，即今天的塞普勒斯
提洛島島	Delos	Δήλος	愛琴海中一島嶼，太陽神阿波羅的聖地
德爾菲	Delphi	Δελφοί	阿波羅神諭發布之地，位於福基斯地區
尤比亞島	Euboea	Εύβοια	愛琴海中最大的一座島嶼
赫利孔山	Helicon	Ἑλικών	帕納塞斯山的一部分
赫勒海	Hellespont	Ἑλλήσποντος	即達達尼爾海峽，因赫勒墜此而得名
伊達山	Ida	Ἴδη	克里特島的一座山，傳說中宙斯長大的地方
伊奧爾科斯	Iolcus	Ἰωλκός	色薩利地區的一個城邦
愛奧尼亞海	Ionian Sea	Ἰόνιον πέλαγος	希臘西部的一片海域
基塞龍山	Kithairon	Κιθαιρών	希臘中部的叢山
拉刻代蒙	Lacedaemon	Λακεδαίμων	斯巴達的別稱
拉里薩	Larissa	Λάρισα	色薩利地區的一個城邦
利姆諾斯島	Lemnos	Λήμνος	愛琴海東部一大島嶼
勒納	Lerna	Λέρνη	阿爾戈斯城北部的一個地區
列斯伏斯島	Lesbos	Λέσβος	愛琴海東部一島嶼

中文	英文	希臘文	說明
呂西亞	Lycia	Λυκία	小亞細亞內的一個地區
瑙普里翁城	Nauplion	Ναύπλιον	伯羅奔尼撒東北部的一個城邦
奈邁阿	Nemea	Νεμέα	阿爾戈斯城北部的一個地區
尼薩山	Nysa	Νύσα	酒神出生的地方
奧吉吉亞島	Ogygia	Ὠγυγίη	愛奧尼亞海中的一座島嶼
奧林匹斯山	Olympus	Ὄλυμπος	色薩利境內，奧林帕斯眾神的寓居之地
奧林匹亞	Olympia	Ὀλυμπία	伯羅奔尼撒西部的一個地區
佛里吉亞	Phrygia	Φρυγία	小亞細亞西北一地區
帕納塞斯山	Parnassus	Παρνασσός	位於中部希臘的德爾菲地區
伯羅奔尼撒	Peloponnesos	Πελοπόννησος	位於希臘半島的整個南部地區
皮埃里亞	Pieria	Πιερία	在德爾菲地區
普拉提亞	Plataea	Πλάταια	維奧蒂亞東南部的一個城邦
羅得島	Rhodes	Ῥόδος	小亞細亞西南一島嶼
薩拉米斯	Salamis	Σαλαμίς	愛琴海薩羅尼克灣內的一座島嶼
錫諾普	Sinop	Σινώπη	小亞細亞北部的一個城邦
斯巴達	Sparta	Σπάρτα	伯羅奔尼撒南部的一個重要城邦
底比斯	Thebes	Θῆβαι	維奧蒂亞地區的中心城邦，亦稱忒拜
色薩利	Thessaly	Θεσσαλία	希臘中北部一地區
色雷斯	Thrace	Θράκη	希臘東北部地區名，在愛琴海北面
特洛伊	Troy	Τροία	特洛伊城，特洛伊戰爭發生的地方

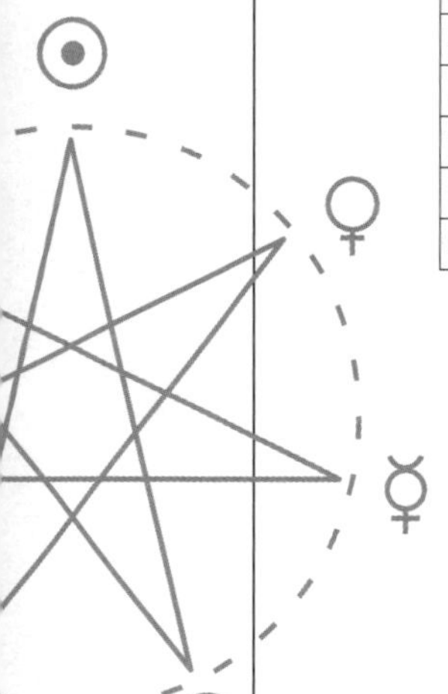

附錄三　古希臘文轉寫對照表

為了方便讀者學習，書中所使用的古希臘文皆使用拉丁字母進行轉寫。此處附上書中所用轉寫詞與古希臘文原詞，供有需要的讀者查閱使用。

含義	書中轉寫	希語原詞
田野	agros	ἀγρός
發光，燃燒	aitho	αἴθω
山羊	aix	αἴξ
真理	aletheia	ἀλήθεια
在周圍	amphi	ἀμφί
爭吵	amphilogos	ἀμφίλογος
風	anemos	ἄνεμος
歌曲	aoede	ἀοιδή
欺騙	apate	ἀπάτη
泡沫	aphros	ἀφρός
熊，北	arctos	ἄρκτος
毀滅，災難	are	ἀρή
懶惰的	argon	ἀργόν
星星	aster	ἀστήρ
閃電	asterope	ἀστεροπή
天文	astronomia	ἀστρονομία
增長	auxo	αὔξω
軸	axon	ἄξων
王國	basileia	βασιλεία
國王	basileus	βασιλεύς
判官	crites	κριτής
最美的	callistos	κάλλιστος
美麗的	calos	καλός
藏匿	calypto	καλύπτω
果實	carpos	καρπός
躺下	ceimai	κεῖμαι
角	ceras	κέρας
海怪	cetos	κῆτος
優美，漂亮	charis	χάρις
冬天	cheima	χεῖμα
手	cheir	χείρ
嫩芽	chloe	χλόη
膽汁	chole	χολή
歌舞	choros	χορός
時間	chronos	χρόνος

含義	書中轉寫	希語原詞
名望	cleos	κλέος
梭子	closter	κλωστήρ
著名的	clytos	κλυτός
頭髮	come	κόμη
昏睡	coma	κῶμα
彗星	cometes	κομήτης
彗星	cometes aster	κομήτης ἀστήρ
喜劇	comoidia	κωμῳδία
烏鴉	corone	κορώνη
區分	crino	κρίνω
公羊	crios	κριός
深藍	cyane	κυανῆ
圓形的	cyclos	κύκλος
銀河	cyclos galaxias	κύκλος γαλαξίας
月桂	daphne	δάφνη
可怕的	deinos	δεινός
畏懼	deos	δέος
女士	despoina	δέσποινα
君主	despotes	δεσπότης
公正	dike	δίκη
給予	didomi	δίδωμι
想	doceo	δοκέω
教義	dogma	δόγμα
禮物	doron	δῶρον
行為	drama	δρᾶμα
做	drao	δράω
橡樹，樹木	drys	δρῦς
二	duo	δύο
壞	dys-	δυσ-
公民大會	ecclesia	ἐκκλησία
被召喚者	eccletos	ἔκκλητος
我	ego	ἐγώ
看見	eido	εἴδω
影像	eidos	εἶδος
和平	eirene	εἰρήνη

含義	書中轉寫	希語原詞
琥珀	electron	ἤλεκτρον
前來幫忙	eleytho	ἐλευθῶ
黎明	eos	ἕως
蜉蝣	ephemeron	ἐφήμερα
在表面，在後面	epi	ἐπί
知識	episteme	ἐπιστήμη
春季	er	ἦρ
作為	ergon	ἔργον
愛欲	eros	ἔρως
好	eu	εὖ
愉快的	euphron	εὔφρων
寬的，廣的	eurys	εὐρύς
奶	gala	γάλα
大地	ge	γῆ
老年	geron	γέρων
巨大的	gigas	γίγας
知道	gignosco	γιγνώσκω
想法	gnoma	γνῶμα
讓人恐懼的	gorgon	γοργόν
老年的	graia	γραῖα
字	gramma	γράμμα
寫	grapho	γράφω
在下面	hypo	ὑπό
血色的	haimatites	αἱματίτης
翠鳥	halcyone	ἀλκυών
海，鹽	hals	ἅλς
一百	hecaton	ἑκατόν
座位	hedos	ἕδος
座椅	hedra	ἕδρα
太陽	helios	ἥλιος
希臘	Hellas	Ἑλλάς
日、天	hemera	ἡμέρα
愛神日	hemera Aphro-dites	ἡμέρα Ἀφροδίτης
戰神日	hemera Areos	ἡμέρα Ἄρεως
農神日	hemera Cronou	ἡμέρα Κρόνου
雷神日	hemera Dios	ἡμέρα Διός
太陽日	hemera Heliou	ἡμέρα Ἡλίου
神使日	hemera Her-mou	ἡμέρα Ἑρμοῦ
月亮日	hemera Se-lenes	ἡμέρα Σελήνης

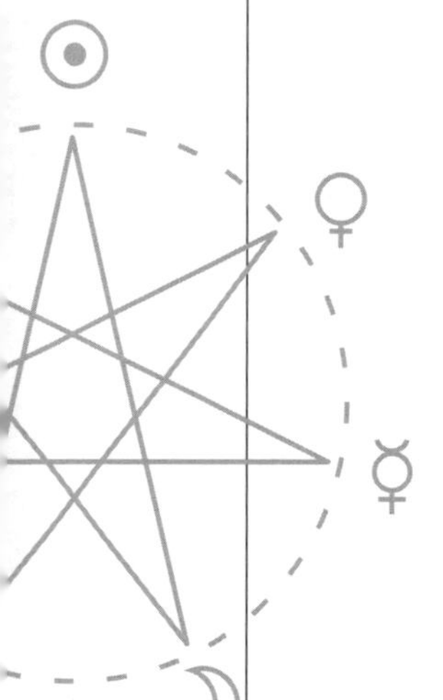

含義	書中轉寫	希語原詞
七	hepta	ἑπτά
英雄	heros	ἥρως
黃昏	hesperos	ἕσπερος
家灶	hestia	ἑστία
六	hex	ἕξ
時節	hora	ὥρα
水	hydor	ὕδωρ
樹木	hyle	ὕλη
頌歌	hymnos	ὕμνος
睡眠	hypnos	ὕπνος
戰鬥	hysmina	ὑσμίνη
醫生	iater	ἰατήρ
看，知	ido	εἴδω
走	io	ἴω
行走	ion	ἰόν
美麗的	kale	καλή
少女	kore	κόρη
少年	kouros	κοῦρος
分配	lachein	λαχεῖν
獅子	leon	λέων
隱藏	lethe	λήθη
饑饉	limos	λιμός
石頭	lithos	λίθος
話語	logos	λόγος
學習	mathema	μάθημα
戰爭	mache	μάχη
預測	mantis	μάντις
母親	mater	μάτηρ
學習，思考	mathein	μαθεῖν
智慧，思想	medos	μῆδος
歌曲	melos	μέλος
歌唱	melpo	μέλπω
月亮	mene	μήνη
力量	menos	μένος
酒	methu	μέθυ
回想	mnaomai	μνάομαι
記憶	mneme	μνήμη
記性好的	mnemon	μνήμον
好記性	mnemosyne	μνημοσύνη
影像	morphe	μορφή
繆斯的技藝	mousike techne	μουσική τέχνη
博物館	mousion	μουσεῖον
流動	nao	νάω

含義	書中轉寫	希語原詞
船	naus	ναῦς
爭吵	neikos	νεῖκος
分配	nemo	νέμω
新的	neos	νέος
雲	nephele	νεφέλη
島嶼	nesos	νῆσος
勝利	nike	νίκη
雪	nipha	νίφα
法則	nomos	νόμος
疾病	nosos	νόσος
新娘	nymphe	νύμφη
夜晚	nyx	νύξ
急速的	ocys	ὠκύς
歌曲	oide	ᾠδή
房屋	oikos	οἶκος
紅酒	oinos	οἶνος
名字	onoma	ὄνομα
眼睛，臉，聲音	ops	ὄψ
所見	orama	ὅραμα
看	orao	ὁράω
直，正	orthos	ὀρθός
山	ouros	οὖρος
父親	pater	πατήρ
家系	patria	πατριά
泉水	pegai	πηγαί
灰鴿	peleia	πέλεια
黃蜂	pemphredon	πεμφρηδών
摧毀	persomai	πέρσομαι
使顯現	phaino	φαίνω
光	phaos	φῶς
現象	phenomenon	φαινόμενον
帶來	phero	φέρω
喜好	philia	φιλία
喜愛的	philos	φίλος
恐懼	phobos	φόβος
帶來	phoreo	φορέω
光	phos	φῶς
兄弟	phrater	φράτηρ
理智，精神	phren	φρήν
保護人	phylax	φύλαξ
漂泊者	planetes	πλανήτης
財富	ploutos	πλοῦτος

含義	書中轉寫	希語原詞
詩作	poema	ποίημα
做	poeosis	ποίησις
詩人	poetes	ποητής
公民權	politeia	πολιτεία
公民	polites	πολίτης
多，非常	polys	πολύς
河流	potamos	ποταμό
足	pous	πούς
在前	pro	πρό
往前扔	proballo	προβάλλω
障礙	problema	πρόβλημα
沙灘	psammos	ψάμμος
假的	pseudes	ψευδής
謊言	pseudologos	ψευδολόγος
靈魂	psyche	ψυχή
流動	rheo	ῥέω
河流	rheos	ῥεος
蜥蜴	sauros	σαῦρος
月亮	selene	σελήνη
智慧	sophia	σοφία
聰明	sophos	σοφός
拯救者	soter	σωτήρ
種子	sperma	σπέρμα
撒種	speiro	σπείρω
緊束	sphingo	σφίγγω
力量	sthenos	σθένος
技藝	techne	τέχνη
喜歡	terpsis	τέρψις
綠枝，嫩葉	thalos	θαλός
死亡	thanatos	θάνατος
看	thaomai	θάομαι
景觀	thauma	θαῦμα
所做	thema	θέμα
抵押人	thetes	θέτης
門	thyra	θύρα
敬重	tio	τίω
做，制定	tithemi	τίθημι
山羊	tragos	τράγος
轉	tropos	τροπος
煙	typhos	τῦφος
天空	uranos	οὐρανός
生命，動物	zoe	ζῳή

附錄四　古希臘地圖

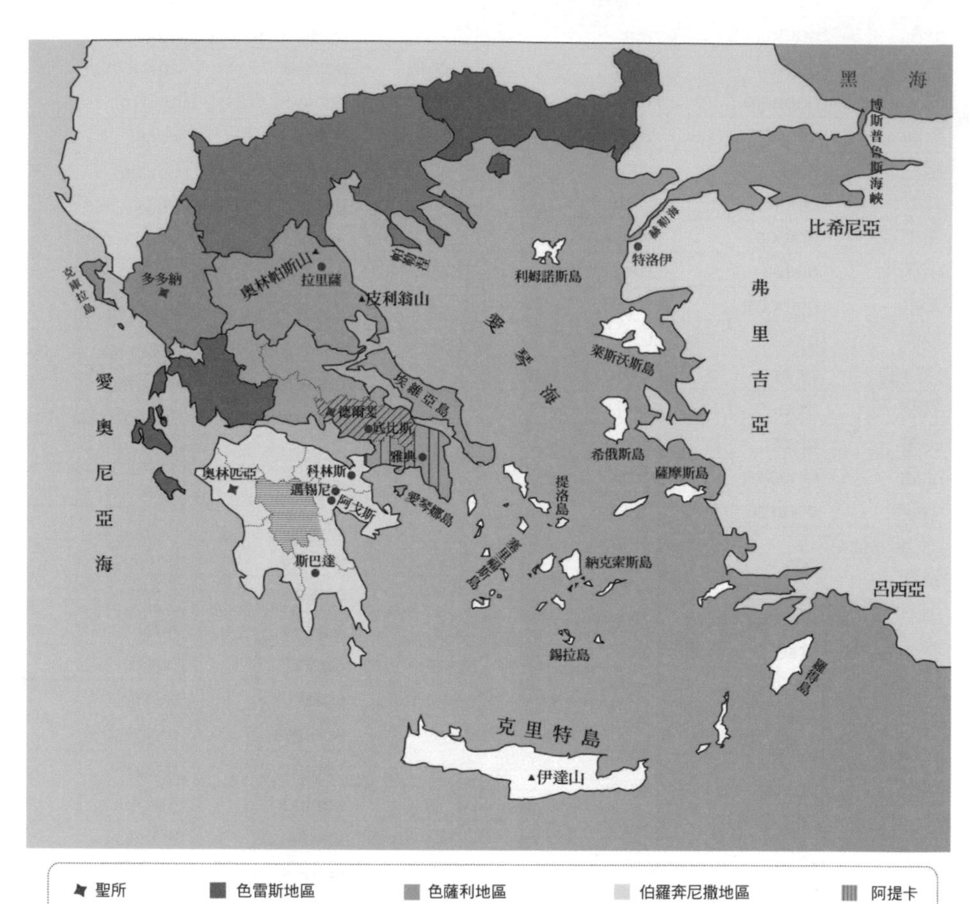

黑　海
博斯普魯斯海峽
比希尼亞
特洛伊
弗里吉亞
呂西亞
利姆諾斯島
愛琴海
萊斯沃斯島
希俄斯島
薩摩斯島
提洛島
納克索斯島
錫拉島
羅得島
克里特島
伊達山
奧林帕斯山
拉里薩
皮利翁山
多多納
愛奧尼亞海
埃維亞島
底比斯
雅典
科林斯
奧林匹亞
邁錫尼
阿戈斯
愛琴娜島
斯巴達
聖所
王國
山脈
色雷斯地區
馬其頓地區
伊庇魯斯
色薩利地區
西部希臘地區
中部希臘地區
伯羅奔尼撒地區
阿卡迪亞
維奧蒂亞
阿提卡

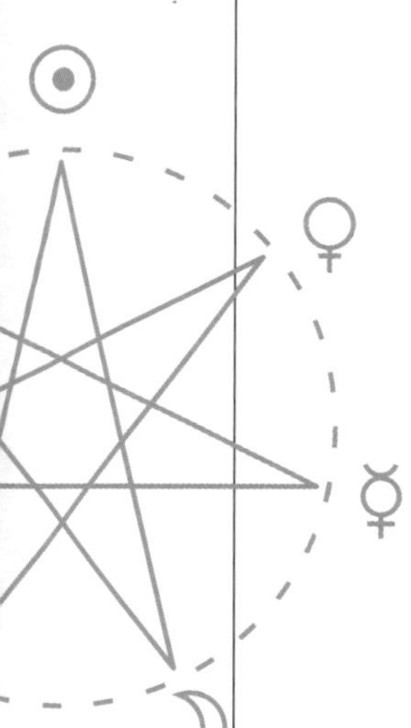

參考文獻

1. [古希臘] 荷馬：《伊里亞特》，羅念生、王煥生譯，上海人民出版社，2012 年版。

2. [古希臘] 荷馬：《奧德賽》，王煥生譯，人民文學出版社，1997 年版。

3. [古希臘] 赫西俄德：《神譜》，吳雅凌譯，華夏出版社，2010 年版。

4. [古希臘] 俄耳甫斯：《俄耳甫斯教禱歌》，吳雅凌譯，華夏出版社，2006 年版。

5. [古希臘] 阿波羅尼俄斯：《阿爾戈英雄紀》，羅道然譯，華夏出版社，2011 年版。

6. [古希臘] 埃斯庫羅斯、索福克勒斯等著《古希臘悲劇喜劇集》，張竹明、王煥生譯，譯林出版社，2011 年版。

7. [古希臘] 赫西俄德：《赫拉克勒斯之盾》，羅道然譯，華夏出版社，2010 年版。

8. [古希臘] 伊索：《伊索寓言》，李汝儀譯，譯林出版社，2010 年版。

9. [古希臘] 亞里士多德：《宇宙論》，吳壽彭譯，商務印書館，1999 年版。

10. [古羅馬] 奧維德：《變形記》，楊周翰譯，人民文學出版社，1958 年版。

11. [古羅馬] 維吉爾：《埃涅阿斯紀》，曹鴻昭譯，吉林出版集團有限責任公司，1958 年版。

12. [古羅馬] 阿普列烏斯：《金驢記》，劉黎婷譯，譯林出版社，2012 年版。

13. Adrian Room 編著《古典神話人物詞典》，劉佳、夏天譯，外語教學與研究出版社，2007 年版。

14. [德] 莎德瓦爾德：《古希臘星象說》，盧白羽譯，華東師範大學，2008 年版。

15. [美] 布魯斯 · 林肯：《死亡、戰爭與獻祭》，晏可佳譯，上海人民出版社，2002 年版。

16. 李楠：《希臘羅馬神話 18 講：英語詞語歷史故事》，中國書籍出版社，2009 年版。

17. [英] 米歇爾 · 霍斯金：《劍橋插圖天文學史》，江曉原等譯，山東畫報出版社，2003 年版。

18. 張聞玉：《古代天文曆法講座》，廣西師範大學出版社，2008 年版。

19. [美] 斯塔夫里阿諾斯：《全球通史》，吳象嬰、梁赤民、董書慧、王昶譯，北京大學出版社，2012 年版。

20. 中國基督教兩會《聖經》（NRSV 版），南京愛德印刷有限公司，2005 年。

21. Dr. Ernest Klein. A *Comprehensive Etymological Dictionary of the English Language*. Elsvier Publishing Company, 1965.

22. Jonh Algeo, Thomas Pyles. *the Origins and Development of the English Language (fifth edition)*. Wadsworth Publishing, 2004.

23. Richard Hinckley Allen.*Star Names: Their Lore and Meaning*. Dover Publications Inc ,1889.

24. Julius Pokorny. *Proto-Indo-European Etymological Dictionary*. 2007.

25. Peter Andreas Munch. *Norse Mythology:Legends of Gods and Heros*. In the revision of Magnus Olsen, New York：The American-Scandinavian Foundation,1926.

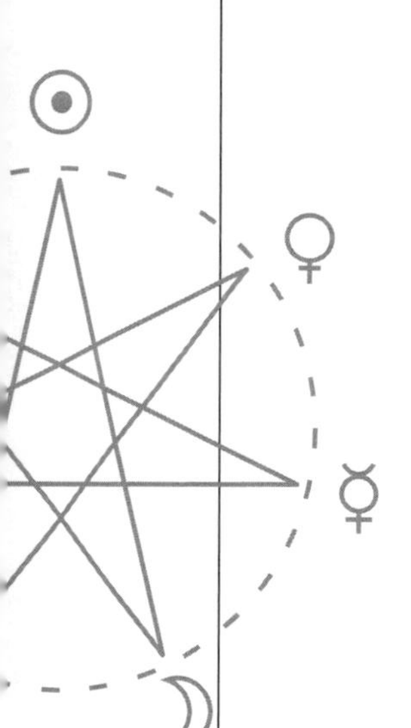

／後記／

看著窗外夏天游移在樹隙間的光影，忽然間想到，從開始提筆寫這本書已經過去了近3年的時光。其間有妙趣橫生的故事，有再三斟酌的細節用詞，也有一再補充更正的內容。愈是到了要交稿的日期，愈覺得誠惶誠恐。雖然對全書內容多次修改完善，但自己看來總有難以完美的地方。筆者才學有限，卻又懷著在本書中將天文文化、希臘神話、英語詞源完美融合的寫作理想，這實在是一件極具挑戰性的寫作課題。我努力讓自己做好本書寫作構架的每一部分內容，但難免會有疏漏之處，不足之處還請讀者朋友們包涵。

高中年代起開始迷上看星星。

對那時的我來說，看星星或許只是一種精神寄託，或許是對繁重課業和考試壓力的一種逃避。到高三時，看星星似乎變成自己日常生活中的一部分——每每晚讀結束以後，總是一個人偷偷逃到熄燈後的操場上，靜靜地望著漆黑夜空中的點點繁星。我只是那樣靜靜地望著，清空大腦中的一切思緒，忘掉一直煩擾的數學試題，忘掉厭惡又不得不背誦的篇章，忘掉劃著紅叉的試卷和莫名的失落，忘掉老師們口中的前途和家人所說的出息，忘掉在身邊慢慢流走的時間，就那樣一直呆呆地望著夜空。

我想，對天文的愛好大概是從那時候開始的吧！大學之後開始閱讀各種天文類書籍，便被天文那浩瀚廣博的美所深深迷醉，這門既古老又極其現代的科學無疑對人類歷史文化產生過巨大的影響。人們至今仍對天文相關的很多傳說津津樂道、樂此不疲。古老的天文宇宙觀念被同古老的神話傳說融合在一起，於是就有了關於星空的種種神話故事。這些星空故事中，最廣為流傳的莫過於希臘神話故事了。這些神話故事是如此受人青睞，以致於當你在夜晚仰望天空時，看到的每一顆星或者這顆星所在的星座，背後都有一大堆趣味橫生的傳說和故事。

我曾經一直有個願望，等將來遇到自己喜歡的女孩，帶著她一起去看星星，為她講述那些寫滿星空的神話故事。後來終於實現了這個願望。身為一個天文愛好者，同時也是一個執迷於希臘羅馬文化和古典語言的人，我把這些有趣的知識融合在一起，著成本書。希望能夠為同好的朋友，不論是天文愛好者、神話愛好者、古典愛好者、語言愛好者或想要學好英語的朋友帶來益處。希望本書能夠為讀者帶來更加系統的知識視野，帶來一席知識和文化的美味盛宴。

請允許我把這本書獻給我的女朋友，潘玲玲。因為寫作本書的時間本來應該是陪伴她的時間，也因為她是本書寫作的最初動力。很感謝她一直以來對寫作本書的支持，正是她的支持和鼓勵使我最終認真完成了這本有意義的書作。

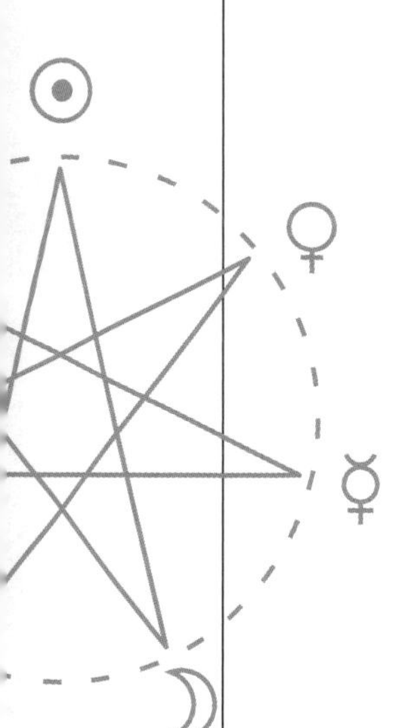

同時，我還要感謝所有為本書內容校訂和製作出版做出貢獻的朋友：特別感謝詞源學專家袁新民博士對詞源內容的勘誤，英國華威大學神話學助教清源老師對古希臘語和神話內容的勘誤，科學松鼠會員孫正凡博士對天文內容的勘誤，天主教會廣州教區的劉勳・保祿朋友對拉丁語內容的勘誤，蘇州大學法文系的呂玉冬老師對法語內容的勘誤，西班牙語翻譯二十二橋朋友對西語內容的勘誤；同時還要感謝中國詞源教研中心丁朝陽、摩西、張曉東、劉新格、何英君等老師在本書寫作過程中給予的各種建議和各方面的幫助，也感謝二牛、Maigo、Ent 等眾多果殼網友對文中內容所提的建議；感謝湖北美術學院的顧勵超朋友花費大量時間為本書製作了精美的地圖、神譜圖等附圖；感謝清華大學出版社編輯熊力老師能夠認真聽取並採納我對於製作這本書的想法和要求；感謝青青蟲設計工作室負責人方加青老師在排版方面的精益求精；最後，也感謝其他對本書寫作和出版提出有用意見的朋友。謝謝你們對本書的貢獻。

稻草人語

2013 年夏

國家圖書館出版品預行編目（CIP）資料

眾神的星空 / 稻草人語著. -- 初版. -- 臺北市：九韵文化；信實文化行銷, 2016.02
面；　公分. --（What's Look）
ISBN 978-986-5767-90-7（平裝）

1. 星座　2. 神話

323.8　　104025823

What's Look
眾神的星空

作　　者　稻草人語
封面設計　黃聖文
總 編 輯　許汝紘
責任編輯　楊貴真
美術編輯　楊詠棠
編　　輯　黃淑芬
執行企劃　劉文賢
發　　行　許麗雪
總　　監　黃可家
出　　版　信實文化行銷有限公司
地　　址　台北市松山區南京東路5段64號8樓之1
電　　話　（02）2749-1282
傳　　真　（02）3393-0564
網　　站　www.cultuspeak.com
讀者信箱　service@cultuspeak.com
劃撥帳號　50040687 信實文化行銷有限公司

印　　刷　上海印刷廠股份有限公司

總 經 銷　聯合發行股份有限公司
地　　址　新北市新店區寶橋路235巷6弄6號2樓
電　　話　（02）2917-8022

香港總經銷　聯合出版有限公司
地　　址　香港北角英皇道75-83號聯合出版大廈26樓
電　　話　（852）2503-2111

本書原出版者為：清華大學出版社。
中文簡體原書名為：《眾神的星空》。版權代理：中圖公司版權部。
本書由清華大學出版社授權信實文化行銷有限公司在臺灣地區獨家出版發行。

2016 年 2 月 初版
定價：新台幣 690 元